智慧製造

鋰離子電池電極材料

伊廷鋒，謝穎 編著

前言

　　鋰離子電池因其具有比能量大、自放電小、重量輕和環境友好等優點而成為便携式電子產品的理想電源，也是電動汽車和混合電動汽車的首選電源。 因此，鋰離子電池及其相關材料已成為世界各國科研人員的研究熱點之一。 鋰離子電池主要由正極材料、負極材料、電解液和電池隔膜四部分組成，其性能主要取決於所用電池內部材料的結構和性能。 正極材料是鋰離子電池的核心，也是區別多種鋰離子電池的依據，占電池成本的 40%以上；負極材料相對來說市場較為成熟，成本所占比例在 10%左右。 正極材料由於其價格偏高、比容量偏低而成為製約鋰離子電池被大規模推廣應用的瓶頸。 雖然鋰離子電池的保護電路已經比較成熟，但對於電池而言，要真正保證安全，電極材料的選擇十分關鍵。 一般來説，和負極材料相比，正極材料的能量密度和功率密度低，並且也是引發動力鋰離子電池安全隱患的主要原因。目前市場中消費類產業化鋰離子電池產品的負極材料均採用石墨類碳基材料。 但是碳基負極材料由於嵌鋰電位接近金屬鋰，在電池使用過程中，隨着不斷的充放電，鋰離子易在碳負極上發生沉積，並生成針狀鋰枝晶，進而刺破隔膜導致電池內部短路而造成安全事故或存在潛在危險。 因此，正、負極材料的選擇和質量直接決定鋰離子電池的性能、價格及其安全性。 廉價、高性能的電極材料的研究一直是鋰離子電池行業發展的重點。

　　為了推動鋰離子電池行業的發展，幫助高校、企業院所的研發，我們編著了《鋰離子電池電極材料》一書。 全書包括 11 章，主要介紹了鋰離子電池各類正極材料和負極材料的製備方法、結構、電化學性能的調控以及第一性原理計算在鋰離子電池電極材料中的應用。 編著者已有十多年從事電化學與化學電源的教學、科研的豐富經驗，有鋰離子電池電極材料的結構設計和性能調控及生產第一線的大量實踐經歷，根據自身的體會以及參考了大量國內外相關文獻，進行了本書的編寫。 第 1~5、7~10 章由伊廷鋒（東北大學秦皇島分校）編寫，第 6、11 章由謝穎（黑龍江大

學)、伊廷鋒編寫。 全書由伊廷鋒定稿。 本書的研究工作和編寫得到了國家自然科學基金(51774002、21773060、51274002)的資助，同時對給予本書啓示和參考的文獻作者予以致謝。 並特別感謝寧波大學舒杰副教授為本書提供了大量數據和圖片。

　　鋰離子電池電極材料的涉及面廣，又正處於蓬勃發展之中，編著者水平有限，難免掛一漏萬，不妥之處敬請專家和讀者來信來函批評指正。

編著者

目錄

64　第 3 章　尖晶石正極材料

114　第 4 章　磷酸鹽正極材料

154　第 5 章　矽酸鹽正極材料

180　第 6 章　$LiFeSO_4F$ 正極材料

323 第 11 章　鋰離子電池材料的理論設計及其電化學性能的預測

第1章

鋰離子電池概述

目前全球範圍內石油等傳統能源資源的日益緊缺,社會城市化的迅速發展,工業和生活污染對環境的影響日漸突出,人們對全球變暖和生態環境惡化等環保問題的關注日益增強,一些新能源,如太陽能、風能、潮汐能等,被相繼開發利用起來。它們發展迅速,例如,按目前的發展速度計算,到 2030 年新能源將成為美國能源消耗的主要能源。但這些新能源供應具有不穩定性和不連續性,所以這些能源需要先轉化為電能然後再輸出,這就促進了對可充放電電池的研究。

尋找替代傳統鉛酸電池和鎳鎘電池的可充電電池,開發無毒無污染的電極材料、電解液和電池隔膜以及對環境無污染的電池是目前電池行業首要任務。傳統的鉛酸電池、鎳鎘電池、鎳氫電池等的使用壽命短、能量密度較低以及環境污染等問題大大地限製了它們的使用。同傳統的二次化學電池進行比較,由於鋰離子電池具有比能量高、工作電壓高、循環壽命長、能夠快速充電等優點,已經被廣泛地應用於手機、筆記本電腦、數碼相機等便携式電子設備上。在全球能源問題和環境問題變得日趨嚴峻的形勢下,各方竭力倡導節能減排、低碳環保生活,而使用「清潔汽車」將成為必然的發展趨勢。動力電池應該是一種高容量的大功率電池,相對於其他二次電池而言,可循環的鋰離子電池具有多方面的優勢,它被認為是動力電池的理想之選。因此,爆發了世界範圍的鋰離子電池的研究與開發熱潮,並在鋰離子電池材料技術、生產技術、設備技術等方面有了較大的突破,從近十幾年來的研究熱點來看,鋰離子電池在二次電池中的研究可以說是一枝獨秀。

1.1 鋰離子電池概述

1.1.1 鋰離子電池的發展簡史

鋰離子電池是 20 世紀研發出來的新型高能電池。20 世紀 60 年代末,貝爾實驗室的 Broadhead 等最早開始「電化學嵌入反應」方面的研究。20 世紀 70 年代初,Exxon 公司設計了鋰金屬為負極、TiS_2 為正極的二次電池。20 世紀 70 年

代末，貝爾實驗室發現金屬氧化物能够提供更大的容量及更高的電壓平臺，從而金屬氧化物開始被研究。20 世紀 80 年代，Goodenough 等先後研究發現了 Li_xCoO_2 和 Li_xNiO_2 等層狀材料（R-3m 空間群）的電化學價值，以及尖晶石錳酸鋰（Fd-3m 空間群）作為電極材料的優良性能。20 世紀 80 年代末，加拿大 Moli 能源公司把 Li/MoS_2 二次電池推向市場，第一塊商品化鋰二次電池由此誕生。20 世紀 90 年代，Badhi 和 Goodenough 等首次構想出把橄欖石型磷酸鐵鋰作為鋰離子電池正極材料拿來研究。20 世紀 90 年代，日本 SONY 公司發明了以碳基為負極、含鋰的化合物為正極的鋰二次電池，並最早實現產業化生產。1993 年，美國 Bellcore 電訊公司首次採用 PVDF 工藝製造聚合物鋰離子電池（PLIB）。而鋰離子電池和聚合物鋰電池作為第三代動力電池，其能量密度高於閥控密封鉛酸蓄電池和 Ni-MH 電池，而 PLIB 的質量比能量高達 $200W \cdot h \cdot kg^{-1}$，有足夠的優勢，如果能解決安全問題，它將是最有競爭力的動力電池。

1.1.2 鋰離子電池的組成及原理

鋰離子電池按照不同的分類方式，有很多種類：①根據鋰電池使用的電解質的不同，可分為全固態鋰離子電池、聚合物鋰離子電池和液體鋰離子電池；②根據溫度來分，可分為高溫鋰離子電池和常溫鋰離子電池；③按外形分類，一般可分為圓柱形、方形、扣式和薄板形。圓柱形電池型號為五位數：前兩位是直徑，後三位是高度。方形電池型號為六位數：分別用兩位數表示厚度、寬度和高度。鋰離子二次電池是在鋰金屬電池基礎上發展起來的一種新型鋰離子濃差電池，主要由正極、負極、電解液、隔膜、正負極集流體、外殼等幾部分構成。

正極活性物質一般選擇氧化還原電勢較高 [$>3V(vs. Li^+/Li)$] 且在空氣中能够穩定存在的可提供鋰源的儲鋰材料，目前主要有層狀結構的鈷酸鋰（$LiCoO_2$）、尖晶石型的錳酸鋰（$LiMn_2O_4$）、鎳鈷錳酸鋰三元材料（$LiNi_yCo_xMn_zO$）、富鋰材料 [$xLi_2MnO_3 \cdot (1-x)LiMO_2$（M＝Mn、Co、Ni 等）] 以及不同聚陰離子新型材料，如磷酸鹽材料 Li_xMPO_4（M＝Fe、Mn、V、Ni、Co）、矽酸鹽材料、氟磷酸鹽材料以及氟硫酸鹽材料等。理想的鋰離子電池的正極材料應該具備以下特徵。

① 在與鋰離子的反應中有較大的可逆吉布斯（Gibbs）自由能，這樣可以減少由於極化造成的能量損耗，並且可以保證具有較高的電化學容量；此外，放電反應應具有較大的負吉布斯自由能變化，使電池的輸出電壓高。

② 鋰離子在其中有較大的擴散係數，這樣可以減少由於極化造成的能量損耗，並且也可以保證較快的充放電，以獲得高的功率密度；此外，嵌入化合物的分子量要盡可能小並且允許大量的鋰可逆嵌入和脫嵌，以獲得高的比容量。

③ 在鋰的嵌入/脫嵌過程中，主體結構及其氧化還原電位隨脫嵌鋰量的變化應盡可能的小，以獲得好的循環性能和平穩的輸出電壓平臺。

④ 材料的放電電壓平穩性好，在整個電位範圍內應具有良好的化學穩定性，不與電解質發生反應，這樣有利於鋰離子電池的廣泛應用。

影響正極材料的電化學性能的因素有很多，除自身結構因素外，主要還有以下幾點。

① 結晶度。晶體結構發育好，即結晶度高，有利於結構的穩定以及有利於 Li^+ 的擴散，材料的電化學性能好；反之，則電化學性能就差。

② 化學計量偏移。材料在製備過程中，條件控製的差異易出現化學計量偏移，影響材料的電化學性能。如 $Li_{1-x}NiO_2$ 電極材料，由於 Li^+ 在 $Li_{1-x}NiO_2$ 中的擴散係數較大，故而其層狀結構的任何位錯都會影響到材料的電化學性能。$Li_{1-x}NiO_2$ 通常由固相反應合成，由於在製備過程中條件控製不同，它很容易呈非化學計量，當鎳過量時，會出現 $Li_{1-x-y}Ni_{1+y}O_2$ 相，多餘的鎳會占據 Li^+ 可能占據的位置，從而影響材料的比容量等電化學性質。

③ 顆粒尺寸及分佈。鋰離子電池電極片為一定厚度的薄膜，並要求這種膜結構均勻、連續。電池正極包括正極活性材料-正極活性材料界面（平整的而且只有分子層厚度，除了原組成物質外界面上不含其他物質的界面）和正極活性材料-電解質界面（亞微米級的界面反應物層的界面）。若材料的粒徑過大，則比表面積較小，粉體的吸附性相對較差，正極活性材料-正極活性材料界面間相互吸附較為困難，難以形成均勻、連續的薄膜結構，這樣易引起電極片表面出現裂痕等缺陷，降低電池的使用壽命。此外，電解質對正極材料的浸潤性較差，界面電阻增大，Li^+ 在電解質中的擴散係數減小，電池的容量減小。若活性材料的粉體粒徑過小（奈米級），則比表面積過大，粉體極易團聚，電極片活性物質局部分佈不均勻，電池性能下降；同時，粉體過細，易引起表面缺陷，誘發電池極化，降低正極的電化學性能。因此較為理想的正極材料粉體粒徑應控製在微米級而且分布較窄，以保證較理想的比表面積，從而提高其電極活性。

④ 材料的結構和組成均勻性。若材料的結構和組成不均勻，會造成電極片活性物質局部分佈不均勻，降低電池的電化學性能。

目前鋰離子電池的成功商品化主要歸功於用嵌鋰化合物代替金屬鋰負極。負極材料通常選取嵌鋰電位較低，接近金屬鋰電位的材料，可分為碳材料和非碳材料。碳材料包括石墨化碳（天然石墨、人工石墨、改性石墨）、無定形碳、富勒球（烯）、碳奈米管。非碳材料主要包括過渡金屬氧化物、氮基、硫基、磷基、矽基、錫基、鈦基和其他新型合金材料。理想的負極材料主要作為儲鋰的主體，在充放電過程中實現鋰離子的嵌入和脫出，是鋰離子電池的重要組成部分，其性能的好壞直接影響鋰離子電池的電化學性能。作為鋰離子電池負極材料應滿足以

下要求：

① 鋰離子嵌入時的氧化還原電位（相對於金屬鋰）足够低，以確保電池有較高的輸出電壓；

② 盡可能多地使鋰離子在正、負極活性物質中進行可逆脫嵌，保證可逆比容量值較大；

③ 鋰離子可逆脫嵌過程中，負極活性物質的基體結構幾乎不發生變化或者變化很小，確保電池具有較好的循環穩定性；

④ 隨着鋰離子不斷嵌入，負極材料的電位應保持不變或變化很小，確保電池具有穩定的充放電電壓平臺，滿足實際應用的需求；

⑤ 具有較高的離子和電子電導率，降低因充放電倍率提高對鋰離子嵌入和脫出可逆性的影響，降低極化程度，提高高倍率性能；

⑥ 表面結構穩定，在電解液中形成具有保護作用的固體電解質膜，減少不必要的副反應；

⑦ 具有較大的鋰離子擴散係數，實現快速充放電；

⑧ 資源豐富，價格低廉，對環境友好等。

電解液為高電壓下不分解的有機溶劑和電解質的混合溶液。電解質為鋰離子運輸提供介質，通常具有較高的離子電導率、熱穩定性、安全性以及相容性，一般為具有較低晶格能的含氟鋰鹽有機溶液。其中，電解質鹽主要有 $LiPF_6$、$LiClO_4$、$LiBF_4$、$LiCF_3SO_3$、$LiAsF_6$ 等鋰鹽，一般採用 $LiPF_6$ 為導電鹽。有機溶劑常使用碳酸丙烯酯（PC）、氯代碳酸乙烯酯（CEC）、碳酸甲乙酯（EMC）、碳酸乙烯酯（EC）、二乙基碳酸酯（DEC）等烷基碳酸酯或它們的混合溶劑。鋰離子電池隔膜一般都是高分子聚烯烴樹脂做成的微孔膜，主要起到隔離正負電極，使電子無法通過電池內電路，但允許離子自由通過的作用。由於隔膜自身對離子和電子絕緣，在正、負極間加入隔膜會降低電極間的離子電導率，所以應使隔膜空隙率盡量高，厚度盡量薄，以降低電池內阻。因此，隔膜採用可透過離子的聚烯烴微多孔膜，如聚乙烯（PE）、聚丙烯（PP）或它們的複合膜，尤其是 Celgard 公司生產的 Celgard 2300（PP/PE/PP 三層微孔隔膜）不僅熔點較高，能夠起到熱保護作用，而且具有較高的抗刺穿強度。

鋰離子電池實際上是一種 Li^+ 在陰、陽兩個電極之間進行反復嵌入和脫出的新型二次電池，是一種鋰離子濃差電池。在充電狀態時，電池的正極反應產生了鋰離子和電子，電子即負電荷通過外電路從電池的正極向負極遷移，形成負極流向正極的電流。與此同時，正極反應產生的鋰離子通過電池內部的電解液，透過隔膜遷移到負極區域，並嵌入負極活性物質的微孔中，結合外電路過來的電子生成 Li_xC_6，在電池內部形成從正極流向負極且與外電路大小一樣的電流，最終形成完整的閉合回路；放電過程則正好相反。充電時，嵌入負極中的鋰離子越多，

表明充電容量越高；電池放電時，嵌入負極活性物層間的鋰離子脫出，又遷移到正極中去，返回到正極中的鋰離子越多，放電容量就越高。在正常充電和放電過程中，Li^+ 在嵌入和脫出過程中一般不會破壞其晶格參數及化學結構。因此，鋰離子電池在充放電過程中理論上發生的是一種高度可逆的化學反應和物理傳導過程，故鋰離子電池也常稱為搖椅式電池（rocking-chair battery）。而且充放電過程中不存在金屬鋰的沉積和溶解過程，避免了鋰枝晶的生成，極大地改善了電池的安全性和循環壽命，這也是鋰離子電池比鋰金屬二次電池優越並取而代之的根本原因。以磷酸亞鐵鋰/石墨鋰離子電池為例，其工作原理示意圖如圖 1-1 所示。

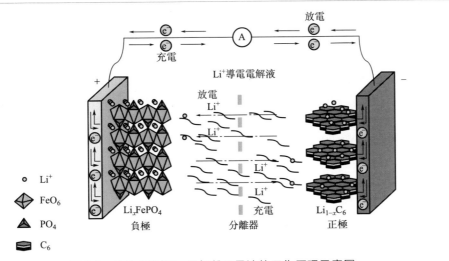

圖 1-1　磷酸亞鐵鋰/石墨鋰離子電池的工作原理示意圖

　　當鋰電池充電時，Li^+ 從正極 $LiFePO_4$ 晶格中脫嵌出來，經過電解液嵌入到負極，使正極成為貧鋰狀態而負極處於富鋰狀態。同時釋放了一個電子，正極發生氧化反應，Fe 由 +2 價變為 +3 價。游離出的 Li^+ 則通過隔膜嵌入石墨，形成 Li_xC_6 的插層化合物，負極發生還原反應；放電則反之，Li^+ 從石墨中脫出，重新嵌入 $FePO_4$ 中，Fe 由 +3 價降為 +2 價，同時電子從負極流出，經外電路流向正極從而保持電荷平衡。電極反應如下。

正極：$\qquad\qquad LiFePO_4 = Li_{1-x}FePO_4 + xe + xLi^+$ \hfill (1-1)

負極：$\qquad\qquad\qquad 6C + xLi^+ + xe = Li_xC_6$ \hfill (1-2)

總電極反應：$\quad 6C + LiFePO_4 = Li_xC_6 + Li_{1-x}FePO_4$ \hfill (1-3)

　　從以上可知，鋰離子電池的核心主要是正、負極材料，這直接決定了鋰電池的工作電壓以及循環性能。

1.1.3 鋰離子電池的優缺點

跟傳統電池相比，鋰離子電池具備以下優點。

① 能量密度高。即同質量或體積的鋰離子電池提供的能量比其他電池高。鋰離子電池的質量比能量一般在 $100\sim170W \cdot h \cdot kg^{-1}$ 之間，體積比能量一般在 $270\sim460W \cdot h \cdot L^{-1}$ 之間，均為鎳鎘電池、鎳氫電池的 $2\sim3$ 倍。因此，同容量的電池，鋰離子電池要輕很多，體積要小很多。

② 電壓高。因為採用了非水有機溶劑，其電壓是其他電池的 $2\sim3$ 倍。這也是它能量密度高的重要原因。

③ 自放電率低。自放電率又稱電荷保持率，是指電池放置不用自動放電的多少。鋰離子電池的自放電率為 $3\%\sim9\%$，鎳鎘電池為 $25\%\sim30\%$，鎳氫電池為 $30\%\sim35\%$。因此，同樣環境下鋰離子電池保持電荷的時間長。

④ 無記憶效應。記憶效應就是指電池用電未完再充電時充電量下降。鋰離子電池無記憶效應，所以可以隨時充電，這樣就使鋰離子電池效能得到充分發揮，而鎳氫電池，特別是鎳鎘電池的記憶效應較重，有時會出現用了一半而不得不放電後再充電的現象。對於 EV 和 HEV 動力源的工作狀態，這一點是至關重要的。

⑤ 循環使用壽命長。在優良的環境下，可以存儲五年以上。此外，鋰離子電池負極採用最多的是石墨，在充放電過程中，鋰離子不斷地在正、負極材料中脫/嵌，避免了鋰在負極內部產生枝晶而引起的損壞。循環使用壽命可以達到 $1000\sim2000$ 次。而鎳鎘電池、鎳氫電池的充放電次數一般為 $300\sim600$ 次。

⑥ 鋰離子電池內部採用過流保護、壓力保護、隔膜自熔等措施，工作安全、可靠。

⑦ 鋰離子電池不含任何汞（Hg）、鎘（Cd）、鉛（Pb）等有毒元素，是真正的綠色環保電池。

⑧ 工作溫度範圍廣。鋰離子電池通常在 $-20\sim60℃$ 的範圍內正常工作，但溫度變化對其放電容量影響很大。

表 1-1 中列出了幾種二次電池的性能，從表中可以看出，與其他二次電池相比，鋰離子電池具有較多優勢。

表 1-1　各種二次電池的性能對比

項目	鉛酸電池	鎳鎘電池	鎳氫電池	鋰離子電池	鋰聚合物電池
比能量/$W \cdot h \cdot kg^{-1}$	50	75	$75\sim90$	180	$120\sim160$
能量密度/$W \cdot h \cdot L^{-1}$	100	150	$240\sim300$	300	$250\sim320$
功率密度/$W \cdot L^{-1}$	200	300	240	$200\sim300$	$220\sim300$

續表

項目	鉛酸電池	鎳鎘電池	鎳氫電池	鋰離子電池	鋰聚合物電池
開路電壓/V	2.1	1.3	1.3	＞4.0	＞4.0
平均輸出電壓/V	1.9	1.2	1.2	3.6	3.7
循環壽命/次	300	800	＞500	＞1000	400～500
記憶效應	無	有	有	無	無
月自放電率/%	3～5	15～20	20～30	6～9	3～5
工作溫度/℃	-10～50	-20～60	-20～50	-20～60	-20～60
毒性	高	高	中	低	低

然而，鋰離子電池也不是完美的，存在如下幾點缺陷。

① 內阻相對較大。由於其電解液是有機溶劑，其擴散係數遠低於 Cd-Ni 和 MH-Ni 電池的水溶性電解液。

② 充放電電壓區間寬。所以必須設置特殊的保護電路，防止過充電和過放電的發生。

③ 與普通電池的相容性差。因為鋰電池的電壓比其他電池高，所以與其他電池的相容性就較差。

1.2 鋰離子電池電極材料的安全性

鋰離子電池已經廣泛應用於行動電話、筆記型電腦和其他小型便攜電子設備，由於它們使用的鋰離子電池容量小（1～2A·h 以下），又大部分是使用單體電池，其電池的安全問題不太突出。即使這樣，手機電池爆炸起火事件也偶有發生。將單體電池容量 10A·h，甚至 100A·h 的鋰離子電池用於電動自行車、電動汽車、混合電動汽車和電動工具等作為動力電源使用時，安全問題更引起了全球的關注。對於手機用鋰離子電池，基本要求是發生安全事故的概率要小於百萬分之一，這也是社會公眾所能接受的最低標準。而對於大容量鋰離子電池，特別是汽車等用大容量動力鋰離子電池，安全性問題尤為突出，也一直是研究的熱點。引起電池安全問題的原因很多，主要集中在過充、內外部短路以及電池組使用過程中落後電池的安全隱患。影響鋰離子電池安全性的主要因素有電池的電極材料、電解液以及製造工藝和使用條件等。隨着材料科學和製造工藝的進步，採用具有較高熱穩定性能的電極材料、選擇含有阻燃劑或過充保護劑的電解液、設計良好的散熱結構和電池保護電路及管理系統都有利於提高鋰離子電池的安全性能，所以大容量動力鋰離子電池的安全問題有望得到解決。

1.2.1 正極材料的安全性

正極材料的安全性主要包括熱穩定性和過充安全性。在氧化狀態，正極活性物質發生放熱分解，並放出氧氣，氧氣與電解液發生放熱反應，或者正極活性物質直接與電解液發生反應。表 1-2 列出幾種正極活性物質與電解質發生放熱反應的溫度和分解溫度。從表中可以看出，$LiMn_2O_4$ 的熱穩定性最好，放熱峰位置高於其他 3 種活性物質。

表 1-2　主要的四種正極材料的放熱溫度和分解溫度

項目	$LiCoO_2$	$LiCo_xNi_{1-x}O_2$	$LiMn_2O_4$	$LiNiO_2$
放熱溫度	約 250℃	260～310℃	約 300℃	約 200℃
分解溫度	約 230℃	230～250℃	約 290℃	約 220℃

氧化溫度是指材料發生氧化還原放熱反應的溫度，也是衡量材料氧化能力的重要指標，溫度越高表明其氧化能力越弱。表 1-3 列出了主要的四種正極材料的氧化放熱溫度。

表 1-3　主要的四種正極材料的氧化放熱溫度

項目	$LiCoO_2$	$LiCo_xNi_yMn_zO_2$	$LiMn_2O_4$	$LiFePO_4$
氧化溫度	約 150℃	約 180℃	約 250℃	＞400℃

從表 1-3 中可以看出，鈷酸鋰和鎳鈷錳酸鋰很活潑，具有很強的氧化性。由於鋰離子電池的電壓高，而且使用的是非水的有機電解質，這些有機電解質具有還原性，會和正極材料發生氧化還原反應並釋放熱量，正極材料的氧化能力越強，其發生反應就越劇烈，越容易引起安全事故。而錳酸鋰和磷酸鐵鋰具有較高的氧化放熱溫度，其氧化性弱，或者說熱穩定性要遠優於鈷酸鋰和鎳鈷錳酸鋰，因此具有更好的安全性。由上述綜合表現可知：考慮到安全性，鈷酸鋰和鎳鈷錳酸鋰是極不適合用在動力型鋰離子電池領域的；錳酸鋰（$LiMn_2O_4$）和磷酸鐵鋰（$LiFePO_4$）更適合作為動力鋰電池正極材料。

1.2.2 負極材料的安全性

目前，商業化的鋰離子電池多採用碳材料為負極，在充放電過程中，鋰在碳顆粒中嵌入和脫出，從而減少鋰枝晶形成的可能，提高電池的安全性，但這並不表示碳負極沒有安全性問題。其影響鋰離子電池安全性能因素表現在下列幾個方面。

（1）嵌鋰負極與電解液反應

隨着溫度的昇高，嵌鋰狀態下的碳負極將首先與電解液發生放熱反應，且生成易燃氣體。因此，有機溶劑與碳負極不匹配可能使鋰離子動力電池發生燃燒。

（2）負極中的黏結劑

典型的負極包含質量分數為 8%～12% 的黏結劑，隨着負極嵌鋰程度的增加，其與黏結劑反應的放熱量也隨之增加，通過 XRD 分析發現其反應的主要產物為 LiF。有報導表明 Li_xC_6 與 PVDF 的反應開始時的溫度是 200℃。

（3）負極顆粒尺寸

負極活性物質顆粒尺寸過小會導致負極電阻過大，顆粒過大在充放電過程中膨脹收縮嚴重，導致負極失效。目前，主要的解決方法是將大顆粒和小顆粒按一定比例混合，從而達到降低電極阻抗、增大容量的同時提高循環性能的目的。

（4）負極表面 SEI 膜的質量

良好的 SEI 膜可以降低鋰離子電池的不可逆容量，改善循環性能，增加嵌鋰穩定性和熱穩定性，在一定程度上有利於減少鋰離子電池的安全隱患。目前研究表明，經過表面氧化、還原或摻雜的碳材料以及使用球形或纖維狀的碳材料都有助於 SEI 膜質量的提高。

此外，在全電池中正負極活性物質的配比關係到電池的使用壽命和安全性能，尤其是過充電性能。正極容量過大將會出現金屬鋰在負極表面沉積，負極容量過大會導致電池的容量損失。為了確保電池的安全性，一般原則是考慮正負極的循環特性和過充時負極接受鋰的能力，而給出一定的設計冗餘。

1.3 鋰離子電池電極材料的表徵與測試方法

1.3.1 物理表徵方法

鋰離子電池電極材料成分的表徵主要有電感耦合等離子體（ICP）、X 射線螢光光譜儀（XRF）、能量彌散 X 射線譜（EDX）、二次離子質譜（SIMS）等。其中 SIMS 可以分析元素的深度分佈且具有高靈敏度。元素價態的表徵主要有掃描透射 X 射線成像（STXM）、電子能量損失譜（EELS）、X 射線近邊結構譜（XANES）、X 射線光電子譜（XPS）等。由於價態變化導致材料的磁性變化，因此通過測量磁化率、順磁共振（ESP）、核磁共振（NMR）也可以間接獲得材料中元素價態變化的資訊。若含 Fe、Sn 元素，還可以通過穆斯鮑爾譜

（Mössbauer）來研究。另外，對碳包覆的電極材料中的碳含量的測定，可以使用碳硫分析儀。

電極材料的形貌表徵一般採用掃描電鏡（SEM）、透射電鏡（TEM）、STXM、掃描探針顯微鏡（SPM）進行表徵。SPM 中的原子力顯微鏡（AFM）大量應用於薄膜材料、金屬 Li 表面形貌的觀察，主要用在奈米級平整表面的觀察。表徵材料晶體結構的主要有 X 射線衍射技術（X-Ray diffraction，XRD）、擴展 X 射線吸收精細譜（extended X-Ray absorption fine spectroscopy，EXAFS）、中子衍射（neutron diffraction）、核磁共振（nuclear magnetic resonate，NMR）以及球差校正掃描透射電鏡等。振動光譜（紅外光譜及拉曼光譜）對材料的對稱性質及局部鍵合情況非常敏感，能夠快速地提供材料的結構資訊，因此在固體化學等領域已經獲得廣泛的應用。振動光譜能夠對材料進行定性分析，並且能夠檢測到用 X 射線衍射方法不易分析的非晶態和半非晶態化合物。如果晶體中存在某種在動力學上可以視為孤立的原子團、絡離子等，也就是當它們的某些內在振動或所有內振動的頻率顯著高於外部振動時，則識別某些晶體的振動就大大簡化。含有這種原子團或絡離子的一個系列的化合物的光譜具有共同的特徵，這些特徵與它們的內振動有關係。此外，Raman 散射也可以通過涉及晶格振動的特徵峰及峰寬來判斷晶體結構及其對稱性。

1.3.2　電化學表徵方法

電化學表徵除了常規的充放電測試以外，主要還包括循環伏安（cyclic voltammogram，CV）和電化學阻抗測試（electrochemical impedance spectroscopy，EIS）。循環伏安法是電化學研究中最常用的測試方法之一，根據 CV 圖中的峰電位和峰電流，可以分析研究電極在該電位範圍內發生的電化學反應，鑒別其反應類型、反應步驟或反應機理，判斷反應的可逆性，以及研究電極表面發生的吸附、鈍化、沉積、擴散、偶合等化學反應。電化學阻抗測試也是電化學研究中最常用的測試方法之一，可以獲得有關歐姆電阻、吸/脫附、電化學反應、表面膜層以及電極過程的動力學參數等資訊。

由於鋰離子在嵌入型化合物內部的脫出/嵌入是實現能量存儲與輸出的關鍵步驟，因此離子在這些材料中的嵌脫動力學成為表徵其電化學性能的非常重要的參數。對於鋰離子蓄電池來說，常用的表徵鋰離子嵌脫動力學的電化學測試方法主要有循環伏安法、電化學阻抗譜法、恒電流間歇滴定法（GITT）和電位階躍法（PSCA）等。

利用循環伏安測試可以得出不同掃描速率下所得的峰值電流（I_p）與掃描速率的平方根（$v^{1/2}$）的線性關係圖。圖 1-2 為 700℃ 合成的具有 Fd-3m 空間群

結構的 $LiNi_{0.5}Mn_{1.5}O_4$ 材料不同掃速的 CV 曲線及峰電流與掃描速率的平方根的線性關係圖。

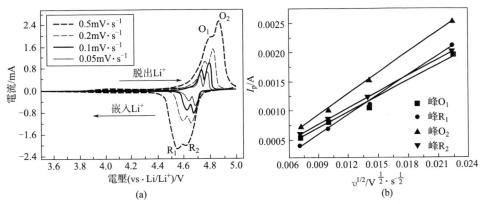

圖 1-2　700℃ 合成的具有 Fd-3m 空間群結構的 $LiNi_{0.5}Mn_{1.5}O_4$ 材料不同掃速的 CV 曲線（a）及峰電流與掃描速率的平方根的線性關係圖（b）

電極反應由鋰離子擴散控製，鋰離子擴散符合半無限固相擴散機製。對於半無限擴散控製的電極反應，鋰離子的擴散係數可以採用 Randles-Sevcik 公式計算：

$$I_p = 2.69 \times 10^5 n^{3/2} A D_{Li}^{1/2} c_{Li} v^{1/2} \tag{1-4}$$

式中，I_p 為峰電流，A；A 為電極表面積，cm^2；n 為反應電子數（對於鋰離子，$n=1$）；D_{Li} 為擴散係數，$cm^2 \cdot s^{-1}$；c_{Li} 為鋰離子的濃度，$mol \cdot cm^{-3}$。計算得鋰離子擴散係數值為 $4.7 \times 10^{-9} \sim 8.27 \times 10^{-9} cm^2 \cdot s^{-1}$ 之間，平均鋰離子擴散係數為 $6.33 \times 10^{-9} cm^2 \cdot s^{-1}$。

電化學阻抗技術是電化學研究中的一種重要方法，已在各類電池研究中獲得了廣泛應用。該技術的一個重要特點是可以根據阻抗譜圖（Nyquist 圖）準確地區分在不同頻率範圍內的電極過程控製步驟。鋰離子擴散係數（D_{Li}）可以通過低頻區的實部阻抗（Z_{re}）與角頻率（ω）的關係以如下公式計算：

$$Z_{re} = R_{ct} + R_s + \sigma \omega^{-1/2} \tag{1-5}$$

$$D_{Li} = \frac{R^2 T^2}{2A^2 n^4 F^4 c_{Li}^2 \sigma^2} \tag{1-6}$$

式中，σ 為與 Z_{re} 有關的 Warburg 係數；R 為氣體常數（$8.314J \cdot mol^{-1} \cdot K^{-1}$）；$T$ 為熱力學溫度；A 為電極的表面積；n 為氧化過程中單個分子轉移的電子數；F 為法拉第常數；c_{Li} 是鋰離子濃度，$mol \cdot cm^{-3}$。

此外，電極阻抗最簡單的 Nyquist 圖如圖 1-3 所示，從圖中可見，高頻區是

一個對應電荷轉移反應的容阻弧，低頻區是一條對應擴散過程的直線。

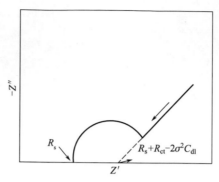

圖 1-3　電極阻抗的 Nyquist 圖

C_{dl} 是電極與電解質溶液兩相之間的雙層電容

半無限擴散條件下，Warburg 阻抗可表示為：

$$Z_W = \sigma \omega^{-1/2} - j\sigma \omega^{-1/2} \tag{1-7}$$

由式(1-7) 可見，Warburg 阻抗是一條與實軸成 45°角的直線。假設電極反應完全可逆，還原態的活度為常數，電極電勢的波動與氧化態的表面濃度波動具有完全相同的電位。因此，由此而引起的電極電勢波動也比電流波動落後 45°，則在由擴散控制步驟的電解阻抗的串聯等效電路中，電阻部分（$R_{擴}$）與電容部分（$C_{擴}$）之間必然存在如下關係：

$$|Z_R|_{擴} = R_{擴} = |Z_C|_{擴} = \frac{1}{\omega C_{擴}} = \frac{|Z_W|}{\sqrt{2}} \tag{1-8}$$

$$R_{擴} = \frac{RT}{\sqrt{2}\, n^2 F^2 C_O^0 \sqrt{\omega D_O}} = \frac{\sigma}{\sqrt{\omega}} \tag{1-9}$$

式中，C_O^0 為反應物的初始濃度；D_O 為擴散係數。

由式(1-8) 和式(1-9) 聯立：

$$\sigma = \frac{|Z_W|\, \omega^{1/2}}{\sqrt{2}} \tag{1-10}$$

由式(1-7) 可得：

$$Z_W = \frac{1}{Y_0 \left(\dfrac{\omega}{2}\right)^{1/2}(1+j)} \tag{1-11}$$

對式(1-11) 兩邊取模，則：

$$|Z_W| = Y_0^{-1}\omega^{-1/2} \qquad (1\text{-}12)$$

由式(1-10) 和式(1-12) 聯立：

$$\sigma = \frac{1}{\sqrt{2}\,Y_0} \qquad (1\text{-}13)$$

此外，當頻率 $f \gg 2D_{Li}/L^2$（L 是擴散層厚度）時，σ 可以表述為：

$$\sigma = \frac{V_M}{\sqrt{2}\,nFAD_{Li}^{1/2}} \times \frac{-dE}{dx} \qquad (1\text{-}14)$$

由式(1-13) 和式(1-14) 聯立：

$$D_{Li} = \left[\frac{Y_0 V_M}{FA}\left(\frac{-dE}{dx}\right)\right]^2 \qquad (1\text{-}15)$$

式中，V_M 是電極材料的摩爾體積；A 是電極的表面積；Y_0 是導納；F 是法拉第常數；n 是得失電子數（此處 $n=1$）；dE/dx 是放電電壓-組成曲線上每點的斜率。

由此可見，由所測阻抗譜圖的 Warburg 係數，再由放電電位-組成曲線所測的不同鋰嵌入量下的 dE/dx，根據式(1-15) 也可以求出鋰離子固相擴散係數 D_{Li}。

PITT 是基於平面電極的一維有限擴散模型，經過合理的近似和假設，偏微分求解 Fick 第二定律，得鋰離子擴散係數的計算公式為：

$$D_{Li} = -\frac{d\ln I}{dt} \times \frac{4L^2}{\pi^2} \qquad (1\text{-}16)$$

式中，I 為階躍電流；t 為階躍時間；L 為擴散距離（極片上活性材料厚度）。

恒電流間歇滴定技術（GITT）是穩態技術和暫態技術的綜合，它消除了恒電位技術等技術中的歐姆電位降問題，所得數據準確，設備簡單易行。根據 GITT 分析技術的理論，得鋰離子擴散係數的計算公式為：

$$D_{Li} = \frac{4}{\pi}\left(I_0\,\frac{V_M}{FA}\right)^2\left(\frac{dE/dx}{dE/d\sqrt{t}}\right)^2, t \ll \frac{l^2}{D_{Li}} \qquad (1\text{-}17)$$

式中，V_M 是電極材料的摩爾體積；I_0 是應用的電流；l 為擴散距離；E 是法拉第電池的電壓。

鋰離子電池的擴散係數與電池的電壓、充/放電態、合成方法、粒徑大小、測試溫度以及測試方法有關。以尖晶石 $LiNi_{0.5}Mn_{1.5}O_4$ 材料為例，Yang 等採用 CV 法計算了溶膠-凝膠法 850℃ 在空氣中燒結 6h 製備的 $LiNi_{0.5}Mn_{1.5}O_4$ 材料的鋰離子擴散係數為 $7.6 \times 10^{-11}\,cm^2 \cdot s^{-1}$；Yi 等採用 EIS 法計算了乙二醇輔助草酸共沉澱法和氨水共沉澱法製備的 $LiNi_{0.5}Mn_{1.5}O_4$ 材料的鋰離子擴散係數分別為 $2.03 \times 10^{-15}\,cm^2 \cdot s^{-1}$ 和 $1.01 \times 10^{-15}\,cm^2 \cdot s^{-1}$；Ito 等計算了噴霧

乾燥法製備的 $LiNi_{0.5}Mn_{1.5}O_4$ 材料在 $3\sim4.9V$ 之間的鋰離子擴散係數為 $10^{-13}\sim10^{-9}cm^2\cdot s^{-1}$；Kovacheva 等計算了微米級（約 $1.25\mu m$）和奈米級（約 20nm）粒徑的 $LiNi_{0.5}Mn_{1.5}O_4$ 材料在 $4.6\sim4.8V$ 之間的鋰離子擴散係數分別為 $10^{-11}\sim10^{-13}cm^2\cdot s^{-1}$ 和 $10^{-16}\sim10^{-15}cm^2\cdot s^{-1}$。

1.3.3　電極材料活化能的計算

鋰離子電池電極材料的製備有許多種方法，但是，無論採用哪種方法，對原料前驅體加熱昇溫和持續焙燒是製備電極材料必需的工藝步驟。通過計算合成過程中各個反應階段的表觀活化能，可以優化工藝對終產物帶來的影響。根據非等溫動力學理論和 Arrhenius 方程，熱動力學反應速率可表示為：

$$\ln\frac{\beta}{T^2}=\ln\frac{AR}{E_a}-\frac{E_a}{R}\times\frac{1}{T} \tag{1-18}$$

式中，β 為 DSC 曲線的昇溫速率，$℃\cdot min^{-1}$；A 為表觀指前因子；E_a 為反應活化能，$J\cdot mol^{-1}$；R 為氣體常數。由 $\ln\frac{\beta}{T^2}$-$\frac{1}{T}$ 的關係曲線，可以得到一條直線，通過直線的斜率可求得各個峰的活化能值。通過評估其合成過程中各個反應階段的表觀活化能，並利用 X 射線衍射技術（XRD）基於熱動力學結果提出分步燒結的具體工藝，然後根據各階段產物的特點，可以優化電極材料的製備工藝及提高所製備的電極材料的純度。

鋰離子電池主要依靠鋰離子在正極和負極之間移動來工作，在充放電過程中，Li^+ 在兩個電極之間往返嵌入和脫嵌。鋰離子在固相材料中的擴散能力遠遠小於其在電解液中的遷移能力。因此鋰離子在電極材料內部的擴散係數直接影響了電池的性能，尤其是高倍率性能。事實上，鋰離子電池電極材料普遍存在鋰離子擴散係數偏低的問題。因此，在高性能電極材料的設計中，往往通過體相摻雜來提高材料的鋰離子擴散係數。而鋰離子擴散係數的大小直接影響了電池中電化學反應的活化能。因此，對於電池的充放電反應，獲取活化能數據的一個重要意義是，由活化能的相對高低可比較不同離子摻雜或摻雜量不同的材料的性能，從而為高性能摻雜電極材料的設計提供理論依據。鋰離子電池電極材料的鋰離子擴散係數（D_{Li}）與活化能（E_a）之間的關係為：

$$D_{Li}=D_0\exp\left(-\frac{E_a}{RT}\right) \tag{1-19}$$

因此

$$\ln D_{Li}=\ln D_0-\frac{E_a}{R}\times\frac{1}{T} \tag{1-20}$$

式中，D_0 為表觀指前因子；E_a 為反應活化能，$J\cdot mol^{-1}$；T 為溫度，K；

R 為氣體常數。由 $\ln D_{Li}\text{-}\dfrac{1}{T}$ 的關係曲線，可以得到一條直線，通過直線的斜率（k）可求得活化能值（$E_a = -Rk$）。

　　另外，在鋰離子電池中，交換電流密度（i_0）可以反映出一個電化學反應進行的「難易」程度，也就是說該反應過程中所遇「阻力」的大小。它的大小是由電極反應過程中「控製步驟」的「阻力」來決定的。因此，交換電流密度的大小同樣影響了電池中電化學反應的活化能。由此可見，利用交換電流密度計算活化能，也可以為高性能摻雜電極材料的設計提供理論依據。鋰離子電池電極材料的交換電流密度與活化能（E_a）之間的關係為：

$$\ln i_0 = \ln i_A - \frac{E_a}{R}\frac{1}{T} \tag{1-21}$$

　　式中，i_A 為表觀指前因子；E_a 為反應活化能，$J \cdot mol^{-1}$；T 為溫度，K；R 為氣體常數。由 $\ln i_0\text{-}\dfrac{1}{T}$ 的關係曲線，可以得到一條直線，通過直線的斜率（k）可求得活化能值（$E_a = -Rk$）。

1.4 鋰離子電池隔膜

　　隔膜是鋰離子電池重要的組成部分，其性能的優劣決定了電池的界面結構、內阻等，直接影響電池的容量、循環性能等關鍵特性，性能優異的隔膜對提高電池的綜合性能具有重要的作用。

1.4.1 鋰離子電池隔膜的製備方法

　　鋰離子電池隔膜的材料主要為多孔性聚烯烴，其製備方法主要有兩種：一種是濕法（wet），即相分離法；另一種是乾法（dry），即拉伸致孔法。不管是哪種方法，其目的都是增加隔膜的孔隙率和強度。

　　濕法製作過程是指將液態的烴或者一些小分子物質與聚烯烴樹脂混合，加熱熔融形成均勻的混合物，然後用揮發溶劑進行相分離，並壓製得到膜片；再將膜片加熱至接近結晶熔點，保溫一定時間，再用易揮發物質洗脫殘留的溶劑，加入無機增塑劑粉末使之形成薄膜，再進一步用溶劑洗脫無機增塑劑，最後將其擠壓成片。這種方法製作的隔膜，可以通過在凝膠固化過程中控製溶液的組成和溶劑的揮發來改變其性能和結構。採用的原料一般是具有較好力學性能和超高分子量的聚乙烯（UHMWPE）。濕法可以較好地控製孔徑及孔隙率，但是需要使用溶劑，可能產生污染，提高成本。乾法是將聚烯烴樹脂熔融，然後擠壓吹製成結晶

性高分子薄膜，經過結晶化熱處理、退火後得到高度取向的多層結構，繼而在高溫下進一步拉伸，將結晶界面進行剝離形成多孔結構，從而可以恰到好處地增加隔膜的孔徑。多孔結構與聚合物的結晶性、取向性有關。表 1-4 列出了一些鋰離子電池隔膜主要製造商採用的製作方法。

表 1-4　鋰離子電池隔膜主要製造商採用的製作方法

製造商	結構	組分	過程	商標名稱
Tonen	單層	PE	濕法	Setela™
Mitsui Chemical	單層	PE	濕法	
Entek Membranes	單層	PE	濕法	Teklon™
Celgard LLC	單層	PP,PE	乾法	Celgard™
	多層	PP/PE/PP	乾法	Celgard™

1.4.2　鋰離子電池隔膜的結構與性能

電池的性能取決於隔膜以及其他材料的整體性能，隨着電池的設計要求不同而對隔膜的要求也不同。隔膜的主要性能包括透氣率、孔徑大小及分佈、孔隙率、力學性能、熱性能及自動關閉機理和電導率等。表 1-5 為鋰離子電池隔膜的一般要求。

表 1-5　鋰離子電池隔膜的一般要求

參數	要求
厚度/μm	<25
電化學阻抗/$\Omega \cdot cm^2$	<2
孔徑/μm	<1
孔隙率/%	約 40
刺穿強度/$g \cdot \mu m^{-1}$	>11.8
混合滲透強度/$N \cdot m^{-1}$	$>3.86 \times 10^5$
屈服強度	6.9MPa 壓力下偏移量$<2\%$
自閉溫度/℃	約 130
高溫完整性/℃	>150
化學穩定性	在電池中長時間穩定

透氣率是透氣膜的一種重要的物化指標，它是由膜的孔徑分佈、孔隙率等決定的，常採用 Gurley 方法表徵透氣率。孔隙率和孔徑的大小及分佈與微孔膜的製備方法有關。但有些商品隔膜（如表面用表面活性劑處理）其孔隙率低於 30%，也有些隔膜孔隙率較高，可達 60% 左右。當溫度接近聚合物熔點時，多

孔的離子傳導聚合物膜變成了無孔的絕緣層，微孔閉合而產生自關閉現象。這時阻抗明顯上昇，通過電池的電流也受到限製，因而可防止由於過熱而引起的爆炸等現象。大多數聚烯烴隔膜由於其熔化溫度低於 200℃（如聚乙烯隔膜的自閉溫度為 130～140℃，聚丙烯隔膜的自閉溫度為 170℃ 左右），當然在某些情況下，即使已經「自閉」，電池的溫度也可能繼續昇高，因此要求隔膜耐更高的溫度，並具有足够高的強度。

隔膜的製造技術和工藝的發展是影響鋰離子電池性能的重要因素，隨着電池技術的進步和多樣化，按不同的要求將能設計出多種多樣性能好的隔膜。另外在性能價格比方面有待於進一步提高。目前隔膜發展的趨勢就是要求其具有較高的孔隙率，較低的電阻，較高的抗撕裂強度，較好的抗酸鹼能力和良好的彈性。

1.5 鋰離子電池有機電解液

鋰離子電池電解液是電池的重要組成部分，在電池中承擔着正負極之間傳輸電荷的作用，它對電池的比容量、工作溫度範圍、循環效率及安全性能等至關重要。鋰離子電池有機電解液由有機溶劑、電解質鋰鹽和必要的添加劑組成，有機電解液的電化學穩定性不僅與有機溶劑的組成有關，也與電解質鋰鹽的種類有關。有機溶劑是電解液的主體部分，與電解液的性能密切相關，一般用高介電常數溶劑與低黏度溶劑混合使用。常用電解質鋰鹽有高氯酸鋰、六氟磷酸鋰、四氟硼酸鋰等，但從成本、安全性等多方面考慮，六氟磷酸鋰是商業化鋰離子電池採用的主要電解質；添加劑的使用尚未商品化，但一直是有機電解液的研究熱點之一。表 1-6 列出了鋰離子電池電解液各組成的常用成分。

表 1-6 鋰離子電池電解液各組成的常用成分

組成	傳統的	新型的
鋰鹽	$LiPF_6$	$LiBF_4$,LiBOB,LiODFB,LiTFSI,LiFSI 等
有機溶劑	EC,PC,DMC,DEC,EMC 等	EA,EB,EP,FB 等
添加劑	VC,FEC,VEC,ES,PS,CHB 等	PRS,VES,MMDS,TAB,SN,ADN 等

鋰離子電池有機電解液一般要求離子電導率高，一般應在 $10^{-3}～2×10^{-3}$ S·cm^{-1}；鋰離子遷移數應接近於 1；電化學穩定的電位範圍寬；必須有 0～5V 的電化學穩定窗口；熱穩定性好，使用溫度範圍寬；化學性能穩定，與電池內活性物質和集流體不發生化學反應；安全低毒，最好能够生物降解。

參考文獻

[1] 高昆，戴長鬆，呂晶，馮祥明. Li_2MnSiO_4 正極材料合成過程的熱反應動力學. 材料熱處理學報，2013，34（4）：1-6.

[2] 劉伶，張乃慶，孫克寧，楊同勇，朱曉東. 鋰離子電池安全性能影響因素分析. 稀有金屬材料與工程，2010，39（5）：936-940.

[3] 王峰，甘朝倫，袁翔雲. 鋰離子電池電解液產業化進展. 儲能科學與技術，2016，5（1）：1-8.

[4] 李文俊，褚賡，彭佳悅，鄭浩，李西陽，鄭杰允，李泓.鋰離子電池基礎科學問題（XⅡ）——表徵方法. 儲能科學與技術，2014，3（6）：642-667.

[5] Liu H, Wang J, Zhang X, Zhou D, Qi X, Qiu B, Fang J, Kloepsch R, Schumacher G, Liu Z, Li J. Morphological evolution of high-voltage spinel $LiNi_{0.5}Mn_{1.5}O_4$ cathode materials for lithium-ion batteries: the critical effects of surface orientations and particle size. ACS Appl Mater Interfaces, 2016, 8（7）: 4661-4675.

第2章

鋰離子電池層狀正極材料

2.1 LiCoO$_2$ 電極材料

2.1.1 LiCoO$_2$ 電極材料的結構

合成方法的不同造就了 LiCoO$_2$ 不同的物相，雖然都是嵌入式化合物，都可以作為鋰離子電池正極材料，但是由於晶體結構差異導致了其電化學性能差異。高溫下合成的層狀 LiCoO$_2$（HT-LiCoO$_2$）由於比容量較高，並有較好的循環性能和安全性，且較易製備，從而成為目前大量用於生產的鋰離子電池正極材料。LiCoO$_2$ 的另外一種物相，較低溫度下（400℃）合成的尖晶石型 LiCoO$_2$（LT-LiCoO$_2$），由於顆粒為尖角形，鬆裝密度低，循環性能有爭議，而受到商業化冷淡。

HT-LiCoO$_2$ 具有 α-NaFeO$_2$ 型晶體結構，R-3m 空間群，屬於六方晶系，如圖 2-1 所示。三價鈷占據八面體 3a 位置，鋰離子占據 3b 位置，氧離子占據 6c 位置。鋰原子、鈷原子和氧原子分別占據八面體的三個不同位置呈立方密堆積，形成層狀結構。層狀結構的 LiCoO$_2$ 的氧原子作立方密堆積（ABCABC…），鈷原子和鋰原子有序地交替排列在（111）晶面上，這種（111）晶面的有序排列引起晶格的輕微畸變而成為三方晶系，這樣（111）面就變成了（001）面，其空間群為 R-3m，稱這種結構為 CuPt 型結構。

LiCoO$_2$ 的充放電中有三個相變過程，主放電平臺位於 3.94V 附近，對應於富鋰的 H1 相與貧鋰的 H2 相共存，位於 4.05V

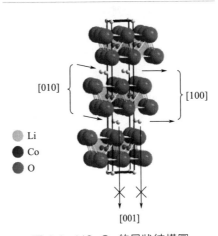

圖 2-1 LiCoO$_2$ 的層狀結構圖

和 4.17V 的兩個弱小平臺對應於另外兩個相變過程，其結構在三方晶系和單斜晶系兩相之間可逆變化，循環性能較好，其實際容量約為 $156mA \cdot h \cdot g^{-1}$。當超過 0.5 個鋰離子脫出時，由於 C 軸方向的形變，將導致其晶格常數發生劇烈變化，晶格失去氧，並且由於高價態的 Co 具有強氧化性，將導致電解液被氧化，引起材料的結構穩定性能和循環性能都下降，因此通常商業上把 $LiCoO_2$ 的充電截止電壓限在 4.20V，其實際的比容量只有 $140{\sim}150mA \cdot h \cdot g^{-1}$。

2.1.2　$LiCoO_2$ 電極材料的電化學性能

$LiCoO_2/C$ 電池充放電時，鋰離子可以在所在的平面發生可逆脫嵌/嵌入反應，活性材料中 Li^+ 的遷移過程可用下式表示：

$$LiCoO_2 \Longleftrightarrow Li_{1-x}CoO_2 + xLi^+ + xe \qquad (2\text{-}1)$$

$$xLi^+ + xe + 6C \Longleftrightarrow Li_xC_6 \qquad (2\text{-}2)$$

電池充電時，正極活性材料中的部分鋰離子脫離出 $LiCoO_2$ 晶格，鋰離子通過電解液嵌入到負極活性物質 C 的晶格中，生成 Li_xC_6 化合物，負極處於富鋰狀態，正極處於貧鋰狀態，同時通過外電路從正極向負極補償電子以保持電荷的平衡；反之放電時，鋰離子從 Li_xC_6 中脫出，經過電解液嵌入正極晶格中，同時，電子通過外電路從負極流向正極進行電荷補償。充放電過程就是不斷重複上述過程，實現鋰離子在正、負極材料中的嵌入和脫出，這種充放電機製就是前文中提到的「搖椅式」電池機製。從充放電反應來看，鋰離子在遷移過程中本身並沒有參與氧化還原反應，因此鋰離子電池反應是一種理想的可逆反應。

圖 2-2 為 $LiCoO_2$ 材料的循環伏安曲線。在第一周循環中 3.92V/3.87V 處可以明顯發現一對氧化還原電對，它對應於典型的氧化還原電對 Co^{3+}/Co^{4+}，$LiCoO_2$ 材料在脫鋰與嵌鋰過程中，展現出複雜的固溶反應現象，也就是說，隨着鋰離子的進一步脫嵌，一些新的 Li_xCoO_2 相可能會在進一步探索 CoO_6 結構時形成；4.08V/4.05V 和 4.17V/4.14V 的氧化還原電對，歸因於六角晶體和單斜晶體之間發生了二階轉換。第二周循環，明顯的氧化還原電對出現在 3.94V/3.86V 處，證明材料在循環時發生了極化。

為了解材料在過充電狀態下的結構變化，實現 $LiCoO_2$ 在高的工作電位下工作，研究人員做了許多努力。1992 年 Dahn 首次利用原位 XRD 的方法，研究電極材料在充電過程中結構的變化，文獻指出 Li_xCoO_2（$x>0.75$）在充電過程中，隨兩主體層板間鋰離子的脫出，c 軸膨脹，層板間距不斷擴張。這是由於隨鋰離子含量的減少，主體層板與鋰離子間的靜電引力減小，層間斥力增加。1994 年 Ohzuku 等給出了 Li_xCoO_2 材料從 3V（vs. Li^+/Li）充電到 4.8V（vs. Li^+/Li）過程中的 XRD 譜圖，並指出 Li_xCoO_2（$x>0.75$）在充電過程中由 H1 相向 H2

相轉變，但只是晶胞參數的變化，仍為六方晶系，並為 O_3 結構。而且在 $x=$ 0.55 時，Li_xCoO_2 轉變為單斜相 M，但該相不穩定，很快轉為 O_3 結構的六方相，隨着充電的繼續，O_3 結構在 $x<0.25$ 時又轉變為一個新相。隨後 Amatuccilao 等研究了 Li_xCoO_2 材料在 $3\sim5.2V$（vs. Li^+/Li）電壓範圍的充放電過程的 XRD 譜圖，他們得出與 Ohzuku 和 Ueda 相同的結論。此外他們觀察到 O_3-Li_xCoO_2 轉變為 CoO_2，其結構為 O_1 結構。繼上討論後，Van 和 Ceder 利用第一定律計算了 $LiCoO_2$ 的相圖，他們發現 Li_xCoO_2（$0<x<0.5$）在充電過程中，除 O_3 相外還存在兩相，即 OI 相和 stag 相。並且他們提供了這兩相的 XRD 譜圖，與 Ohzuku 和 Ueda 的試驗結果相似。總之，$LiCoO_2$ 在充電過程中，隨着鋰離子的脫出，材料由 O_3 相轉變為 M 相，並很快轉變為 O_3 相，再進一步生成 HI-3 相，最後生成極限結構 OI 相。表現在 c 值上的變化為：c 值先變大，層板擴張，後減小，層板塌陷。

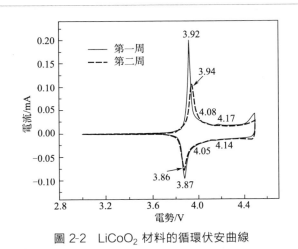

圖 2-2　$LiCoO_2$ 材料的循環伏安曲線

2.1.3　$LiCoO_2$ 的製備方法

鈷酸鋰的合成方法，主要有高溫固相法和低溫液相法。傳統的高溫固相反應以鋰、鈷的碳酸鹽、硝酸鹽、乙酸鹽、氧化物或氫氧化物等作為鋰源和鈷源，混合壓片後在空氣中加熱到 $600\sim900℃$ 甚至更高的溫度，保溫一定時間。為了獲得純相且顆粒均勻的產物，需將焙燒和球磨技術結合進行長時間或多階段加熱。高溫固相合成法工藝簡單，利於工業化生產，但它存在着以下缺點：①反應物難以混合均勻，需要較高的反應溫度和較長的反應時間，能耗巨大；②產物粒徑較大且粒徑範圍寬，顆粒形貌不規則，調節產品的形貌特徵比較困難，導致材料的

電化學性能不易控製。

低溫液相法主要包括共沉澱法和溶膠-凝膠法。共沉澱法是將共沉澱各組分呈離子或分子狀態分散在溶液中，往溶液中加入適當的沉澱劑使多種金屬離子在沉澱劑作用下均勻沉澱下來，然後過濾、洗滌沉澱，即得到粉末前驅體。對鈷酸鋰來說，由於大多數鋰鹽在水中溶解度較大，因此一般來說，加入沉澱劑後不經過過濾，而是在適當條件下將溶劑蒸發，從而得到配比準確、沉澱均勻的沉澱物。有時也採用有機物作溶劑。而溶膠-凝膠法是將有機金屬鹽類和無機鹽類混合均勻配製成溶液，控製工藝條件聚合形成溶膠，再採用控製溫度、高速攪拌酥利用化學反應使溶膠失去溶劑，黏度變大，而轉變成凝膠。再在適當溫度下焙燒即得粉料。運用液相合成技術實現了原料在分子水平上混勻，有利於 $LiCoO_2$ 晶體的生成和生長，可以有效地降低反應溫度，縮短反應時間，減少能耗。其中溶膠-凝膠法具有產品純度高、均勻性好、顆粒小、反應過程易控製等優點。該法的關鍵是選擇適當的前驅體溶液，控製合適的 pH 值範圍，在一定溫度和濕度條件下形成溶膠。

低溫液相法的共沉澱法和溶膠-凝膠法雖然可以在一定範圍內提高材料的性能，但由於工藝複雜以及合成材料粉末粒度難以控製，因此目前大規模工業生產上較成熟的依然是高溫固相合成法，即將碳酸鋰（Li_2CO_3）和鈷的氧化物如碳酸鈷、氧化鈷或四氧化三鈷按 Li/Co＝1 的比例混合，在空氣中高溫熱處理製備而成。其主要反應如下：

$$2CoCO_3 \cdot 3Co(OH)_2 \cdot 3H_2O + 5/2Li_2CO_3 + 5/4O_2 \Longrightarrow 5LiCoO_2 + 9/2CO_2 + 6H_2O$$

(2-3)

$$2Co_3O_4 + 3Li_2CO_3 + 1/2O_2 \Longrightarrow 6LiCoO_2 + 3CO_2 \qquad (2-4)$$

2.1.4　$LiCoO_2$ 的摻雜

由於鈷資源缺乏、價格昂貴，鋰離子電池正極材料鈷酸鋰因成本高等因素，應用及發展受到限製。此外，研究表明純的 $LiCoO_2$，當鋰離子脫嵌量超過 50％時，其電化學性能會有許多退化。為了進一步完善鈷酸鋰材料的性能，許多研究者在材料的摻雜方面做了大量的工作，取得了良好的效果。常見摻雜的元素有 Li、K、B、Mg、Al、Cr、Ti、Cd、Ni、Mn、Cu、Sn、Zn 和稀土元素等。

鋰的過量也可以稱為摻雜，由於鋰的過量，為了保持電中性，Li_xCO_2 中含有氧缺陷，用高壓氧處理可以有效降低氧缺陷結構。可逆容量與鋰含量有明顯關係。針對鋰過量摻雜，已進行了許多研究，Li/Co＝1～1.1 時，鈷酸鋰的電化學性能有所改善；當 Li/Co＞1.1 時，由於 Co 的含量降低，可逆容量降低。過量的 Li^+ 並沒有將 Co^{3+} 還原，而是產生了新價態的氧離子，其結合能高，周圍電

子密度小，而且空穴結構均勻分佈在 Co 層和 O 層，提高 Co—O 的鍵合強度。此外，還有報導表明，適量引入 K 元素，可以提高材料的可逆容量。

　　鎂離子的摻雜對鋰的可逆嵌入容量影響不大，但提高了鈷酸鋰的循環穩定性。其原因是 Mg^{2+} 摻雜後形成的是固溶體，而不是多相結構。有報導表明，在 $LiCoO_2$ 中摻雜微量的 Mg^{2+}，可以將其電子電導率從 $10^{-3}S \cdot cm^{-1}$ 提高至 $0.5S \cdot cm^{-1}$，且不改變材料的晶體結構，同時在充放電循環過程中材料呈單相結構。這是因為摻雜的 Mg^{2+} 占據了 $LiCoO_2$ 晶格中 Co 的位置，從而按照平衡機理產生了 Co^{4+}，即空穴，因此 $LiCoO_2$ 的電導率在 Mg^{2+} 摻雜後能夠大幅提高。

　　Al^{3+}（0.535Å，配位數為 6）與 Co^{3+}（0.545Å，配位數為 6，低自旋）的離子半徑基本相當，能在較大範圍內形成固溶體 $LiCo_{1-x}Al_xO_2$，摻雜後可以穩定結構，提高倍率容量，改善循環性能。有報導表明，當 $x \leqslant 0.5$ 時，材料呈單相；$0.6 \leqslant x \leqslant 0.9$ 時，材料呈兩相 $LiCo_{1-x}Al_xO_2$、γ-$LiAlO_2$ 共存狀態；$x = 1$ 時，材料又呈單相，為 γ-$LiAlO_2$ 相。材料中值的上限即 Al 的最大固溶度在 0.5 左右。在單相區（$x \leqslant 0.5$），隨着 Al 摻雜的增多，材料晶格結構參數發生變化，a 軸縮短，c 軸變長，c/a 基本呈線性增加，材料的層狀屬性更加明顯。此外，Al^{3+} 沒有 3d 軌道與氧軌道雜化，進而造成 $LiCo_{1-x}Al_xO_2$ 的鋰離子脫嵌電位昇高，提高了材料的電壓平臺。還有引入含 Ca^{2+} 化合物以後進行熱處理的，由於產物中 Ca^{2+} 比 Li^+ 多一個正電荷，從而造成電正性，而這樣容易導致 O^{2-} 移動，從而提高了鈷酸鋰的導電性能，有利於快速充放電。

　　適量 Cr^{3+}、Ti^{4+} 和 V^{5+} 摻雜可以提高 $LiCO_2$ 的電化學性能，研究表明，在 $LiCo_{1-x}Cr_xO_2$（$0 \leqslant x \leqslant 0.2$）中，隨 x 的增加，由於 Cr^{3+} 的離子半徑大於 Co^{3+}，晶體參數 a 和 c 增加。對於 Ti 摻雜的 $LiCo_{1-x}Ti_xO_2$（$0 \leqslant x \leqslant 0.5$），當鈦摻雜量低於 10% 時可以得到單相結構。Gopukumar 報導，$LiCo_{0.99}Ti_{0.01}O_2$ 在 0.2C 倍率下循環首次充/放電容量分別達到 $157mA \cdot h \cdot g^{-1}$ 和 $148mA \cdot h \cdot g^{-1}$，循環 10 次後仍能保持 90% 的可逆容量，而商品化 $LiCoO_2$ 在同等條件下循環的首次充/放電容量只有 $137mA \cdot h \cdot g^{-1}$ 和 $134mA \cdot h \cdot g^{-1}$。釩元素的引入使 $LiCoO_2$ 內部結構發生變化，從而在充放電過程中其晶型不易改變，使循環性能得到提高。

　　第一性原理計算研究結果表明，提高 Li^+ 擴散的晶格因素有兩個：一是提高 Li 層間距，主要是指 c 軸間距的增加；二是引入低價態離子。Ceder 指出 Li 層間距在 2.64（±4%）Å 範圍內波動，但 4% 的波動會導致 200% 的活化能變化。對於 M^{3+} 取代 Co^{3+} 而言，後過渡金屬（如 Ni、Fe 等），具有更高的氧電子雲密度和與 Co 相近的低勢壘，因而比前過渡金屬（如 V、Cr、Ti 等）更容易應用於

層狀氧化物電極材料中。更低價態的陽離子（如 Cu^{2+}）有利於降低 Li 遷移勢壘，從而提高材料的 Li 離子擴散性能。由於鈷、鎳是位於同一週期的相鄰元素，具有相似的核外電子排布，且 $LiCoO_2$ 和 $LiNiO_2$ 同屬於 α-$NaFeO_2$ 型化合物，因此可以將鈷、鎳以任意比例混合併保持產物的層狀結構，製得的 $LiCo_{1-x}Ni_xO_2$ 兼備 Co 係和 Ni 係材料的優點。此外，稀土元素（RE）的離子半徑一般比較大（表 2-1），摻雜鈷酸鋰正極材料後使其晶胞參數發生了變化。圖 2-3 為正極材料 $LiCo_{0.99}RE_{0.01}O_2$ 和 $LiCoO_2$ 的晶胞參數（數據來源於參考文獻 [5]）。

表 2-1　部分稀土元素的物理性質

元素	Sc^{3+}	Y^{3+}	La^{3+}	Ce^{4+}	Pr^{4+}	Nd^{3+}	Gd^{3+}	Eu^{3+}
離子半徑/Å	0.81	0.93	1.06	0.92	0.90	1.00	1.11	0.947
原子外層電子排布	$3d^14s^2$	$4d^15s^2$	$5d^16s^2$	$4f^15d^16s^2$	$4f^36s^2$	$4f^46s^2$	$4f^75d^16s^2$	$4f^76s^2$

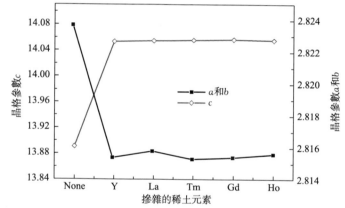

圖 2-3　正極材料 $LiCo_{0.99}RE_{0.01}O_2$ 和 $LiCoO_2$ 的晶胞參數（單位：Å）

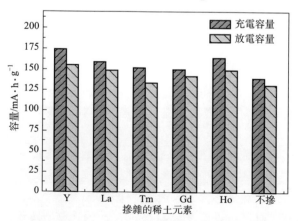

圖 2-4　正極材料 $LiCo_{0.99}RE_{0.01}O_2$ 和 $LiCoO_2$ 的初始充/放電容量

從圖 2-3 晶胞參數計算的結果看，摻雜了稀土元素的正極材料 $LiCo_{0.99}RE_{0.01}O_2$（RE＝Y、La、Tm、Gd、Ho）的晶型沒有改變，仍為六方晶系，但所得產物的晶胞 a 軸和 b 軸與純相 $LiCoO_2$ 相比較都有不同程度的微縮，c 軸有相對較大的伸長，晶胞的體積都大於純相 $LiCoO_2$ 的晶胞體積，增大率在 0.7% 左右。這說明摻雜的稀土元素部分取代了原晶胞中的 Co 元素，同時 c 值的增大表明所得的正極材料的層間距變大，意味着產物具有更快的 Li^+ 嵌入和遷出能力、更優的充放電穩定性，從而具有更優異的電化學性能。廖春發等採用 XRD 研究還發現：不管摻雜何種稀土，$LiRE_xCo_{1-x}O_2$ 的 XRD 譜圖的峰值都比純 $LiCoO_2$ 的 XRD 譜圖的峰值高，說明稀土的加入，使得 $LiCoO_2$ 結晶更為完好，顆粒更均勻。鄧斌等採用高溫固相合成法製備了摻雜稀土元素的鋰離子電池的正極材料 $LiCo_{1-x}RE_xO_2$。圖 2-4 為 $LiCo_{0.99}RE_{0.01}O_2$ 和 $LiCoO_2$ 的初始充/放電容量（數據源於文獻）。從圖 2-4 可以看出，摻雜了微量的 Y、La 等稀土元素的鋰離子電池正極材料能够較大幅度提昇鈷酸鋰正極材料的比容量。但由於大部分稀土元素的原子量比較大，隨着 $LiCoO_2$ 中摻雜稀土元素含量的增加，所得的正極材料的充放電質量比容量逐漸下降，摻雜元素的比例越大，充放電容量的下降的幅度越大。廖春發等在合成 $LiCoO_2$ 的基礎上，採用共沉澱法摻雜稀土 La、Ce、Lu、Y 等合成製備了 $LiRE_xCo_{1-x}O_2$；研究結果表明，合成的 $LiRE_xCo_{1-x}O_2$ 具有 $LiCoO_2$ 結構，當 RE 的加入量 $x<0.05$ 時，稀土能完全形成單一 $LiRE_xCo_{1-x}O_2$ 相；稀土的摻入能促進 $LiCoO_2$ 結晶，同時使（104）面的相對衍射強度增加；$LiRE_xCo_{1-x}O_2$ 首次放電容量達 $147.4mA \cdot h \cdot g^{-1}$，循環穩定性也有所提高。Nd 的摻入並未明顯改變 $LiCoO_2$ 的結構，仍然屬於六方晶系。隨着摻雜量的不同，晶胞參數略有變動，但是相差不大。其次，摻雜元素 Nd 對材料的初始放電容量未有明顯提高；另外，摻雜少量的 Nd 會使材料的放電平臺更加平穩。

有報導表明，陰離子摻雜也可以提高 $LiCoO_2$ 的電化學性能，B 摻雜可以降低極化，減少電解液的分解，提高循環性能。P 的引入可以使 $LiCoO_2$ 的結構發生明顯的變化，進而提高了材料的快速充放電能力和循環性能。在 $LiCoO_2$ 中引入非晶態物質，如硼酸、二氧化矽、錫化合物等，將導致 $LiCoO_2$ 的結構由六方晶系向無定形結構轉變。這種摻雜的 $LiCoO_2$ 材料，在充放電循環中具有良好的穩定性。

2.1.5　$LiCoO_2$ 的表面改性

在 $LiCoO_2$ 中，以過渡金屬或非過渡金屬元素部分取代鈷元素來提高其循環壽命的方法有許多不如人願的地方，如可逆比容量下降等，而表面包覆方法可以

彌補這些缺點。鋰離子電池正極材料和電解液之間的惡性相互作用是引起正極材料和電池性能劣化的重要原因。表面修飾處理可以有效地抑製正極材料與電解液之間的惡性相互作用，是改善鋰離子電池正極材料循環性能的有效途徑，包覆材料主要包括惰性氧化物、磷酸鹽和氟化物等。

包覆 $LiCoO_2$ 基電極材料的電化學惰性氧化物很多，包括 ZnO、CuO、Al_2O_3、ZrO_2、SnO_2、$MnSiO_4$、$MgAl_2O_4$、Li_2ZrO_3、$Li_4Ti_5O_{12}$ 等。採用電化學惰性材料對 $LiCoO_2$ 進行包覆改性後，材料的抗過充電性能、倍率性能、循環性能以及熱穩定性得到了提高。其原理主要是包覆層起到了保護 $LiCoO_2$ 的作用，阻止電解液與電極材料間的反應，減少鈷的溶解。同時人們還提出電極材料共混的方法，即在 $LiCoO_2$ 中添加 $LiMnO_2$。鋰在嵌入和脫嵌過程中，$LiCoO_2$ 和 $LiMnO_2$ 這兩種化合物的層狀結構發生收縮和膨脹，而這種收縮和膨脹造成正極強度下降，使活性物質與導電劑的接觸不充分，甚至發生正極與導電劑之間的分離，這就使得其循環性能及容量惡化。$LiCoO_2$ 是嵌入時發生收縮，脫嵌時發生膨脹；$LiMnO_2$ 則正好相反。兩者的均勻混合就會抑製上述過程，從而使性能得以改善。這兩種化合物的摩爾比為 1：1 時，效果最好。

包覆 $LiCoO_2$ 基電極材料的磷酸鹽主要包括：$AlPO_4$、$Co_3(PO_4)_2$、$Mg_3(PO_4)_2$、$Zn_3(PO_4)_2$、$FePO_4$ 和 Li_3PO_4 等。磷酸鹽包覆 $LiCoO_2$ 後，不僅材料抗過充電性能有了明顯改善，而且安全性能也有了較大提高。採用奈米 $AlPO_4$ 包覆 $LiCoO_2$ 組裝成鋁塑膜方形電池，進行 1C、12V 過充實驗，電池不發生爆炸而只是熱膨脹，並且電池表面的溫度僅為 60℃，而未經包覆 $LiCoO_2$ 組裝的電池發生爆炸，電池表面溫度高達 500℃。電池安全性能提高主要是由於包覆層 $AlPO_4$ 中存在鍵能較大的 P＝O 鍵（鍵能為 5.64eV），可以有效減小電解液的化學破壞作用。採用 $Co_3(PO_4)_2$ 包覆 $LiCoO_2$，經過熱處理過程，可以在 $LiCoO_2$ 表面生成 $LiCoPO_4$ 相，改性材料組裝成電池進行釘穿實驗，電池沒有出現熱失控，即使出現了火花或着火，電池表面最高溫度僅為 80℃，而未經包覆 $LiCoO_2$ 組裝的電池發生着火，電池表面最高溫度達到 500℃。

在高電壓（4.5V）下，$LiCoO_2$ 表面包覆的氧化物有效提高了其循環性能的原因並不是在包覆後材料的層狀結構改變了，而是包覆層抑製了正極材料和電解液之間的副反應，在電化學循環中顯著抑製了 $LiCoO_2$ 表面 SEI 膜的不斷增長。但是，有報導表明，氧化物（例如 Al_2O_3）包覆層在電解液中經過長期循環（超過 1000 次）之後仍不能避免 HF 的侵蝕，部分 Al_2O_3 轉變為 AlF_3，而在 $LiCoO_2$ 表面直接包覆氟化物，對於持久提高其循環性能和倍率性能非常有效。包覆 $LiCoO_2$ 電極材料的氟化物主要包括 AlF_3、LaF_3、MgF_2 等。採用氟化物包覆 $LiCoO_2$ 後，材料表現出良好的抗過充電性能、倍率特性和熱穩定性能。以 AlF_3 包覆 $LiCoO_2$ 為正極和以石墨為負極組裝成的全電池為例，在充電截止電

壓為 4.4V 時，經過 500 周循環電池容量保持率為 91%，而 $LiCoO_2$ 組裝的電池經過 500 周循環後容量幾乎為零。此外，AlF_3 包覆層可以減少形成 LiF 膜的量，從而減小了電極材料與電解液之間的界面阻抗，而且表面 AlF_3 層阻止了 HF 對 $LiCoO_2$ 材料的腐蝕，從而減少了 Co 的溶解量，降低了 $LiCoO_2$ 的電荷轉移電阻。

2.2 $LiNiO_2$ 正極材料

$LiNiO_2$ 是目前研究的各種正極材料中容量較高的系統，其理論容量為 $274mA \cdot h \cdot g^{-1}$，實際容量高達 $200 \sim 220mA \cdot h \cdot g^{-1}$，具有類似於 $LiCoO_2$ 的層狀結構也屬於三方晶系的六方晶胞（R-3m），鋰離子占據 3a 位置，鎳離子占據 3b 位置，氧離子占據 6c 位置。其晶胞參數為 $a = 0.288nm$，$c = 1.42nm$，比 $LiCoO_2$ 稍大，其晶體結構如圖 2-5 所示。

雖然 $LiNiO_2$ 比 $LiCoO_2$ 有價格和容量上的優勢，但目前為止，$LiNiO_2$ 還沒有用於商品鋰離子二次電池中，其主要原因是化學計量的 $LiNiO_2$ 製備困難。其原因是，在合成 $LiNiO_2$ 的過程中，Ni^{2+} 氧化成為 Ni^{3+} 存在較大勢壘，Ni^{2+} 難以完全氧化成為 Ni^{3+}，殘餘的 Ni^{2+} 容易進入 Li^+ 占據的 3a 位，形成非化學計量的 $Li_{1-x}Ni_{1+x}O_2$ 化合物；此外，鋰鹽在高溫下容易以 Li_2O

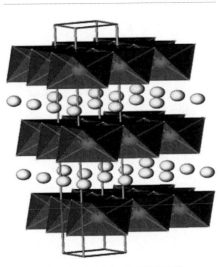

圖 2-5 $LiNiO_2$ 的晶體結構

的形式揮發，促進了非化學計量的 $Li_{1-x}Ni_{1+x}O_2$ 化合物的形成；在溫度高於 720℃ 時，$LiNiO_2$ 在空氣中容易發生相變和分解。

$$16LiNiO_2 = 2Li_2Ni_8O_{10} + 6Li_2O + 3O_2 \tag{2-5}$$

當有鎳離子占據鋰離子的位置時，導致材料的電化學性能極差，這主要是因為充電過程中占據 Li 層的 Ni^{2+} 氧化成為 Ni^{3+} 或 Ni^{4+}，會造成 LiO_6 八面體層的局部塌陷，增加放電過程中 Li^+ 嵌入的難度，造成放電容量下降，循環穩定性下降。而且，當過放電使 $Li_xNi_{1-x}O_2$ 中的 x 趨向於 0 和鎳的化合價達到最大值 +4 時，鎳離子從鎳層遷移到鋰層。鎳的遷移限製了鋰離子再次嵌入時的擴散，

從而降低了電池的性能。另外目前得到的 $LiNiO_2$ 快速放電能力比 $LiCoO_2$ 差，不適應於大功率輸出。

2.2.1　$LiNiO_2$ 的製備方法

目前，製備 $LiNiO_2$ 的方法主要是高溫固相合成法和軟化學方法，包括溶膠-凝膠（sol-gel）法、共沉澱法、熔融鹽法、噴霧乾燥法等液相合成方法。

高溫固相合成法是將鋰鹽和鎳鹽混合、研磨後，高溫煅燒、冷卻、研磨、過篩，製得產物。固相法操作簡單，易工業化生產，但合成溫度高，燒結時間長，原料的分散度較低，為使各種離子充分擴散，需要在高溫下長時間燒結，因此必須加入過量的鋰鹽，以彌補鋰在高溫下的揮發，造成了配方控製困難。同時要對反應體系進行充分研磨、細化，才能得到物相均勻的產物。

共沉澱法是將可溶性鎳鹽（如 $NiSO_4$）的溶液滴加到混合鹼 $NaOH$ 溶液與氨水的混合溶液中，控製 pH 值（一般控製在 10～12），製備粒徑大小均勻的共沉澱物。共沉澱物經陳化、洗滌、乾燥，製得所需前驅體。將前驅體與鋰鹽混合、研磨並高溫燒結，得到產物。

溶膠-凝膠法是濕法製備亞微米級鋰離子電池正極材料的較好方法。傳統的溶膠-凝膠法是採用有機錯合劑的多官能團將陽離子（Li^+、Ni^{2+}）在一定溫度下錯合，經水解、交聯，使之達到原子級均勻混合，得到透明的溶膠，然後在一定溫度下乾燥，最後經燒結得到正極材料。此方法的優點是合成溫度低、燒結時間短，所合成 $LiNiO_2$ 的粒徑小且分佈窄，電化學性能較好。但是此方法需要使用大量有機錯合物，生產成本較高。

2.2.2　$LiNiO_2$ 的摻雜改性

$LiNiO_2$ 中的 Ni^{3+} 的核外電子在 3d 軌道中採取兩種相同能量的低自旋的排布方式，所以系統將產生 Jahn-Teller 效應。$Li_x NiO_2$ 中存在超晶格結構，鋰離子的脫出和缺陷的增加導致超晶格結構發生重排，晶體點陣類型不斷發生變化。當 $0.75 < x < 1.0$ 時，$Li_x NiO_2$ 為菱面體相 R1（rhombohedral phase）；當 $0.45 < x < 0.75$ 時，$Li_x NiO_2$ 轉變為單斜晶相 M（monoclinic phase）；當 $0.25 < x < 0.45$ 時，$Li_x NiO_2$ 重新轉變成一個新的菱面體相 R2；當 $0 < x < 0.25$ 時，$Li_x NiO_2$ 先是出現一個新的菱面體相 R3，繼而出現六方相 H4（Hexagonal phase）的 NiO_2，其結構為 O1 型堆積（六方密堆積 ABAB…）。與 $LiNiO_2$ 的 O3 型堆積（立方密堆積 ABCABC…）相比，結構已發生較大變化，而且此區間的相變過程是不可逆的。相變過程的結構變化降低了電極長期循環的穩定性，導

致容量衰減和壽命縮短。充電後期相變的不可逆性，要求 $LiNiO_2$ 電極充電過程必須控製在 4.1V 以下，此時 $LiNiO_2$ 的比容量將被限製在 $200mA \cdot h \cdot g^{-1}$（脫嵌 0.75 個 Li^+）以內。如果充電電壓超過 4.1V，將產生高的不可逆容量損失。有實驗證明，當充電至 4.8V 時，將生成組成為 $Li_{0.06}NiO_2$ 的產物，其每次循環的不可逆容量損失高達 $40\sim50mA \cdot h \cdot g^{-1}$，數次循環後即完全失效。摻雜改性是抑製 Li_xNiO_2 嵌入/脫出過程結構相變，提高電極性能的重要途徑。

目前，單組分摻雜已經報導了 Mg^{2+}、Ca^{2+}、Sr^{2+}、Zn^{2+}、Co^{3+}、Al^{3+}、Cr^{3+}、Fe^{3+}、Mn^{4+}、Ti^{4+}、Sn^{4+}、V^{5+} 以及稀土元素等，主要從元素的種類、摻雜量、摻雜方法等角度考察摻雜後材料的電化學性能及熱穩定性。Mg^{2+} 摻雜 $LiNiO_2$ 的 Li（3a 位）位置，可以減小過充時 NiO_2 層之間的膨脹；此外，Mg^{2+} 的摻雜可以導致晶格缺陷，有利於電荷的快速傳遞，使其循環性能與快速充放電能力得到改善。適量 Sr^{2+} 的摻雜有利於提高 $LiNiO_2$ 的鋰離子擴散能力。Co^{3+}、Al^{3+} 的摻雜能夠穩定 $LiNiO_2$ 的 2D 層狀結構，有利於鋰離子的擴散。此外，Al^{3+} 的摻雜還可提高 $LiNiO_2$ 的抗過充能力，抑製 $LiNiO_2$ 的相變，提高循環性能，抑製脫鋰相在加熱過程中的放熱、分解反應，提高電極材料的熱穩定性，提高 $LiNiO_2$ 材料的氧化還原電位。Ti^{4+} 的摻雜能夠有效阻止 Ni^{2+} 進入鋰層，穩定 $LiNiO_2$ 的晶體結構，提高 $LiNiO_2$ 的循環性能。Fe^{3+} 的摻雜能抑製 $LiNiO_2$ 充放電過程中的相變，但是會增強結構的三維特徵，會使 $LiNiO_2$ 的循環性能惡化。

由於 $LiCoO_2$ 與 $LiNiO_2$ 是同構化合物，Co 的化學性質與 Ni 的化學性質非常相似，Co^{3+} 與 Ni^{3+} 的離子半徑非常接近。因此，Co 與 Ni 任意比例互摻，二者都可以形成完全固溶體。在 $LiNiO_2$ 中摻入 Co^{3+} 可以促進 Ni^{2+} 的氧化和有序層狀結構的形成，使處於充電狀態的 $LiNiO_2$ 材料的穩定性有所改善，可以減少不可逆容量，增加可逆容量。Co^{3+} 摻雜的 $LiCo_xNi_{1-x}O_2$ 可以在空氣中合成，容易實現工業化生產，是目前最有希望替代 $LiCoO_2$ 的新一代正極材料。

XRD 研究發現稀土摻雜鎳酸鋰後，各衍射峰強度及位置發生變化，出現了稀土氧化物的衍射峰，由此確定添加元素沒有替代鎳的晶格位置而是嵌在晶格的空隙中靠分子間力與氧相互吸引。當 Li^+ 選出後，夾層間的靜電斥力將增加，增大 O—Ni—O 層的極化力，有利於層狀結構的穩定性。徐光憲認為陽離子對陰離子的極化能力大致和它的電荷的平方成正比，和它的半徑成反比。因此，選擇那些電荷高、離子半徑小、自身極化率也較高的陽離子可以提高鎳酸鋰正極材料的電化學性能。各稀土金屬的電荷較高，由於具有 d 層或 f 層，自身極化率也高，但相比較只有鈰的電荷半徑比較大。有報導表明，採用稀土金屬 Ce 摻雜 $LiNiO_2$ 後，Ce 以 CeO_2 狀態存在於產物中，CeO_2 對 $LiNiO_2$ 晶相形成及其局域

結構有一定的影響，鈰在晶格骨架中起到支撐和「釘扎」的作用。因此，添加到 $LiNiO_2$ 中產生的效果較好。其他添加元素的活性偏低，一方面是由於元素本身的性質對 $LiNiO_2$ 的結構影響（如半徑大、外層電子在軌道上的分佈等）；另一方面實驗條件的設置以及原料配比等因素也會影響正極材料的活性。

　　單一的摻雜改性可以改善 $LiNiO_2$ 的性能，但不同元素具有不同的摻雜效應，單一組分的摻雜有利也有弊，只有結合多種元素的摻雜作用，揚長避短，才能全面提高 $LiNiO_2$ 的整體性能。Co 與 Al、Mn、Mg 和 Zn 組合摻雜，可以同時改善材料的循環性能和熱穩定性。Co 與 Al 複合摻雜能促進 Ni^{2+} 的氧化，抑製 Ni^{2+} 進入 Li 位，減少了陽離子混亂度，抑製了充放電循環過程中六方相 H2 向六方相 H3 的相變，從而提高 $LiNiO_2$ 材料的可逆容量以及循環穩定性。Mg 與 Al 複合摻雜能夠提高 $LiNiO_2$ 的循環性能，DSC 分析數據顯示複合摻雜提高了正極材料的熱穩定性。Ti 與 Mg 複合摻雜可以抑製 $LiNiO_2$ 的六方相 H3 的形成，進而大大提高其循環穩定性和熱穩定性。

　　為了進一步提高摻雜的 $LiNiO_2$ 結構穩定性，表面包覆改性鎳基正極材料也是一種較佳的選擇。包覆材料主要包括金屬氧化物、磷酸鹽、氟化物和碳材料。金屬氧化物包覆層可以抑製鎳基材料與電解液間的副反應，減小了 HF 對電極材料的腐蝕，進而抑製了電荷轉移阻抗的增加，而擴散到電極材料本體中的金屬離子形成摻雜型材料，可以提高材料的倍率性能和循環性能。採用磷酸鹽包覆鎳基電極材料後，不僅減少了 $LiNiO_2$ 材料與電解液間的副反應，材料抗過充電性能有了明顯改善，且安全性能也有了較大提高，這主要是由於 PO_4^{3-} 與金屬之間具有非常強的共價鍵，可以減小電解液對正極活性物質的化學破壞作用，進而電極材料的電化學性能、熱穩定性能得到明顯提高。碳材料包覆主要是抑製 $LiNiO_2$ 材料與電解液間的副反應，提高材料的表面導電性。氟化物的包覆原理與其包覆 $LiCoO_2$ 材料類似。

2.3　層狀錳酸鋰（$LiMnO_2$）

　　$LiMnO_2$ 是一種同質多晶化合物，它主要有 3 種存在形式：正交、單斜以及四方 $LiMnO_2$，其中正交和單斜 $LiMnO_2$ 具有層狀結構，如圖 2-6 所示。

　　正交 $LiMnO_2$ 屬正交晶系，其空間群為 Pmnm，通常簡稱為 o-$LiMnO_2$，LiO_6 八面體和 MnO_6 八面體成波紋形交互排列，而且 Mn^{3+} 向鋰層遷移所引起的 Jahn-Teller 畸變效應使得 MnO_6 八面體骨架被拉長 14% 左右，其晶格參數為：$a = 0.2805nm$、$b = 0.5757nm$、$c = 0.4572nm$。o-$LiMnO_2$ 基於 $Mn^{3+}/$

Mn^{4+} 電對的理論容量 286mA・h・g^{-1}。單斜 $LiMnO_2$ 屬單斜晶系，具有 α-$NaFeO_2$ 型結構，與 $LiCoO_2$ 和 $LiNiO_2$ 結構相似，屬於 C2/m 空間群，通常簡稱為 m-$LiMnO_2$。它具有 NaCl 型的微結構，兩種不同的離子沿 [111] 晶面方向交替排列，理論容量也是 286mA・h・g^{-1}，在空氣中穩定。四方 $LiMnO_2$ 屬四方晶系，空間群 $I4_1/amd$，通常簡稱為 t-$LiMnO_2$。其晶格參數為 $a = 0.5662nm$、$c = 0.9274nm$，陽離子分佈為 $[Li^+]_{8a}[Li^+]_{16c}[Mn^{3+}]_{16d}O_4^{2-}$，其中 8a 位是四面體位，16c 和 16d 是八面體位。目前，用作鋰離子電池正極材料的主要是層狀結構的 $LiMnO_2$。

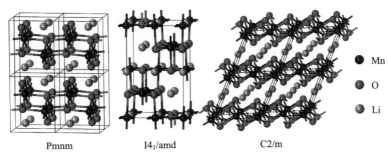

Pmnm　　　　　　　　$I4_1/amd$　　　　　　　　C2/m

圖 2-6　不同空間群的 $LiMnO_2$ 晶體結構圖

2.3.1　層狀錳酸鋰的合成

　　層狀 $LiMnO_2$ 可採用多種工藝方法進行合成，如高溫固相合成法、溶膠-凝膠合成法、熔融鹽法、模板法、水熱合成法、共沉澱合成法、離子交換法等。

　　高溫固相合成法是將鋰鹽、錳鹽或錳的氧化物經一定方式的研磨混合後，在惰性氣氛下高溫燒結。固相反應方法工藝簡單，適合產業化批量生產，但是反應物之間接觸不均勻，反應不充分。合成產物粒徑不易控製，分佈不均勻，形貌不規則。溶膠-凝膠法是將鋰鹽、錳鹽按一定的化學計量比在溶液中混合，以檸檬酸作螯合劑，經過反應形成溶膠，然後攪拌混合物經過脫水的縮聚反應形成凝膠，凝膠經真空乾燥固化後再經燒結形成所要製備的樣品。該法反應溫度較低，反應時間短，但原料價格較貴。共沉澱法是將可溶性錳鹽配成溶液，然後加入適量沉澱劑，形成難溶的超微顆粒即前體沉澱物，再將此沉澱物進行乾燥或煅燒得到相應的超微顆粒的方法。熔融鹽法一般是將 LiCl 和 $LiNiO_3$（兩者質量比為 1：3）在坩堝中均勻混合，在馬弗爐中昇溫到 300℃，待混合物熔融後將 $NaMnO_2$ 粉末加入坩堝中並攪拌均勻，恒溫 4h 處理後再冷卻，用去離子水洗滌、真空乾

燥得到 $LiMnO_2$ 產物。水熱合成法是通過高溫高壓在水溶液或水蒸氣等流體中，進行化學反應製備粉體材料的一種方法。水熱法製備 $LiMnO_2$ 正極材料大致包括水熱反應、過濾、洗滌乾燥等步驟。水熱合成法製備 $LiMnO_2$ 的粉末一般結晶度高，晶體缺陷小，而且粉末的大小、均勻性、形狀、成分等可以得到嚴格的控製。離子交換法是一種利用固體離子交換劑（有機樹脂或無機鹽）中的陰離子或陽離子與液體中的離子發生相互交換反應來分離、提純或製備新物質的方法。採用該方法製備 $LiMnO_2$ 是基於 $NaMnO_2$ 對鋰離子的親和力大於鈉離子，從而與鋰鹽溶液中鋰離子發生交換反應。模板法是將可溶性鋰鹽和錳鹽溶於無水乙醇中，然後將一定量的矽膠在溶液中浸泡一定時間，然後在惰性氣氛下煅燒一定時間，最後，利用 $NaOH$ 溶液溶解矽膠模板，即可得到奈米尺寸的 $LiMnO_2$ 粉體。

2.3.2　不同的形貌對層狀錳酸鋰的電化學性能的影響

眾所周知，電極材料的粒徑與形貌對電池的性能有重要的影響。製備不同形貌的奈米 $LiMnO_2$ 對其電化學性能的提高有着重要作用。圖 2-7 為不同形貌的層狀 $LiMnO_2$ 的 SEM 圖或 TEM 圖，表 2-2 為不同形貌的層狀 $LiMnO_2$ 的電化學性能。

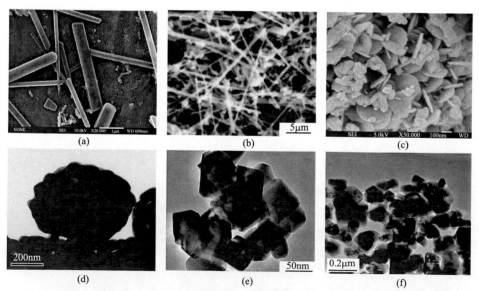

圖 2-7　不同形貌的層狀 $LiMnO_2$ 的 SEM 圖或 TEM 圖

（a）奈米棒；（b）奈米線；（c）奈米片；（d）奈米球；（e）奈米顆粒；（f）奈米顆粒

表 2-2　不同形貌的層狀 $LiMnO_2$ 的電化學性能

形貌	合成方法	電化學性能包括初始容量、容量保持率 (循環次數,倍率,電壓範圍)
奈米棒	水熱法	$260mA \cdot h \cdot g^{-1}$,66.9%(7,1/20C,2.0~4.5V)
奈米線	水熱法	$148mA \cdot h \cdot g^{-1}$,75%(30,0.1C,2.0~4.5V)
奈米片	水熱法	235(第二周)$mA \cdot h \cdot g^{-1}$,80.8%(20,0.01A $\cdot g^{-1}$,2.0~4.5V)
奈米球	微波水熱法	$228mA \cdot h \cdot g^{-1}$,70.2%(50,0.1C,2.0~4.5V)
奈米顆粒	一步水熱法	$138.2mA \cdot h \cdot g^{-1}$,100%(30,0.05C,2.0~4.3V)
奈米顆粒	水熱法	$166mA \cdot h \cdot g^{-1}$,>90.4%(6,0.05C,2.0~4.5V)

2.3.3　層狀錳酸鋰的摻雜改性

m-$LiMnO_2$ 在充放電過程中晶體結構會發生變化,單斜結構在充電後變為菱形結構,菱形結構在放電後又變為單斜結構,晶體結構的反復變化引起體積的反復膨脹和收縮,導致容量衰減快。o-$LiMnO_2$ 的正交晶系結構在循環過程中也不穩定,容易向尖晶石相轉變,循環多次之後 o-$LiMnO_2$ 完全變成尖晶石結構,而尖晶石結構在 2.5~4.3V 之間充放電時會發生 Jahn-Teller 扭曲,致使循環容量降低。因此,摻雜改性是提高層狀 $LiMnO_2$ 的結構穩定性、改善其電化學性能的一個行之有效的方法。體相摻雜的元素種類較多,主要有 Li、Mg、Cu、Ni、Co、Cr、Al、Zr、Ti、Y 和 S 等。

鋰摻雜的 $LiMnO_2$ 主要是 Li 取代 Mn 形成 $Li_{1+x}Mn_{1-x}O_2$,引入的 Li 占據原來 Mn 的 3b 位置,提高了 Mn 的平均氧化態,降低了 Mn^{3+} 的 Jahn-Teller 畸變效應,有利於形成層狀結構,保持結構的穩定性。還可以向 Li 層引入其他較大體積的鹼金屬離子,如 Na^+、K^+ 等,一方面作為支撐柱以穩定層板,減小塌陷;另一方面能夠使更多的 Li^+ 參與嵌入/脫嵌過程,從而提高材料的可逆容量。此外,在 Mn—O 層中摻入一定量的 Ni、Cu 和 Ti 等過渡金屬元素,也可以有效地抑製 $LiMnO_2$ 的層狀結構在充放電過程中向尖晶石型結構轉變。

鎂摻雜的 $LiMnO_2$ 主要是 Mg 取代 Mn 形成 $LiMg_xMn_{1-x}O_2$,引入的 Mg 占據 Mn 位,也可以提高 Mn 的平均氧化態,且其抑製了 Jahn-Teller 畸變效應。隨着摻雜量的增加,晶胞參數 c/a 的比值也隨着增大,層狀屬性更加明顯。其原因是層外電子向層內轉移,使得層內原子之間的相互作用增強,層內結合更加緊密,而層與層之間的相互作用減弱。

$LiMnO_2$ 中引入 Al^{3+} 可以提高 Mn^{4+}/Mn^{3+} 的比例,結構穩定的 AlO_6 八面體替代因 Jahn-Teller 畸變效應而扭曲的 MnO_6 八面體層後降低了八面體層的扭

曲應力，從而抑製了 Mn^{3+} 的 Jahn-Teller 畸變效應，並阻止 Mn^{3+} 在電化學循環過程中向內層遷移，從而起到穩定層狀 $LiMnO_2$ 結構的作用。鉻摻雜的 $LiCr_xMn_{1-x}O_2$ 在任意 x 值處均可形成固溶體。摻雜 Cr^{3+} 使 Mn—O 鍵長縮短，Mn^{3+} 穩定在八面體位置，從而抑製了 Mn^{3+} 向內層 Li^+ 層擴散，Cr^{3+} 在鋰離子脫嵌過程中一直位於（Mn, Cr）O_2 層，從而抑製層狀結構向尖晶石相的畸變。Co^{3+} 的離子半徑和八面體擇位能與 Mn^{3+} 相近，Co^{3+} 引入 $LiMnO_2$ 後主要占據 Mn^{3+} 八面體位置，抑製了 Mn^{3+} 的 Jahn-Teller 效應，穩定了 $LiMnO_2$ 的層狀結構及其循環穩定性。通常，Co 的含量越高，則在循環中衰變為尖晶石相的速度越慢，但容量也隨之下降。Y 的摻雜可以降低材料中 MnO_6 八面體的扭曲應力，減小材料的結構畸變，增強材料的循環可逆性，從而在很大程度上改善了材料的電化學性能。

　　類似於金屬元素，摻雜非金屬元素亦可提高層狀 $LiMnO_2$ 正極材料的電化學性能。摻雜 Si 可降低層狀 $LiMnO_2$ 正極材料的電阻，使材料的充放電比容量提高，循環性能得到改善，這主要是因為 Si 能增大層狀 $LiMnO_2$ 的晶格參數，使鋰離子在充放電過程中能更加自由地嵌入和脫出。摻雜離子不同，所產生的影響不同，如果根據其不同作用摻雜多種離子，可以提高 $LiMnO_2$ 的整體性能，這些多元摻雜的錳係衍生物也稱為多元錳基固溶體材料。

2.4　三元材料（$LiNi_{1/3}Co_{1/3}Mn_{1/3}O_2$）

　　三元材料（Li-Ni-Co-Mn-O）是當前公認的最有商用價值的正極材料之一。隨着 Ni、Co、Mn 組成比例的變化，材料的容量、安全性等諸多性能能够在一定程度上實現可調控。業內人士習慣於按照材料的比例命名，三元系列的材料可分為以下幾種，即 $LiNi_{1/3}Co_{1/3}Mn_{1/3}O_2$（簡稱 111）、$LiNi_{0.4}Co_{0.2}Mn_{0.4}O_2$（簡稱 424）、$LiNi_{0.5}Co_{0.2}Mn_{0.3}O_2$（簡稱 523）等。受鎳鋰互占位的影響，Ni、Co、Mn 的比例為 1：1：1 和 4：2：4 時材料的結構穩定性較好。但為了獲得更多的可逆容量，三元材料的研發方向傾向於提高鎳的含量，如 523、622、712、811 等。目前，動力電池用三元材料以 111 和 424 為主，523 逐漸成為便携式電子產品中的主流材料，其他高鎳材料仍處於研發之中，實際應用較少。在三元材料的文獻報導中，111 體系是研究得最深入、最充分的，下面我們主要以這個組成介紹一下三元材料的晶體結構、合成方法和改性路線。

2.4.1　$LiNi_{1/3}Co_{1/3}Mn_{1/3}O_2$ 材料的結構

　　與 $LiCoO_2$ 一樣，層狀 $LiNi_{1/3}Co_{1/3}Mn_{1/3}O_2$ 屬於 R-3m 空間群，六方晶系，

是 α-NaFeO$_2$ 型層狀鹽結構，其結構如圖 2-8 所示，Li 占據岩鹽結構（111）面的 3a 位置，過渡金屬 Ni、Co、Mn 離子占據 3b 位置，O 占據 3c 位置，每個過渡金屬由 6 個氧原子包圍形成 MO$_6$ 八面體，鋰離子嵌入在過渡金屬層 Ni$_{1/3}$Co$_{1/3}$Mn$_{1/3}$O$_2$ 中，在充放電過程中，過渡金屬層間的鋰離子可逆的嵌入和脫嵌。關於 3b 位置過渡金屬層的排列普遍認為有三種模型：第一種模型是具有 $[\sqrt{3} \times \sqrt{3}]$ $R30°$超結構的 Ni$_{1/3}$Co$_{1/3}$Mn$_{1/3}$O$_2$ 的複雜模型，如圖 2-8(a)；第二種模型是 CoO$_2$、NiO$_2$、MnO$_2$ 交替組成的晶格，如圖 2-8(b)；第三種模型是 Ni、Co、Mn 隨機無序地占據 3b 位置。對於 LiNi$_{1/3}$Co$_{1/3}$Mn$_{1/3}$O$_2$ 的晶體結構有待進一步研究。

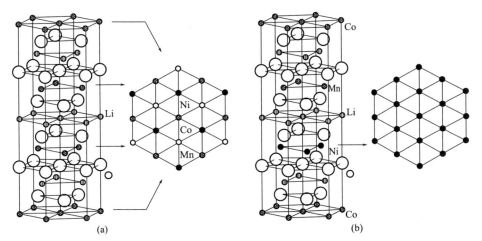

圖 2-8　LiNi$_{1/3}$Co$_{1/3}$Mn$_{1/3}$O$_2$ 的晶體結構圖

XPS 測試表明，LiNi$_{1/3}$Co$_{1/3}$Mn$_{1/3}$O$_2$ 中鎳、鈷、錳的化合價分別為＋2 價、＋3 價、＋4 價。由於 Ni^{2+}（0.69Å）的離子半徑與 Li$^+$（0.72Å）的離子半徑較為接近，容易發生「陽離子混排」現象，即部分 Ni^{2+} 占據 Li$^+$ 位置，引起可逆容量下降，結構穩定性變差，材料的電化學性能變差。一般用 XRD 譜圖中的（003）峰和（104）峰的強度比值 $R = I(003)/I(104)$ 來表徵材料的陽離子混排程度，當 $R > 1.2$ 時，陽離子的混排程度小，材料的電化學性能好；用晶胞參數中的 c 與 a 的比值 $R_V = c/a$ 判斷材料層狀結構完善程度，當 $R_V > 4.96$ 時，材料的層狀結構越完善，材料的電化學性能越好。

LiNi$_{1/3}$Co$_{1/3}$Mn$_{1/3}$O$_2$ 中各過渡金屬離子作用各不相同，一般認為，Mn^{4+} 的作用在於支撐材料的結構，提高材料的安全性；Co^{3+} 的作用在於不僅可以穩定材料的層狀結構，而且可以提高材料的循環和倍率性能，而 Ni^{2+} 的作用在於增加

材料的容量。局域自旋密度近似（LSDA）計算表明，$Li_{1-x}Ni_{1/3}Co_{1/3}Mn_{1/3}O_2$ 的脫鋰過程分為三個階段：

① $0 \leqslant x \leqslant 1/3$ 時，對應的反應是將 Ni^{2+} 氧化成 Ni^{3+}，在充放電過程中的電化學反應式為：

$$LiNi_{1/3}Co_{1/3}Mn_{1/3}O_2 \underset{放電}{\overset{充電}{\rightleftharpoons}} Li_{2/3}Ni_{1/3}Co_{1/3}Mn_{1/3}O_2 + \frac{1}{3}Li^+ + \frac{1}{3}e \qquad (2\text{-}6)$$

② $1/3 \leqslant x \leqslant 2/3$ 時，對應的反應是將 Ni^{3+} 氧化成 Ni^{4+}，在充放電過程中的電化學反應式為：

$$Li_{2/3}Ni_{1/3}Co_{1/3}Mn_{1/3}O_2 \underset{放電}{\overset{充電}{\rightleftharpoons}} Li_{1/3}Ni_{1/3}Co_{1/3}Mn_{1/3}O_2 + \frac{1}{3}Li^+ + \frac{1}{3}e \qquad (2\text{-}7)$$

③ 當 $2/3 \leqslant x \leqslant 1$ 時，對應的反應是將 Co^{3+} 氧化成 Co^{4+}，在充放電過程中的電化學反應式為：

$$Li_{1/3}Ni_{1/3}Co_{1/3}Mn_{1/3}O_2 \underset{放電}{\overset{充電}{\rightleftharpoons}} Ni_{1/3}Co_{1/3}Mn_{1/3}O_2 + \frac{1}{3}Li^+ + \frac{1}{3}e \qquad (2\text{-}8)$$

電位為 3.8～4.1V 區間內對應於 Ni^{2+}/Ni^{3+}（$0 \leqslant x \leqslant 1/3$）和 Ni^{3+}/Ni^{4+}（$1/3 \leqslant x \leqslant 2/3$）的轉變；在 4.5V 左右對應於 Co^{3+}/Co^{4+}（$1/3 \leqslant x \leqslant 2/3$）的轉變，當 Ni^{2+} 與 Co^{3+} 被完全氧化至 +4 價時，其理論容量為 $278mA \cdot h \cdot g^{-1}$。Choi 等的研究表明，在 $Li_{1-x}Ni_{1/3}Co_{1/3}Mn_{1/3}O_2$ 中，當 $x \leqslant 0.65$ 時，O 的 -2 價保持不變；當 $x > 0.65$ 時，O 的平均價態有所降低，有晶格氧從結構中逃逸，化學穩定性遭到破壞。而 XRD 的分析結果表明，當 $x \leqslant 0.77$ 時，原有層狀結構保持不變；但當 $x > 0.77$ 時，會觀察到有 MnO_2 新相出現。因此可以推斷，提高充放電的截止電壓雖然能有效提高材料的比容量和能量密度，但是其循環穩定性必定會下降。

2.4.2　$LiNi_{1/3}Co_{1/3}Mn_{1/3}O_2$ 材料的合成

$LiNi_{1/3}Co_{1/3}Mn_{1/3}O_2$ 材料中各元素的化學計量比及分佈均勻程度是影響材料性能的關鍵因素，偏離了化學計量比或組成元素分佈不均勻，都會導致材料中雜相的出現。不同的製備方法對材料的性能影響較大。目前合成三元材料的方法主要有高溫固相法、共沉澱法、噴霧乾燥法、水熱法、溶膠-凝膠法等。

高溫固相法是製備 $LiNi_{1/3}Co_{1/3}Mn_{1/3}O_2$ 三元層狀正極材料的傳統方法，該法是將鋰鹽、鎳鹽、鈷鹽、錳鹽按合適計量比以各種方式混合均勻，研磨均勻後高溫燒結而製得材料粉體。固相燒結法的工藝流程簡單，易於大批量生產，但反應物間分散不均勻，接觸不充分，高溫燒結時反應進程中離子擴散慢，所製得的產物粉體通常呈現出顆粒較大並且粒度不均一、晶粒形貌不規則、晶界尺寸大、組成和結構不均勻等缺點，造成產物電化學性能比較差。早期曾有企業直接採用

高溫固相法合成三元材料，目前已經基本淘汰了這種生產方法。

　　溶膠-凝膠法是通過金屬離子與某些有機酸的螯合作用，再進一步酯化和聚合形成凝膠前驅體，前驅體在高溫下燒結製成材料粉體。由於前驅體中鋰離子、金屬離子和有機酸是在原子水平上分散的，離子間距小，高溫燒結時利於離子擴散，因此，溶膠-凝膠法所需要的燒結溫度比較低，合成出的樣品具有優良的電化學性能。該法所合成的產物一般顆粒較小並且粒徑均一，晶粒形貌均勻，結晶度高，初始容量高，循環性能好。但該法有工藝流程複雜，材料振實密度低；生產過程中需要大量的有機溶劑，增加了生產成本等問題，限製了該法在工業生產中的實際應用。

　　共沉澱法是將鎳鹽、鈷鹽、錳鹽均勻溶解後，通過控製合成條件，使其同時形成沉澱析出溶液，將沉澱過濾乾燥後形成前驅體，再將前驅體高溫燒結後即製成材料粉體。共沉澱法的合成條件容易控製，便於操作；製備的前驅體離子分散均勻，燒結溫度低；製備的樣品顆粒細小，晶粒分散均勻，結晶度好，通過改變反應條件可以製備出不同的形貌，具有優良的電化學性能。雖然該方法工業生產流程繁瑣、容易出現組分損耗、產生大量廢液等缺陷，但由於所製備的材料穩定性好、性能優異，成為了三元材料的主流生產方法。

　　水熱法是基於高溫高壓下，鋰離子與鎳、鈷、錳離子在液相中生長、結晶而製成樣品材料的方法。該方法工藝簡單，不需要後期燒結處理，便於操作；製成的材料純度高、結晶度好、晶胞缺陷少、晶粒細小並且分散均勻，通過控製反應條件可以製備出特定的形貌，因此材料的結構穩定性好、比容量高、循環性能好。但該工藝要求存在設備生產成本高等問題，沒有得到工業化應用。

2.4.3　不同形貌對 $LiNi_{1/3}Co_{1/3}Mn_{1/3}O_2$ 材料性能的影響

　　雖然 $LiNi_{1/3}Co_{1/3}Mn_{1/3}O_2$ 三元材料具有高容量、電壓範圍寬的優點，但是與 $LiCoO_2$ 相比，還存在如下問題：①循環性能不穩定，容量衰減較為嚴重；②電導率較低，大倍率性能不佳；③振實密度偏低，影響體積能量密度。針對 $LiNi_{1/3}Co_{1/3}Mn_{1/3}O_2$ 的缺點，目前的改良方法主要包括製備奈米級顆粒、離子摻雜、金屬摻雜、表面包覆等。除此之外，形貌的選擇對於 $LiNi_{1/3}Co_{1/3}Mn_{1/3}O_2$ 材料的電化學性能也有至關重要的影響。圖 2-9 為不同形貌的層狀 $LiNi_{1/3}Co_{1/3}Mn_{1/3}O_2$ 的 SEM 或 TEM 圖。

　　在材料內部設計孔結構，預留體積膨脹空間，是改善矽基 $LiNi_{1/3}Co_{1/3}Mn_{1/3}O_2$ 材料循環性能的有效措施。Wang 等以蒸氣生長碳纖維（VGCFs）作為模板，製備了奈米多孔的 $LiNi_{1/3}Co_{1/3}Mn_{1/3}O_2$ 正極材料［圖 2-9(a)］，並展示了超級的快速充放電性能，1.5C（160mA・g^{-1}）倍率充放電時，首次放電容量為 155mA・g^{-1}，45C 倍率充放電時，其可逆容量仍高達 108mA・g^{-1}。

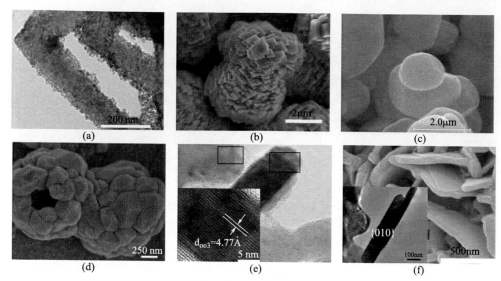

圖 2-9　不同形貌的層狀 $LiNi_{1/3}Co_{1/3}Mn_{1/3}O_2$ 的 SEM 或 TEM 圖

（a）奈米多孔；（b）啞鈴狀；（c）球形；（d）空心微球；（e）薄奈米片；（f）厚奈米片

　　分級結構材料具有優異的物理和化學性能，由奈米片組裝成的奈米-微米分級結構不但保持了奈米片狀的特點，而且還能減少奈米片之間的無序橋架作用，使得材料擁有相對較高的振實密度。利用尿素輔助的溶劑/水熱法可以製備啞鈴狀的微球多金屬碳酸鹽前驅體（$Ni_{1/3}Co_{1/3}Mn_{1/3}CO_3$），然後再與化學計量比的碳酸鋰混合均勻，700℃下空氣中燒結 12h 即可得到啞鈴狀的 $LiNi_{1/3}Co_{1/3}Mn_{1/3}O_2$ 材料〔圖 2-9(b)〕。10C 倍率放電時，可逆容量高達 $120mA \cdot h \cdot g^{-1}$。

　　球形顆粒有利於顆粒間的接觸，可實現電極材料的緊密堆積，具有較高的振實密度和大的體積容量；同時，球形顆粒具有優異的流動性、分散性和可加工性能，因此被廣泛應用於製備 $LiNi_{1/3}Co_{1/3}Mn_{1/3}O_2$ 材料。Han 等先製備了球形非晶的 MnO_2、球形 NiO 以及球形 Co_3O_4，然後與 $LiOH \cdot H_2O$ 混合，採用流變相法製備了球形的 $LiNi_{1/3}Co_{1/3}Mn_{1/3}O_2$ 材料〔圖 2-9(c)〕。$100mA \cdot g^{-1}$ 倍率放電時，首次容量為 $177mA \cdot h \cdot g^{-1}$，50 次循環後容量為 $157mA \cdot h \cdot g^{-1}$，容量保持率為 89%。

　　球形顆粒的電極材料雖然具有較高的體積比容量，但由於其顆粒間的接觸電阻隨溫度的降低而急劇昇高，導致此類形貌的電極材料低溫性能不夠理想。多孔結構的球形材料克服了球形粒徑受溫度影響大和活性過高的缺點，通過改變工藝參數可實現孔徑可調、合成產物具有較高的比表面積、與電解液的接觸面積大等優點，有利於鋰離子的快速嵌入和脫出，可以顯著提高電極材料的倍率性能和循

環性能。Li 等第一步利用溶劑熱法製備了 $Mn_{0.5}Co_{0.5}CO_3$ 微球，然後在空氣中通過非平衡加熱得到多孔的 $Mn_{1.5}Co_{1.5}O_4$ 空心微球；第二步是將 $Ni(NO_3)_2 \cdot 6H_2O$、$LiNO_3$ 與 $LiOH \cdot H_2O$（兩種鋰鹽的物質的量比為 38：62，Li 的總量過量 7%）混合，通過浸漬法引入到 $Mn_{1.5}Co_{1.5}O_4$ 空心微球中，然後 900℃在空氣中燒結 10h，冷卻至室溫得到 $LiNi_{1/3}Co_{1/3}Mn_{1/3}O_2$ 空心微球［圖 2-9(d)］，如圖 2-10 所示。$LiNi_{1/3}Co_{1/3}Mn_{1/3}O_2$ 空心微球具有優異的倍率容量，在 0.1C、0.2C、0.5C、1C、2C、5C 倍率充放電時，其可逆放電容量分別為 187.1mA・h・g^{-1}、181.4mA・h・g^{-1}、170.8mA・h・g^{-1}、159.0mA・h・g^{-1}、145.3mA・h・g^{-1}、114.2mA・h・g^{-1}。

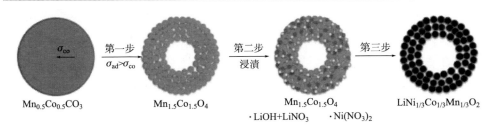

圖 2-10　$LiNi_{1/3}Co_{1/3}Mn_{1/3}O_2$ 空心微球的設計合成路線圖

　　二維的奈米片一般是由單層或多層的薄層結構材料組成，其在兩個維度上具有延伸性，表面積大，離子遷移路徑短，具有廣泛的應用前景。Peng 等採用水熱結合自組裝法製備了不同晶面優先生長的 $LiNi_{1/3}Co_{1/3}Mn_{1/3}O_2$ 奈米片，研究發現（010）晶面優先生長的材料具有優異的倍率性能［圖 2-9(e)］。1C 倍率時，100 次循環後的可逆容量約為 140mA・h・g^{-1}，容量保持率為 82%；10C 倍率時的可逆容量仍高達 93mA・h・g^{-1}。Li 等以乙二醇為介質，合成了 {010} 晶面優先生長的 $LiNi_{1/3}Co_{1/3}Mn_{1/3}O_2$ 奈米片［圖 2-9(f)］，研究結果表明，隨着 $LiNi_{1/3}Co_{1/3}Mn_{1/3}O_2$ 奈米片厚度的增加，更多的 {010} 晶面優先生長，增加了鋰離子的傳輸通道。在所有不同條件下製備的 $LiNi_{1/3}Co_{1/3}Mn_{1/3}O_2$ 奈米片中，850℃燒結 12h 的樣品展示了最好的電化學性能，0.1C 倍率時，首次放電容量為 207.6mA・h・g^{-1}；在 2C、5C、7C 倍率放電時，可逆容量分別為 169.8mA・h・g^{-1}、160.5mA・h・g^{-1}、149.3mA・h・g^{-1}。

2.4.4　$LiNi_{1/3}Co_{1/3}Mn_{1/3}O_2$ 材料的摻雜改性

　　雖然 $LiNi_{1/3}Co_{1/3}Mn_{1/3}O_2$ 三元材料具有良好的電化學性能，但就其實用性而言，還有不少問題要解決，例如：提高材料的電子電導率，解決寬電位區間循

環時的性能惡化，減少鋰層中陽離子的混排，提高首次充放電效率，提高材料的鋰離子擴散係數等。目前用於摻雜的金屬元素主要有 Li、Mg、Al、Fe、Cr、Mo、Zr 等，一般要求與被替代的原子半徑相近，並且與氧有較強的結合能。盡管陽離子的等價態摻雜不會改變鎳、鈷、錳過渡金屬離子的化合價，但可以穩定材料結構，提高三元材料的離子電導率。電化學非活性的 Cr^{3+} 摻雜後雖然會降低材料的比容量，但是材料的循環性能，尤其是在寬電位窗口（2.5～4.8V）的循環性能明顯改善。適量 Al^{3+} 摻雜可以穩定材料的結構，提高了三元材料的倍率容量。當採用不等價陽離子摻雜時，會導致三元材料中過渡金屬離子價態的昇高或降低，產生空穴或電子，改變材料能帶結構，從而提高其本徵電子電導率。例如，有報導表明，Mg^{2+} 摻雜 $LiNi_{1/3}Co_{1/3}Mn_{1/3}O_2$ 後，電子電導率較未摻雜提高了近 100 倍，並能夠顯著提高材料的循環穩定性。

目前用於摻雜的非金屬元素主要有 F、Si、S 等，其中關於 F 的摻雜研究較多，改性效果也比較明顯。一般採用 F 摻雜來取代 O。由於 F 與過渡金屬離子間的化學鍵鍵能較高結合得更緊密，提高了材料的結晶度，改善了材料的穩定性。此外，由於 Li—F 鍵能（$577kJ \cdot mol^{-1}$）大於 Li—O 鍵能（$341kJ \cdot mol^{-1}$），摻雜 F 後的材料的循環穩定性及熱穩定性有所提昇。Si 摻雜有利於材料的電荷轉移阻抗，從而使電極極化減小，有利於電化學性能的提高。第一性原理計算的最近研究結果表明，S 摻雜的 $LiNi_{1/3}Co_{1/3}Mn_{1/3}O_{2-x}S_x$ 具有比 $LiNi_{1/3}Co_{1/3}Mn_{1/3}O_2$ 更高的穩定性，其結構如圖 2-11(a) 所示。進一步的計算結果表明，充電時，鋰離子在 $LiNi_{1/3}Co_{1/3}Mn_{1/3}O_{2-x}S_x$ 中比在 $LiNi_{1/3}Co_{1/3}Mn_{1/3}O_2$ 中更容易脫出。充放電測試表明，S 摻雜的材料具有更高的倍率放電容量〔圖 2-11(b)〕；55℃循環時，摻雜 S 後的材料具有更高的放電容量以及更好的循環穩定性〔圖 2-11(c)〕。

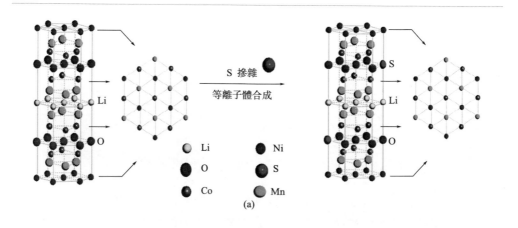

(a)

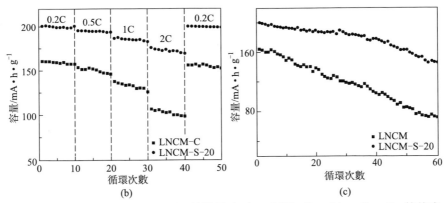

圖 2-11　$LiNi_{1/3}Co_{1/3}Mn_{1/3}O_{2-x}S_x$ 結構圖（a），　$LiNi_{1/3}Co_{1/3}Mn_{1/3}O_{2-x}S_x$ 的倍率
容量（b）及 $LiNi_{1/3}Co_{1/3}Mn_{1/3}O_{2-x}S_x$ 的高溫循環性能（55℃，0.2C）（c）

2.4.5　$LiNi_{1/3}Co_{1/3}Mn_{1/3}O_2$ 材料的表面包覆

目前，提高 $LiNi_{1/3}Co_{1/3}Mn_{1/3}O_2$ 電化學性能的另一重要方法就是表面包覆改性。這主要是由於在充放電過程中 $LiNi_{1/3}Co_{1/3}Mn_{1/3}O_2$ 與電解液直接接觸會發生一些副反應，如活性材料的溶解、電解液在高氧化態活性材料表面的分解等。表面包覆層起到了將 $LiNi_{1/3}Co_{1/3}Mn_{1/3}O_2$ 材料和電解液隔開，以減少它們的直接接觸，從而減少副反應的發生，提高材料的循環性能的作用。目前，表面包覆材料主要包括金屬氧化物、氟化物、各種含鋰的金屬鹽以及某些導電性單質等。

2.4.5.1　氧化物包覆

在層狀 $LiMO_2$（M＝Co、Mn、Ni）改性研究中，氧化物包覆明顯改善了 $LiMO_2$ 的循環穩定性和安全性能，拓展了 $LiMO_2$ 的工作電位，因此在三元材料中，氧化物包覆引起了較為廣泛的關注。氧化物包覆改善三元材料電化學性能的機理與 $LiMO_2$ 包覆類似，主要是表面包覆層降低了電極材料與電解液的副反應，同時還改善了材料表面的離子傳輸電阻。常見的用於包覆的氧化物有 Al_2O_3、Y_2O_3、Sb_2O_3、TiO_2、CeO_2、ZrO_2、MnO_2、V_2O_5 等。

Al_2O_3 能與電解液中少量的 HF 反應形成 AlF_3，從而能抑製主體材料 $LiNi_{1/3}Co_{1/3}Mn_{1/3}O_2$ 與電解液直接接觸時發生的副反應，材料的穩定性和倍率性能都有所提高。Li 等用噴霧乾燥法合成了 $LiNi_{1/3}Mn_{1/3}Co_{1/3}O_2$，並用質量分數為 3％的金屬氧化物（$ZrO_2$、$TiO_2$ 和 Al_2O_3）對 $LiNi_{1/3}Mn_{1/3}Co_{1/3}O_2$ 進行

了包覆。在 3.0～4.6V、0.5C 和 2C 條件下，包覆後的材料的循環性能較包覆前有明顯的提高。EIS 測試表明，包覆前的材料循環 100 周後，其表面阻抗和充電轉移阻抗均明顯增加，這主要與材料的顆粒尺寸和電極形貌的改變有關。但是，包覆後的材料，由於金屬氧化物薄層的存在，可以有效阻止總的阻抗的增加，使得材料的循環性能有所提高。Wu 等通過溶膠-凝膠法合成了 CeO_2 包覆 $LiNi_{1/3}Co_{1/3}Mn_{1/3}O_2$ 材料。電化學性能的研究表明，在電流密度為 $20mA \cdot g^{-1}$ 的條件下，質量分數為 1% 的 CeO_2 包覆前後的材料放電比容量分別為 $165.8mA \cdot h \cdot g^{-1}$ 和 $182.5mA \cdot h \cdot g^{-1}$，循環 12 周後，容量保持率從包覆前的 86.6% 提高到 93.2%，說明 CeO_2 包覆可以提高其循環性能。Wu 等用質量分數為 1% 的 Y_2O_3 對 $LiCo_{1/3}Ni_{1/3}Mn_{1/3}O_2$ 進行包覆來提高其循環性能。CV 測試表明，Y_2O_3 的包覆阻止了 $LiCo_{1/3}Ni_{1/3}Mn_{1/3}O_2$ 在循環過程中的結構變化以及與電解質之間的反應，使得包覆後的材料具有較高的容量和循環性能。在 $2.0mA \cdot cm^{-2}$ 條件下，包覆後的放電比容量為 $137.5mA \cdot h \cdot g^{-1}$，而包覆前的只有 $116.2mA \cdot h \cdot g^{-1}$。循環 20 周後，包覆前的材料容量衰減了 2.8%，而包覆後僅衰減了 0.7%。EIS 測試表明，Y_2O_3 的包覆層有利於降低其在脫鋰狀態時的充電轉移阻抗。

2.4.5.2　氟化物包覆

目前鋰離子電解質主要是 $LiPF_6$，這類電解液在氧化還原過程中會分解產生 HF，與氧化物反應生成氟化物包覆在鎳鈷錳三元層狀材料表面，研究表明這一層氟化物的存在對鎳鈷錳三元層狀材料表面的穩定性提高有一定的作用，因此，通過包覆一層氟化物保護層來穩定鎳鈷錳三元層狀材料的界面。AlF_3 的包覆抑製了氧氣的析出，延緩了立方尖晶相的形成，可以提高材料的熱穩定性能。隨着 SrF_2 包覆量的增加，降低了三元材料的初始容量和倍率性能，但是通過抑製循環過程中阻抗的增加可以提高材料的循環穩定性。當 SrF_2 包覆量為 4.0%（物質的量分數）時，材料的初始容量明顯減少。Li 等研究發現，使材料具有最好的電性能的 SrF_2 包覆量是 2.0%（物質的量分數），此時其首次放電容量為 $165.7mA \cdot h \cdot g^{-1}$，且循環 50 周後，容量保持率在 86.9%。Xie 的研究表明，CeF_3 的包覆可以抑製三元材料表面的電解液氧化，降低了電極的電荷轉移電阻，加速了鋰離子在材料中擴散，抑製了電極表面鈍化膜的生長，從而提高了 $LiNi_{1/3}Co_{1/3}Mn_{1/3}O_2$ 材料的倍率容量和循環穩定性。

2.4.5.3　其他包覆

由於 PO_4^{3-} 與金屬離子之間的化學鍵具有很強的共價性，會阻礙正極材料與電解液之間的反應，對包覆後材料的熱穩定性有利，磷酸鹽包覆要比氧化物包覆的耐過充性能好。常見的用於包覆的磷酸鹽有 $AlPO_4$、$FePO_4$、Li_3PO_4 等。

由於導電高分子聚吡咯（PPy）導電良好，用 PPy 等對 $LiNi_{1/3}Co_{1/3}Mn_{1/3}O_2$ 正極材料進行改性，可以替代碳作為導電劑，可以提高正極材料的導電性，改善循環性能；另外，由於其具有電化學活性，因此 PPy 修飾的三元材料較原材料具有較高的容量。

鋰化物（如 $LiAlO_2$、Li_3VO_4、Li_2ZrO_3 等）是鋰離子的導體材料，與其他包覆物相比具有更好的 Li^+ 通過性能；不但可以改善正極材料的循環性能和倍率性能，而且對 Li^+ 在正極材料中脫嵌的影響較小。Zhang 等首先採用共沉澱法製備了 $Ni_{1/3}Co_{1/3}Mn_{1/3}O_2 \cdot 2H_2O$ 前驅體，然後與 $Zr(OC_4H_9)_4$ 混合，利用溶劑熱法製備了 $ZrO_2@Ni_{1/3}Co_{1/3}Mn_{1/3}C_2O_4 \cdot xH_2O$，再將其與 $LiOH \cdot H_2O$ 混合，現在 500℃ 下燒結 5h，然後在 900℃ 下燒結 12h，最後得到 Li_2ZrO_3 包覆的 $LiNi_{1/3}Co_{1/3}Mn_{1/3}O_2$ 正極材料，合成路線圖如圖 2-12 所示。

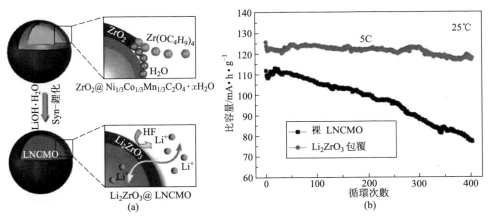

圖 2-12　Li_2ZrO_3 包覆的 $LiNi_{1/3}Co_{1/3}Mn_{1/3}O_2$ 材料合成路線圖（a）及循環性能圖（b）

電化學性能測試結果表明，$Li_2ZrO_3@LiNi_{1/3}Co_{1/3}Mn_{1/3}O_2$ 在 10C 倍率放電時的容量高達 $106mA \cdot h \cdot g^{-1}$，而 $LiNi_{1/3}Co_{1/3}Mn_{1/3}O_2$ 的放電容量僅為 $46mA \cdot h \cdot g^{-1}$。5C 倍率放電時，400 次循環後，$Li_2ZrO_3@LiNi_{1/3}Co_{1/3}Mn_{1/3}O_2$ 在 25℃ 和 55℃ 容量保持率分別為 93.8% 和 85.1%，而 $LiNi_{1/3}Co_{1/3}Mn_{1/3}O_2$ 的容量保持率僅為 69.2% 和 37.4%。提高的電化學性能是因為 Li_2ZrO_3 包覆避免了三元材料直接與電解液接觸，提高了鋰離子導電性。

2.5　富鋰材料

近年來富鋰正極材料 $x Li_2MnO_3 \cdot (1-x)LiMO_2$（M = Mn、Co、Ni 等）

受到廣泛關注，其具有高比容量（200～300mA·h·g^{-1}）、優秀的循環能力以及新的電化學充放電機製等優點，正在逐漸取代目前正極商業化產品 LiCoO$_2$ 而成為富鋰正極材料的主流產品。富鋰正極材料主要是由 Li$_2$MnO$_3$ 與層狀材料 LiMO$_2$（M＝Ni、Co、Mn 等）形成的固溶體。在層狀化合物 LiMO$_2$（M＝Mn、Co、Ni 等）中，鎳、鈷和錳分別是＋2、＋3 和＋4 價，在材料充電過程中，隨着 Li$^+$ 的脱出，晶體結構中的 Ni^{2+} 氧化為 Ni^{4+}，Co^{3+} 氧化為 Co^{4+}，Mn^{4+} 主要起穩定結構的作用而不參與電化學反應。它與 Li$_2$MnO$_3$ 形成的固溶體體系是最近研究的熱點之一。這些富鋰正極材料都具有優異的電化學性能，但是較大的首次不可逆容量損失和較差的倍率性能以及部分材料在循環過程中出現相變等這些不利因素抑製其商業化的發展。

2.5.1　富鋰材料的結構和電化學性能

富鋰正極材料 xLi$_2$MnO$_3$·$(1-x)$LiMO$_2$（M＝Mn、Co、Ni 等）是 Li$_2$MnO$_3$ 與層狀 LiMO$_2$ 形成的複合結構材料，其中 Li$_2$MnO$_3$ 是具有岩鹽結構的化合物，其空間群具有 C2/m 對稱性。Li$_2$MnO$_3$ 中的 Li 一部分的位置被過渡金屬元素取代，Li 原子與 Mn 原子交替排列，形成了一種超晶格的結構，其結構與空間群 R-3m 的層狀 α-NaFeO$_2$ 的結構類似。在層狀 Li$_2$MnO$_3$（也可以寫成富鋰材料 Li［Li$_{1/3}$Mn$_{2/3}$］O$_2$ 的形式）中的 Li$^+$ 和 Mn^{4+} 共同構成了 M 層，每 6 個 Mn 包圍 1 個 Li，Li 層中的結構呈四面體結構，而過渡金屬層中的 Li 和 Mn 與 O 交疊穿插構成了八面體結構，Li$_2$MnO$_3$ 呈現出較低的電化學活性。另外，雖然層狀結構材料 Li$_2$MnO$_3$ 的比容量高達 286mA·h·g^{-1}，但在充放電循環過程中 Li$_2$MnO$_3$ 材料易轉化為尖晶石結構，因此容易導致放電容量的逐步衰減。該類富鋰正極材料中的 Li$_2$MnO$_3$ 組分可抑製層狀結構 LiMnO$_2$ 組分向尖晶石結構轉化。其實，富鋰正極材料的晶體結構非常複雜，因為該類正極材料中存在着類超晶格結構且又在不同的充電電壓下，結構的穩定性也存在差異，對富鋰正極材料的結構仍需進行進一步的探究。

圖 2-13(a) 展示了 Li$_2$MnO$_3$ 的組成結構，由於其過渡金屬層中 Li$^+$ 和 Mn^{4+} 形成超晶格結構，使 Li$_2$MnO$_3$ 的晶體結構空間群的對稱性降低，Li$_2$MnO$_3$ 由六方晶系轉變為單斜晶系 C2/m。圖 2-13(b) 是過渡金屬層中的排列順序，且 1 個 Li 原子被 6 個 Mn 原子所包圍。圖 2-13(d) 所示為過渡金屬層中的原子排列順序，呈六角形圖案，而圖中灰色表示的原子網點會由過渡金屬 M 隨機占據。由於材料中原子和電子配位的變化使得材料晶體結構空間群對稱性也發生變化。但在單斜晶系 C2/m 的 Li$_2$MnO$_3$ 的（001）晶面和 R-3m 的 Li$_2$MnO$_3$ 的（003）晶面的密堆積層中，晶面距離均為 4.7Å。如果在過渡金屬層

中，Li_2MnO_3 的 Mn^{4+} 能够與 $LiMO_2$ 中過渡金屬離子均勻無序分佈的話，則密堆積層的兼容性可以允許 Li_2MnO_3 和 $LiMO_2$ 在原子水平上相溶，形成固溶體。

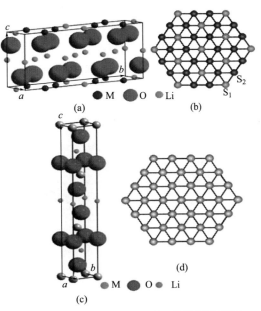

圖 2-13　Li_2MnO_3 和 $LiMO_2$ 的結構示意圖

（a）單斜晶系 Li_2MnO_3 晶胞（C2/m）；（b） Li_2MnO_3 過渡金屬層中原子排序；

（c）三方晶系 $LiMO_2$ 晶胞（R-3m）；（d）$LiMO_2$ 過渡金屬層中原子排序

　　以富鋰型正極材料中的 $xLi_2MnO_3 \cdot (1-x)LiNi_{1/3}Co_{1/3}Mn_{1/3}O_2$ 為例，當充放電循環在較低的截止電壓（$\leqslant 4.5V$）下進行時，此時 Li_2MnO_3 材料的電化學活性較小，因此 $LiNi_{1/3}CO_{1/3}Mn_{1/3}O_2$ 正極材料是放電容量的主要來源；當充電截止電壓 $\geqslant 4.6V$ 時，固溶體中 Li_2MnO_3 材料的電化學活性增大，此時 Li_2MnO_3 材料和 $LiNi_{1/3}CO_{1/3}Mn_{1/3}O_2$ 正極材料一起起作用，進行鋰離子的脫出與嵌入。在該充電截止電壓下，大量的鋰離子從正極材料晶格中脫出，並釋放出氧，形成 Li_2O 和 MnO 的網路，若從正極電極中能夠脫出所有的鋰離子，則富鋰型正極材料 $xLi_2MnO_3 \cdot (1-x)LiMO_2$（M＝Mn、Co、Ni 等）理想的充電反應機理可以分別用式(2-9) 和式(2-10) 表示，圖 2-14 給出了首次充放電過程中材料的結構變化。

$$xLi_2MnO_3 \cdot (1-x)LiMO_2 \xrightarrow{充電} xLi_2MnO_3 \cdot (1-x)MO_2 + (1-x)Li$$

$$(2-9)$$

$$xLi_2MnO_3 \cdot (1-x)MO_2 \xrightarrow{充電} xMnO_2 \cdot (1-x)MO_2 + xLi_2O \quad (2-10)$$

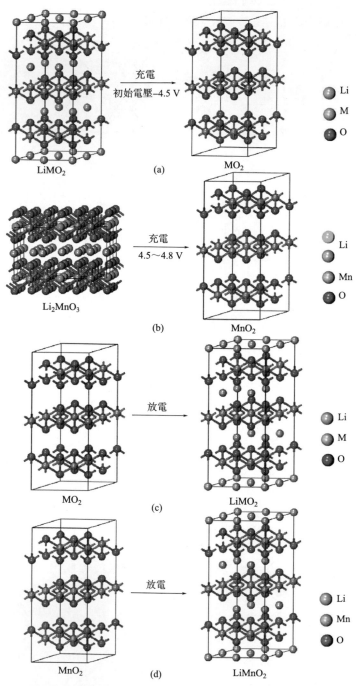

圖 2-14　首次循環 $xLi_2MnO_3 \cdot (1-x)LiMO_2$ 的結構變化

　　然而，在充電過程中由於固相晶格中的 O_2 脫出的空位被其他過渡金屬所佔領，在放電過程中時，已釋放出的 O_2 不可能再載入原材料的晶格結構中。因此放電時所有脫出的鋰離子也不可能完全嵌入 $x\mathrm{Li_2MnO_3}$ • $(1-x)$ $\mathrm{LiNi_{1/3}Co_{1/3}Mn_{1/3}O_2}$ 正極材料結構中，所以真正嵌入原來正極材料結構的只有其中一部分鋰離子，其反應機理可能如式(2-11) 所示：

$$x\mathrm{MnO_2} \cdot \mathrm{MO_2} + \mathrm{Li^+} \xrightarrow{\text{放電}} x\mathrm{LiMnO_2} \cdot (1-x)\mathrm{LiMO_2} \tag{2-11}$$

當充放電循環在較高截止電壓範圍內進行時，生成 $\mathrm{LiMnO_2}$，其中 Mn 的化合價為+3 價，此時 $\mathrm{LiMnO_2}$ 材料具有電化學活性，並與 $\mathrm{LiNi_{1/3}Co_{1/3}Mn_{1/3}O_2}$ 形成更加穩定的固溶體結構。

　　圖 2-15 為富鋰正極材料 $\mathrm{Li_{1.2}Mn_{0.56}Ni_{0.16}Co_{0.08}O_2}$ 的循環伏安曲線。從圖中可以看出，在首次氧化過程中出現了兩個峰：其中在 4.0V 附近的峰對應着 $\mathrm{Ni^{2+}}$ 的氧化；而在 4.79V 左右的峰對應着富餘的 Li 從過渡金屬層脫出，形成 $\mathrm{MnO_2}$，伴隨着析氧反應。在還原過程中 3.8V 左右出現還原峰，對應着 $\mathrm{Ni^{4+}}$ 的還原，$\mathrm{Li^+}$ 重新嵌入 $(1-x)\mathrm{LiMO_2}$ 結構中。在隨後的氧化還原過程中，4.0V 附近的氧化峰寬化；4.79V 附近的氧化峰大幅度減小或消失，這可能是由於材料的不可逆容量損失，即 $\mathrm{Li_2O}$ 的不可逆反應；而 3.8V 左右的還原峰沒有明顯變化。

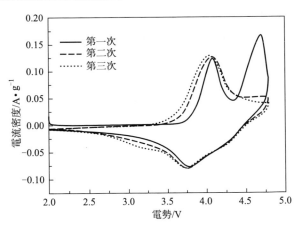

圖 2-15　富鋰正極材料 $\mathrm{Li_{1.2}Mn_{0.56}Ni_{0.16}Co_{0.08}O_2}$ 的循環伏安曲線

2.5.2　富鋰材料的充放電機理

　　在充放電過程中，$\mathrm{Li^+}$ 脫出/嵌入會導致 $x\mathrm{Li_2MO_3}$ • $(1-x)\mathrm{LiMO_2}$ 的結構

變化。仍以 $Li[Li_{1/3-2x/3}Mn_{2/3-x/3}Ni_x]O_2$ 為例，當充電電壓低於 4.5V 時，在 $LiMO_2$ 的 Li 層中 Li^+ 脫嵌的同時，Li_2MnO_3 的過渡金屬層中位於八面體位置的 Li 會擴散到 $LiMO_2$ 的 Li 層中的四面體位置以補充 Li 離子，提供額外的鍵能，保持氧緊密堆積結構的穩定性。因此，Li_2MnO_3 可以看作低鋰狀態時富鋰材料的一個 Li 的「水庫」，具有保持結構穩定的作用。當充電電位高於 4.5V 時，Li_2MnO_3 中的 Li 繼續脫嵌，最後形成 MnO_2，而 $LiMO_2$ 變成具有強氧化性的 MO_2。與深度充電時高氧化態的 Ni^{4+} 會導致顆粒表面氧原子缺失相似，高充電電壓時富鋰正極材料的電極表面也會有 O_2 析出，結果首次充電結束後淨脫出為 Li_2O。在隨後的放電過程中，淨脫出的 Li_2O 不能回到 $xLi_2MO_3 \cdot (1-x)LiMO_2$ 的晶格中，成為半電池（實驗電池）中的首次循環效率偏低的重要原因之一。但是，在全電池中，這部分鋰可以用於形成負極材料表面的固體電解質界面（SEI）膜，因此沒有必要去刻意降低由此造成的庫侖效率低下問題。造成首次循環效率低的其他重要原因還包括電解質的氧化分解及由於材料的晶格及表面缺陷而導致的不可逆容量損失。這是材料改性所要重點解決的問題。

　　析氧會導致陰、陽離子的重新排布，Armstrong 等提出了 $Li[Li_{0.2}Ni_{0.2}Mn_{0.6}]O_2$ 電極材料中發生氧缺失的兩種模型。第一種模型認為，當 Li 和 O 同時從電極材料表面脫出時，氧離子從材料內部擴散到表面以維持反應繼續進行，同時在材料內部產生氧空位。第二種模型認為，當氧氣從材料表面釋放時，表面過渡金屬離子會擴散到結構內部，占據過渡金屬層中 Li 脫出所留下的八面體空位。當其中 Li 脫嵌留下的所有八面體位置的空位都被從表面轉移過來的過渡金屬離子占據時，析氧過程就結束。結果當充電到 4.5V 以上電位時，MO_2 結構中的八面體位置都被 Mn 和 Ni 占據，使由於析氧所出現的氧離子空位全部消失。但是，Wu 等研究 $xLi_2MnO_3 \cdot (1-x)Li[Mn_{0.5-y}Ni_{0.5-y}Co_{2y}]O_2$ 時發現，按此模型計算的理論不可逆容量損失與實驗結果不一致。他們認為，首次充放電過程中，O 離子空位並未完全消失，而是仍有一部分空位留在晶格中。

　　Dahn 等提出富鋰材料在非水體系中，首次充電時 Li^+ 與 O 可同時從富鋰材料中脫出。Armstrong 和 Tran 採用原位電化學質譜（DEMS）和氧化還原滴定分析富鋰材料，認為其首次充電 4.5V 平臺為氧流失和 Li^+ 脫出（淨脫出 Li_2O）。Yabuuchi 等提出富鋰材料的兩種高容量充放機理：$Mn(Mn^{3+}/Mn^{4+})$ 氧化還原機理和電極表面氧的氧化還原機理，如圖 2-16 所示。

　　富鋰材料 $Li_{1.2}Ni_{0.13}Co_{0.13}Mn_{0.54}O_2$ 在首次充電 4.5V 平臺因氧脫出，費米能級重組，可導致材料中 Mn^{4+} 部分還原生成電化學活性的 Mn^{3+}；隨後的放電

過程中（＜3V），該平臺析出的氧發生電化學還原反應，生成 Li_2O_2 和 Li_2CO_3。Li_2O_2 可在隨後的循環中參與氧化還原反應，提供可逆的表面容量，而 Li_2CO_3 為電化學惰性。Hong 等認為富鋰材料首次充電過程釋出的氧可發生一系列可逆/不可逆的反應。

$$O_2 + e \Longrightarrow O_2^- \tag{2-12}$$

$$O_2^- + EC \Longrightarrow H_2O + CO + CO_2 \tag{2-13}$$

$$2O_2^- + 2CO_2 \Longrightarrow C_2O_6^{2-} + O_2 \tag{2-14}$$

$$C_2O_6^{2-} + xO_2^- + 4Li^+ + (2-x)e \Longrightarrow 2Li_2CO_3 + xO_2 \, (x \leqslant 2) \tag{2-15}$$

$$2Li_2CO_3 \Longrightarrow 4Li^+ + 2CO_2 + 3e + O_2^- \tag{2-16}$$

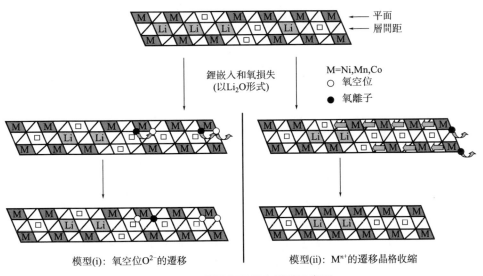

圖 2-16　電極表面反應機理示意圖

放電時，氧氣接受電子生成氧離子［反應式(2-12)］，氧離子和電解液發生反應生成 H_2O、CO 和 CO_2 等［式(2-13)］，同時氧離子和 CO_2 反應生成 $C_2O_6^{2-}$［式(2-14)］最終在材料表面生成 Li_2CO_3［式(2-15)］。充電過程中，Li_2CO_3 則分解生成 CO 和 CO_2［式(2-16)］。因此，Li_2CO_3 在充放電過程提供部分可逆的額外容量。儘管目前仍沒有一個確切的關於額外容量的解釋，但此前工作均已觀察到富鋰材料在首次充電至 4.8V 之後，Li/Mn 的有序排布消失，表明材料本體發生了陽離子重排。Armstrong 和 Tran 等用中子衍射和 XRD 數據對材料首次充電過程的結構轉變給出相應的解釋，在 4.5V 充電平臺發生氧從材料表面流失，同時過渡金屬層的鋰遷移至鋰層，留下八面體空位，隨之材料表面的過渡金屬離子遷移至八面體空位，直至過渡金屬層中鋰占據的八面體空位全部

由過渡金屬取代，如圖 2-17 所示。

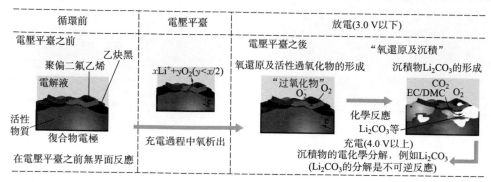

圖 2-17　首次充電過程中富鋰材料結構重排示意圖

　　Xu 等結合實驗和理論計算結果研究富鋰材料 Li $[Ni_x x Li_{1/3-2x/3} Mn_{2/3-x/3}]$ O_2（$0<x<1/2$），提出了一種新的鋰脫嵌機理。首次充電至 4.45V 的過程中，鋰首先從鋰層中脫出，如圖 2-18（a）所示，當鋰層與過渡金屬層的鋰（Li_{TM}）毗鄰八面體鋰（Li_{oct}）消失，此時鋰層的 Li_{oct} 會遷移到 Li_{TM} 毗鄰的四面體位進一步降低材料能量，遷移到四面體位的 Li_{TM} 形成啞鈴型 Li—Li 結構，如圖 2-18（c）所示。充電至 4.8V 的過程中，Li_{oct} 從鋰層脫出，而鋰層中啞鈴結構的鋰則不能脫出。放電過程中，鋰層的啞鈴型結構阻礙鋰離子嵌入過渡金屬層。此外，HRTEM 和 EELS 測試發現富鋰材料表面層狀結構向尖晶石結構轉變。啞鈴型結構的存在和表面相的轉變是富鋰材料不可逆容量損失和倍率性能稍差的可能原因。Song 等也觀察到富鋰材料在循環過程中發生由層狀結構向尖晶石結構轉變，並認為尖晶石相的存在有利於提高材料的倍率性能。Boulineau 和 Ito 等發現富

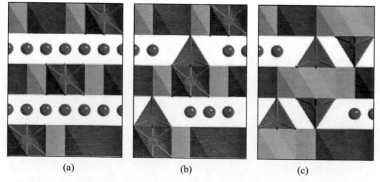

圖 2-18　首次充電過程 Li-Li 啞鈴型結構的形成過程示意圖

鋰材料 $Li_{1.2}Mn_{0.61}Ni_{0.18}Mg_{0.01}O_2$ 首次充電在晶體邊緣形成帶缺陷的尖晶石相 $LiMn_{2-x}Ni_xO_4$，該尖晶石相不會阻礙鋰離子的脫嵌，但會導致平均電壓平臺和容量下降。

此外，Chen 等結合操作中子粉末衍射（NPD）和透射 X 射線顯微鏡（TXM）方法探究了 $Li_2MnO_3 \cdot LiMO_2$（M＝Li、Ni、Co、Mn）複合正極材料在電化學循環過程中相、晶體結構以及其形態演變，揭示了該材料在全電池中的衰減機製。當充電到 4.55V（vs. Li/Li$^+$）時，$LiMO_2$ 相的固溶反應會引發 $Li_2MnO_3 \cdot LiMO_2$ 粒子的裂解。當充電到 4.7V（vs. Li/Li$^+$）時裂解加劇，同時 $LiMO_2$ 相發生兩相反應。在隨後的放電過程中 $Li_2MnO_3 \cdot LiMO_2$ 電極粒子顯著癒合，這一修復過程也主要和 $LiMO_2$ 相的固溶反應有關。該研究小組發現在充電過程中晶格尺寸的減少導致了 $Li_2MnO_3 \cdot LiMO_2$ 電極粒子的開裂，且開裂的程度與晶格尺寸變化的程度相關，在放電過程中裂紋的癒合可能是由於發生了反向固溶反應。$LiMO_2$ 相在兩相反應過程中的相分離會阻止電極顆粒的完全癒合，導致材料在多次循環後發生粉化，這表明將相分離的行為最小化是防止電極容量衰減的關鍵。

2.5.3　富鋰材料的合成

富鋰材料 $xLi_2MnO_3 \cdot (1-x)LiMO_2$（$0<x<1$，M＝Mn、Co、Ni）包含多種過渡金屬離子，為了確保各種過渡金屬離子均勻分佈，得到預期組分的純相材料，合成方法的選擇非常重要。不同的合成方法的要求和條件不同，得到的富鋰材料的性能和結構也不盡相同。目前，富鋰材料的合成方法主要有固相法、共沉澱法和溶膠-凝膠法等。

固相法成本低，產率高，製備工藝簡單，是最傳統、應用最廣泛的製備鋰離子電池正極材料的方法，採用高溫固相法製備富焊材料主要是以鋰的氫氧化物（或碳酸鹽和硝酸鹽）與錳和鎳的氧化物（或氫氧化物和碳酸鹽）為原料，充分混合後通過高溫（600～1000℃）煅燒得到。改變 Li_2MnO_3 與 $LiMO_2$ 的比例、球磨時間、煅燒時間和溫度，可調控最終產物的化學計量比、離子混排程度和晶粒尺寸。因固相反應受反應物固體比表面積、反應物間接觸面、生成物相的成核過程中容易混料不均的影響，很難準確控製 Ni 和 Mn 的比例；另外，由於煅燒溫度較高，氧缺失現象會比較明顯，生成的雜質相較多，得到的材料的放電比容量較低以及通過生成物相的離子擴散速率等因素的影響，故合成材料的均一性較差。

共沉澱法是將鎳鈷錳鹽在水中均勻溶解後，通過控製反應條件，使其共同形成沉澱，從溶液中析出，將共沉澱過濾、乾燥後形成前驅體，再將前驅體與鋰鹽

一起研磨混合均勻後高溫燒結製得材料粉體。共沉澱法的合成條件易於控制，便於操作；製備的前驅體中的離子分散比較均勻、燒結溫度較低；製備出的樣品顆粒細小、晶體分散均勻、結晶度好，可以通過改變反應條件製備出不同形貌樣品，並具有良好的電化學性能。雖然共沉澱法的工業生產流程繁瑣，且容易出現組分消耗、產生大量廢液等缺陷，但由於其所製備的材料穩定性好、性能優異，所以成為富鋰材料的主流生產方法。

　　溶膠-凝膠法是通過金屬離子與某些有機酸的螯合作用，再進一步酯化和聚合形成凝膠前驅體，前驅體在高溫下燒結製得材料粉體。圖 2-19 給出了溶膠-凝膠法製備富鋰材料 $Li_{1.2}Mn_{0.56}Ni_{0.16}Co_{0.08}O_2$ 的合成路線圖，將各種金屬醋酸鹽混合，配製一定量的蔗糖溶液逐滴加入鎳鈷錳鋰的乙酸鹽中，邊加邊攪拌至樣品呈凝膠態，然後在真空乾燥箱中於 120℃ 下繼續烘乾。將烘乾的樣品 450℃ 預燒結，850℃ 下燒結後得到 $Li_{1.2}Mn_{0.56}Ni_{0.16}Co_{0.08}O_2$。由於前驅體中金屬離子和有機酸是在原子水平上均勻分散的，離子間距小，高溫燒結時利於離子擴散，因此，溶膠-凝膠法所需要的燒結溫度比較低，合成的樣品具有優良的電化學性能。該方法合成的正極材料顆粒一般較小並且粒徑均一，晶粒形貌均勻，結晶度高，初始比容量高，循環性能好，但該法工藝流程複雜，材料振實密度低；生產過程中需要大量有機溶劑，增加了生產成本等問題，限製了該法在工業生產中的實際應用。

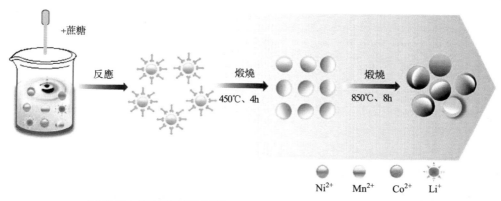

圖 2-19　溶膠-凝膠法製備 $Li_{1.2}Mn_{0.56}Ni_{0.16}Co_{0.08}O_2$ 的流程圖

　　水熱法是基於高溫、高壓下，鋰離子與鎳離子、鈷離子、錳離子在液相中生長、結晶而製成樣品材料的方法。該方法工藝簡單，不需要後期燒結處理，水熱合成省略了煅燒步驟和研磨的步驟，便於操作；製成材料純度高，結晶度好，晶胞缺陷少，晶粒細小並且分散均勻，通過控製反應條件可以製出特定的

形貌，因此材料的結構穩定性好、比容量高、循環性能好。該工藝對設備要求高，增加了生產成本，而沒有得到工業化應用。Oh 等利用水熱法製備出 $0.5Li_2MnO_3 \cdot 0.5LiNi_{0.5}Mn_{0.5}O_2$，材料呈花狀結構，如圖 2-20 所示。此花狀結構由直徑約為 $1\sim3\mu m$，高 $200\sim600nm$ 的鱗片狀結構組成。該材料表面積小，倍率性能穩定，600 次循環後，容量保持率達到 98% 以上。Yang 等先採用水熱法製備單斜 MnO_2 奈米片，將其浸泡在硬脂酸溶液中，水浴處理 30min，乾燥後先後進行兩步熱處理得到 $xLi_2MnO_3 \cdot (1-x)LiMnO_2$ ($x=$ 0.57、0.48、0.44)。所製備材料長 200nm，厚 60nm。當 $x=0.44$ 時，材料的可逆容量可高達 $270mA \cdot h \cdot g^{-1}$。

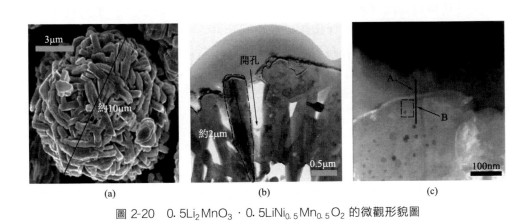

(a)　　　　　　　　(b)　　　　　　　　(c)

圖 2-20　$0.5Li_2MnO_3 \cdot 0.5LiNi_{0.5}Mn_{0.5}O_2$ 的微觀形貌圖

在富鋰正極材料 $xLi_2MnO_3 \cdot (1-x)LiMO_2$（M＝Mn、Co、Ni 等）的合成中，各方法都具有自己的優缺點。其中，共沉澱法所製備的固體材料具有優異的電化學性能，合成過程中條件容易控製、易操作，製備的前驅體的晶粒不論是對大小、分散度還是結晶度而言都十分理想，成為富鋰正極材料 $xLi_2MnO_3 \cdot (1-x)LiMO_2$（M＝Mn、Co、Ni 等）的主流生產方法。但其工藝生產流程繁瑣，容易出現組分損耗，還會產生大量廢液，造成其生產成本提高，對環境污染較大。因此，需要進一步研究其生產條件來降低組分消耗，並對廢液進行處理回收利用，降低成本，保護環境。

2.5.4　富鋰材料的性能改進

富鋰材料雖有較高的充放電比容量，但首次充放電過程較大的不可逆容量損失、倍率性能較差以及循環過程的相變等因素阻礙了其發展，這也是富鋰材料在

實際應用時需要迫切解決的問題。導致高充電容量和低放電容量的原因在於，首次放電結束時，氧離子空位消失引起材料結構中陰陽離子的重排，產生無缺陷結構的氧化物 MO_2，每兩個氧離子空位的消失，會導致 Li 層中一個陽離子位置及過渡金屬層中一個陽離子位置的消失。在隨後的充放電過程中，只有部分 Li 位允許 Li^+ 的可逆嵌入與脫出。這是材料的內稟性質，不可能通過改變外部條件而阻止其發生。電極材料結構的這種變化不利於其充放電循環穩定性。此外，在高充電電位時電解液的氧化分解也是導致容量損失的一個重要原因。最後，絕緣相 Li_2MnO_3 的存在降低了材料的電導率，這是材料放電容量低的又一個原因。含有絕緣相且首次庫侖效率低使富鋰正極材料不能滿足電動車等應用對鋰離子電池高功率密度、高能量密度及長壽命等性能的需求。

由於後兩種原因導致的容量損失、後續循環過程中的容量衰減及為解決容量衰減問題而採取的材料改性措施，改性的目的在於提高電極材料的結構穩定性與熱穩定性、提高電極材料的電導率與離子擴散能力、抑制電極材料與電解液之間的副反應等。目前已經提出了多種改性方法，主要可通過體相摻雜、表面包覆和材料奈米化等來提高材料的電化學性能。除了傳統的表面改性手段，對富鋰正極材料的改性方法還包括表面酸處理、氟摻雜改性以及循環預處理等。

2.5.4.1 摻雜

為了提高正極極材料本身的電子電導能力，可以向材料主相中摻雜異價離子，引入自由電子或電子空穴。對其摻雜改性可以從 Ti^{4+} 或 Ru^{4+} 等方面進行。當摻雜的陽離子價態大於或等於 +2 價時，就可產生自由電子；當引入的陰離子價態小於 -2 價時，也可產生自由電子。

Deng 等研究發現 Ti^{4+} 取代富鋰材料的 Mn^{4+} 可抑製首次充電 4.5V 電壓平臺上晶格的氧脫出，而 Co^{3+} 取代 $Mn_{0.5}^{4+}$、$Ni_{0.5}^{2+}$ 則會增加平臺的氧脫出量。這與 Ti—O 鍵能比 M—O（M＝Mn、Ni）鍵能強，而 Co—O 鍵能比 M—O 鍵能弱有關。Tang 等研究表明，摻鈷的富鋰材料 $Li[Li_{0.0909}Mn_{0.588}Ni_{0.3166}Co_{0.0045}]O_2$ 其首次庫侖效率達到 78.8%，能量密度為 858.4mW·h·g^{-1}，而無鈷材料 $Li[Li_{0.2308}Mn_{0.5}Ni_{0.2692}]O_2$ 的首次庫侖效率和能量密度僅分別為 56.5% 和 590.1mW·h·g^{-1}。Xiang 將 Co 引入過渡金屬位，採用共沉澱法製備 $Li[Li_{0.2}Ni_{0.2-x/2}Mn_{0.6-x/2}Co_x]O_2$（$0 \leqslant x \leqslant 0.24$）。隨着 Co 摻雜量提高，氧損失變大，可逆容量提高。在首次循環過程中，Mn^{3+} 濃度不斷昇高，放電電壓平臺變短。Yu 等在富鋰材料 $Li_{1.2}Mn_{0.567}Ni_{0.166}Co_{0.067}O_2$ 的基礎上摻入 Ru 取代 Mn，5%（物質的量比）Ru 富鋰材料的首次庫侖效率達到 86%，且首次放電比容量達到 284mA·h·g^{-1}。Ren 等採用燃燒法合成 $Li_{1.2}Mn_{0.54-x}Ni_{0.13}Co_{0.13}Zr_xO_2$

（$x=0.00$、0.01、0.02、0.03、0.06）。摻雜後，樣品形貌沒有明顯變化，其粒徑尺寸在 160nm 左右。1.0C 下，其首次放電比容量為 $206.4mA \cdot h \cdot g^{-1}$，100次後容量保持率達到 88.9%。$-10°C$ 下經過 50 次循環後，其放電比容量提高了61.1%。Zang 等將 $LiNO_3$、$Mn(CH_3COO)_2$、$Ni(NO_3)_2$ 和 $(NH_4)_6Mo_7O_{24}$溶於丙烯酸溶液中形成相應的丙烯酸鹽，採用聚合物熱解法製備出粒徑為$0.5\mu m$ 的 $Li_{1.2}Ni_{0.2}Mn_{0.6-x}Mo_xO_2$ 材料。測試表明：當摻雜量為 0.01 時，樣品的倍率性能最理想。在 0.1C 下充放電，其放電比容量達到 $245mA \cdot h \cdot g^{-1}$，循環 203 次後容量保持率高達 93.2%。Xu 等為提昇材料的穩定性，選擇對 Li位進行摻雜。結構分析説明將 Mg 引入 Li 位後，晶格發生膨脹，材料的容量得到提高，倍率性能得到提昇。當摻雜量為 0.03 時，材料的電化學性能達到最佳，但過量摻雜會因為雜質相的增多使得材料結構不穩定。0.1C 下，$Li_{1.17}Mg_{0.03}Mn_{0.54}Ni_{0.13}Co_{0.13}O_2$ 的容量達到 $195mA \cdot h \cdot g^{-1}$，100 次循環後容量仍有 76%，200 次後則只剩下 63%。

2.5.4.2　表面改性

富鋰材料 $Li_{1.2}Mn_{0.525}Ni_{0.175}Co_{0.1}O_2$ 電極在高電壓（4.9V）工作時，電解液發生分解，在電極表面生成絕緣膜，如聚碳酸酯、LiF、Li_xPF_y 和 $Li_xPO_yF_z$等，電極電導率明顯降低，使其容量下降。表面修飾是提高材料電化學性能的有效方法。在鋰離子電池電極材料表面包覆 Al_2O_3、CeO_2、TiO_2、ZrO_2、$AlPO_4$、AlF_3 等能顯著提高材料的電化學性能。

Choi 等採用原子沉積法製備 Al_2O_3 包覆的富鋰材料，同時對材料進行酸處理。結果表明：酸處理濃度為 $1mol \cdot L^{-1}$，包覆後的富鋰材料的倍率性能最好。該材料的首次放電容量可達 $250mA \cdot h \cdot g^{-1}$，循環 25 次後容量保持率提高至96.2%。Wang 等採用共沉澱法成功將 ZrO_2 包覆到 $Li[Li_{0.2}Mn_{0.54}Ni_{0.13}Co_{0.13}]O_2$。材料尺寸 $100\sim200nm$，ZrO_2 顆粒均勻包覆在奈米粒子上，厚度 $8\sim10nm$。$2.0\sim4.8V$ 範圍下，0.2C、0.5C 倍率下循環 50 次後，其首次容量分別為$235.3mA \cdot h \cdot g^{-1}$、$207.3mA \cdot h \cdot g^{-1}$。Wu 等先製備出 $Li[Li_{0.2}Mn_{0.54}Ni_{0.13}Co_{0.13}]O_2$，隨後將其與鉬酸銨進行球磨混合，$600°C$ 燒結後得到包覆樣品。微分電容曲線表明 MoO_3 提供了多餘的鋰脱嵌位點，從而補償 Li^+ 和 O^{2-} 的脱出所引起的位點損失。隨着包覆量的增大，首次不可逆容量損失從 $81.8mA \cdot h \cdot g^{-1}$ 降至$1.2mA \cdot h \cdot g^{-1}$。當包覆量為 5%（質量分數），包覆層厚度為 $3\sim4nm$ 時，所得材料的循環性能最佳。循環 50 次後，包覆後的樣品容量達到 $242.5mA \cdot h \cdot g^{-1}$。

Xie 等將 LaF_3 包覆到 $Li[Li_{0.2}Mn_{0.54}Ni_{0.13}Co_{0.13}]O_2$ 上，包覆量為 1%（質量分數），厚度 $5\sim8nm$，如圖 2-21 所示。包覆後，樣品的電化學性能得到很大

提高：其首次庫侖效率從 75.36％ 提昇至 80.01％；5C 倍率下的容量從 57.4mA・h・g^{-1} 增大到 153.5mA・h・g^{-1}。EIS 譜圖説明包覆後，材料的電荷轉移電阻得到降低。

Sun 等研究了 AlF_3 包覆層對富鋰材料 Li[$Li_{0.19}Ni_{0.16}Co_{0.08}Mn_{0.57}$]$O_2$ 性能的影響。XRD 譜圖表明包覆後，樣品並無雜質峰出現，但當包覆量增大到 10％（質量分數）時，譜圖出現微弱雜質峰。電化學測試表明：包覆處理後，樣品的放電容量和熱穩定性均得到提高。這可能是由於 AlF_3 包覆層可減少電極材料與電解液的直接接觸，從而減少放熱反應。

圖 2-21　包覆 LaF_3 後 Li[$Li_{0.2}Mn_{0.54}Ni_{0.13}Co_{0.13}$]$O_2$ 形貌圖

當 LiF 和 FeF_3 作為包覆層時，可以抑製電解液在電極表面的分解，從而增強材料的循環穩定性，兩種材料的結構如圖 2-22 所示。Zhao 等成功將 LiF/FeF_3 複合材料包覆到 Li[$Li_{0.2}Ni_{0.2}Mn_{0.6}$]O_2 上。測試表明包覆後，材料在 0.1C 下的可逆容量達到 260.1mA・h・g^{-1}，20C 下容量仍有 129.9mA・h・g^{-1}。

Wu 等採用原子層沉積法製備超薄尖晶石膜覆蓋的層狀富鋰材料 $Li_{1.2}Mn_{0.6}Ni_{0.2}O_2$，如圖 2-23 所示。由於超薄尖晶石膜的存在，材料的倍率性

能優良，循環性能優異：初始容量高達 $295.6\mathrm{mA \cdot h \cdot g^{-1}}$，循環 50 次後，容量仍到達 $280\mathrm{mA \cdot h \cdot g^{-1}}$，容量保持率達到了 94.7%。

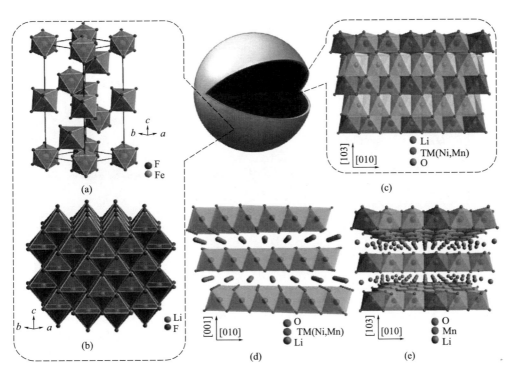

圖 2-22　FeF_3（a），LiF（b），$Li[Li_{0.2}Ni_{0.2}Mn_{0.6}]O_2$（c），
$LiNi_{0.5}Mn_{0.5}O_2$（d），Li_2MnO_3（e）結構圖

　　此外，Zhang 等將富鋰材料 $Li(Li_{0.17}Ni_{0.25}Mn_{0.58})O_2$ 在氨氣氣氛中 400℃ 熱處理 3h，使材料表面氮化。經氮化處理的材料比未處理的材料有更高的放電比容量、更好的倍率性能和循環穩定性。Yu 等用 $(NH_4)_2SO_4$ 處理富鋰材料，使材料表面形成一層尖晶石層，而材料本體的層狀結構保持不變，處理後材料的倍率性能明顯提高，$300\mathrm{mA \cdot g^{-1}}$（1.2C）電流密度下該電極能放出 $230\mathrm{mA \cdot h \cdot g^{-1}}$ 比容量。Zheng 等採用 $Na_2S_2O_8$ 和 $(NH_4)_2S_2O_8$ 化學脫去富鋰材料 $Li[Li_{0.2}Mn_{0.54}Ni_{0.13}Co_{0.13}]O_2$ 的部分鋰，以期提高材料的首次庫侖效率。$Na_2S_2O_8$ 脫鋰的富鋰材料表面生成尖晶石相，首次充放電庫侖效率接近 100%，1C 放電比容量高達 $200\mathrm{mA \cdot h \cdot g^{-1}}$，而 $(NH_4)_2S_2O_8$ 脫鋰的富鋰材料層狀結構會發生坍塌，使其電化學性能變差。

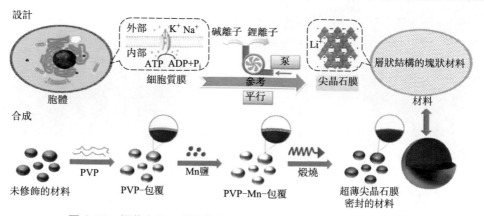

圖 2-23　超薄尖晶石膜覆蓋的層狀 $Li_{1.2}Mn_{0.6}Ni_{0.2}O_2$ 製備流程圖

2.5.4.3　富鋰材料的奈米化

　　奈米結構能夠大大縮短電子和離子的擴散路徑，有效提高電極和電解液的接觸面積，有助於材料中活性鋰的充分發揮，從而顯著提高其放電比容量。富鋰材料的晶粒尺寸大小和形貌會對材料的倍率性能產生一定的影響，富鋰材料的粒徑較大，Li^+ 在脫嵌過程中的擴散路徑較長，倍率性能較差；當富鋰材料顆粒達到奈米級時，活性材料與電解液充分接觸，並且較小的顆粒大大縮短了 Li^+ 的擴散路徑，因此電極材料顆粒的奈米化極大地提高了材料的倍率性能。電極材料顆粒的奈米化主要是通過水熱法、聚合體高溫分解法和離子交換法等合成。

　　Kim 等也通過水熱法合成奈米線狀的 $Li[Ni_{0.25}Li_{0.15}Mn_{0.6}]O_2$ 材料，在高倍率 4C 下，首次放電容量達到 $311mA \cdot h \cdot g^{-1}$，顯示了較高的倍率性能。Yu 等通過聚合物分解法合成了奈米尺寸為 $70\sim100nm$ 的 $Li[Li_{0.12}Ni_{0.32}Mn_{0.56}]O_2$，在高倍率 $400mA \cdot g^{-1}$ 時，首次放電容量達 $147mA \cdot h \cdot g^{-1}$。Kim 等通過離子交換方法合成了奈米片狀的 $Li_{0.93}[Li_{0.21}Co_{0.28}Mn_{0.51}]O_2$，在 0.1C 條件下，首次放電容量為 $258mA \cdot h \cdot g^{-1}$，經 30 次循環後容量保持率為 95％，在 4C 下，其容量保持在 $220mA \cdot h \cdot g^{-1}$ 左右，顯示了較高的倍率性能和較好的循環穩定性。Wei 等通過水熱法將反應物在反應釜中進行較短時間的加熱（$6\sim12h$），合成了主要沿（010）面生長並垂直於（001）面和（100）面晶體結構的奈米片狀的 $Li(Li_{0.17}Ni_{0.25}Mn_{0.58})O_2$（HTN-LNMO）材料，其奈米尺寸為 $5\sim9nm$。在高倍率 6C 下，充放電電壓在 $2.0\sim4.8V$ 時，首次放電容量達到 $200mA \cdot h \cdot g^{-1}$ 左右，經 50 次循環後容量保持在 $186mA \cdot h \cdot g^{-1}$，顯示了較高的倍率性能和良好的循環穩定性。Yang 組先製備出 Mn_2O_3 多孔奈米線，然後以此為模板製備出多孔

$0.2Li_2MnO_3 \cdot 0.8LiNi_{0.5}Mn_{0.5}O_2$ 奈米棒。如圖 2-24 所示，Mn_2O_3 前驅體直徑約為 50nm，長度在 $5\mu m$ 左右；而奈米棒則是由孔狀奈米二級粒子相互交聯構成。在 0.2C 下進行充放電測試，其首次放電比容量達到 $275mA \cdot h \cdot g^{-1}$，100 次循環後容量保持率約為 90%。Yang 等採用模板法製備出 $LiNi_{0.5}Mn_{1.5}O_4 \cdot LiNi_{1/3}Co_{1/3}Mn_{1/3}O_2$ 奈米棒，直徑為 100nm，長度 $1 \sim 2\mu m$，其表面積達到 $5.57 \sim 6.92m^2 \cdot g^{-1}$。該材料的倍率性能優異：0.1C 下，材料的容量高達 $200mA \cdot h \cdot g^{-1}$；0.2C 下循環 100 次後其容量保持率達到 87%。

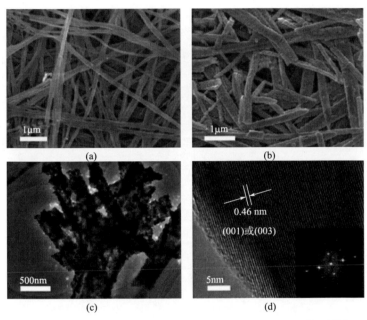

圖 2-24　Mn_2O_3 和 $0.2Li_2MnO_3 \cdot 0.8LiNi_{0.5}Mn_{0.5}O_2$ 的形貌圖

2.5.4.4　富鋰材料的表面酸處理

在首次充電過程中，富鋰電極材料的充電曲線在 4.5V 左右出現一個很長的平臺。這是由於材料中非電化學活性的 Li_2MnO_3 相被活化，在 Li 脫嵌的同時伴有 O 的析出。所以，富鋰電極材料存在着較大的首次循環不可逆容量損失。通過對富鋰材料作酸處理，可以從 Li_2MnO_3 相中除去 Li_2O 並同時活化 Li_2MnO_3 相，減小首次循環過程中的不可逆容量損失。通過共沉澱方法合成固溶體的陰極 $0.5Li_2MnO_3 \cdot 0.5LiNi_{1/3}Co_{1/3}Mn_{1/3}O_2$，用一種溫和酸對其進行處理以提高 H^+/Li^+ 交換反應。原料和處理的樣品之間 Mn：Ni：Co 的濃度比表明，在酸浸出過程中過渡金屬離子已溶解到最小。然而，通過酸處理後鋰含量顯著降低，這

證明 Li$^+$ 已從結構中脫出，並用原子吸收光譜法（AAS）測定所收集的濾液加以證實。H$^+$/Li$^+$ 交換反應確實發生並且材料經過處理之後的化學組成為 H$_{0.06}$Li$_{1.15}$Ni$_{0.13}$Co$_{0.14}$Mn$_{0.55}$O$_{2.03}$。X 射線粉末衍射圖表明該結構不會通過 H$^+$/Li$^+$ 交換反應而改變，仍然是具有 R-3m 的空間群的一個六角形 α-NaFeO$_2$ 型層狀結構。用原子吸收光譜法測定的濾液中 Li$^+$ 的量與浸出後 ICP 數據表示的結果高度一致。酸溶液的 pH 值的變化由酸度計測定。浸出前的 pH 值為 1.98，浸出後 2h pH 值達到了 6.55。pH 值的變化表明了 H$^+$ 從酸溶液中嵌入了材料的結構中。此外，通過 pH 值的變化計算出酸性溶液中的 H$^+$ 損失的量接近於濾液中鋰的量。結果表明，H$^+$/Li$^+$ 交換反應發生在酸處理過程中，將初始庫侖效率從 82.4% 提高到了 89.7%。此外，兩個電極，特別是包含 H$^+$ 的電極，提供實用的容量超過理論容量 290mA·h·g^{-1}。場致發射掃描電子顯微鏡（SEM）和透射電子顯微鏡（TEM）圖像顯示，H$^+$/Li$^+$ 交換樣品表面有侵蝕痕跡。0.05C 時測得的初始充放電曲線（12.5mA·g^{-1}）表明，H$^+$/Li$^+$ 交換電極提供的容量高達 314.0mA·h·g^{-1}，庫侖初始效率也得到提高。循環伏安法（CV）測量證實，這是由於初始充電過程中，釋放的氧的還原催化活性提高。經過處理的電極也顯示改善了倍率性能。

參考文獻

[1] Juan Z H, Wong C C, Yu W. Crystal engineering of nanomaterials to widen the lithium ion rocking 「Express Way」: a case in LiCoO$_2$. Cryst Growth Des, 2012, 12(11): 5629-5634.

[2] 雷聖輝, 陳海清, 劉軍, 湯志軍. 鋰電池正極材料鈷酸鋰的改性研究進展. 湖南有色金屬, 2009, 25(5): 37-42.

[3] Bai Y, Jiang K, Sun S W, Wu Qing, Lu X, Wan N. Performance improvement of LiCoO$_2$ by MgF$_2$ surface modification and mechanism exploration.Electrochim. Acta, 2014, 134(10): 347-354.

[4] Kang K, Ceder G. Factors that affect Li mobility in layered lithium transition metal oxides. Phys Rev B, 2006, 74: 94-105.

[5] 伊廷鋒, 霍慧彬, 胡信國, 高昆. 鋰離子電池正極材料稀土摻雜研究進展. 電源技術, 2006, 30(5): 419-423.

[6] 楊占旭, 喬慶東, 任鐵強, 李琪. 層狀鈷基正極材料的改性研究. 現代化工, 2012, 32(5): 19-23.

[7] 葉乃清, 劉長久, 沈上越. 鋰離子電池正極材料 LiNiO$_2$ 存在的問題與解決辦法. 無機材料學報, 2004, 19(6): 1217-1224.

[8] 劉漢三, 楊勇, 張忠如, 林祖賡. 鋰離子電

池正極材料鋰鎳氧化物研究新進展. 電化
學, 2001, 7（2）: 145-154.

[9] 史鑫, 蒲薇華, 武玉玲, 範麗珍. 鋰離子電
池正極材料層狀 $LiMnO_2$ 的研究進展. 化
工進展, 2011, 30（6）: 1264-1269.

[10] 胡學山, 孫玉恒, 吁霧, 劉東強, 林曉
靜, 劉興泉. 鋰離子電池正極材料層狀
$LiMnO_2$ 的摻雜改性. 化學通報, 2005,
7: 497-503.

[11] Liu Q, Mao D L, Chang C K, Huang F
Q. Phase conversion and morphology
evolution during hydrothermal prepara-
tion of orthorhombic $LiMnO_2$ nanorods
for lithium ion battery application. J
Power Sources, 2007, 173: 538-544.

[12] Zhou F, Zhao X M, Liu Y Q, Li L,
Yuan C G. Size-controlled hydrothermal
synthesis and electrochemical behavior
of orthorhombic $LiMnO_2$ nanorods. J
Phys Chem Solids, 2008, 69:
2061-2065.

[13] He Y, Li R H, Ding X K, Jiang L L,
Wei M D. Hydrothermal synthesis and
electrochemical properties of ortho-
rhombic $LiMnO_2$ nanoplates. J Alloys
Compd. , 2010, 492: 601-604.

[14] Ji H M, Miao X W, Wang L, Qian B,
Yang G. Effects of microwave-hydro-
thermal conditions on the purity and
electrochemical performance of ortho-
rhombic $LiMnO_2$. ACS Sustainable
Chem Eng, 2014, 2: 359-366.

[15] Zhao H Y, Chen B, Cheng C, Xiong
W Q, Wang Z W, Zhang Z, Wang L
P, Liu X Q. A simple and facile one-
step strategy to synthesize orthorhom-
bic $LiMnO_2$ nano-particles with excellent
electrochemical performance. Ceram
Int, 2015, 41: 15266-15271.

[16] He Y, Feng Q, Zhang S Q, Zou Q L,
Wu X L, Yang X J. Strategy for lower-
ing Li source dosage while keeping
high reactivity in solvothermal synthesis
of $LiMnO_2$ nanocrystals. ACS Sustain-
able Chem Eng. 2013, 1: 570-573.

[17] Koyama Y, Tanaka I, Adachi H,
Makimura Y, Ohzuku T. Crystal and e-
lectronic structures of superstructural
$Li_{1-x}[Co_{1/3}Ni_{1/3}Mn_{1/3}]O_2$（0< x< 1）. J
Power Sources, 2003, 119-121:
644-648.

[18] Koyama Y, Yabuuchi N, Tanaka I.
Solid-state chemistry and electrochem-
istry of $LiNi_{1/3}Co_{1/3}Mn_{1/3}O_2$ for advanced
lithium-ion batteries: I First-Principles
Calculation on the crystal and electron-
ic structures. J Electrochem Soc,
2004, 151（10）: 1545- 1551.

[19] 鄒邦坤, 丁楚雄, 陳春華. 鋰離子電池
三元正極材料的研究進展. 中國科學: 化
學, 2014, 44（7）: 1104-1115.

[20] Cboi J, Mmtliiram A. Role of chemi-
cal and structural stabilities on the
electrochemical properties of layered
$LiNi_{1/3}Mn_{1/3}Co_{1/3}O_2$ cathodes. J Elec-
trochem Soc, 2005, 152: 1714-
1718.

[21] Wang F X, Xiao S Y, Chang Z,
Yang Y Q, Wu Y P. Nanoporous
$LiNi_{1/3}Co_{1/3}Mn_{1/3}O_2$ as an ultra-fast
charge cathode material for aqueous
rechargeable lithium batteries. Chem
Commun, 2013, 49: 9209-9211.

[22] Ryu W H, Lim S J, Kim W K, Kwon
H D. 3-D dumbbell-like $LiNi_{1/3}Mn_{1/3}Co_{1/3}O_2$
cathode materials assembled with
nano-building blocks for lithium-ion bat-
teries. J Power Sources, 2014,
257: 186-191.

[23] Han X Y, Meng Q F, Sun T L,
Sun J T. Preparation and electrochem-
ical characterization of single-crystalline

spherical $LiNi_{1/3}Co_{1/3}Mn_{1/3}O_2$ powders cathode material for Li-ion batteries. J Power Sources, 2010, 195: 3047-3052.

[24] Li J F, Xiong S L, Liu Y R, Ju Z C, Qian Y T. Uniform $LiNi_{1/3}Co_{1/3}Mn_{1/3}O_2$ hollow microspheres: Designed synthesis, topotactical structural transformation and their enhanced electrochemical performance. Nano Energy, 2013, 2 (6): 1249-1260.

[25] Peng L L, Zhu Y, Khakoo U, Chen D H, Yu G H. Self-assembled $LiNi_{1/3}Co_{1/3}Mn_{1/3}O_2$ nanosheet cathodes with tunable rate capability. Nano Energy, 2015, 17: 36-42.

[26] Li J L, Yao R M, Cao C B. $LiNi_{1/3}Co_{1/3}Mn_{1/3}O_2$ Nanoplates with (010) Active Planes Exposing Prepared in Polyol Medium as a High-Performance Cathode for Li-ion Battery. ACS Appl Mater Interfaces, 2014, 6: 5075-5082.

[27] Jiang Q Q, Chen N, Liu D D, Wang S Y, Zhang H. Efficient plasma-enhanced method for layered $LiNi_{1/3}Co_{1/3}Mn_{1/3}O_2$ cathodes with sulfur atom-scale modification for superior-performance Li-ion batteries. Nanoscale, 2016, 8: 11234-11240

[28] Chen C J, Pang W K, Mori T, Peterson V K, Sharma N, Lee P H, Wu S H, Wang C C, Song Y F, Liu R S. The origin of capacity fade in the $Li_2MnO_3 \cdot LiMO_2$ (M = Li、Ni、Co、Mn) microsphere positive electrode: an operando neutron diffraction and transmission X-ray microscopy study. J Am Chem Soc, 2016, 138 (28): 8824-8833.

[29] Li D, Kato Y, Kobayakawa K, Yuichi Satob H N. Preparation and electrochemical characteristics of $LiNi_{1/3}Mn_{1/3}Co_{1/3}O_2$ coated with metal oxides coating. J Power Sources, 2006, 160 (2): 1342-1348.

[30] Wu F, Wang M, Su Y F, Bao L Y, Chen S. Surface of $LiCo_{1/3}Ni_{1/3}Mn_{1/3}O_2$ modified by CeO_2-coating. Electrochim Acta, 2009, 54 (27): 6803-6807.

[31] Wu F, Wang M, Su Y F, Chen S. Surface modification of $LiCo_{1/3}Ni_{1/3}Mn_{1/3}O_2$ with Y_2O_3 for lithium-ion battery. J. Power Source, 2009, 189 (1): 743-747.

[32] Li J G, Wang L, Zhang Q, He X M. Electrochemical performance of SrF_2-coated $LiNi_{1/3}Co_{1/3}Mn_{1/3}O_2$ cathode materials for li-ion batteries. J Power Source, 2009, 190 (1): 149-153.

[33] Xie Y, Gao D, Zhang L L, Chen J J, Cheng S, Xiang H F. CeF_3-modified $LiNi_{1/3}Co_{1/3}Mn_{1/3}O_2$ cathode material for high-voltage Li-ion batteries. Ceram Int, 2016, 42 (13): 14587-14594.

[34] Zhang J C, Li Z Y, Gao R, Hu Z B, Liu X F. High rate capability and excellent thermal stability of Li^+-conductive Li_2ZrO_3-coated $LiNi_{1/3}Co_{1/3}Mn_{1/3}O_2$ via a synchronous lithiation strategy. J Phys Chem C, 2015, 119 (35): 20350-20356.

[35] Jarvis K A, Deng Z Q, Allard L F, Manthiram A, Ferreira P J. Atomic structure of a lithium-rich layered oxide material for lithium-ion batteries: evidence of a solid solution. Chem Mater, 2011, 23: 3614-3621.

[36] Tran N, Croguennec L, Ménétrier M, Weill F, Biensan Ph, Jordy C,

Delmas C. Mechanisms associated with the 「plateau」observed at high voltage for the overlithiated $Li_{1.12}$ $(Ni_{0.425}Mn_{0.425}Co_{0.15})_{0.88}O_2$ system. Chem Mater, 2008, 20(15): 4815-4825.

[37] Yabuuchi N, Yoshii K, Myung S T, Nakai I, Komaba S. Detailed studies of a high-capacity electrode material for rechargeable batteries, Li_2MnO_3-Li-$Co_{1/3}Ni_{1/3}Mn_{1/3}O_2$. J Am Chem Soc, 2011, 133(12): 4404-4419.

[38] Xu B, Fell C R, Chi M, Meng Y S. Identifying surface structural changes in layered Li-excess nickel manganese oxides in high voltage lithium ion batteries: A joint experimental and theoretical study. Energy Environ. Sci, 2011, 4(6): 2223-2233.

[39] Oh P, Myeong S, Cho W, Lee M J, Ko M, Jeong H Y, Cho J. Superior long-term energy retention and volumetric energy density for Li-rich cathode materials. Nano Lett, 2014, 14: 5965-5972.

[40] 張潔, 王久林, 楊軍. 鋰離子電池用富鋰正極材料的研究進展. 電化學, 2013, 19(3): 215-224.

[41] Xie Q L, Hu Z B, Zhao C H, Zhang S R, Liu K Y. LaF_3-coated $Li[Li_{0.2}Mn_{0.56}Ni_{0.16}Co_{0.08}]O_2$ as cathode material with improved electrochemical performance for lithium ion batteries. RSC Adv, 2015, 5: 50859-50864.

[42] Zhao T L, Li L, Chen R J, Wu H M, Zhang X X, Chen S, Xie M, Wu F, Lu J, Amine K. Design of surface protective layer of LiF/FeF_3 nanoparticles in Li-rich cathode for high-capacity Li-ion batteries. Nano Energy, 2015, 15: 164-176.

[43] Wu F, Li N, Su Y F, Zhang L J, Bao L Y, Wang J, Chen L, Zheng Y, Dai L Q, Peng J Y, Chen S. Ultrathin spinel membrane-encapsulated layered lithium-rich cathode material for advanced Li-ion batteries. Nano Lett, 2014, 14: 3550-3555.

[44] Yang J G, Cheng F Y, Zhang X L, Gao H A, Tao Z L, Chen J. Porous $0.2Li_2MnO_3 \cdot 0.8LiNi_{0.5}Mn_{0.5}O_2$ nanorods as cathode materials for lithium-ion batteries. J Mater Chem A, 2014, 2: 1636-1640.

[45] Yi T F, Tao W, Chen B, Zhu Y R, Yang S Y, Xie Y. High-performance $xLi_2MnO_3 \cdot (1-x) LiMn_{1/3}Co_{1/3}Ni_{1/3}O_2$ $(0.1 \leqslant x \leqslant 0.5)$ as cathode material for lithium-ion battery. Electrochim Acta, 2016, 188: 686-695.

[46] Yi T F, Han X, Yang S S, Zhu Y R. Enhanced electrochemical performance of Li-rich low-Co $Li_{1.2}Mn_{0.56}Ni_{0.16}Co_{0.08-x}Al_xO_2$ $(0 \leqslant x \leqslant 0.08)$ as cathode materials. Sci China Mater, 2016, 59(8): 618-628.

第3章

尖晶石正極材料

3.1 LiMn$_2$O$_4$ 正極材料

3.1.1 LiMn$_2$O$_4$ 正極材料的結構與電化學性能

3.1.1.1 LiMn$_2$O$_4$ 正極材料的結構

具有尖晶石結構的鋰錳氧化物由於安全性好、成本低廉、無毒性等特點，被認為是最具有發展前景的鋰離子電池正極材料。尖晶石型 LiMn$_2$O$_4$ 屬於 Fd-3m 空間群，其中的 ［Mn$_2$O$_4$］ 骨架是一個有利於 Li$^+$ 擴散的四面體與八面體共面的三維網路，如圖 3-1 所示。LiMn$_2$O$_4$ 中的 Mn 占據八面體 16d 位置，3/4Mn 原子交替位於立方緊密堆積的氧層之間，餘下的 Mn 原子位於相鄰層；O 占據面心立方 32e 位，作為立方緊密堆積；Li 占據四面體 8a 位置，可以直接嵌入由氧原子構成的四面體間歇位，Li$^+$ 通過相鄰的四面體和八面體間隙沿 8a-16c-8a 通道在 ［Mn$_2$O$_4$］ 三維網路中脫嵌，Li$_x$Mn$_2$O$_4$ 中 Li$^+$ 的脫嵌範圍是 $0 < x \leqslant 1$。鋰離子在 LiMn$_2$O$_4$ 正極活性物質的固相擴散係數很小，僅為 10^{-9} cm$^2 \cdot$ s^{-1} 數量級，LiMn$_2$O$_4$ 電子電導率為 $10^{-6} \sim 10^{-5}$ S $\cdot$ cm^{-1}，通常錳酸鋰產品振實密度在 $1.8 \sim 2.2$g $\cdot$ cm^{-3} 之間。

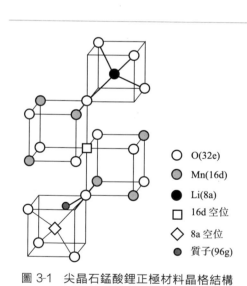

O(32e)
Mn(16d)
Li(8a)
16d 空位
8a 空位
質子(96g)

圖 3-1　尖晶石錳酸鋰正極材料晶格結構

3.1.1.2 **LiMn₂O₄ 正極材料的電子結構**

圖 3-2 為 LiMn$_2$O$_4$ 電極材料的 α 和 β 自旋能帶結構圖。計算結果表明，LiMn$_2$O$_4$ 中 Mn 離子的 α 和 β 自旋態並不相等，它們之間的偏移導致系統產生磁性。在 MnO$_6$ 八面體晶體場中，Mn 的 3d 軌道將分裂成兩個組態，即 t$_{2g}$ 和 e$_g$。圖 3-2 表明 α 通道中的 Mn$_{3d}$ 能帶（t$_{2g}$ 和 e$_g$）是部分占據的，而 β 通道中 Mn$_{3d}$ 能帶都是空帶。根據 Pauli 原理和 Hund 規則，可以推斷出 LiMn$_2$O$_4$ 中 Mn 的化合價為 +3/+4 價並以 d^4/d^3 高自旋構型存在：對於 d^4 自旋構型即有 3 個電子排布在 d$_{xy}$、d$_{xz}$ 和 d$_{yz}$ 三個軌道上（3 個電子的自旋方向向上，t$_{2g}^3$），剩下的一個電子排布在 d$_{x^2-y^2}$ 和 d$_{z^2}$ 兩軌道上（1 個電子自旋方向向上，e$_g^1$），即 t$_{2g}^3$e$_g^1$ 自旋態。這樣的自旋態使 Mn 產生約 $4.0\mu_b$ 的理論磁矩；對於 d^3 自旋構型即有 3 個電子排布在 d$_{xy}$、d$_{xz}$ 和 d$_{yz}$ 三個軌道上（3 個電子的自旋方向向上，t$_{2g}^3$），而 d$_{x^2-y^2}$ 和 d$_{z^2}$ 軌道上沒有電子排布（即 e$_g^0$），即 t$_{2g}^3$e$_g^0$ 自旋態。這樣的自旋態使 Mn 產生約 $3.0\mu_b$ 的理論磁矩。LiMn$_2$O$_4$ 中 Mn 的平均價態為 +3.5 價。需要注意的是 t$_{2g}^3$e$_g^1$ 自旋構型理論上會導致系統產生 Jahn-Teller 效應，降低軌道的對稱性和簡併度，導致材料結構發生畸變。在電池的充放電過程中，多次的循環會導致材料的結構發生不可逆的變化。這是 LiMn$_2$O$_4$ 電池材料產生不可逆容量的重要原因。圖 3-2 中 α 通道的帶隙為 0eV，β 通道的帶隙為 5.70eV，其中 β 通道的帶隙是由 O$_{2p}$ 作為價帶頂和 Mn$_{3d}$（t$_{2g}$）作為導帶底組成的。

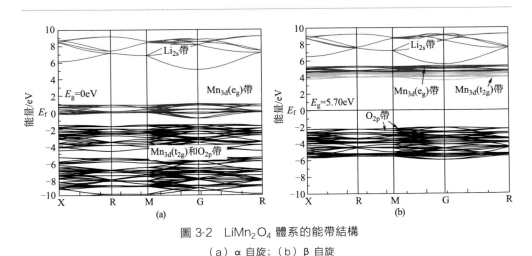

圖 3-2 LiMn$_2$O$_4$ 體系的能帶結構

（a）α 自旋；（b）β 自旋

在充電的過程中，Li$^+$ 從 LiMn$_2$O$_4$ 的晶格中脫出，釋放的電子則通過外電路向負極遷移，這導致材料的微觀電子結構發生變化。為了研究 Li$^+$ 的脫出對材

料成鍵特徵和電化學性能的影響，Yi 等計算了尖晶石 Mn_2O_4 的能帶結構，圖 3-3 為 Mn_2O_4 的 α 和 β 自旋通道的能帶結構圖。計算結果表明，與 $LiMn_2O_4$ 相比，雖然 Mn_2O_4 中各條能帶的能量位置發生了很大的變化，但是它們分裂特徵變化很小，這意味着 Mn_2O_4 中 Mn—O 鍵的鍵合作用與 $LiMn_2O_4$ 非常近似。

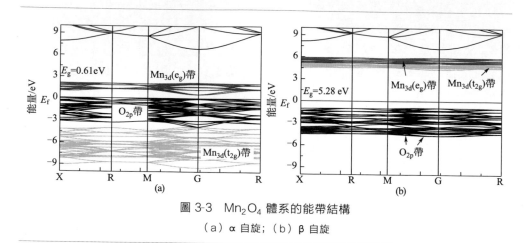

圖 3-3　Mn_2O_4 體系的能帶結構
（a）α 自旋；（b）β 自旋

　　圖 3-3 中表明，Mn_2O_4 中 Mn 離子的 α 和 β 自旋態仍有明顯偏移，系統仍具有磁性。MnO_6 八面體晶體場中 Mn 的 3d 軌道分裂成 t_{2g} 和 e_g 兩個組態。隨着 Li^+ 從正極骨架結構中脫出，Mn_2O_4 中的 Mn 離子被氧化，α 通道中的 Mn_{3d} 的 t_{2g} 態被電子完全填充，而 β 通道中 Mn_{3d} 帶全是空帶，β 通道中 e_g 軌道上的電子通過外電路向負極遷移。Mn_2O_4 中 Mn 以 +4 價 d^3 高自旋構型存在，即有 3 個電子排布在 d_{xy}、d_{xz} 和 d_{yz} 三個軌道上（3 個電子的自旋方向均向上，t_{2g}^3），而 $d_{x^2-y^2}$ 和 d_{z^2} 軌道上沒有電子排布，即 e_g^0，形成 $t_{2g}^3 e_g^0$ 的自旋構型。這樣的自旋態使 Mn 產生約 $3.0\mu_b$ 的理論磁矩。$t_{2g}^3 e_g^0$ 自旋構型理論上不會導致系統產生 Jahn-Teller 效應，因此脫鋰態 Mn_2O_4 中的 MnO_6 八面體具有很好的結構穩定性。圖 3-3 進一步表明，α 自旋通道的帶隙值為 0.61eV，β 自旋通道的帶隙為 5.28eV，與嵌鋰態相比，α 自旋通道帶隙增大 0.61eV，而 β 自旋通道的帶隙減小了 0.42eV，這表明脫鋰態的電子導電性依舊很差。其中 α 通道帶隙價帶頂是 O_{2p} 帶，導帶底是 $Mn_{3d}(e_g)$ 帶；β 通道的帶隙價帶頂依然是 O_{2p} 帶，導帶底是 $Mn_{3d}(t_{2g})$ 帶。

　　電池的循環性能與正極材料的結構穩定性有關。進一步揭示了化學鍵對電池循環性能的影響，圖 3-4 給出了 $LiMn_2O_4$ 體系的電子差分密度（EDD）和鍵級，由於系統形成了共價鍵，電子分佈發生了變化。正值區域或負值區域分別表明電子密度是增加或減小的區域。圖 3-4 顯示，氧離子附近的電子密度明顯增加，而

錳離子附近的電子密度明顯減小。可以得出結論：氧帶負電荷是陰離子，錳帶正電荷是陽離子。此外，Mn 離子附近呈現出明顯的 d 軌道的特性（電子分佈呈十字花形），而 O 離子附近則呈現出明顯的 p 軌道的特性（電子分佈呈啞鈴狀），這表明 O_{2p} 態能夠與 Mn 離子的軌道進行有效重疊並形成共價鍵，進而具有較好的結構穩定性。

3.1.1.3 $LiMn_2O_4$ 正極材料的電化學性能

圖 3-5 為尖晶石 $LiMn_2O_4$ 正極材料的結構的循環伏安曲線和充放電曲線。所有的曲線都表現出了尖晶石錳酸鋰兩個對稱的氧化還原特徵峰，所對應的是 $Li_xMn_2O_4$ 充放電過程中占據四面體 8a 位的鋰離子兩個可逆脫嵌反應。Li^+ 在

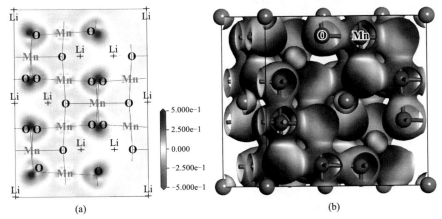

(a)　　　　　　　　　　　(b)

圖 3-4　$LiMn_2O_4$ 體系的電子差分密度圖（EDD）

（a）二維平面圖；（b）三維平面圖

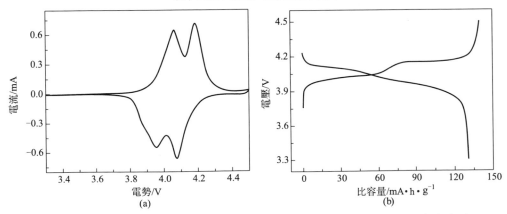

(a)　　　　　　　　　　　(b)

圖 3-5　尖晶石 $LiMn_2O_4$ 正極材料的結構的循環伏安曲線（a）和充放電曲線（b）

尖晶石中的嵌脫兩步過程為：放電嵌入時，Li^+ 首先儘可能地占據尖晶石結構中不相鄰四面體 8a 的位置，直至一半的 8a 位置占滿為止；繼續放電嵌入時，Li^+ 占據尖晶石結構中餘下的與已占四面體相鄰的 8a 位置。充電時鋰離子脫嵌過程正好相反，在完全充電態下，MnO_2 中 Li^+ 的量較少，晶格中存在較多四面體 8a 空位，Li^+ 嵌入時遇到的阻力較小。待一半的四面體 8a 空位占滿後，Li^+ 要占據尖晶石結構中餘下的四面體 8a 的位置，必須克服鋰離子間的斥力，離子間的斥力可能使鋰離子的嵌入自由能增加。所以，鋰離子的兩步嵌脫環境是完全不同的。

3.1.2　$LiMn_2O_4$ 正極材料的容量衰減機理

3.1.2.1　$LiMn_2O_4$ 正極材料的溶解

（1）Mn 的溶解

由於電解液的電解質 $LiPF_6$ 與痕量水發生如下反應：

$$LiPF_6 + H_2O \Longrightarrow LiF + POF_3 + 2HF \tag{3-1}$$

而 HF 導致的錳的溶解是造成 $LiMn_2O_4$ 容量衰減的直接原因。此外，含 F 電解液本身含有的 HF 雜質，溶劑發生氧化產生的質子與 F 化合形成的 HF，以及電解液中的水分雜質或電極材料吸附的水造成電解質分解產生的 HF 造成了尖晶石 $LiMn_2O_4$ 的溶解。研究還表明 $LiMn_2O_4$ 對電解質的分解反應具有催化作用，從而使 Mn 的溶解反應具有自催化性。錳的溶解反應是動力學控製的，40℃以上溶解速度加快，且溫度越高，錳的溶解損失就越嚴重。在 $LiMn_2O_4/C$ 電池充電末期，Mn 的溶解比低電壓時要明顯得多。而在這一電壓範圍，一些溶劑如 DEC（二乙基碳酸酯）也會在電極上氧化分解，其產物對於 Mn 的溶解具有誘導作用。Mn 的溶解會使表面的尖晶石結構發生轉變，其組成在三元相圖中的 $LiMn_2O_4$-$Li_2Mn_4O_9$-$Li_2Mn_5O_{12}$ 區域內。同時，溶出的 Mn^{2+} 隨電解液遷移至負極，並在負極被還原，伴隨着 LiOH、LiF、Li_2CO_3、Li_2O 等其他雜質沉積於負極。最簡單的用於解釋 Mn 的溶解和開路電壓降低的反應式為：

$$LiMn_2O_4 + 2yLi^+ \Longrightarrow Li_{1+2y}Mn_{2-y}O_4 + yMn^{2+} \tag{3-2}$$

Mn 的溶解導致的容量衰減主要表現在兩個方面：當複合正極中導電劑含量較高時，Mn 的溶解會被加劇；而當導電劑含量較低時，Mn 的溶解損失較輕，但同時 C 和 Mn 的接觸電阻及電極反應電阻增大，造成容量的極化損失。

（2）$LiMn_2O_4$ 相結構的變化

鋰離子蓄電池正極材料 $LiMn_2O_4$ 中的相變可分為兩類：一是在鋰離子正常脫嵌時電極材料發生的相變；二是過充電或過放電時電極材料發生的相變。對於第一類情況，一般認為鋰離子的正常脫嵌反應總是伴隨着宿主結構摩爾體積的變

化，並產生材料內部的機械應力場，從而使得宿主晶格發生變化。較大的晶格常數變化或相變化減少了顆粒之間以及顆粒與整個電極之間的電化學接觸，導致了循環過程中的容量衰減；第二類情況主要是指對 $LiMn_2O_4$ 進行過放電時的 Jahn-Teller 效應。$LiMn_2O_4$ 中 Li^+ 的脫嵌範圍是 $0<x\leqslant2$，當 Li^+ 嵌入或脫出的範圍為 $0<x\leqslant1.0$ 時，發生反應：

$$LiMn_2O_4 \Longrightarrow Li_{1-x}Mn_2O_4+xe+xLi^+ \tag{3-3}$$

此時 Mn 離子的平均價態在 $3.5\sim4.0$ 之間，Jahn-Teller 效應不明顯。晶體仍舊保持尖晶石結構，對應的 $Li/Li_xMn_2O_4$ 輸出電壓是 $4.0V$ 左右；而當 $1.0<x\leqslant2.0$ 時有以下反應發生：

$$LiMn_2O_4+ye+yLi^+ \Longrightarrow Li_{1+y}Mn_2O_4 \tag{3-4}$$

充放電循環電位在 $3V$ 左右，即 $1.0<x\leqslant2.0$ 時 Mn 離子的平均價態小於 3.5，即 Mn^{3+} 的數量較多。圖 3-6 為 Mn^{3+} 在氧八面體中的電子結構。

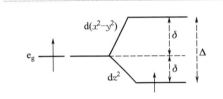

圖 3-6　Mn^{3+} 在氧八面體中的電子結構

從圖 3-6 中可以看出，$LiMn_2O_4$ 中 Mn^{3+} 的 d 層電子結構是 $t_{2g}^3e_g^1$，屬於 d^4 高自旋。根據 Jahn-Teller 原理知，其將產生 D_{4h} 拉長變形，在氧八面體力場的作用下，e_g 軌道分裂為 $d(x^2-y^2)$ 與 dz^2 兩個能級，形成畸變的八面體，而尖晶石 $LiMn_2O_4$ 的立方結構向四方結構轉變，降低了晶體的對稱性。此時將導致嚴重的 Jahn-Teller 效應，尖晶石晶體結構由立方相轉向四方相，晶格常數的比值 c/a 也會增加。該結構轉變破壞了尖晶石骨架，當超出材料所能承受的極限時則破壞三維離子遷移通道，Li^+ 嵌脫困難，循環性變差，導致容量衰減。此外，這種結構的轉變往往發生在粉末顆粒的表面或局部，使顆粒間的接觸不良，致使鋰離子的擴散和電極的導電性下降，從而導致容量衰減。

Ohzuku 等總結了 $Li_yMn_{2-x}O_4$ 在正常脫/嵌鋰及過放電時所發生的兩類相變化，提出了尖晶石相變的雙相模型理論，如表 3-1 所示。

表 3-1　正尖晶石電極放電時的相變化

材料	區域	相	$Li_yMn_{2-x}O_4$ 中 y
$Li_yMn_{2-x}O_4$	I	兩種立方相之間的反應	$0.27<y\leqslant0.6$
	II	一種立方相的插入過程	$0.6<y\leqslant1.0$
	III	立方相與四方相之間的相變	$1.0<y\leqslant2.0$

當 $y>1.0$ 時，存在約為 $1V$ 的電壓降，這是由於 MnO_6 八面體發生了 Jahn-

Teller 扭曲，從 O_h 對稱向 D_{4h} 對稱轉變。隨着尖晶石中立方相向四方相的轉變，晶格體積急劇收縮，嚴重影響了循環性能。另外，Liu 等在上述理論的基礎上又提出了晶型轉變的三相模型：①$0<x<0.2$ 時為立方單相區 A；②$0.2<x<0.4$ 時為雙相共存區 A＋B；③$0.45<x<0.55$ 時為立方單相區 B；④$0.55<x<1$ 時則為立方單相區。Yang 等採用小電流充放電對 $LiMn_2O_4$ 尖晶石結構進行研究後認為，在 B 相和 C 相之間也應存在一個雙相共存區（$0.55<x<0.95$），之所以三相模型中沒有提出是因充電倍率過大，系統沒有達到平衡態所致。但相對於 $x=1.0$ 處發生的 Jahn-Teller 形變，上述（晶格）形變對材料循環性能的影響較小。$LiMn_2O_4$ 屬於 Fd-3m 空間群，錳離子（$3d^3$，$3d^4$）占據八面體 16d 位，很容易被鋰離子（$2s^0$）取代，形成非化學計量比的鋰錳氧化物，而不引起結構變化。因此，採用少量離子對錳離子進行摻雜，可以充分抑製 Jahn-Teller 效應的發生，有效提高了電極的循環壽命，抑製了容量的衰減。

3.1.2.2　電解液的分解

　　鋰離子蓄電池中常用的電解液主要包括由各種有機碳酸酯溶劑和由鋰鹽組成的電解質。

　　(1) 溶劑的分解

　　① 碳酸丙烯酯（PC）的分解　　以 PC 為主要組分的電解液在鋰插入石墨過程中，在高度石墨化碳材料表面發生分解。碳酸丙烯酯在石墨負極發生分解反應的幾種可能如圖 3-7 所示。

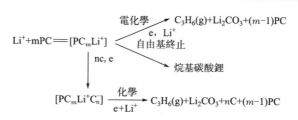

圖 3-7　碳酸丙烯酯在石墨負極發生分解反應的幾種可能

　　② 碳酸乙烯酯（EC）的分解　　EC 的還原（分解）包括一電子反應和二電子反應過程，一電子反應形成烷基碳酸鋰：

$$EC+e \longrightarrow EC^- \text{ 自由基} \tag{3-5}$$

$$2EC^- \text{ 自由基}+2Li^+ \longrightarrow C_2H_4+\text{烷基碳酸鋰} \tag{3-6}$$

　　二電子反應形成碳酸鋰：

$$EC+2e \longrightarrow C_2H_4+CO_3^{2-} \tag{3-7}$$

$$CO_3^{2-} + 2Li^+ \longrightarrow Li_2CO_3 \tag{3-8}$$

碳酸鋰和烷基碳酸鋰一樣對負極起鈍化層的作用。

③ DMC/DEC 的分解　DMC（二甲基碳酸酯）和 DEC（二乙基碳酸酯）一電子還原形成烷基碳酸鋰和烷基鋰，以 DMC 還原反應為例：

$$CH_3OCOOCH_3 + e + Li^+ = CH_3OCOOLi + \cdot CH_3 \tag{3-9}$$

$$CH_3OCOOCH_3 + e + Li^+ = CH_3Li + \cdot CH_3OCOO \tag{3-10}$$

$$\cdot CH_3OCOO + \cdot CH_3 = CH_3OCOOCH_3 \tag{3-11}$$

(2) 電解質的分解

電解質的還原反應通常被認為是參與了碳電極表面膜的形成，還原產物夾雜於負極沉積膜中而影響電池的容量衰減。

各種鹽類的還原反應機理如下。

① $LiPF_6$

$$LiPF_6 = LiF + PF_5 \tag{3-12}$$

$$PF_5 + H_2O = 2HF + PF_3O \tag{3-13}$$

$$PF_5 + 2xe + 2xLi^+ = xLiF + Li_xPF_{5-x} \tag{3-14}$$

$$PF_3O + 2xe + 2xLi^+ = xLiF + Li_xPF_{3-x}O \tag{3-15}$$

$$PF_6^- + 2e + 3Li^+ = 3LiF + PF_3 \tag{3-16}$$

② $LiBF_6$（與 $LiPF_6$ 相似）

$$BF_4^- + (2x-1)e + 2xLi^+ = xLiF + Li_xBF_{4-x} \tag{3-17}$$

③ $LiClO_4$

$$LiClO_4 + 8e + 8Li^+ = 4Li_2O + LiCl \tag{3-18}$$

$$LiClO_4 + 4e + 4Li^+ = 2Li_2O + LiClO_2 \tag{3-19}$$

$$LiClO_4 + 2e + 2Li^+ = Li_2O + LiClO_3 \tag{3-20}$$

④ $LiAsF_6$

$$LiAsF_6 + 2e + 2Li^+ = 3LiF + AsF_3 \tag{3-21}$$

$$AsF_3 + 2xe + 2xLi^+ = xLiF + Li_xAsF_{3-x} \tag{3-22}$$

此外，電解液中可能含有水、氧氣和二氧化碳。水有助於形成不利於鋰離子嵌入的 LiOH 和 Li_2O 沉積層：

$$H_2O + e = OH^- + 1/2H_2 \tag{3-23}$$

$$OH^- + Li^+ = LiOH(s) \tag{3-24}$$

$$LiOH + Li^+ + e = Li_2O(s) + 1/2H_2 \tag{3-25}$$

氧的存在也會形成 Li_2O：

$$1/2O_2 + 2e + 2Li^+ = Li_2O \tag{3-26}$$

二氧化碳的存在會形成 Li_2CO_3：

$$2CO_2 + 2e + 2Li^+ \Longrightarrow Li_2CO_3 + CO \tag{3-27}$$

除去電解液中的水分及 HF 是減少容量衰減的最有效辦法，然而由於鋰鹽製備過程中的固有弱點，很難將這些有害雜質含量降至理想水平。不過優化電解液的組成，選擇酸性低、熱穩定性高的鋰鹽及抗氧化性強的溶劑及對 HF 具有捕獲作用的添加劑，或開發新的電解液，都可以改善 $LiMn_2O_4$ 的容量衰減。

3.1.2.3 鈍化膜的形成

Blyr 認為離子交換反應從活性物質粒子表面向其核心推進，形成的新相包埋了原來的活性物質，粒子表面形成了離子和電子導電性較低的鈍化膜，因此儲存之後的尖晶石比儲存前具有更大的極化。Pasquier 的研究進一步表明，$LiMn_2O_4$ 表面形成的鈍化膜是含有 Li 和 Mn 的水溶性的有機物質，並建立了模型。Pasquier 認為 SEI 膜的沉積-溶解過程一般包括三個連續步驟：①金屬與 SEI 之間電子的轉移；②陽離子從金屬與 SEI 膜之間的界面向 SEI 膜與溶液之間的界面轉移；③SEI 膜與溶液界面處離子的交換。在不斷的循環過程中，電極與電解液小面積的接觸，在石墨電極上形成了電化學惰性的表面層，使得部分石墨粒子與整個電極發生隔離而失活，引起容量損失。Zhang 通過對電極材料循環前後的交流阻抗譜的比較分析發現，隨着循環次數的增加，表面鈍化層的電阻增加，界面電容減小。反映出鈍化層的厚度是隨循環次數的增加而增加的，Mn 的溶解及電解液的分解導致了鈍化膜的形成，高溫條件更有利於這些反應的進行。這將造成活性物質粒子間接觸電阻及 Li^+ 遷移電阻的增大，從而使電池的極化增大，充放電不完全，容量減小。

3.1.2.4 過充電引起的容量損失

（1）碳負極過充電引起的容量損失

負極過充電時，會產生金屬鋰沉積：

$$Li^+ + e \Longrightarrow Li(s) \tag{3-28}$$

這種情況容易發生在正極活性物質相對於負極活性物質過量的場合，但是，在高充電率的情況下，即使正負極活性物質的比例正常，也可能發生金屬鋰的沉積。金屬鋰的形成可能從如下幾個方面造成電池的容量衰減：①可循環鋰量減少；②沉積的金屬鋰與溶劑或支持電解質反應形成 Li_2CO_3、LiF 或其他產物；③金屬鋰往往在負極與隔膜間形成，可能阻塞隔膜的孔隙，增大電池的內阻。負極過充電沉積金屬鋰與負極形成鈍化膜的作用完全不同，負極為保持其活性物質在電解液中的穩定性，需在表面形成一層起固體電解質作用的穩定鈍化膜。鈍化

膜的形成會造成電池的初始容量損失，但是，這是鋰離子蓄電池必不可少的過程。為了彌補這種容量損失，通常使用相對過量的正極活性物質。

（2）LiMn$_2$O$_4$ 過充電引起的容量損失

鋰錳氧化物過充電時會形成惰性的三氧化二錳，並有損失氧的趨勢。不過，反應發生在鋰錳氧化物完全脫鋰的狀態下：

$$2\lambda\text{-}MnO_2 \longrightarrow Mn_2O_3 + \frac{1}{2}O_2(g) \tag{3-29}$$

此外，Gao 等還提出了由於產生氧缺陷而導致的高壓區容量損失機理：

$$EI \Longrightarrow EI^+ + e \tag{3-30}$$

式中　EI——電解液中溶劑分子；

　　　EI$^+$——帶有正電的電解液中溶劑分子。

$$Li_y Mn_2O_4 + 2\delta e \Longrightarrow Li_y Mn_2O_{4-\delta} + \delta O^{2-} \tag{3-31}$$

當上述反應同時在部分脫鋰的尖晶石電極表面發生反應時，可得到下列反應：

$$Li_y Mn_2O_4 + 2\delta EI \longrightarrow Li_y Mn_2O_{4-\delta} + \delta(\text{氧化態的 } EI)_2 \tag{3-32}$$

上述過程不僅對尖晶石氧化物的結構產生破壞作用，導致容量損失，還會因氧的逸出使得電解液發生氧化，縮短電池壽命。此外，由於鋰離子蓄電池沒有鎘鎳、鉛酸和氫鎳等蓄電池結合氧的功能，所以氧的形成對鋰離子蓄電池非常危險。

3.1.2.5　自放電

自放電現象是所有蓄電池都具有的現象，由自放電而導致的容量損失分為可逆和不可逆兩種。對於 LiMn$_2$O$_4$／有機電解液體系來說，鋰錳氧化物正極與溶劑會發生微電池作用產生自放電造成不可逆容量損失，溶劑分子（如碳酸丙烯酯 PC）在導電性物質炭黑或集流體表面上作為微電池負極氧化：

$$xPC \longrightarrow xPC^+ \text{自由基} + xe \tag{3-33}$$

鋰錳氧化物作為微電池正極嵌入鋰離子而被還原：

$$Li_y Mn_2O_4 + xLi^+ + xe \Longrightarrow Li_{y+x} Mn_2O_4 \tag{3-34}$$

同樣，負極活性物質可能會與電解液發生微電池作用產生自放電造成不可逆容量損失，電解質（如 LiPF$_6$）在導電性物質上還原：

$$PF_5 + xe \Longrightarrow PF_{5-x} + xF^- \tag{3-35}$$

充電狀態下的碳化鋰作為微電池的負極脫去鋰離子而被氧化：

$$Li_y C_6 \Longrightarrow Li_{y-x} C_6 + xLi^+ + xe \tag{3-36}$$

自放電速率主要受溶液氧化程度的影響，因此電池的壽命與電解液的穩定性關係很大。

3.1.2.6　集流體的影響

正負極集流體的性質也影響着電池的容量，通常銅和鋁分別用作鋰離子蓄電池負極和正極的集流體，兩者特別是銅容易腐蝕。集流體的鈍化膜形成與活性物質的黏合力、腐蝕等因素均會增加電池的內阻，因而造成電池的容量衰減。集流體的腐蝕行為主要表現為：鋁正極鈍化膜的局部破壞，即點蝕，這與電解液有關。例如：鋁在常見的幾種電解質鹽中的腐蝕順序為：$LiAsF_6 < LiClO_4 < LiPF_6 < LiBF_6$；銅的腐蝕可以看作是負極上的一個過放電反應，過放電時會引起銅負極的腐蝕開裂，進而引起銅的溶解，溶解的銅離子會在充電時重新在負極沉積，沉積銅長成枝晶狀，穿透隔膜，使電池報廢。為了提高集流體與活性物質間的黏合力和減少腐蝕，鋰離子蓄電池中的兩個集流體都必須經過預處理（酸化、防腐塗層、導電塗層等）來提高其附着能力及減少腐蝕速率，如通過添加氟化物可以明顯抑製鋁的腐蝕過程。

3.1.3　$LiMn_2O_4$ 正極材料製備方法

尖晶石 $LiMn_2O_4$ 易於合成，用於合成它的方法比較多，如高溫固相合成法、固相配位反應法、機械化學合成法、控製結晶法、Pechini 法及簡化的 Pechini 法、溶膠-凝膠法、共沉澱法等。

3.1.3.1　高溫固相法

高溫固相合成法操作簡便，易於工業化，是合成 $LiMn_2O_4$ 的常用方法，它是將鋰鹽和錳化合物按一定比例機械混合在一起，然後在高溫下焙燒而製得。Siapkas 等以 Li_2CO_3 和 MnO_2 為原料製備了缺鋰和富鋰尖晶石相。田從學等利用高溫固相反應合成了具有較好性能的 $LiMn_2O_4$。江志裕等以 Li_2CO_3、$LiOH$、$LiNO_3$ 和 EMD 為原材料，用固相合成法製得 $LiMn_2O_4$。由於固相反應法獲得的正極材料粒度較大，均勻性較差，所以人們紛紛致力於改進該方法或是探求新的途徑以期獲得具有良好性能的正極材料。

3.1.3.2　固相配位反應法

固相配位反應法就是首先在室溫或低溫下製備可以在較低溫度下分解的固相金屬配合物，然後將固相配合物在一定溫度下進行熱分解，得到氧化物超細粉體。該法保持了傳統的高溫固相反應操作簡便的優點，同時又具有合成溫度低、反應時間短、產物粒度較小的優點。康慨等以 $LiNO_3$、$Mn(CH_3COO)_2 \cdot 4H_2O$ 和檸檬酸為原料用該法合成了 $LiMn_2O_4$ 的超細粉體，並具有較好的電化學性能。

3.1.3.3　控製結晶法

控製結晶法就是通過控製結晶工藝製備出前驅體 Mn_3O_4，再將 Mn_3O_4 與 $LiOH \cdot H_2O$ 進行固相反應合成尖晶石相 $LiMn_2O_4$。何向明等用該法得到的尖晶石相 $LiMn_2O_4$ 具有良好的電化學性能，首次放電比容量為 $125mA \cdot h \cdot g^{-1}$。

3.1.3.4　Pechini 法及簡化的 Pechini 法

Pechini 法是基於某些弱酸與不同金屬陽離子形成螯合物，而螯合物可與多羥基醇聚合形成固體聚合物樹脂，從而使金屬離子均勻分散在聚合物樹脂中，在低溫下燒結即可得到細微氧化物粉體。該法較傳統固相法有燒結溫度低、合成粉末均勻的優點，用該法合成的產品有較好的循環性能。簡化的 Pechini 法較 Pechini 法有工藝簡單、易於操作的特點，它不用經過真空減壓步驟就可製造出前驅體材料。

3.1.3.5　共沉澱法

共沉澱法是將過量的沉澱劑加入到混合液中，使各組分溶質盡量按比例同時沉澱出來。衛敏等嘗試着將共沉澱法與奈米技術相結合，以 $LiNO_3$、$Mn(CH_3COO)_2$ 及 $(NH_4)_2CO_3$ 為原料，在旋轉液膜成核反應器中製得前驅體，經焙燒得尖晶石 $LiMn_2O_4$ 奈米顆粒，初步研究了它的電化學性能。但發現其容量值較低，該技術還有待改進。

3.1.3.6　機械化學合成法

機械化學合成法是通過高能球磨的作用使不同元素或其化合物相互作用，形成超細粉體的新方法。機械化學的基本過程是將粉末混合料與研磨介質一起裝入高能球磨機進行機械研磨，經過反復形變、破裂和冷焊，以達到破裂和冷焊的平衡，最終形成表面粗糙、內部結搆精細的超細粉末。機械化學的特點是在機械化過程中引入大量的應變、缺陷，使得其不同於平常的固態反應，它可以在遠離平衡態的情況下發生轉變，形成亞穩結構。其一般原理是在球磨過程中，粉末顆粒被強烈塑性變形，產生應力和應變，顆粒內產生大量的缺陷。機械化學法可以使材料遠離平衡狀態，從而獲得其他技術難以獲得的特殊組織、結構，擴大了材料的性能範圍且材料的組織、結構可控。近年來，機械化學理論和技術發展迅速，在理論研究和新材料的研製中顯示了誘人的前景，機械化學法已經廣泛應用於製備鋰離子高性能結構材料。Kosova 等利用機械化學法在不銹鋼活化反應器（球的直徑為 $8mm$，轉速 $660r \cdot min^{-1}$）中合成出符合化學計量比的尖晶石 $LiMn_2O_4$ 和非化學計量比的缺陷型尖晶石 $Li_xMn_2O_4$，並進行

了其組織、結構和電化學性能研究。研究表明，由於機械活化過程的磨礦作用及固體的塑性變形加速了固相之間的反應，不同配比的 $x\mathrm{Li_2CO_3} + 4\mathrm{MnO_2}$ 混合物在機械活化反應器中活化 10min 後，均有 Li-Mn-O 尖晶石相的形成，但不同 x 值形成的活化產物中 $\mathrm{LiMn_2O_4}$ 物相的數量不一樣。機械活化直接製備的尖晶石存在晶格缺陷，因而產物的結晶度不高，活化所得產物在 $600\sim800℃$ 下熱處理後結晶度提高。

3.1.3.7　溶膠-凝膠法

溶膠-凝膠法是把各反應物溶解於水中形成均勻的溶液，再加入有機錯合劑把各金屬離子固定住，通過調節 pH 值使其形成固態凝膠，再經過風乾、研磨、預燒、再研磨、焙燒等過程。溶膠-凝膠法製備材料由於具有合成溫度低、粒子小（在奈米級範圍）、粒徑分佈窄、均一性好、比表面積大、形態易於控製等優點，因此近些年來被廣泛應用於鋰離子蓄電池正極材料的製備。

此外還有水熱法、離子交換法、燃燒法、自蔓延法、脈冲激光沉積法、等離子提昇化學氣相沉澱法和射頻磁旋噴射法等。總之，人們通過優化反應條件及改進合成方法等途徑來改善尖晶石 $\mathrm{LiMn_2O_4}$ 正極材料的性能取得了一定成效，但並不能從根本上解決 $\mathrm{LiMn_2O_4}$ 多次循環後的容量損失問題。要提高其電化學性能單獨開展該方面的工作有一定局限性。

3.1.4　提高 $\mathrm{LiMn_2O_4}$ 正極材料性能的方法

$\mathrm{LiMn_2O_4}$ 在充放電過程中會發生 Jahn-Teller 效應，導致溫度高於 55℃時，材料結構發生變形，且晶體中的 $\mathrm{Mn^{3+}}$ 會發生歧化反應，生成的 $\mathrm{Mn^{2+}}$ 溶解於電解質中使電極活性物質損失，容量衰減很快，這些都阻礙限製了 $\mathrm{LiMn_2O_4}$ 進一步的研究、開發和應用。目前用於提高 $\mathrm{LiMn_2O_4}$ 材料的方法主要有奈米化、控製形貌、摻雜以及表面改性。

3.1.4.1　奈米化及表面形貌控製

為了改善 $\mathrm{LiMn_2O_4}$ 的倍率性能，各種形貌和奈米結構的 $\mathrm{LiMn_2O_4}$ 已經被報導。$\mathrm{LiMn_2O_4}$ 材料的電化學性能與其形貌、顆粒大小、晶型和結構的多孔性有密切的聯繫，常見的形貌有奈米顆粒、奈米線、奈米纖維、奈米片、奈米棒、多孔材料以及奈米刺等。圖 3-8 列出了常見的奈米 $\mathrm{LiMn_2O_4}$ 的形貌。不同形貌奈米 $\mathrm{LiMn_2O_4}$ 的電化學性能比較見表 3-2。其中，多孔材料存在豐富的網路狀結構的孔洞，電解液可從孔隙中浸入，縮短材料內部的鋰離子進入電解質的擴散路徑，同時改善了 $\mathrm{LiMn_2O_4}$ 中電子和離子的傳導。

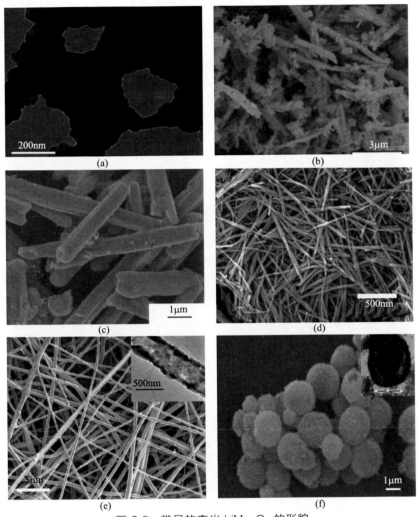

圖 3-8 常見的奈米 LiMn$_2$O$_4$ 的形貌

（a）多孔結構；（b）多孔奈米棒；（c）奈米管；（d）超薄奈米線；（e）多孔奈米纖維；（f）中空結構微球

表 3-2 不同形貌奈米結構的 **LiMn$_2$O$_4$** 正極材料的
合成方法、放電容量、循環穩定性及倍率容量

材料	合成方法	放電容量（倍率）	容量保持率（循環次數/倍率）	倍率容量（倍率）
多孔 LiMn$_2$O$_4$	模板法	118mA·h·g^{-1}（100mA·g^{-1}）	93％（10000 次/9C）	108mA·h·g^{-1}（5000mA·g^{-1}）
LiMn$_2$O$_4$ 奈米棒	固相法	105mA·h·g^{-1}（10C）	90％（500 次/10C）	105mA·h·g^{-1}（10C）

續表

材料	合成方法	放電容量(倍率)	容量保持率 (循環次數/倍率)	倍率容量(倍率)
LiMn$_2$O$_4$ 奈米管	溶劑熱法結合固相法	115mA・h・g^{-1} (0.1C)	70%(1500 次/5C)	約 80mA・h・g^{-1} (10C)
超薄 LiMn$_2$O$_4$ 奈米線	溶劑熱法	125mA・h・g^{-1} (0.1C)	約 105mA・h・g^{-1} (100 次/10C)	100mA・h・g^{-1} (60C)
多孔 LiMn$_2$O$_4$ 奈米纖維	静電紡絲	120mA・h・g^{-1} (15mA・g^{-1})	87% (1250 次/1C)	56mA・h・g^{-1} (16C)
有序的介孔 LiMn$_2$O$_4$	固相法	約 100mA・h・g^{-1} (0.1C)	94% (500 次/1C)	約 80mA・h・g^{-1} (5C)
中空結構的 LiMn$_2$O$_4$ 微球	固相法	128.9mA・h・g^{-1} (0.2C)	86.6% (300 次/1C,55℃)	89.7mA・h・g^{-1} (10C)

多孔結構的 LiMn$_2$O$_4$ 奈米棒可以利用多孔的 Mn$_2$O$_3$ 奈米棒作為自支撐的模板，合成路線和不同倍率的循環性能如圖 3-9 所示。顯然，多孔奈米棒結構的 LiMn$_2$O$_4$ 在任意倍率下都具有比 LiMn$_2$O$_4$ 奈米棒和奈米顆粒更高的放電容量和更小的容量衰減。此外，模板法還可以製備 LiMn$_2$O$_4$ 奈米管。有報導採用 β-MnO$_2$ 作為自支撐模板製備單晶的 LiMn$_2$O$_4$ 奈米管。充放電測試表明，5C 倍率 1500 次循環後，其容量保持率仍為首次放電容量的 70%。LiMn$_2$O$_4$ 優秀的循環穩定性來自於其管狀的奈米結構和一維的單晶結構，其內部中空的奈米管和外部大的表面積很容易使電解液從外部滲入電極內部，減小了電極的內阻，進而提高了材料的循環穩定性。利用溶劑熱法可以製備 α-MnO$_2$ 奈米線，然後以此為原料通過高溫燒結可以合成超薄的 LiMn$_2$O$_4$ 奈米線。充放電測試結果表明，在 60C 和 150C 倍率放電時，超薄 LiMn$_2$O$_4$ 奈米線的可逆放電容量分別高達 100mA・h・g^{-1} 和 78mA・h・g^{-1}。採用燃燒法可以製備 LiMn$_2$O$_4$ 奈米顆粒，盡管在 0.2C 倍率放電時，其放電容量僅為 114mA・h・g^{-1}，但是 5C 倍率放電時，其容量為 84mA・h・g^{-1}。採用具有尖晶石結構的 Mn$_3$O$_4$ 奈米片陣列為模板，通過水熱嵌鋰法一步低溫可以製備出具有高結晶度的 LiMn$_2$O$_4$ 奈米片陣列，證明了水熱嵌鋰條件下可實現尖晶石到尖晶石結構的轉變（圖 3-10）。由於結構的相似性，所得到的 LiMn$_2$O$_4$ 完美地保留了 Mn$_3$O$_4$ 的奈米結構，解決了之前文獻報導用 MnO$_2$ 水熱嵌鋰製備 LiMn$_2$O$_4$ 無法保存原有奈米結構的難題。該方法簡便易行，適用於不同導電基底。此外，在碳布基底上垂直生長了 LiMn$_2$O$_4$ 奈米片陣列，並將其與 Li$_4$Ti$_5$O$_{12}$ 奈米片陣列組合構建了柔性鋰離子電池，並展現出優越的電化學性能和柔性。

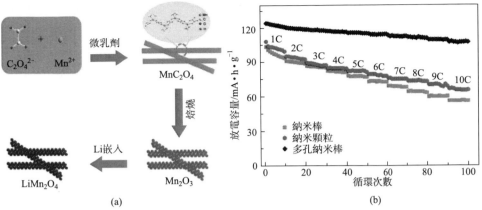

圖 3-9 多孔結構的 $LiMn_2O_4$ 奈米棒合成路線（a）和奈米棒、
奈米顆粒以及多孔奈米棒結構的 $LiMn_2O_4$ 循環性能（b）

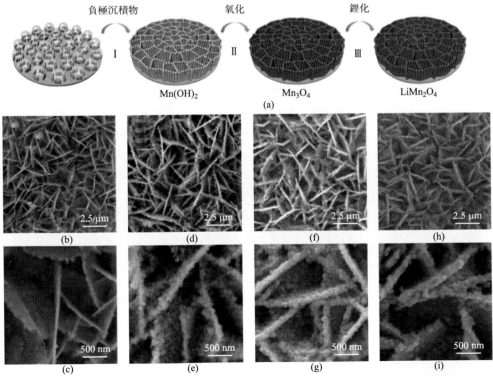

圖 3-10 在 Au 基片上製備 3D 多孔 $LiMn_2O_4$ 奈米片陣列的流程示意圖（a）；製備的 Mn_3O_4
奈米片陣列（b）、（c）； 200℃ 製備的 $LiMn_2O_4$ 奈米片陣列（d）、（e）； 220℃ 製備的
$LiMn_2O_4$ 奈米片陣列（f）、（g）； 240℃ 製備的 $LiMn_2O_4$ 奈米片陣列（h）、（i）

　　在鋰離子電池中，材料的晶面通常會影響鋰離子的擴散、電子電導率以及電化學反應。第一性原理計算表明，$LiMn_2O_4$ 表面和亞表面附近的原子在垂直於 (001) 面的方向上具有非常大的弛豫，在 $LiMn_2O_4$ (001) 表面只有 Mn^{3+} 存在，而這些 Mn^{3+} 非常活躍，在該材料電極/電解液界面很容易發生歧化反應，從而加速了 Mn 的溶解。因此，$LiMn_2O_4$ 的電化學行為對其晶面非常敏感。例如，有報導表明重構的 $LiMn_2O_4$(111) 表面沒有 Mn 原子，可以減緩材料中 Mn 的溶解。因此，在合成過程中控製 $LiMn_2O_4$ 的 (111) 晶面有助於提高材料的循環性能。由圖 3-11(a)、(b) 可以看出截角八面體結構的 $LiMn_2O_4$ 具有更好的循環性能。如圖 3-11(c) 所示，低溫和低鋰電勢有助於 $LiMn_2O_4$(111) 晶面的優先生長，這為高穩定性 $LiMn_2O_4$ 材料的合成提供了一個範例。

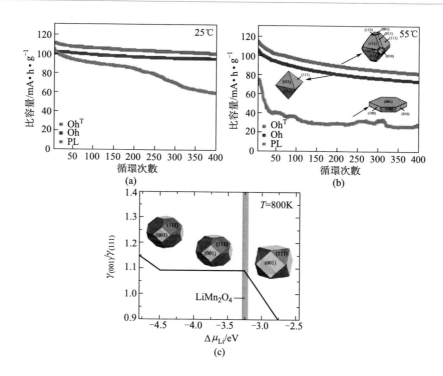

圖 3-11　截角八面體（Oh^T）、普通八面體（Oh）以及薄片（PL）結構的 $LiMn_2O_4$ 在（a）
　　25℃和（b）　50℃的循環性能曲線（1C 倍率充電、10C 倍率放電）；（001）和（111）
　　　表面能的比值以及對應的粒子的 $LiMn_2O_4$ 形貌與鋰的化學勢的關係，氧的化學勢所
　　　　對應的條件為 $T = 800K$，$p_{O_2} = 0.5atm$（$1atm = 101325Pa$），
　　　　　　陰影區域表示 $LiMn_2O_4$ 的穩定區域（c）

3.1.4.2 離子摻雜

$LiMn_2O_4$ 屬於 Fd-3m 空間群，錳離子（$3d^3$，$3d^4$）占據八面體 16d 位，很容易被鋰離子（$2s^0$）取代，形成非化學計量比的鋰錳氧化物，而不引起結構變化。因此，採用少量離子對錳離子進行摻雜，可以充分抑製了 Jahn-Teller 效應的發生，有效提高了電極的循環壽命，抑製了容量的衰減。錳酸鋰正極材料的摻雜與改性主要分為三種：

① 僅提高 Mn 元素的平均價態，抑製 Jahn-Teller 效應，主要摻雜 Li^+、Mg^{2+}、Zn^{2+} 以及稀土離子等。這類離子少量摻雜，可以提高鋰離子電池的循環性能和高溫性能；

② 提高 Mn 元素的平均價態，增強尖晶石結構的穩定性。這類離子主要包括 Cr^{3+}、Co^{3+}、Ni^{2+}，由於這類離子的離子半徑與 Mn^{2+} 的離子半徑差別不大，其 M—O 鍵鍵能一般比 Mn—O 鍵能大，加強了晶體結構，抑製了晶胞的膨脹和收縮，因此摻雜量較大時基本上不改變尖晶石結構。

③ 提高 Mn 元素的平均價態，但容易形成反尖晶石結構〔其通式為 $B(AB)O_4$，A^{2+} 分佈在八面體空隙，B^{3+} 一半分佈於四面體空隙，另一半分佈於八面體空隙〕，摻雜量較大時導致尖晶石結構破壞。這類離子主要包括 Al^{3+}、Ga^{3+}、Fe^{3+}，它們主要取代四面體 8a 位置的 Li^+，摻雜量較少時，電池可逆容量只是稍有降低，而循環性能明顯提高。

（1）提高 Mn 元素的平均價態

鋰原子半徑較小，摻雜後晶胞產生收縮，晶胞常數變小，Mn—O 鍵能增大，鍵長變短。有報導表明，摻雜 Li 可以改善 $LiMn_2O_4$ 的高溫電化學性能。此外，$LiMn_2O_4$ 在充放電過程中部分 Li 會因為電解質的氧化分解被消耗掉，導致可逆容量降低，摻雜適量的 Li 可以彌補因電解質分解而消耗掉的 Li，同時也可補償材料在高溫焙燒過程中產生的氧空位。在 $LiMn_2O_4$ 中摻入 Mg 或 Zn 後，由於 Mg 和 Zn 的價態為＋2 價，為了保持電中性，使得 $LiMn_2O_4$ 中 Mn^{4+}/Mn^{3+} 的比例昇高，同時晶胞收縮，提高了材料的循環穩定性。

由於稀土離子的離子半徑明顯較 Mn^{3+} 的大，所以當部分稀土離子取代 Mn^{3+} 進入晶體結構中時會使晶胞增大。由稀土元素原子的基組態可知，大部分稀土元素均含有 f 電子，在自由離子體系中，七重簡併的 f 軌道是完全等同的，但是在對稱場中不再等價，發生分裂。在八面體場中原來七重簡併的軌道分裂為三組，以 Eu^{3+} 為例，由量子化學可計算到分裂後的 f 軌道的能級順序如圖 3-12（a）所示。

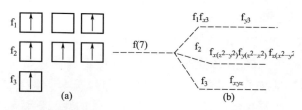

圖 3-12　f 軌道的能級順序（a）和 Eu^{3+} 4f 電子在八面體場中的分佈（b）

Eu^{3+}（$4f^6$）為中心離子，在八面體場中，4f 電子分佈分別為 $f_1^2 f_2^3 f_3^1$，如圖 3-12 (b) 所示。三價稀土離子的半徑均大於 Mn^{3+} 的半徑，同時稀土離子對氧具有很強的親和力，優先位於八面體位置。Eu^{3+} f_1 軌道可能容納 Mn^{3+} 的 d 電子分裂後，d 軌道的一個電子達到穩定的半充滿狀態的同時，使 Mn^{3+} 的 d_γ 軌道全空，從而使 Mn^{3+} 的 d 電子分佈呈球形對稱或正八面體對稱，抑製 Jahn-Teller 效應的產生，提高了正極材料的穩定性能。這一方面是通過將稀土元素引入到鋰離子電池正極材料粉末中，由於稀土離子半徑比 Mn^{3+} 大，稀土離子的引入擴大了 Li^+ 在材料中的遷移隧道直徑。由於鋰離子是在由錳和氧組成的四面體和八面體組成的 8a-16c-8a 通道中遷移，擴大的通道減少了對鋰離子擴散的阻礙，抑製 Jahn-Teller 效應的產生，提高了正極材料的穩定性。此外，摻雜錳酸鋰稀土離子與其他陽離子相互作用，致使少量的 Li^+ 進入尖晶石八面體的位置，每個嵌入的鋰將受到周圍相鄰 4 個鋰的相互作用，它們之間的相互作用導致嵌入能量的分裂，有利於 Li^+ 的可逆脫嵌。另一方面由於稀土元素的獨特電催化性能，正極材料的高溫循環性能也得到了很大的提高。研究還表明：摻雜部分稀土離子可以使產物的晶胞發生收縮，提高了摻雜產物的充放電穩定性，有效地改善了電極材料的循環性能，說明摻雜稀土對尖晶石結構的穩定起到了積極的作用。

（2）3d 過渡金屬摻雜

由於 Mn、Cr、Ni、Cu、Fe 均屬於 3d 過渡金屬，其離子均能形成穩定的 d^n 構型。因此在 $LiMn_{2-x}M_xO_4$ 中，即使替代量 x 值相對比較大時，對尖晶石結構穩定影響也很小。考慮到電荷平衡，x 值一般小於等於 0.5，即使 $x = 0.5$ 時，$LiMn_{2-x}M_xO_4$ 仍然能保持單一的尖晶石結構。此外摻雜形成的 $LiMn_{2-x}M_xO_4$ 中，如圖 3-13 所示，摻雜 Cr、Ni、Cu 的材料晶格常數減小，有利於充放電時尖晶石結構的穩定。晶格收縮使得尖晶石 $LiMn_{2-x}M_xO_4$ 的三維隧道結構更為牢固，在循環過程中充放電狀態的體積變化減小，穩定的結構保證了循環性能提高，可逆容量得以更大程度地保持。摻雜 Fe 的材料晶格常數略有增大，但總體來看，摻雜後的晶格常數變化不大。摻雜離子的離子半徑是一個不容忽視的因素，在尖晶石結構中晶體場穩定起着決定性的作用。但若摻雜離子的半徑過大或

過小，都可能導致晶格過度扭曲而使穩定性下降，使得容量與循環性能變差。盡管所摻雜的離子都具有與 Mn 離子相近的離子半徑，但 $LiMn_{2-x}M_xO_4$ 的晶格常數與半徑沒有直接的關係，這主要是由於摻雜後的過渡金屬離子主要占據 16d 位，晶格尺寸的大小主要由尖晶石框架中的鋰離子和錳離子決定，還與摻雜離子嵌入的位置和價鍵的形成有關。過渡金屬離子的摻雜，使 Mn 的平均化合價昇高，$[Mn—O_6]$ 八面體中 Mn—O 的平均距離減小，作用力增大，尖晶石結構更加穩定，更有利於 Li^+ 的可逆脫嵌。

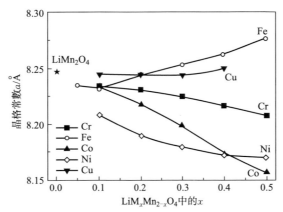

圖 3-13　$LiMn_{2-x}M_xO_4$（M＝Mn，Ni，Cr，Fe，Co，Cu）晶格常數

　　研究表明，當 x 值等於 0.5 時形成的 $LiM_{0.5}Mn_{1.5}O_4$ 與 $LiMn_2O_4$ 有很大的差異，電壓平臺明顯提高。$LiM_{0.5}Mn_{1.5}O_4$ 在充放電過程中存在兩個平臺，在低電壓平臺電子主要來自於 Mn 的 e_g 軌道，高電壓平臺電子來自於 Cr、Fe 的 t_{2g} 軌道和 Cu、Ni 的 e_g 軌道。過渡金屬離子的摻雜，使得常溫下的相變消失，Cu、Fe、Ni 的摻雜增加了鋰的擴散係數，Cr 的摻雜提高了有效載流子的遷移速率，提高了電池的充放電性能。由於 $Li_x[Li_{1-x}Mn_2]O_4$ 中存在亞晶格，在充放電過程中宏觀表現為 $x=0.5$ 時晶胞參數有一突躍。這時，Li^+ 的脫嵌在低電位時可以表示為：

$$LiM_{0.5}Mn_{1.5}O_4 \rightleftharpoons \square_{0.5}M_{0.5}Mn_{1.5}O_4+0.5Li^++0.5e \qquad (3-37)$$

在高電位時可以表示為：

$$\square_{0.5}M_{0.5}Mn_{1.5}O_4 \rightleftharpoons \square M_{0.5}Mn_{1.5}O_4+0.5Li^++0.5e \qquad (3-38)$$

　　因此，控製過渡金屬離子的摻雜量，可以改變鋰離子電池的充放電平臺。

　　錳酸鋰正極材料摻雜過渡金屬離子，其結構因錳原子被取代而發生變化，致使其電化學性質和性能發生改變。採用慢掃描循環伏安，將氧化峰和還原峰電勢加和取平均值，並通過電化學態密度進行精修，可以得到摻雜後的錳酸鋰材料的

固態氧化還原電勢。圖 3-14 為由慢掃描循環伏安得到的 $LiM_{0.5}Mn_{1.5}O_4$ 固態氧化還原電勢，表 3-3 為其電化學參數。

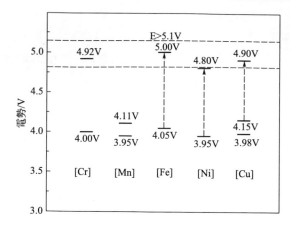

圖 3-14　$LiM_{0.5}Mn_{1.5}O_4$ 慢掃描伏安固態氧化還原電勢

表 3-3　$LiM_{0.5}Mn_{1.5}O_4$ 電化學參數

$LiM_{0.5}Mn_{1.5}O_4$ 中的 M	理論容量/mA·h·g^{-1}	
	$3.5<E<4.5$	$4.5<E$
Mn	148	—
Ni	—	147
Fe	74	74
Cr	75	75
Cu	72	72

　　從表 3-3 可以看出，$LiM_{0.5}Mn_{1.5}O_4$ 作為鋰離子電池正極材料理論容量為 $144\sim150mA·h·g^{-1}$，與 $LiMn_2O_4$ 的理論容量相近；特別是 $LiNi_{0.5}Mn_{1.5}O_4$ 在 5V 左右理論放電容量可達 $147mA·h·g^{-1}$，是非常具有發展前景的鋰離子電池正極材料。Ohzuku T 研究發現，$LiM_{0.5}Mn_{1.5}O_4$ 第一次充放電容量損失排序為 Ni<Cr≈Cu<Fe，這與它們的高放電平臺放電工作電壓排序相一致（圖 3-14）。

　　$LiNi_{0.5}Mn_{1.5}O_4$ 在 $3.5\sim4.5V$ 放電容量（0.5C）為 $20mA·h·g^{-1}$，$4.5\sim5.0V$ 放電容量（0.5C）為 $115mA·h·g^{-1}$，30 次循環容量保持率為 88%。$LiNi_{0.5}Mn_{1.5}O_4$ 尖晶石結構中，Ni—O 鍵的鍵能（$1029kJ·mol^{-1}$）大於 Mn—O 鍵的鍵能（$946kJ·mol^{-1}$，α-MnO_2），提高了 Li^+ 的擴散係數，改善了電極的循環性能。在 $3.3\sim4.5V$ 範圍內，$LiNi_xMn_{2-x}O_4$ 電極的初始充放電容量隨 Ni 元素取代比例 x 的增大而降低；在 $4.5\sim4.8V$ 範圍內，試樣電極的初始充放

電容量隨 Ni 元素取代比例 x 的昇高而增大。在 $3.3 \sim 4.8V$ 範圍內，各種取代比例的 $LiNi_xMn_{2-x}O_4$ 試樣總容量基本上保持不變。Ni^{2+} 是具有電化學活性的離子，根據化合價平衡，Ni^{2+} 的最大摻雜量 x 為 0.5；因此，可以通過摻雜高價離子平衡化合價，進一步增加 Ni^{2+} 的含量，提高電池高電壓平臺放電容量，這與 Park S H 的研究結果相一致。

$LiCu_{0.5}Mn_{1.5}O_4$ 在 $3.3 \sim 4.5V$ 放電容量（0.1C）為 $47mA \cdot h \cdot g^{-1}$，$4.5 \sim 5.2V$ 放電容量（0.1C）為 $24mA \cdot h \cdot g^{-1}$，與理論容量相差較遠。説明在 $4.5 \sim 5.2V$ 區域只有 1/3 的 Cu^{2+}，其餘以 Cu^{3+} 的形式存在，而不參與充放電反應。其 160 次循環容量衰減只有 15%，可以認為是有機電解液分解引起的。

Fe^{3+} 具有比較強的四面體場擇位趨向，摻雜後將占據 8a 位。在 $LiMn_2O_4$ 八面體環境中，Fe^{3+} 以 $(d_{xy})^2 (d_{xz})^2 (d_{yz})^1$ 組態出現，按照不均勻 Feynman 力的觀點，則在 d_{yz} 軌道中的屏蔽要較 d_{xy} 和 d_{xz} 軌道中的小，因而在 d_{yz} 軌道中有更強的 Feynman 力場。中心離子對負性配位體的吸引力，必然較軌道 d_{xy} 和軌道 d_{xz} 要強，從而要拉緊分佈在 xy 平面和 xz 平面上的 4 個配位體，於是呈現出 xy 平面和 xz 平面存在 4 個較長的鍵，y 軸和 z 軸上的兩個鍵則要短些。yz 平面上鍵長略減，導致 Feynman 力場增大。因此削弱了錳離子的 Jahn-Teller 效應，減少了由於 Jahn-Taller 效應帶來的鋰離子的不規則四面體的個數，更利於鋰離子的來回嵌入、脱嵌。Fe 摻雜尖晶石 $LiFe_xMn_{2-x}O_4$，存在 4V 和 5V 兩個放電平臺，放電容量可達 $120mA \cdot h \cdot g^{-1}$，隨着 x 的增大，5V 放電平臺容量逐漸增加，但容量衰減也逐漸增強。Fe 的 4s 與 3d 軌道上電子的電負性比 Mn 元素的大，用該元素的原子部分取代尖晶石型 $LiMn_2O_4$ 結構中的 Mn 原子時，吸引電子的能力大大增強，便於鋰離子在其中的脱嵌與嵌入，能夠有效改善純相錳酸鋰的電化學性能，即提高了 $LiFe_xMn_{2-x}O_4$ 的放電平臺電壓。Shigemura 對摻 Fe 進行了研究，採用穆斯堡爾譜分析知道 Fe 為三價，充放電過程中，尖晶石結構不發生相變，晶格常數隨嵌入量的增加而增加，隨脱嵌而減小。主要是由於 Fe 摻雜量較大時，Fe 離子占據四面體位置，Li^+ 占據八面體位置，增加了晶格常數。三價鐵離子的半徑雖然與 Mn 的相近，但是它為高自旋的 d^5 構型，摻雜量較大時容易以反尖晶石結構 $LiFe_5O_8$ 存在，易導致陽離子的無序化，結果充放電效率不高，容量衰減快。另外，鐵過多摻雜有可能會催化電解質的分解。

Cr 摻雜尖晶石 $LiCr_xMn_{2-x}O_4$，在 $x=0.25$ 和 $x=0.5$ 時，其最大比能量可達到 $560mW \cdot h \cdot g^{-1}$，比 $Li_xMn_2O_4$ 高 16%；50 次循環容量衰減不到 10%，在 $x \leqslant 0.5$ 時，$LiCr_xMn_{2-x}O_4$ 正極材料的充放電和循環性能最好。由於 Cr^{3+} 外層 d 軌道沒有熱活性的 e_g 電子，抑製了晶格的弛豫，緩解了循環過程中晶格

的扭曲，有效抑製了 Jahn-Teller 效應的發生，極大提高了電池的循環性能。此外，由於 Cr—O 鍵的鍵能（1142kJ・mol^{-1}）大於 Mn—O 鍵的鍵能，形成了比較強的化學鍵，加強了晶體結構，抑製了晶胞的膨脹和收縮；Cr^{3+} 的摻雜減小了錳酸鋰材料中的 Li$^+$ 和 Mn^{3+} 的混亂度，體系的能量降低，增加了 Mn 離子所帶的正電荷，增強了尖晶石的穩定性，也有利於電池循環性能的提高。

　　鋰離子電池的電化學性能主要取決於所用電極材料和電解質材料的結構和性能，尤其是電極材料的選擇與鋰離子電池的特性和價格密切相關。因此，合成結構穩定的鋰錳氧化物是研究和製備具有應用前景的鋰離子正極材料的關鍵。過渡金屬離子摻雜錳酸鋰正極材料具有比較高的輸出電壓，降低了體系的能量，充分抑製了充放電過程中結構的不可逆變化，大大提高了鋰離子電池的循環性能、能量密度以及功率密度。

（3）反尖晶石離子摻雜

　　採用尖晶石離子 Al^{3+}、Ga^{3+} 等金屬離子對錳離子進行摻雜，可以提高 Mn 元素的平均價態，進而提高電池的充放電性能。但根據其八面體位擇優能（OPE）和共價鍵優先配位場可知，它們主要取代四面體 8a 位置的 Li$^+$，故摻雜量較大時容易形成反尖晶石結構［其通式為 B(AB)O$_4$，A 分佈在八面體空隙，B 一半分佈於四面體空隙，另一半分佈於八面體空隙］，導致尖晶石結構破壞。

　　Ga^{3+} 摻雜是一個比較獨特的體系，Ga^{3+} 既占據四面體 8a 位又占據八面體 16d 位，其中占據 16d 位部分的是高壓下焠火得到的亞穩態化合物。Ga^{3+} 摻雜量較大時形成了反尖晶石結構，鋰離子占據 O$_h$ 位，Ga^{3+} 占據 T$_d$ 位。Ga^{3+} 摻雜錳酸鋰正極材料，提高電池性能的機製並不清楚，但一個重要的因素就是 Ga^{3+} 摻雜後晶格內環境的變化。對晶格質子化作用，四面體-八面體空位偶是比較關鍵的缺陷。對於富鋰的鋰錳氧化物來說，在溫度小於 600℃ 時，這種空位偶就會形成。由於 Ga^{3+} 占據四面體 8a 位，致使 Li$^+$ 進入 16d 位取代部分 Mn 離子，形成富鋰的尖晶石相鋰錳氧化物，從而形成缺陷。Ammundsen 等採用 EXAFS 光譜研究了化合物 LiGa$_x$Mn$_{2-x}$O$_4$ 的結構，結果表明：50％的 Ga^{3+} 占據四面體 8a 位，代替 Li$^+$，提高了電池的循環性能；Fourier 變換表明摻雜的 8a 和 16d 位的 Ga^{3+} 與 16d 位的 Mn 離子共邊。在 $0<x<0.05$ 時，摻雜材料的晶胞體積隨 Ga^{3+} 含量增大而增加，得到的結構為單一的尖晶石相，並且其立方對稱性也得到保持。由於 Ga^{3+} 為 3d^{10} 電子構型，沒有 Jahn-Teller 效應，晶格參數 a 也接近 LiMn$_2$O$_4$（0.8227），這樣使得 Mn^{3+}/Mn^{4+}<1，減少了充放電過程中 Jahn-Teller 效應產生的形變，循環性能優越；摻雜量較大時（$x>0.05$），出現了反射現象，其晶胞體積變化較小。從離子半徑來看，它同 Mn^{3+} 的相近，易形成反

尖晶石結構的 $LiGa_5O_8$，因此會導致點陣結構的無序化，使容量下降，衰減快。

　　Pistoia 等採用高溫固相法合成了 $Li_{1.05}Ga_xMn_{2-x}O_4$，採用慢掃描伏安法（slow step voltammetry）研究了其電化學性能。100 次循環容量保持率仍然在 94％以上（$1mA \cdot cm^2$）；大電流放電（$3mA \cdot cm^2$）40 次循環容量衰減不到 5％。隨着 Ga 摻雜量的增加放電容量有所降低，但仍具有相當好的循環性能，40 次循環容量基本沒有衰減；採用 Ga^{3+} 和其他離子混合摻雜，其充放電性能也有很大改善。採用 Cr^{3+} 和 Ga^{3+} 混合摻雜，45 次循環容量保持率仍在 85％以上，而採用 Co^{3+} 和 Ga^{3+} 混合摻雜，45 次循環容量衰減為 5.3％。綜上所述，Ga^{3+} 摻雜錳酸鋰正極材料提高了電池的循環性能和大電流放電性能。Ga^{3+} 選擇性地佔據八面體 16d 位，使得 $[Mn_{1.95}Ga_{0.05}]$ 八面體在充放電中更加穩定；當摻雜量 $x < 0.05$ 時，摻雜材料為單一相，$x > 0.05$ 時，出現其他相，降低了電池放電容量，所以 Ga^{3+} 不易摻雜過多。

　　當 Al^{3+} 摻雜錳酸鋰時，佔據四面體 8a 位和八面體 16d 位，其晶格常數也發生相應的變化，即隨着摻雜量（$0 < x < 0.6$）的增大，材料結構因子減小，a 值也減小，這是因為 Al^{3+} 半徑小於 Mn^{3+} 半徑，Al^{3+} 的取代使八面體的位置產生較大的空隙，造成周圍間距收縮，晶格產生畸變；摻雜量超過 0.6 時，晶格常數開始增加，這主要是由於 Al 摻雜量較大時不再是單一的尖晶石相，而出現其他相。在尖晶石中，Mn^{3+} 是以高自旋態存在的，摻雜的 Al^{3+} 取代的是 Mn^{3+} 或 Li^+，同時晶胞體積減小，這表明陽離子的無序程度有了提高。研究證明，在 298K 下，Al_2O_3、Mn_2O_3 的標準吉布斯生成自由能分別為 $-1573kJ \cdot mol^{-1}$、$-881kJ \cdot mol^{-1}$，說明 Al—O 鍵比 Mn—O 鍵的鍵能更大，因此在 Al 摻雜的 $LiM_xMn_{2-x}O_4$ 材料中，總體上金屬-氧鍵（M—O）應比在 $LiMn_2O_4$ 中強，這有利於結構的穩定，增強了材料的循環性能。此外，以非活性的 Al^{3+} 取代部分 Mn^{3+}，使 Al^{3+} 起到了「支撐」尖晶石結構的作用，抑製了晶格收縮和膨脹帶來的結構的破壞，增大了尖晶石骨架的穩定性，同時提高了 Mn^{4+} 的相對含量，減少了 Mn^{3+} 引起的 Jahn-Teller 效應，削弱了錳尖晶石材料在充放電過程中相變的劇烈程度，且使晶格變小，結構更趨穩定。但是，Al^{3+} 引入到尖晶石結構 $LiMn_2O_4$ 後，Al^{3+} 位於四面體位置，晶格產生收縮，形成可縮寫為 $[Al_2^{3+}]^{tet}[LiAl_3^{3+}]^{oct}O_8$ 的結構，形成反尖晶石結構。因此，改性尖晶石結構移至八面體位置，而八面體位置的 Li^+ 在約 4V 時不能脫出。此外，當溫度高於 600℃時，過多的 Al 易形成雜相 β-$LiAlO_2$（$Pna2_1$）、Al_2O_3、γ-$LiAlO_2$，因而 Al 不易摻雜過多。

　　電化學性能研究表明，$LiAl_xMn_{2-x}O_4$ 具有良好的循環性能，隨着 Al 摻雜量的增加，放電容量逐漸減少，但循環性能卻逐漸提高，50 次循環容量基本沒

有衰減；Lee 等研究發現 $LiAl_x Mn_{2-x} O_4$ 在常溫下也具有這樣的特點，這可能是由於 Al 的摻雜量不同，Li^+ 的嵌入行為和電極結構的完整性發生了變化。Kumagai 等採用晶格氣體模型研究了不同 Al 摻雜量 Li^+ 嵌入行為：

$$E = E_0 - \left(\frac{U}{F}\right)\theta - \left(\frac{RT}{F}\right)\ln\left(\frac{\theta}{1-\theta}\right) \tag{3-39}$$

式中，E_0 為標準電極電勢；U 為嵌入能；F 為法拉第常數；$\theta = \delta/\delta_{max}$（$Li_\delta Al_x Mn_{2-x} O_4$）；$R$ 為氣體常數；T 為熱力學溫度。

在 $0.5 < \delta < 1$ 時，E 可近似看作開路電勢（OCV），OCV（E）可以通過電極充電電勢和放電電勢中間值獲得。根據式（3-39），擬合 OCV 曲線，可以得到 $Li_\delta Al_x Mn_{2-x} O_4$ 的嵌入能（圖 3-15）。

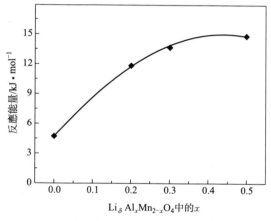

圖 3-15　$Li_\delta Al_x Mn_{2-x} O_4$（$0.5 < \delta \leqslant 1$）的嵌入能

從圖 3-15 中可以看出，隨着 Al 摻雜量的增加，嵌入能逐漸增大，Li^+ 脫嵌困難，充放電容量降低。摻雜量在 $0 < x \leqslant 0.6$ 時，隨着 x 的增大，晶格常數逐漸減小，主體材料在循環過程中仍保持單一相，因此其循環性能逐漸提高。但是，隨着 Al 的摻雜量的增加，電極的電導率逐漸減小，這對電池的性能非常不利。這主要是 Al^{3+} 取代了 16d 位的 Mn^{3+}，Mn^{3+} 的 $3d^4$ 和 Al^{3+} 的 3p 之間的電子雲難以重疊，降低了電子的離域作用，從而引起了電子的電子電導率下降。對比充放電性能與電子電導率的研究，摻雜 Al 的主要作用是穩定材料的結構。Al 的摻入量並不是越大越好，因為摻雜量的增加減少了活性離子 Mn^{3+} 的數量，使充放電容量減少；同時 Al 的增加導致材料的電阻增加，因此摻雜 Al 量的多少既要考慮材料的穩定性，又要考慮它所帶來的不利因素。

此外，陰離子摻雜也是提高 $LiMn_2 O_4$ 性能的重要手段，摻入陰離子取代

O^{2-} 主要是利用某些陰離子電負性高，吸引電子能力強的特性。陰離子對 $LiMn_2O_4$ 電化學性能的影響與所摻離子的性質相關，某些低價陰離子的摻雜使得材料中負電荷總和下降，Mn^{3+}/Mn^{4+} 的值增加，$LiMn_2O_4$ 初始放電容量增加。對於 $LiMn_2O_4$ 正極材料，摻雜單一元素有時候並不能使其效果達到滿意，而多種元素摻雜之後，在各元素的協同作用下，一定程度上使尖晶石材料的循環性能得到改善，同時又可使材料保持較高的初始容量。

3.1.4.3 表面改性

表面包覆 $LiMn_2O_4$ 的目的主要是通過微粒包覆避免 $LiMn_2O_4$ 和電解液的直接接觸，阻止正極材料和電解液之間的相互惡性作用，抑製錳的溶解和電解液的分解，提高材料在高溫下的循環穩定性能。

石墨烯具有大的比表面積（理論值為 $2630m^2 \cdot g^{-1}$）、電子遷移率高（約 $2 \times 10^5 cm^2 \cdot V^{-1} \cdot s^{-1}$）、化學穩定性好、電化學穩定窗口寬和高的儲鋰容量的特點。近年來，人們將石墨烯引入到鋰離子電池電極材料中，以解決鋰離子遷移過慢、電極的電子傳導性差、大倍率充放電下電極與電解液間的電阻率增大等問題。Bak 等採用 Hummers 製備了還原石墨烯（RGO）奈米片，然後以 $KMnO_4$ 為原料製備了 MnO_2/RGO 混合物，然後微波輔助水熱法製備了 $LiMn_2O_4/RGO$ 奈米材料。1C 倍率放電時，可逆容量高達 $137mA \cdot h \cdot g^{-1}$，50C 和 100C 倍率放電時，其容量為 1C 的 85％和 74％。1C 和 10C 倍率放電時，100 次循環後其容量保持率分別為 90％和 96％，展示了優異的循環穩定性。$LiMn_2O_4/RGO$ 電化學性能提高的原因主要來自於 RGO 奈米片的高導電性，能夠為 $LiMn_2O_4$ 提供良好的導電電子通道。

碳奈米管（CNT）具有優異的物理、化學和力學性能，獨特的電子結構和奇異的量子特性。採用 CNT 作為主要碳源對 $LiMn_2O_4$ 進行包覆，一方面可以有效地減少材料的比表面積及與電解液的接觸，減少 Mn 的溶解，抑製 Jahn-Teller 效應；另一方面由於 CNT 的高導電性能，可降低粒子間的阻抗，提高 $LiMn_2O_4$ 材料的電導率，加快離子在電極表面的傳遞速度，且能在 $LiMn_2O_4$ 表面形成有效的導電網路，使得電子遷移更加迅速，相同電位差下遷出更多的電子，從而使得電池的容量增加。Jia 等用水熱法成功製備出了 $LiMn_2O_4/CNT$ 複合物，製備出的電極材料無須使用黏結劑就具有一定的彈性，這種複合材料具有很高的容量和非常好的循環穩定性，在彈性鋰離子電池方面有很大的應用潛力。

此外，在單晶的 $LiMn_2O_4$ 奈米簇表面包覆一層碳層，同樣可以提高其電化學性能。Lee 等以蔗糖作為碳源，製備了碳包覆的 $LiMn_2O_4$ 奈米簇，100C 倍率放電時，可逆容量仍高達 $mA \cdot h \cdot g^{-1}$，此外還展示了高的能量密度。顯然，碳

包覆明顯增強電極的電導率，改善活性材料的表面化學性質，保護電極材料不與電解液直接接觸，進而增強鋰離子電池的壽命；若碳包覆和奈米技術結合就可以將電導率進一步提高，加快鋰離子的擴散，得到更好的倍率容量。碳包覆後的材料可以長時間暴露在空氣中而不會使材料表面發生氧化，增強材料的穩定性；在電解液裏面可以保護材料不受 HF 的侵蝕，提高電池性能。

除了碳包覆之外，金屬氧化物，如 MgO、Al_2O_3、ZrO_2 等，經常作為表層包覆 $LiMn_2O_4$，這些氧化物表層可以清除由鋰離子電池內部副反應所產生的 HF，降低 Mn 的溶解侵蝕，減少 $LiMn_2O_4$ 材料與電解液的直接接觸，改善材料的電化學性能。Lai 等採用溶膠-凝膠法合成 3D 花狀 Al_2O_3 奈米片包覆 $LiMn_2O_4$ 材料，其合成過程如圖 3-16 所示。其中，1%（質量分數）Al_2O_3-$LiMn_2O_4$ 材料在常溫和高溫下均表現出最好的電化學性能，0.1C 的首次放電容量高達 128.5mA・h・g^{-1}，在 1C 倍率下，循環 800 次後的容量保持率仍有 89.8%，在 55℃下，循環 500 次後的容量保持率高達 93.6%。

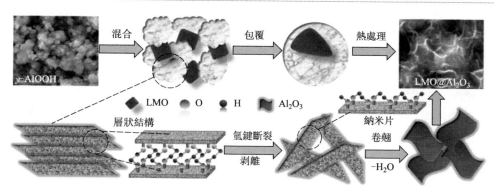

圖 3-16　Al_2O_3-包覆 $LiMn_2O_4$ 材料的合成示意圖

此外，有報導表明異質結構的 $LiMn_2O_4$ 材料同樣具有優異的電化學性能。Cho 等利用噴霧乾燥法在 $LiMn_2O_4$ 材料表面包覆了一層 2～10nm 厚的層狀的 $LiNi_{0.5}Mn_{0.5}O_2$ 材料，製備了異質結構的 $LiMn_2O_4$（EGLMO），其合成路線和循環性能如圖 3-17 所示。60℃、0.1C 倍率時，異質結構的 $LiMn_2O_4$ 材料首次放電容量為 123mA・h・g^{-1}，1C 倍率 100 次循環後，容量保持率為 85%；盡管純 $LiMn_2O_4$ 材料首次放電容量為 131mA・h・g^{-1}，100 次循環後，容量保持率僅為 56%。$LiMn_2O_4$ 的優異高溫性能主要來自於其獨特的異質結構。層狀的（R-3m）包覆層避免了尖晶石結構的主體（Fd-3m）直接接觸高溫的活性電解液。

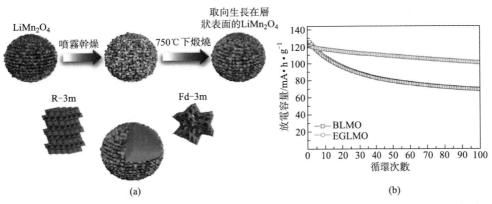

圖 3-17　異質結構的 $LiMn_2O_4$（EGLMO）的合成路線（ａ）和 1C 倍率時循環性能圖（ｂ）

3.2　$LiNi_{0.5}Mn_{1.5}O_4$

　　近年來，隨着耐高電壓電解液的研製成功，採用過渡金屬離子對錳離子進行摻雜，生成尖晶石相 $LiM_{0.5}Mn_{1.5}O_4$（M＝Cr、Ni、Cu、Fe），可以提高電池的充放電電壓，可達到 5V 左右，充分抑製了 Jahn-Teller 效應的發生，有效地提高了電極的循環壽命，從而引起了人們的廣泛關注。電池的容量和充放電平臺電壓取決於過渡金屬離子的類型和濃度，5V 電池的好處是可以獲得高的功率密度。過渡金屬離子摻雜錳酸鋰正極材料具有比較高的輸出電壓，充分抑製了充放電過程中結構的不可逆變化，大大提高了鋰離子電池的循環性能、能量密度以及功率密度。在大量的研究過程中發現，材料 $LiCr_{0.5}Mn_{1.5}O_4$ 在循環過程中容量衰減得非常快，而材料 $LiCo_{0.5}Mn_{1.5}O_4$ 在 36 個循環之後其放電電壓從 5.0V 降至 4.8V，$LiFe_{0.5}Mn_{1.5}O_4$ 在 4.0V 和 4.8V 處的容量距理論值有很大的差距，只有材料 $LiNi_{0.5}Mn_{1.5}O_4$ 表現出一個可接受的穩定性能。首次放電容量有很多報導都能達到 140mA·h·g^{-1} 左右，接近理論容量，充放電時沒有 4.0V 平臺，不存在 Mn^{3+}/Mn^{4+} 的氧化-還原過程，只在 4.7V 處有一個充放電平臺，對應 Ni^{2+}/Ni^{4+} 的氧化-還原過程，充放電 50 次後 $LiNi_{0.5}Mn_{1.5}O_4$ 的容量保持率在 96％以上。

3.2.1　$LiNi_{0.5}Mn_{1.5}O_4$ 正極材料的結構與性能

　　$LiNi_{0.5}Mn_{1.5}O_4$ 具有面心立方（Fd-3m）和原始簡單立方（$P4_332$）2 種結

構，這 2 種結構在一定條件下發生可逆的相互轉化。圖 3-18 為具有正尖晶石結構（Fd-3m 空間群）和具有 $P4_332$ 空間群結構的 $LiNi_{0.5}Mn_{1.5}O_4$ 晶體結構圖。

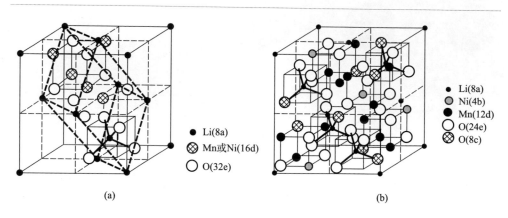

圖 3-18　具有正尖晶石結構（Fd-3m 空間群）（a）和具有
$P4_332$ 空間群結構的 $LiNi_{0.5}Mn_{1.5}O_4$ 晶體結構（b）

對於 Fd-3m 空間群，Li 占據 8a 位，Ni 和 Mn 隨機地占據 16d 位，O 則占據 32e 位，並存在少量的 Mn^{3+}；對於 $P4_332$ 空間群，Ni 有序地取代了部分 Mn 原子，16d 位分為 4b 位和 12d 位，Ni 占據 4b 位，Mn 占據 12d 位，O 占據 8c 和 24e 位，僅僅存在 Mn^{4+}。由於 Mn^{3+} 的存在，通常導致無序的 Fd-3m 空間群的 $LiNi_{0.5}Mn_{1.5}O_4$ 具有比 $P4_332$ 空間群的材料更高的電子電導率。在無序的 Fd-3m 空間群的 $LiNi_{0.5}Mn_{1.5}O_4$ 中，由於 Mn^{3+} 的存在，為了保持電中性，必然會導致氧的損失。$LiNi_{0.5}Mn_{1.5}O_4$ 在 650℃ 時開始失氧生成非化學計量比的尖晶石 $LiNi_{0.5-x}Mn_{1.5+x}O_4$（$x<0.1$）和 $Li_yNi_{1-y}O$，造成尖晶石相中鎳的不足以及部分 Mn^{4+} 還原為 Mn^{3+}，因此在高溫下很難得到化學計量比的 $LiNi_{0.5}Mn_{1.5}O_4$，用化學方程式表示：

$$LiNi_{0.5}Mn_{1.5}O_4 \longrightarrow \alpha LiNi_{0.5-x}Mn_{1.5+x}O_4 + \beta Li_yNi_{1-y}O + \gamma O_2 \quad (3\text{-}40)$$

式中，α、β 和 γ 分別定義為 $LiNi_{0.5-x}Mn_{1.5+x}O_4$、$Li_yNi_{1-y}O$ 和 O_2 相的係數。

此外，Mn^{3+}（0.645Å）具有比 Mn^{4+}（0.530Å）更大的離子半徑，因此無序的 Fd-3m 空間群的 $LiNi_{0.5}Mn_{1.5}O_4$ 具有更大的晶胞體積。因此，無序的材料具有更好的電子和鋰離子傳輸路徑，進而具有比 $P4_332$ 空間群的材料更好的電化學性能。兩種結構的材料可以通過控製合成溫度實現。當燒結溫度小於 700℃，可以得到有序結構的 $LiNi_{0.5}Mn_{1.5}O_4$ 材料；當燒結溫度增加時，有序結構轉變為無序結構。如果在燒結過程中進行退火，也可以實現無序結構轉變為有序結

構。Idemoto 等採用中子衍射表明在 O_2 氣氛下合成的 $LiNi_{0.5}Mn_{1.5}O_4$ 材料一般具有 $P4_332$ 空間群；大量研究表明，在 $700 \sim 730℃$ 之間 $LiNi_{0.5}Mn_{1.5}O_4$ 材料會發生從有序到無序的結構轉變，也就是從 $P4_332$ 空間群轉變為 Fd-3m 空間群。在高溫（$>800℃$）下合成 $LiNi_{0.5}Mn_{1.5}O_4$ 時，如果延長退火時間，尖晶石材料會發生從無序（Fd-3m）到有序（$P4_332$）的結構轉變。

　　兩種結構的差異可以通過 XRD、FT-IR 光譜和 Raman 光譜進行區分，如圖 3-19 所示。盡管 Fd-3m 空間群和 $P4_332$ 空間群的 $LiNi_{0.5}Mn_{1.5}O_4$ 的 XRD 圖非常相似，但是也有兩處明顯不同的特徵。在 Fd-3m 空間群的 $LiNi_{0.5}Mn_{1.5}O_4$ 的 XRD 圖中，在 $2\theta \approx 37°$、$43°$ 和 $64°$ 附近可以觀察到 $Li_xNi_{1-x}O$ 岩鹽相雜質峰。在 $P4_332$ 空間群的 $LiNi_{0.5}Mn_{1.5}O_4$ 的 XRD 圖中，在 $2\theta \approx 15°$、$24°$、$35°$、$40°$、$46°$、$47°$、$57°$ 和 $75°$ 附近可以觀察到弱的超晶格反射。但是這兩種結構的差別很難通過 XRD 分辨，這與 Ni 和 Mn 的散射因子相似有關，FT-IR 光譜和 Raman 光譜被證明是比 XRD 更為有效的手段檢測陽離子的占位。與 $LiMn_2O_4$ 相比，Ni^{2+} 的引入增加了 FT-IR 光譜和 Raman 光譜的振動峰。無序和有序結構 $LiNi_{0.5}Mn_{1.5}O_4$ 的振動峰可以表示為：

$$\Gamma_{Fd-3m} = A_g(Raman) + E_g(Raman) + 3F_{2g}(Raman) + 4F_{1u}(FT\text{-}IR)$$

$$(3-41)$$

$$\Gamma_{P4_332} = 6A_1(Raman) + 14E_g(Raman) + 20F_1(FT\text{-}IR) + 22F_2(Raman)$$

$$(3-42)$$

　　通過 Raman 光譜 ［圖 3-19(b)］ 可以看出，$P4_332$ 空間群的 $LiNi_{0.5}Mn_{1.5}O_4$ 具有比 Fd-3m 空間群的材料更多的拉曼衍射峰。FT-IR 光譜更容易識別兩種結構的 $LiNi_{0.5}Mn_{1.5}O_4$ 材料 ［圖 3-19(c)］。對於 Fd-3m 空間群，位於 $624cm^{-1}$ 處的 $Mn(Ⅳ)-O$ 鍵伸縮振動吸收峰的振動明顯比 $589cm^{-1}$ 處的 $Mn(Ⅳ)-O$ 鍵伸縮振動吸收峰更加強烈，而具有 $P4_332$ 結構的 $LiNi_{0.5}Mn_{1.5}O_4$ 恰好相反。此外，相對於 $P4_332$ 空間群的 $LiNi_{0.5}Mn_{1.5}O_4$，具有 Fd-3m 空間群的 $LiNi_{0.5}Mn_{1.5}O_4$ 缺少 $646cm^{-1}$、$464cm^{-1}$ 和 $430cm^{-1}$ 的 $Ni-O$ 鍵伸縮振動吸收峰，或者在這兩處的 $Ni-O$ 鍵伸縮振動吸收峰非常不明顯。

　　無序結構 $LiNi_{0.5}Mn_{1.5}O_4$ 材料的充放電曲線有兩個電壓平臺，在低電壓區（4.0V）的電壓平臺對應於 Mn^{3+}/Mn^{4+} 之間的氧化還原反應。由於 Nie_g 的結合能比 Mne_g 的結合能高出 $0.5 \sim 0.6eV$，因此高電壓區（4.7V）的電壓平臺對應於 Ni^{2+}/Ni^{4+} 之間的氧化還原反應。但是對於有序結構 $LiNi_{0.5}Mn_{1.5}O_4$ 材料的充放電曲線只有一個長的 4.7V 電壓平臺，沒有 4.0V 的電壓平臺。

　　在 $LiNi_{0.5}Mn_{1.5}O_4$ 鋰離子的脫嵌可用下面的方程式表示：

$$Li[Ni_{0.5}Mn_{1.5}]O_4 \longrightarrow Li_{1-x}[Ni_{0.5}Mn_{1.5}]O_4 + xLi^+ + xe \qquad (3-43)$$

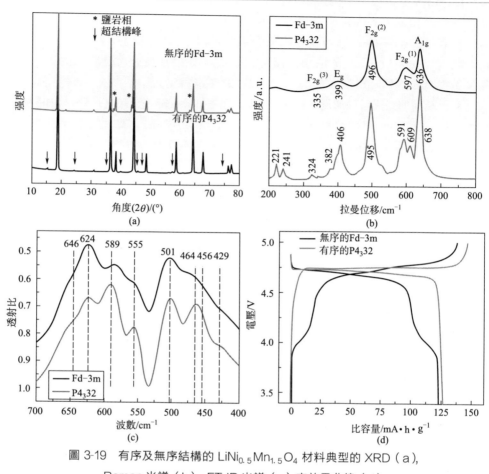

圖 3-19　有序及無序結構的 $LiNi_{0.5}Mn_{1.5}O_4$ 材料典型的 XRD（a），
Raman 光譜（b），FT-IR 光譜（c），充放電曲線（d）

　　眾所周知，$LiNi_xMn_{2-x}O_4$ 材料中 5V 電壓平臺來自於 $LiMn_2O_4$ 中 Mn 被 Ni 的取代，這主要是與 Ni^{2+} 的 d 電子能級有關。圖 3-20 列出了 $LiNi_xMn_{2-x}O_4$ 材料中 Mn^{3+} 和 Ni^{2+} 的電子能級圖。

　　根據 $LiNi_xMn_{2-x}O_4$ 材料中 Mn^{3+} 和 Ni^{2+} 電子能級圖，在充電過程中，Li^+ 發生脫嵌，同時要從金屬原子的最高價軌道 3d 上失去相應的一個電子。每單位的高順磁性物質 $LiMn_2O_4$ 中，就有一個電子占據最低的 e_g 軌道，三個電子占據最低的 t_{2g} 軌道。化合物中的 Ni 有着比晶體場能更小的交換分裂能，六個電子占據着 t_{2g} 簡併能級。在充電開始，首先消耗 Mn 的 e_g 軌道電子，然後再消耗 Ni 的 e_g 軌道電子；Mn 的 e_g 軌道電子結合能約為 $1.5\sim1.6eV$，而 Ni 的 e_g 軌道電子結合能約為 $2.1eV$。因此，當 Ni 的其他交換分裂能級 Nie_g 為全空時，

要比全充滿的 Mne_g 軌道高 $0.5\sim0.6eV$，從而導致 $Li/LiNi_xMn_{2-x}O_4$ 正極材料的電勢要比 $Li/LiMn_2O_4$ 的電勢高 $0.5\sim0.6V$。

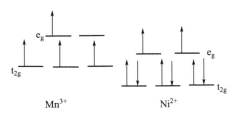

圖 3-20　$LiNi_xMn_{2-x}O_4$ 材料中 Mn^{3+} 和 Ni^{2+} 電子能級圖

3.2.2　$LiNi_{0.5}Mn_{1.5}O_4$ 正極材料的失效機製

$LiNi_{0.5}Mn_{1.5}O_4$ 材料在碳材料作為負極的全電池中高溫容量衰減較快，其容量的衰減機製通常有 Mn 的溶解以及結構-電解液-相關反應等。在無序的 $LiNi_{0.5}Mn_{1.5}O_4$ 材料中，由於 Mn^{3+} 的存在，從而導致 Mn 溶解問題嚴重。Pieczonka 等研究表明，隨着荷電狀態（SOC）的增加，過渡金屬溶解的數量也增加。也就是說，在充電態，金屬的溶解增加；在放電態，過渡金屬的價態較低，金屬的溶解降低。此外，當使用 $LiPF_6$ 基電解液時，電解液中痕量的水容易導致電解質鹽 $LiPF_6$ 的分解，進而產生 HF，其化學反應如下列各式：

$$LiPF_6 + H_2O \longrightarrow LiF + 2HF + POF_3 \tag{3-44}$$

$$POF_3 + H_2O \longrightarrow PO_2F_2^- + HF + H^+ \tag{3-45}$$

$$PO_2F_2^- + H_2O \longrightarrow PO_3F^{2-} + HF + H^+ \tag{3-46}$$

$$PO_3F^{2-} + H_2O \longrightarrow PO_4^{3-} + HF + H^+ \tag{3-47}$$

此外，電解液中反應性較強的 POF_3 容易與 EC、EMC、DMC 等碳酸酯溶劑發生反應，生成 CO_2 和 OPF_2ORF，進而在循環過程中破壞 SEI 膜。此外，在 $LiPF_6$ 的製造過程中，不可避免地會存在少量的 HF，進而與 $LiNi_{0.5}Mn_{1.5}O_4$ 材料發生化學反應：

$$4HF + 2LiNi_{0.5}Mn_{1.5}O_4 \Longrightarrow 3Ni_{0.25}Mn_{0.75}O_2 +$$
$$0.25NiF_2 + 0.75MnF_2 + 2LiF + 2H_2O \tag{3-48}$$

高溫時，上述反應會被進一步加速，不利於 $LiNi_{0.5}Mn_{1.5}O_4$ 材料在鋰離子電池的應用。Kim 等證明了 $LiNi_{0.5}Mn_{1.5}O_4$/石墨全電池的容量衰減來自於 Mn 的溶解；Mn 在石墨表面的還原導致 SEI 膜的不斷生成，進而導致了鋰離子在全電池體系中的損失。Qiao 等也發現，$LiNi_{0.5}Mn_{1.5}O_4$ 材料失效的原因與電極-電解液表面反應生成 Mn^{2+} 有關。如圖 3-21 所示，在第一次充電過程中，Mn^{2+} 演

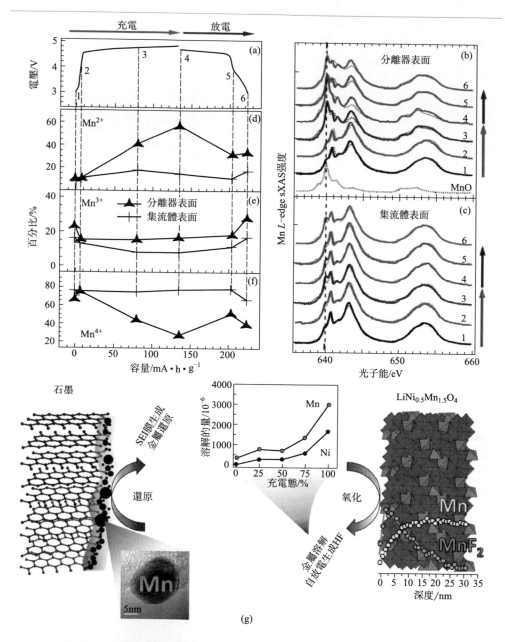

圖 3-21　Mn 在 LiNi$_{0.5}$Mn$_{1.5}$O$_4$ 材料中的價態演化

（a）不同荷電態的 LiNi$_{0.5}$Mn$_{1.5}$O$_4$ 材料 sXAS（軟 X 射線吸收光譜）測試在充放電曲線上的標識；

（b） MnL-edge sXAS 總的電子量（TEY）在電極面向隔膜的一側收集；（c）在電極面向集流體的一側收集；（d），（e），（f）利用光譜擬合得到的不同充放電態的 Mn 價態的演化；（g） Mn 和 Ni 在 LiNi$_{0.5}$Mn$_{1.5}$O$_4$/石墨全電池中的溶解示意圖

變為不對稱的反應，在滿充電態時，在電極面對隔膜的一側達到最大值（約60％），這說明 Mn 的溶解和電解液的劣化是 $LiNi_{0.5}Mn_{1.5}O_4$ 材料容量損失的兩個主要原因。Pieczonka 等認為，在 $LiNi_{0.5}Mn_{1.5}O_4$／石墨全電池中，Mn 和 Ni 在各種條件下（包括荷電態、溫度、存儲時間以及晶體結構）都會發生溶解。如圖 3-21(g) 所示，$LiNi_{0.5}Mn_{1.5}O_4$ 的自放電行為會導致電解液的分解，電解液分解生成的 HF 加速了 Mn 和 Ni 的溶解，生成了 LiF、MnF_2、NiF_2 以及聚合有機物等，沉積在 $LiNi_{0.5}Mn_{1.5}O_4$ 電極的表面，增加了電池的阻抗。此外，Mn^{2+} 在全電池的石墨負極表面被還原，並消耗了活性的 Li^+，其反應方程式如下：

$$Mn^{2+} + 2LiC_6 \Longrightarrow 2Li^+ + Mn + 12C \tag{3-49}$$

還原的金屬 Mn 會進一步促進通過 SEI 膜厚度的增加減少活性的 Li^+ 數量，導致 $LiNi_{0.5}Mn_{1.5}O_4$／石墨全電池的容量衰減。

3.2.3 $LiNi_{0.5}Mn_{1.5}O_4$ 正極材料的合成

3.2.3.1 經典合成方法

固相法一般都是以 Li_2CO_3、NiO、MnO_2 為初始原料，混合後在空氣中 600～800℃下煅燒而成，很多報導說利用此法製備的樣品容量能達到 $140mA \cdot h \cdot g^{-1}$ 以上，非常接近理論容量。由於此法製備過程簡單易行，成本低廉，實驗條件容易控制，利於實現工業化商品化生產而成為現在研究的熱點。但很多研究表明，當反應溫度達到 800℃ 以上時，會出現一個較小的對應於 Mn^{3+}/Mn^{4+} 氧化還原對的 4V 平臺，這和在高溫條件下反應會導致氧的缺失有關。固相法合成的材料容量較高，操作簡單，成本低廉，易於工業化應用，但反應一般所需的溫度較高，能耗大，而且合成的材料顆粒大，均勻性較差。Fang 等採用高溫固相法，以 Li_2CO_3、NiO 和電解 MnO_2 為原料，球磨混合均勻，然後於空氣中在 900℃ 溫度下煅燒 12h，並經 600℃ 退火處理 24h，得到最終產物 $LiNi_{0.5}Mn_{1.5}O_4$。結果表明其放電容量能達到 $143mA \cdot h \cdot g^{-1}$，5/7C 下具有很好的循環性能，30 個循環後容量保持率為 98.6％。

沉澱法的優點就在於反應過程比較容易控制，將製得的沉澱在一定條件下焙燒就可得到最終產物，也可以先製得 Ni-Mn 氫氧化物沉澱再配鋰鹽然後煅燒得到產物，這與複合碳酸鹽法相類似。採用沉澱法製得的產物一般顆粒細小而且均勻，電化學性能較好，不足之處就是在液相中一般需要不斷調整 Li、Ni、Mn 的比例，才能得到按 $LiNi_{0.5}Mn_{1.5}O_4$ 計量比合成的產物。Zhang 等採用聚乙二醇（PEG4000）輔助共沉澱法製備了 $LiNi_{0.5}Mn_{1.5}O_4$ 材料，合成路線如圖 3-22(a) 所示。PEG4000 輔助合成的材料具有優異的循環性能，40C 倍率放電時，可逆

容量仍高達 $120mA \cdot h \cdot g^{-1}$；5C 倍率循環 150 次後，容量保持率仍高達 89％。

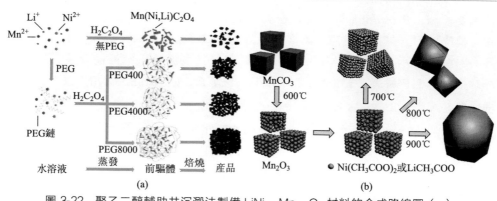

圖 3-22　聚乙二醇輔助共沉澱法製備 $LiNi_{0.5}Mn_{1.5}O_4$ 材料的合成路線圖（a）
和通過控製燒結溫度進行的 $LiNi_{0.5}Mn_{1.5}O_4$ 材料粒子形態控製示意圖（b）

　　Lin 等採用共沉澱法先製備了立方的 $MnCO_3$，然後在 600℃ 熱分解合成了多孔的 Mn_2O_3，然後以此為模板，在不同溫度下製備 $LiNi_{0.5}Mn_{1.5}O_4$ 材料，如圖 3-22（b）所示。800℃ 製備的 $LiNi_{0.5}Mn_{1.5}O_4$ 材料具有八面體結構，（111）晶面優先生長，具有最好的電化學性能。25℃、10C 倍率循環 3000 次後，容量保持率高達 78.1％；55℃、5C 倍率循環 500 次後，容量保持率仍高達 83.2％。

　　溶膠-凝膠法合成的產物一般顆粒細小，分佈均勻，結晶性能好，初始容量較高，循環能也較好，但合成原料一般採用有機試劑，成本較高，故難以實際應用。Xu 等以乙酸鹽和硝酸鹽為原料，以丙烯酸為螯合劑，合成了具有 Fd-3m 空間群的 $LiNi_{0.5}Mn_{1.5}O_4$，研究表明，950℃ 合成的樣品初試放電容量為 $139mA \cdot h \cdot g^{-1}$，$0.2mA \cdot cm^{-2}$ 下放電具有很好的循環性能，50 個循環後容量保持率為 96％。

3.2.3.2　非經典合成方法

　　超聲輔助法能夠得到物理及電化學性能優異的產物，其不足之處是反應過程中採用超聲波等專用設備，增加了生產成本，阻礙了它的實際應用。我們課題組採用超聲輔助共沉澱法，以硝酸鹽為原料，在前驅體製備過程中，採用超聲攪拌去除水分，在 800℃ 空氣氣氛中燒結 24h，得到了含有 $Li_yNi_{1-y}O$ 雜質（1％）的 $LiNi_{0.5}Mn_{1.5}O_4$（Fd-3m），該材料具有相當好的大電流放電性能，2C 放電時，初始容量為 $110mA \cdot h \cdot g^{-1}$，100 次循環後容量保持率高於 70％。Park 等以硝酸鹽為原料，其中用 $LiNO_3$ 略微過量以補償在高溫下揮發的鋰，以檸檬酸為螯合劑，用超聲波噴霧器將溶液噴成霧狀，將此氣溶膠引進

500℃的石英反應器，用 Teflon 袋收集反應後得到的粉末，再將此粉末在空氣中以期望的溫度煅燒 12h 得到具有 $P4_332$ 空間群 $LiNi_{0.5}Mn_{1.5}O_4$。初始放電容量達到 $138mA \cdot h \cdot g^{-1}$，在 30℃ 和 55℃ 經 50 次循環後容量保持率分別仍有 99% 和 97%。

　　噴霧乾燥法的優點是其能在原子級別上使各種陽離子充分均勻混合，得到的產物顆粒可以達到奈米尺度，但產物的初始放電容量並不高。Myung 等採用硝酸鹽為原料，按化學計量比配成乳膠，然後將乳膠前驅體在不同溫度下燒結處理 24h，得到 $LiNi_{0.5}Mn_{1.5}O_4$。在 750℃ 下所得的產物為 50nm 的均勻顆粒，首次放電容量可達 $111mA \cdot h \cdot g^{-1}$，50 次循環後，容量保持率在 90% 以上。Li 等在此基礎上，採用噴霧乾燥法 700℃ 燒結處理 24h，然後在 O_2 氣氛中處理 30h，得到具有 $P4_332$ 空間群 $LiNi_{0.5}Mn_{1.5}O_4$ 樣品，0.15C 放電，室溫首次放電容量為 $135mA \cdot h \cdot g^{-1}$，50℃ 首次放電容量為 $130mA \cdot h \cdot g^{-1}$，50 次循環後，容量基本沒有衰減。

　　熔鹽法優點在於其操作比較簡單，但由於煅燒溫度一般比較高，能耗較大，阻礙了其實際應用。Kim 等採用熔鹽法，將 LiOH、$Ni(OH)_2$ 和 γ-MnOOH 以化學計量比混合均勻，再與的過量 LiCl 混合，置於氧化鋁坩堝中，於 700～1000℃ 範圍內煅燒，然後冷卻至室溫，用去離子水和酒精洗滌殘留的鋰鹽，並乾燥後得到最終產物。研究發現，只有當煅燒時用坩堝覆蓋得到的產物才為純相，說明採用熔鹽法合成 $LiNi_{0.5}Mn_{1.5}O_4$ 只需要有限量的氧氣；產物顆粒隨 LiCl 過量增加而增大，且隨着煅燒溫度昇高其尖晶石形貌更加明顯。900℃ 煅燒 3h 的產物初始放電容量為 $139mA \cdot h \cdot g^{-1}$，50 次循環後容量保持率為 99%。

　　複合碳酸鹽法的優點在於易於得到比較理想的純淨產物，能夠製得奈米級的產物，顆粒分散比較均勻，能夠提高材料在高壓區鋰離子的嵌入/脫出時的結構穩定性，從而能夠改善材料的循環性能；該方法的缺陷就是製備產物前驅體時，由於是在液相中操作，比較難以控製 Ni、Mn 元素的精確計量比，給後續配 Li 也帶來了一定的難度，阻礙了它的實際應用。Lee 等將化學劑量比的 $NiSO_4$、$MnSO_4$ 溶於蒸餾水，加入 $(NH_4)_2CO_3$ 溶液混合，然後將製得的 $(Ni_{0.25}Mn_{0.75})CO_3$ 沉澱在空氣氛圍下 600℃ 下煅燒 48h，再混合一定量的 $LiOH \cdot H_2O$ 在 450℃ 下處理 10h，最後將混合物置於空氣氛圍中 700℃ 下煅燒 24h 得產物 $LiNi_{0.5}Mn_{1.5}O_4$。在 25℃ 和 50℃ 下的放電，50 個循環之後容量都保持在 97% 以上。

　　燃燒法的優點在於生產工藝簡單，製備的產物比較純淨，具有奈米級顆粒，電化學性能優良，但合成原料一般採用有機試劑，成本較高，故難以實際

應用。Amarilla 等採用蔗糖輔助燃燒法 700℃ 製備了晶相粒徑為 47nm 的 $LiNi_{0.5}Mn_{1.5}O_4$ 樣品，1C 放電，初始放電容量為 139.3mA · h · g^{-1}，100 次循環後，容量保持率在 85% 以上。

　　由此可見，高電位 $LiNi_{0.5}Mn_{1.5}O_4$ 正極材料的製備工藝方法和條件不同，其結構和電化學性能的差異也比較大，各種製備方法均有其利弊，有待廣大科研工作者對各方法的製備條件做進一步的改善，取長補短，以達到材料製備的最佳效果，早日將 $LiNi_{0.5}Mn_{1.5}O_4$ 正極材料商品化。

3.2.4　$LiNi_{0.5}Mn_{1.5}O_4$ 正極材料的形貌控製

　　奈米纖維的直徑能夠達到幾個奈米，可以大大縮短鋰離子在充放電過程中的遷移距離，提高比容量。而其縱向的延續性則保證了材料的高倍率表現性和循環穩定性。Arun 等利用靜電紡絲的方法製備了 $LiNi_{0.5}Mn_{1.5}O_4$ 奈米纖維，如圖 3-23 所示。1C 倍率放電時，首次可逆容量為 118mA · h · g^{-1}，50 次循環後容量保持率為 93%，展示了較好的循環穩定性。

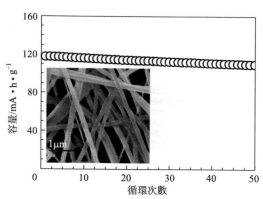

圖 3-23　$LiNi_{0.5}Mn_{1.5}O_4$ 奈米纖維的 SEM 圖及循環性能圖

　　奈米棒不但具有奈米材料的性質，還擁有較高的振實密度和合適的表面活性，特別是多孔的奈米棒還有利於電解液的存儲和鋰離子的脫嵌，因而具有比能量高和循環性能好的優勢。南開大學陳軍等在微乳液介質中利用共沉澱反應製備了 $Mn_2C_2O_4$，然後 500℃ 燒結 10h，合成了多孔的 Mn_2O_3 奈米線，然後與乙酸鋰、乙酸鎳在乙醇中分散混合，室溫慢慢蒸發掉乙醇，然後在空氣中 700℃ 燒結 6h，即可得到多孔的 $LiNi_{0.5}Mn_{1.5}O_4$ 奈米棒，合成路線如圖 3-24 所示。20C 倍率放電時，其可逆容量高達 109mA · h · g^{-1}；5C 倍率放電時，500 次循環後的容量保持率為 91%，展示了優異的倍率容量和循環穩定性。

　　Yang 等採用水熱和固相法兩步合成了 $LiNi_{0.5}Mn_{1.5}O_4$ 奈米片，圖 3-25(a) 給出了奈米片堆積的 $LiNi_{0.5}Mn_{1.5}O_4$ 材料的形成示意圖。由於 PTCDA（3，4，9，10-苝四甲酸二酐）與過渡金屬離子之間存在強的錯合作用，在室溫下很容易迅速得到黃色的 Mn 和 Ni 有機錯合物沉澱（NiMn-CP）。在水熱氣氛中，PTCDA 配體的平面分子結構可以作為模板，通過奧斯特瓦爾德熟化機製促進了奈米片和一層一層的六角塊的形成。因此，在高溫燒結除去有機物後，$LiNi_{0.5}Mn_{1.5}O_4$ 材料的結構與 NiMn-CP 的結構是一致的。通過圖 3-25(b) 可以看出，合成的 $LiNi_{0.5}Mn_{1.5}O_4$ 材料大概是由 80nm×100nm 的奈米片組成。$LiNi_{0.5}Mn_{1.5}O_4$ 材料的在 1C 倍率放電時，可逆容量為 $140.9mA \cdot h \cdot g^{-1}$，15C 倍率放電時，可逆容量為 $134.2mA \cdot h \cdot g^{-1}$，40C 倍率放電時，可逆容量為 $120.9mA \cdot h \cdot g^{-1}$。提高的倍率性能來自於奈米片堆積結構縮短了鋰離子擴散的路徑。

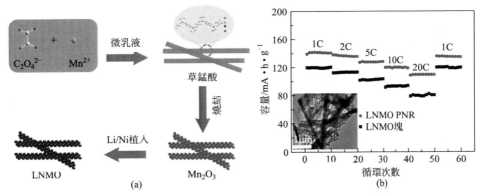

圖 3-24　多孔 $LiNi_{0.5}Mn_{1.5}O_4$ 奈米棒的合成路線圖（a）
和不同倍率下的循環性能圖及 TEM 圖（b）

　　Chen 等利用聚合物輔助的方法分別在空氣和氧氣中製備了假球形倒稜多面體 $LiNi_{0.5}Mn_{1.5}O_4$ 材料（LNMO-COh）和八面體結構的 $LiNi_{0.5}Mn_{1.5}O_4$（LNMO-Oh），如圖 3-26 所示。在 25℃循環時，兩種 $LiNi_{0.5}Mn_{1.5}O_4$ 材料均具有較高的放電容量和優異的循環穩定性。如圖 3-26 所示，在 55℃循環時，八面體結構的 $LiNi_{0.5}Mn_{1.5}O_4$ 的放電容量隨着循環次數的增加迅速下降，而 LNMO-COh 表現出了優異的高溫循環穩定性，其原因是這種結構的材料存在 {110} 晶面取向，有利於鋰離子的擴散。

　　因此，製備獨特結構的材料是提高 $LiNi_{0.5}Mn_{1.5}O_4$ 材料的動力學性能、比容量、比能量、比功率、高溫性能以及循環壽命等電化學性能的有效方式。

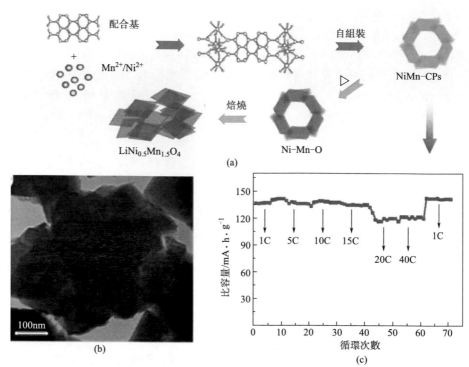

圖 3-25 奈米片堆積的 $LiNi_{0.5}Mn_{1.5}O_4$ 材料的可能形成機製（a）和 $LiNi_{0.5}Mn_{1.5}O_4$ 材料的 TEM 圖（b）, $LiNi_{0.5}Mn_{1.5}O_4$ 奈米片的倍率性能（c）

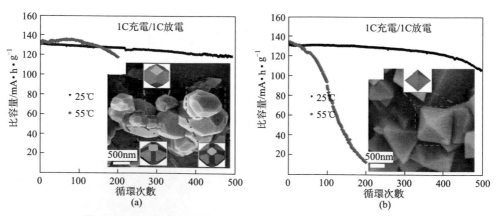

圖 3-26 1C 倍率循環時 LNMO-COh（a）和 LNMO-Oh（b）在 25℃ 和 55℃ 時的循環性能曲線, 插圖為 SEM 圖

3.2.5 LiNi$_{0.5}$Mn$_{1.5}$O$_4$ 正極材料的摻雜

盡管 LiNi$_{0.5}$Mn$_{1.5}$O$_4$ 作為高壓電極材料有很多優點，但實際應用過程中仍然存在着一系列問題。首先，LiNi$_{0.5}$Mn$_{1.5}$O$_4$ 材料的燒結高於 600℃時會造成失氧，製備的材料往往含有 Li$_x$Ni$_{1-x}$O 等非活性的雜相，降低了材料的比容量；其次，材料的倍率性能、高溫性能以及循環穩定性仍需要進一步提高。Talyosef 等研究了 LiNi$_{0.5}$Mn$_{1.5}$O$_4$ 在高溫（60℃）下的循環和存儲穩定性能。研究表明，在高溫充放電過程中，LiNi$_{0.5}$Mn$_{1.5}$O$_4$ 在完全嵌鋰和部分脫鋰的狀態時，都表現出十分穩定的電化學性能。存儲過程中材料的容量損失主要與充放電過程中的循環倍率以及充電截止電壓有關，而由於存儲時間帶來的損失比較小。在高溫下材料進行循環和存儲會導致其中的 Mn 和 Ni 的溶解，並且會在電極上形成 λ-MnO$_2$ 等其他 Mn 的氧化物，這些現象會導致電極表面發生改變。當材料在高溫（60℃）長時間儲存，並處於完全嵌鋰狀態（3.5V 左右）時，伴隨表面形態改變的同時，材料形貌也將發生明顯轉變。這方面的研究為我們改善材料在高溫下的電化學性能提供了一定的借鑒意義。為了進一步改善 LiNi$_{0.5}$Mn$_{1.5}$O$_4$ 的結構和電化學性能，不少科研工作者對其進行了元素摻雜或者表面改性處理，並取得了一定的進展。摻雜主要是用金屬元素取代部分 Ni 或者 Mn，或者非金屬元素 F 或 S 取代部分 O，以起到改變或者穩定材料結構的作用；目前文獻報導的摻雜離子主要有 Na$^+$、Mg^{2+}、Cu^{2+}、Zn^{2+}、Al^{3+}、Cr^{3+}、Co^{3+}、Fe^{3+}、Sm^{3+}、Rh^{3+}、Ga^{3+}、Ru^{4+}、Zr^{4+}、Ti^{4+}、Nb^{5+}、V^{5+}、Mo^{6+}、W^{6+}、F$^-$ 以及 S^{2-} 等。

3.2.5.1 一價和二價離子的摻雜

眾所周知，Na 的儲量較高，鈉鹽的價格便宜，因此是一種較有前景的摻雜物。Wang 等採用高溫固相法製備的 Na 摻雜的 Li$_{1-x}$Na$_x$Ni$_{0.5}$Mn$_{1.5}$O$_4$ 材料，研究表明，Na 摻雜可以破壞 Ni 和 Mn 離子的有序結構，所以隨着 Na 摻雜量的增加，材料中 Fd-3m 結構的尖晶石含量增加，晶格常數也逐漸增加。Wang 等的研究結果表明，高溫循環時，1%、3% 和 5% Na 摻雜的 LiNi$_{0.5}$Mn$_{1.5}$O$_4$ 材料具有比純樣更高的倍率容量和循環穩定性，其原因是摻雜後的材料具有更好的電荷轉移能力，降低了材料的歐姆極化和電化學極化，進而提高了鋰離子擴散係數。

由於儲量豐富且價格低廉，原子量較低，Mg^{2+} 常被選為摻雜離子。Mg^{2+} 摻雜不但可以降低極化，還能提高 LiNi$_{0.5}$Mn$_{1.5}$O$_4$ 材料的電子電導率，進而提高材料的整體動力學性能。Locati 等分別採用高溫固相法、溶膠-凝膠法和干凝膠法合成了 Mg 摻雜尖晶石 LiMg$_{0.07}$Ni$_{0.43}$Mn$_{1.5}$O$_4$ 正極材料，研究表明，Mg

的摻雜能夠減小產物顆粒粒徑，穩定材料結構，並能夠改善材料的循環性能；高溫固相法製備的材料在高倍率放電時具有最高的容量損失，而溶膠-凝膠法製備的樣品具有最好的容量性能和倍率循環性能。Tirado 等發現 Mg^{2+} 可以有效抑製雜相生成，Liu 等指出 Mg^{2+} 摻雜可以有效消除 $LiNi_{0.5}Mn_{1.5}O_4$ 材料 4.0V 左右電壓平臺並有效改善其循環性能。另外，由於 Mg^{2+} 半徑大於 Mn^{4+}，摻雜後材料晶胞參數有所增加，有利於鋰離子的傳輸，倍率性能得到改善。

Cu^{2+} 由於其獨特的外部電子排列結構，Cu^{2+} 摻雜通常可以提高電極材料的電子電導率，降低鋰離子的遷移勢壘。Sha 等採用溶膠-凝膠法製備了 $P4_332$ 結構的 Cu 摻雜的 $LiNi_{0.5-x}Cu_xMn_{1.5}O_4$（$x=0$，0.03，0.05，0.08）材料，結果表明，隨着 Cu 摻雜量的增加，其晶格常數逐漸增加。$LiNi_{0.45}Cu_{0.05}Mn_{1.5}O_4$ 展示了最好的高溫性能，5C 倍率放電時，150 次循環後可逆容量為 $124.5mA \cdot h \cdot g^{-1}$，容量保持率為 97.7%。性能提高的原因是 Cu 摻雜的材料具有快速的鋰離子遷移能力，較低的極化以及更好的結構穩定性。Milewska 研究了 $LiNi_{0.5-y}Cu_yMn_{1.5}O_4$（$y=0$，0.02，0.05）在不同燒結溫度下的電化學性能，結果表明 800℃ 合成的 $LiNi_{0.48}Cu_{0.05}Mn_{1.5}O_4$ 具有最好的循環性能和最高的鋰離子擴散係數。

相對於許多過渡金屬元素，Zn 元素的價格較低，含量較為豐富，因此利用 Zn 摻雜的電極材料往往比其他過渡金屬摻雜的材料具有更低的成本。Manthiram 等採用共沉澱法得到 Zn 摻雜的 $LiNi_{0.42}Mn_{1.5}Zn_{0.08}O_4$ 材料，研究發現 Zn 的摻雜提高了材料的晶胞參數，可以有效抑製鋰脫嵌過程中晶胞體積的變化，進而改善了材料的倍率性能及循環穩定性。Yang 等也發現 Zn 摻雜提高了 $LiNi_{0.5}Mn_{1.5}O_4$ 材料的晶格常數，$LiZn_{0.08}Ni_{0.42}Mn_{1.5}O_4$ 具有較好的電化學性能，0.5C 倍率、100 次循環後，容量保持率為 95%。

3.2.5.2　三價離子的摻雜

眾所周知，由於 Al 的價格較低、摩爾質量較小、在地殼中的儲量較大，因此 Al^{3+} 摻雜的 $LiNi_{0.5}Mn_{1.5}O_4$ 材料被認為是較有前景的電極材料。因此，很多研究工作集中在利用 Al 取代 16d 位的 Mn 或 Ni 元素來提高 $LiNi_{0.5}Mn_{1.5}O_4$ 材料的電子電導率及其高溫性能。Zhong 等採用熱聚合的方法製備了 $LiNi_{0.5-x}Al_{2x}Mn_{1.5-x}O_4$（$0 \leqslant 2x \leqslant 1.0$）正極材料，研究發現，隨着 Al 摻雜量的增加，Mn/Ni 的無序度也逐漸增加，摻雜材料逐漸的從有序的 $P4_332$ 結構轉變為無序的 Fd-3m 結構。電化學性能表明，Al 的摻雜提高了 $LiNi_{0.5}Mn_{1.5}O_4$ 材料的倍率容量和循環穩定性。此外，Shin 等發現，利用三價的 Ga^{3+} 摻雜同樣可以提高 $LiNi_{0.5}Mn_{1.5}O_4$ 材料的高溫性能，研究表明 Ga 的摻雜抑製了 Mn/Ni 的有序度；55℃ 循環時，$LiMn_{1.5}Ni_{0.42}Ga_{0.08}O_4$ 展示了比純樣

更高的容量和優異的循環穩定性，其原因可能是 Ga 的摻雜抑製了合成過程中 $Li_x Ni_{1-x} O$ 雜相的產生，穩定了材料的無序結構。Sm^{3+} 摻雜通常也被認為是一種提高電極材料電導率的有效方法。Mo 等採用明膠輔助固相法製備了 $LiNi_{0.5} Sm_x Mn_{1.5-x} O_4$（$x=0$，0.01，0.03，0.05）材料，Sm 的摻雜同樣提高了材料的無序度，其中 $LiNi_{0.5} Sm_{0.01} Mn_{1.49} O_4$ 展示了最高的倍率容量和較好的電子電導率。

　　由於 Cr^{3+} 具有較好的氧親和力，Cr 摻雜的 $LiNi_{0.5} Mn_{1.5} O_4$ 材料不但具有較好的結構穩定性，而且具有更高的充放電壓平臺。我們的研究表明，Cr 摻雜可以抑製 $Li_x Ni_{1-x} O$ 雜質的產生，能夠進一步提高 5V 電壓平臺的容量，進而提高材料的能量密度。此外，採用 Cr 摻雜是提高 $LiNi_{0.5} Mn_{1.5} O_4$ 材料高溫性能的有效策略。但是在 Cr 摻雜的 $LiMn_{2-x} Cr_x O_4$ 中，如果 $x>0.2$，Cr^{3+} 將轉化為劇毒的 Cr^{6+}；如果 $x>0.8$，會形成 $LiCrO_2$ 雜相。因此 Cr 的摻雜量需要進行優化。Park 等以乙酸鹽和 $Cr(NO_3)_3 \cdot 9H_2O$ 為原料，採用丙烯酸作為螯合劑的溶膠-凝膠法合成了 $LiNi_{0.5-x} Mn_{1.5} Cr_x O_4$ 正極材料，研究表明，Cr 的摻雜能夠加速化學反應動力學行為，使其更容易生成形狀規則的產品顆粒；隨着 Cr 含量的增加，能夠穩定 $LiNi_{0.5-x} Mn_{1.5} Cr_x O_4$ 的結構，減少了氧缺失。0.5C 放電時，$LiNi_{0.5} Mn_{1.5} O_4$ 的首次放電容量為 $128.67mA \cdot h \cdot g^{-1}$，50 次循環後，容量保持率為 92%；但是 Cr 摻雜的 $LiNi_{0.45} Mn_{1.5} Cr_{0.05} O_4$ 首次放電容量為 $137mA \cdot h \cdot g^{-1}$，50 次循環後，容量保持率為 97.5%。Jang 等採用溶膠-凝膠法製備了 $LiNi_{0.5-x} Mn_{1.5} Cr_x O_4$ 材料，研究發現，由於 Cr^{3+} 為活性離子且 Cr 具有更高的氧親和力，隨着 Cr 含量的增加，材料的起始容量及容量保持率均有所提高。後期研究表明，Cr 摻雜可以提高材料的無序度，進而有 $P4_3 32$ 結構轉變為 Fd-3m 結構，而且 Cr 也具有自偏析效應，可富集在電極表面從而改善材料的高溫循環性能。除上述三價金屬離子外，Fe^{3+} 以及 Co^{3+} 也常被用作摻雜元素。Itoa 等合成了 Co^{3+} 摻雜的 $LiNi_{0.5-x} Co_{2x} Mn_{1.5-x} O_4$（$0 \leqslant 2x \leqslant 0.2$）正極材料，發現 Co^{3+} 的摻雜可引起 $LiNi_{0.5} Mn_{1.5} O_4$ 空間結構和鋰離子擴散係數的變化。摻雜後的材料雖然放電容量有所降低，但其倍率性能和容量保持率得到了大大提高。

3.2.5.3　四價離子的摻雜

　　由於 Ti—O 鍵的鍵能要強於 Ni—O 鍵，因此 Ti^{4+} 摻雜可以提高 $LiNi_{0.5} Mn_{1.5} O_4$ 材料的結構穩定性和化學穩定性，進而提高其倍率容量。Kim 等用 Ti 部分取代 $LiNi_{0.5} Mn_{1.5} O_4$ 中 Mn 後製備了 $LiNi_{0.5} Mn_{1.5-x} Ti_x O_4$ 正極材料，並對其結構和電化學性能進行了研究。結果表明，Ti 的摻雜導致材料

容量有所降低，但隨着 Ti 含量的增加，對應 Ni^{2+}/Ni^{4+} 的氧化峰向高電位方向移動，同時能夠抑製脫鋰過程中產生的相變，進而起到穩定材料結構的作用，並在循環過程中有利於保持單一物相，保證了材料在充放電過程中的可逆循環性能，從而使材料比純相的 $LiNi_{0.5}Mn_{1.5}O_4$ 具備更好的倍率性能。此外，為了進一步提高 $LiNi_{0.5}Mn_{1.5-x}Ti_xO_4$ 正極材料在高溫時的電化學性能，Noguchi 等採用 Bi 對其進行表面處理，並研究其電化學性能。採用多孔炭作為負極，$LiNi_{0.5}Mn_{1.36}Ti_{0.14}O_4$ 作為正極，1C 倍率放電；20℃ 時，採用 Bi［1%（質量分數）］表明處理的樣品和未處理的樣品，500 次循環後的容量保持率均在 85% 左右；但是在 45℃ 時，採用 Bi［1%（質量分數）］表面處理的樣品和未處理的樣品，500 次循環後的容量保持率分別為 70% 和 60% 左右，隨着放電溫度的進一步昇高，這種差異也越來越大，這說明，Bi 的表面處理顯著地提高了其高溫循環性能。

相對於其他金屬，4d 金屬例如 Ru，通常具有較寬的導帶，進而改善電子與離子導電性。Wang 等發現，在 Ru 摻雜的 $LiNi_{0.5}Mn_{1.5}O_4$ 材料中，存在一種新型的 Ni-O-Ru-O 躍遷途徑，因此電子更容易轉移。此外，Ru^{4+} 不但可以有效抑製 $Li_xNi_{1-x}O$ 雜相生成，而且材料晶型保持為 Fd-3m 型，如圖 3-27 所示。Ru 的摻雜明顯改善了 $LiNi_{0.5}Mn_{1.5}O_4$ 材料的循環性能以及倍率容量。

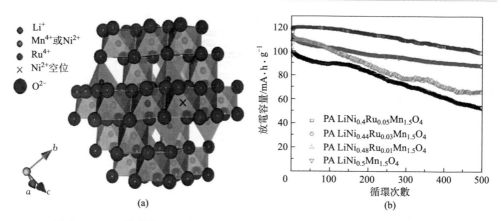

圖 3-27　Ru 摻雜的 $LiNi_{0.5}Mn_{1.5}O_4$ 材料的晶體結構（a）和聚合物輔助法
製備的 Ru 摻雜的 $LiNi_{0.5}Mn_{1.5}O_4$ 材料（PA-$LiNi_{0.5-2x}Ru_xMn_{1.5}O_4$）
在 10C 倍率下的循環性能（b）

此外，在高價離子摻雜方面，Yi 等研究發現通過摻雜 Nb^{5+}、Mo^{6+}，並提高 Ni^{2+} 的含量，不但可以提高 $LiNi_{0.5}Mn_{1.5}O_4$ 材料的比容量，還可以提高材料電子與離子導電性，循環穩定性均有明顯改善。

3.2.5.4 陰離子的摻雜

除陽離子摻雜外，F^- 或 S^{2-} 等陰離子摻雜也是提高 $LiNi_{0.5}Mn_{1.5}O_4$ 材料性能的重要手段。F 通常占據 O 的位點，且 F^- 與金屬離子的結合力更強，可以抑製雜相生成，顯著提高了材料的結構穩定性。此外，F^- 摻雜可使鋰脫嵌過程中的晶胞體積變化及結構應力縮小，並增強了材料的極性，有利於與極性電解質的浸潤。Oh 等採用超聲噴霧高溫分解法 900℃ 合成了具有 Fd-3m 空間群的 $LiNi_{0.5}Mn_{1.5}O_{4-x}F_x$ 正極材料，研究表明，當摻雜量 $x \leqslant 0.1$ 時，所合成材料沒有任何的雜質峰，F 的摻雜提高了材料的結構穩定性和倍率循環性能。盡管 $LiNi_{0.5}Mn_{1.5}O_4$ 具有較高的初始放電容量，但是 $LiNi_{0.5}Mn_{1.5}O_{4-x}F_x$ ($x \leqslant 0.1$) 具有更高的容量保持率。此外，Xu 等採用溶膠-凝膠法製備了 $LiNi_{0.5}Mn_{1.5}O_{3.975}F_{0.05}$ 正極材料，研究表明，0.5C 放電時，$LiNi_{0.5}Mn_{1.5}O_{3.975}F_{0.05}$ 和 $LiNi_{0.5}Mn_{1.5}O_4$ 初始放電容量分別為 $142mA \cdot h \cdot g^{-1}$ 和 $131mA \cdot h \cdot g^{-1}$，F 摻雜的材料具有更高的放電容量，40 次循環後容量保持率均在 95% 左右；研究還發現，合成的 $LiNi_{0.5}Mn_{1.5}O_{3.975}F_{0.05}$ 材料在 600℃ 氧氣氛氛中再退火 15h 得到的樣品比未處理的樣品具有更高的 5V 電壓平臺放電容量。

Sun 等採用（Ni-Mn）CO_3 前驅體為原料，分別在 500℃ 和 800℃ 製備了 $LiNi_{0.5}Mn_{1.5}O_{4-x}S_x$ ($x = 0$，0.05) 正極材料。研究表明，S 的摻雜增加了材料的晶格常數，使得樣品粒徑分佈窄、形狀規則、大小均勻，從而提高 3V 區域材料的放電容量和容量保持率。

3.2.6 $LiNi_{0.5}Mn_{1.5}O_4$ 正極材料的表面包覆

包覆改性也是有效改善 $LiNi_{0.5}Mn_{1.5}O_4$ 正極材料性能的常用方法，目的在於盡量保護正極材料免受 HF 酸的侵蝕，穩定電解液的性能，降低界面電阻。目前，對 $LiNi_{0.5}Mn_{1.5}O_4$ 的包覆改性的材料主要包括：碳材料、金屬氧化物和其他化合物。表 3-4 列出了常見的包覆的 $LiNi_{0.5}Mn_{1.5}O_4$ 材料的合成方法及其電化學性能。

表 3-4　包覆的 $\mathbf{LiNi_{0.5}Mn_{1.5}O_4}$（LNMO）材料的合成方法及電化學性能

材料	合成方法	性能最佳的樣品	電化學性能包括比容量、容量保持率（循環次數、倍率、溫度）
碳材料	溶膠-凝膠	C 包覆（10nm）-LNMO	125，94%（100，1C）
	溶膠-凝膠	1%（質量分數）C 包覆的 LNMO	130，92%（100，0.2C 充電，1C 放電）

續表

材料	合成方法	性能最佳的樣品	電化學性能包括比容量、容量保持率 (循環次數、倍率、溫度)
碳材料	高溫固相	0.6%(質量分數) C 包覆的-LNMO	90,71%(500,10C)
	高溫固相	30%(質量分數)CNFs 包覆的 LNMO	140,96%(100,0.5C)
	高溫固相	氧化石墨烯包覆的 (10nm)LNMO	130,61%(1000,0.5C)
CuO	共沉澱	3%(質量分數)CuO 包覆的 LNMO	130,95.6%(100,0.5C)
ZnO	溶膠-凝膠	1.5%(質量分數)ZnO- 包覆的 LNMO	137,100%(50,C/3,55℃)
Al_2O_3	水熱	1%(原子分數)Al_2O_3 包覆的 LNMO	105,76.6%(100,0.5C)
RuO_2	溶膠-凝膠	2%(質量分數)RuO_2 包覆的 LNMO	129.4,97.7%(100,0.5C)
SiO_2	共沉澱	3%(質量分數)SiO_2 包覆的 LNMO	131,85%(50,0.5C,55℃)
V_2O_5	濕包覆	5%V_2O_5 包覆的 LNMO	126.3,92%(100,5C,55℃)
$YBa_2Cu_3O_7$	溶膠-凝膠	5% $YBa_2Cu_3O_7$ 包覆的 LNMO	128.6,87%(100,2C,60℃)
Li_3PO_4	高溫固相	$LiCoO_2/Co_3O_4$ (5~6nm)包覆的 LNMO	122,80%(650,0.5C)
$Li_4P_2O_7$	高溫固相	$LNMO/Li_4P_2O_7$ 在 760℃燒結 Li_2O-$2B_2O_3$	123.8,74.3%(893,0.5C)
Li_2O-$2B_2O_3$	燃燒法	玻璃(5nm)包覆的 LNMO	106.9,87%(50,1C,60℃)
AlF_3	溶膠-凝膠	1%(質量分數)AlF_3 包覆的 LNMO	約 108,93.6%(50,0.1C)
GaF_3	共沉澱	0.5%(質量分數)GaF_3 包覆的 LNMO	約 142,91.1%(300,0.1C)
聚吡咯(PPy)	高溫固相	5%(質量分數)PPy 包覆的 LNMO	115.6,91%(100,1C,55℃)
聚酰亞胺(PI)	熱亞胺化	PI(10nm)包覆的 LNMO	125,約 100%(50,1C,55℃)
	溶膠-凝膠	0.3%(質量分數)PI 包覆的 LNMO	117,90%(60,0.2mA·cm^{-2},C,55℃)

續表

材料	合成方法	性能最佳的樣品	電化學性能包括比容量、容量保持率（循環次數、倍率、溫度）
Al 摻雜 ZnO（AZO）	溶膠-凝膠	AZO（1～2nm）包覆的 LNMO	120,95.8％(50,0.1C 充電,5C 放電,50℃)
ZrP	溶膠-凝膠	4％（質量分數）ZrP包覆的 LNMO	94.2％(200,1C,55℃)
LiFePO$_4$	溶膠-凝膠	LiFePO$_4$（5μm）包覆的 LNMO	110,74.5％(140,1C)
LiMn$_2$O$_4$	高溫固相	LiMn$_2$O$_4$@LNMO(9∶1)	100,81.9％(400,100mA·g^{-1},55℃)
LiCoO$_2$/Co$_3$O$_4$	溶膠-凝膠	LiCoO$_2$/Co$_3$O$_4$（10nm）包覆的 LNMO	110.1,97.8％(200,5C)
Li$_2$TiO$_3$	溶膠-凝膠	5％Li$_2$TiO$_3$ 包覆的 LNMO	120,94.1％(50,1C,55℃)

　　由表 3-4 可以看出，利用包覆技術可以有效提高 LiNi$_{0.5}$Mn$_{1.5}$O$_4$ 材料的電化學性能，其原理主要是包覆層能有效避免副反應的發生，並防止活性物質和 HF 反應。特別地，選用電子與離子導體作為包覆層，在改善循環性能的同時，倍率性能也能有所提高。另外，與金屬鹽及化合物相比，有機凝膠電解質更易實現在正極材料表面的均勻包覆。至於包覆方法，靜電自組裝和磁控濺射等與其他方式相比，能形成更為均勻、緻密的包覆層。而原子層沉積（ALD）由於可以將物質以單原子膜形式一層一層地鍍在基底表面，已發展成為目前最具吸引力的一種包覆方法。

參考文獻

[1]　Julien C M, Gendron F, Amdouni A, Massot M. Lattice vibrations of materials for lithium rechargeable batteries. VI: Ordered spinels. Mater Sci Eng B, 2006, 130 (1-3): 41-48.

[2]　王志興, 張寶, 李新海, 萬智勇, 郭華軍, 彭文杰. 富鋰尖晶石 Li$_{1+x}$Mn$_{2-x}$O$_4$ 的合成與性能. 中國有色金屬學報, 2004, 14 (9): 1525-1529.

[3]　阮艷莉, 唐致遠, 韓恩山, 馮季軍. 鋰離子電池正極材料 LiMn$_2$O$_4$ 的合成與晶體結構. 無機化學學報, 2005, 21 (2): 232-236.

[4]　Lu C H, Lin S W. Inuence of the particle

size on the electrochemical properties of lithium manganese oxide. J Power Sources, 2001, 97-98: 458-460.

[5] Cheng F Y, Wang H B, Zhu Z Q, Wang Y, Zhang T R, Tao Z L, Chen J. Porous $LiMn_2O_4$ nanorods with durable high-rate capability for rechargeable Li-ion batteries. Energy Environ Sci, 2011, 4: 3668-3675.

[6] Ding Y L, Xie J, Cao G S, Zhu T J, Yu H M, Zhao X B. Single-crystalline $LiMn_2O_4$ nanotubes synthesized via template-engaged reaction as cathodes for high-power lithium ion batteries. Adv Funct Mater, 2011, 21: 348-355.

[7] Lee H W, Muralidharan P, Ruffo R, Mari C M, Cui Y, Kim D K. Ultrathin spinel $LiMn_2O_4$ nanowires as high power cathode materials for Li-ion batteries. Nano Lett, 2010, 10: 3852-3856.

[8] Gao X F, Sha Y J, Lin Q, Cai R, Tade M O, Shao Z P. Combustion-derived nanocrystalline $LiMn_2O_4$ as a promising cathode material for lithium-ion batteries. J Power Sources, 2015, 275: 38-44.

[9] Jayaraman S, Aravindan V, Kumar P S, Ling W C, Ramakrishna S, Madhavi S. Synthesis of porous $LiMn_2O_4$ hollow nanofibers by electrospinning with extraordinary lithium storage properties. Chem Commun, 2013, 49: 6677-6679.

[10] Qu Q T, Fu L J, Zhan X Y, Samuelis D, Maier J, Li L, Tian S, Li Z H, Wu Y P. Porous $LiMn_2O_4$ as cathode material with high power and excellent cycling for aqueous rechargeable lithium batteries. Energy Environ Sci, 2011, 4: 3985-3990.

[11] Xia H, Xia Q Y, Lin B H, Zhu J W, Seo J K, Meng Y S. Self-standing porous $LiMn_2O_4$ nanowall arrays as promising cathodes for advanced 3D microbatteries and flexible lithium-ion batteries. Nano Energy, 2016, 22: 475-482.

[12] Chen K F, Xue D F. Materials chemistry toward electrochemical energy storage. J Mater Chem A, 2016, (4): 7522-7537.

[13] 梁慧新，張英杰，張雁南，董鵬. 尖晶石 $LiMn_2O_4$ 的摻雜工藝研究進展. 化工新型材料，2016, 44（5）: 6-9.

[14] Ammundsen B, Islam M S, Jones D J, Rozière J. Local structure and defect of substituted lithium manganate spinels: X-ray absorption and computer simulation studies. J Power Sources, 1999, (81-82): 500-504.

[15] Molenda J, Marzec J, Świerczek K, Pałubiak D, Ojczyk W, Ziemnicki M. The effect of 3d substitutions in the manganese sublattice on the electrical and electrochemical properties of manganese spinel. Solid State Ionics, 2004, 175（30）: 297-304

[16] Myung S T, Komaba S, Kumagai N. Enhanced structural stability and cyclability of Al-Doped $LiMn_2O_4$ spinel synthesized by the emulsion drying method. J Electrochem Soc, 2001, 148（5）: 482-489.

[17] Bak S M, Nam K W, Lee C W, Kim K H, Jung H C, Yang X Q, Kim K B. Spinel $LiMn_2O_4$/reduced graphene oxide hybrid for high rate lithium ion batteries. J Mater Chem, 2011, 21: 17309-17315.

[18] Lee S, Cho Y, Song H K, Lee K T, Cho J. Carbon-coated single-crystal $LiMn_2O_4$ nanoparticle clusters as cathode material for high-energy and high-power lithium-ion batteries. Angew Chem Int Ed, 2012, 51（35）: 8748-

8752.

[19] 伊廷鋒, 霍慧彬, 陳輝, 高昆, 胡信國. 鋰離子電池 LiMn$_2$O$_4$ 正極材料容量衰減機理分析. 電源技術, 2006, 30（7）: 599-603.

[20] 劉金良, 李世友, 趙陽雨, 李曉鵬, 崔孝玲. 鋰離子電池正極材料 LiMn$_2$O$_4$ 研究進展. 電源技術, 2015, 39（6）: 1319-1322.

[21] Lee M, Lee S, Oh P, Kim Y, Cho J. High performance LiMn$_2$O$_4$ cathode materials grown with epitaxial layered nanostructure for Li-ion batteries. Nano Lett, 2014, 14: 993-999.

[22] Julien C M, Gendron F, Amdouni A, Massot M. Lattice vibrations of materials for lithium rechargeable batteries. VI: Ordered spinels. Mater Sci Eng B, 2006, 130: 41-48.

[23] Manthiram A, Chemelewski K, Lee E. A perspective on the high-voltage LiMn$_{1.5}$Ni$_{0.5}$O$_4$ spinel cathode for lithium-ion batteries. Energy Environ. Sci., 2014, 7: 1339-1350.

[24] Wang L, Li H, Huang X, Baudrin E. A comparative study of Fd-3m and P4$_3$32「LiNi$_{0.5}$Mn$_{1.5}$O$_4$」. Solid State Ionics, 2011, 193: 32-38.

[25] 伊廷鋒, 胡信國, 高昆, 胡信國. 稀土摻雜在鋰離子電池中的應用進展. 稀有金屬材料與工程, 2006, 35（S2）: 9~12.

[26] 伊廷鋒, 胡信國, 霍慧彬, 高昆. 5V 鋰離子電池尖晶石正極材料 LiM$_{0.5}$Mn$_{1.5}$O$_4$ 的研究評述. 稀有金屬材料與工程, 2006, 35（9）: 1350~1353.

[27] Qiao R, Wang Y, Velasco P O, Li H, Hu Y S, Yang W. Direct evidence of gradient Mn（II）evolution at charged states in LiNi$_{0.5}$Mn$_{1.5}$O$_4$ electrodes with capacity fading. J Power Sources, 2015, 273: 1120-1126.

[28] Pieczonka N P W, Liu Z, Lu P, Olson K L, Moote J, Powell B R, Kim J H. Understanding transition-metal dissolution behavior in LiNi$_{0.5}$Mn$_{1.5}$O$_4$ high-voltage spinel for lithium ion batteries. J Phys Chem C, 2013, 117: 15947-15957.

[29] Zhang X, Cheng F, Zhang K, Liang Y, Yang S, Liang J, Chen J. Facile polymer-assisted synthesis of LiNi$_{0.5}$Mn$_{1.5}$O$_4$ with a hierarchical micro-nano structure and high rate capability. RSC Adv, 2012, 2: 5669-5675.

[30] Arun N, Aravindan V, Jayaraman S, Shubha N, Ling W C, Ramakrishna S, Madhavi S. Exceptional performance of a high voltage spinel LiNi$_{0.5}$Mn$_{1.5}$O$_4$ cathode in all one dimensional architectures with an anatase TiO$_2$ anode by electrospinning. Nanoscale, 2014, 6: 8926-8934.

[31] Zhang X, Cheng F, Yang J, Chen J. LiNi$_{0.5}$Mn$_{1.5}$O$_4$ porous nanorods as high-rate and long-life cathodesfor li-ion batteries. Nano Lett, 2013, 13: 2822-2825.

[32] Yang S, Chen J, Liu Y, Yi B. Preparing LiNi$_{0.5}$Mn$_{1.5}$O$_4$ nanoplates with superior properties in lithium-ion batteries using bimetal-organic coordination-polymers as precursors. J Mater Chem A, 2014, 2: 9322-9330.

[33] 鄧海福, 晶平, 申來法, 羅海峰, 張校剛. 鋰離子電池用高電位正極材料 LiNi$_{0.5}$Mn$_{1.5}$O$_4$. 化學進展, 2014, 26（6）: 939-949。

[34] Wang J, Lin W, Wu B, Zhao J B. Syntheses and electrochemical properties of the Na-doped LiNi$_{0.5}$Mn$_{1.5}$O$_4$ cathode materials for lithium-ion batteries. Electrochim. Acta, 2014, 145: 245-253.

[35]　Sha O, Qiao Z, Wang S, Tang Z, Wang H, Zhang X, Xu Q. Improvement of cycle stability at elevated temperature and high rate for $LiNi_{0.5-x}Cu_xMn_{1.5}O_4$ cathode material after Cu substitution. Mater Res Bull, 48 (2013) 1606-1611.

[36]　Wang H L, Tan T A, Yang P, Lai M O, Li Lu. High-Rate Performances of the Ru-Doped Spinel $LiNi_{0.5}Mn_{1.5}O_4$: Effects of Doping and Particle Size. J Phys Chem C, 2011, 115 (13): 6102-6110.

[37]　Wang H L, Tan T A, Yang P, Lai M O, Lu L. High-Rate Performances of the Ru-Doped Spinel $LiNi_{0.5}Mn_{1.5}O_4$: Effects of Doping and Particle Size. J Phys Chem C, 2011, 115 (13): 6102-6110.

[38]　Lai F, Zhang X, Wang H, Hu S J, Wu X M, Wu Qiang, Huang Y G, He Z Q, Li Q Y. Three-dimension hierarchical Al_2O_3 nanosheets wrapped $LiMn_2O_4$ with enhanced cycling stability as cathode material for lithium ion batteries. ACS Appl Mater Interfaces, 2016, 8 (33): 21656-21665.

[39]　Yi T F, Mei J, Zhu Y R. Key strategies for enhancing the cycling stability and rate capacity of $LiNi_{0.5}Mn_{1.5}O_4$ as high-voltage cathode materials for high power lithium-ion batteries. J Power Sources, 2016, 316: 85-105.

[40]　Yi T F, Li Y M, Li X Y, Pan J J, Zhang Q Y, Zhu Y R. Enhanced electrochemical property of $FePO_4$-coated $LiNi_{0.5}Mn_{1.5}O_4$ as cathode materials for Li-ion battery, Sci Bull, 2017, 62 (14): 1004-1010.

[41]　Yi T F, Chen B, Zhu Y R, Li X Y, Zhu R S. Enhanced rate performance of molybde-num-doped spinel $LiNi_{0.5}Mn_{1.5}O_4$ cathode materials for lithium ion battery. JPower Sources, 2014, 247: 778-785.

[42]　Yi T F, Fang Z K, Xie Y, Zhu Y R, Zang L Y. Synthesis of $LiNi_{0.5}Mn_{1.5}O_4$ cathode with excellent fast charge-discharge performance for lithium-ion battery. Electrochim Acta, 2014, 147: 250-256.

[43]　Yi T F, Yin L C, Ma Y Q, Shen H Y, Zhu Y R, Zhu R S. Lithium-ion insertion kinetics of Nb-doped $LiMn_2O_4$ positive-electrode material. Ceram Intern, 2013, 39 (4): 4673-4678.

[44]　Zhu Y R, Yi T F, Zhu R S, Zhou A N. Increased cycling stability of $Li_4Ti_5O_{12}$-coated $LiMn_{1.5}Ni_{0.5}O_4$ as cathode material for lithium-ion batteries. Ceram Intern, 2013, 39 (3): 3087-3094.

[45]　Yi T F, Xie Y, Zhu Y R, Zhu R S, Ye M F. High Rate micron-sized niobium-doped $LiMn_{1.5}Ni_{0.5}O_4$ as ultra high power positive-electrode material for lithium-ion batteries. J Power Sources, 2012, 211: 59-65.

[46]　Yi T F, Xie Y, Ye M F, Jiang L J, Zhu R S, Zhu Y R. Recent developments in the doping of $LiNi_{0.5}Mn_{1.5}O_4$ cathode material for 5V lithium-ion batteries. Ionics, 2011, 17 (5): 383-389.

[47]　Shu J, Yi T F, Shui M, Wang Y, Zhu R S, Chu X F, Huang F T, Xu D, Hou L. Comparison of electronic property and structural stability of $LiMn_2O_4$ and $LiNi_{0.5}Mn_{1.5}O_4$ as cathode materials for lithium-ion batteries. Comput Mater Sci, 2010, 50 (2): 776-779.

[48]　Yi T F, Shu J, Zhu Y R, Zhou A N, Zhu R S. Structure and electrochemical performance of $Li_4Ti_5O_{12}$-coated $LiMn_{1.4}Ni_{0.4}Cr_{0.2}O_4$ spinel as 5V mate-

rials. Electrochem. Commun, 2009, 11（1）: 91-94.

[49] Yi T F, Li C Y, Zhu Y R, Shu J, Zhu R S. Comparison of structure and electrochemical properties for 5V $LiNi_{0.5}Mn_{1.5}O_4$ and $LiNi_{0.4}Cr_{0.2}Mn_{1.4}O_4$ cathode materials. J. Solid State Electrochem. , 2009, 13（6）: 913-919.

[50] Yi T F, Hao C L, Yue C B, Zhu R S, Shu J. A literature review and test: structure and physicochemical properties of spinel $LiMn_2O_4$ synthesized by different temperatures for lithium ion battery. Synthetic Metals, 2009, 159（13）: 1255-1260.

[51] Yi T F, Shu J, Zhu Y R, Zhu R S. Advanced electrochemical performance of $LiMn_{1.4}Ni_{0.4}Cr_{0.2}O_4$ as 5V cathode material by citric-acid-assisted method. J Phys Chem Solids, 2009, 70（1）: 153-158.

[52] Yi T F, Zhu Y R. Synthesis and electrochemistry of 5V $LiNi_{0.4}Mn_{1.6}O_4$ cathode materials synthesized by different methods. Electrochim Acta, 2008, 53（7）: 3120-3126.

[53] Yi T F, Zhu Y R, Zhu R S. Density functional theory study of lithium intercalation for 5V $LiNi_{0.5}Mn_{1.5}O_4$ cathode materials. Solid State Ionics, 2008, 179（38）: 2132-2136.

[54] Yi T F, Hu X G. Preparation and characterization of sub-micro $LiNi_{0.5-x}Mn_{1.5+x}O_4$ for 5V cathode materials synthesized by an ultrasonic-assisted co-precipitation method. J Power Sources, 2007, 167（1）: 185-191.

[55] Yi T F, Hu X G, Dai C S, Gao K. Effects of different particle sizes on electrochemical performance of spinel $LiMn_2O_4$ cathode materials. J Mater Sci, 2007, 42（11）: 3825. 3830.

[56] Yi T F, Hu X G, Gao K. Synthesis and physicochemical properties of $LiAl_{0.05}Mn_{1.95}O_4$ cathode material by the ultrasonic-assisted sol-gel method. J Power Sources, 2006, 162（1）: 636-643.

[57] Yi T F, Dai C S, Hu X G, Gao K. Effects of synthetic parameters on structure and electrochemical performance of spinel lithium manganese oxide by citric acid-assisted sol-gel method. J Alloys Compd, 2006, 425（1-2）: 343-347.

第4章

磷酸鹽正極材料

4.1 磷酸亞鐵鋰

　　橄欖石型磷酸亞鐵鋰（LiFePO$_4$）電極材料是一種新型的鋰離子電池正極材料。自 1997 年美國德克薩斯州立大學 Goodenough 團隊首次報導了磷酸鐵鋰的可逆脫嵌鋰特性以來，該材料受到了極大的重視，並且得到了廣泛的研究和迅速的發展。LiFePO$_4$ 具有 170mA・h・g^{-1} 的理論比容量和 3.4V 左右（vs. Li$^+$/Li）充放電平臺，產品實際比容量可超過 140mA・h・g^{-1}。與傳統的鋰離子二次電池正極材料相比，LiFePO$_4$ 具有原料來源廣泛、價格低廉、無毒、對環境友好、熱穩定性好、循環性能優良、安全性高、壽命長等優點。因此，LiFePO$_4$ 被認為是標誌着「鋰離子電池一個新時代的到來」，是製造「低成本、安全型鋰離子電池」的理想正極材料。但 LiFePO$_4$ 存在電子電導率低、鋰離子擴散速率慢和振實密度低的缺點，導致大電流放電時容量衰減大、體積能量密度低、低溫性能差。目前主要通過表面包覆、金屬離子摻雜、細化顆粒等改性方法，來克服 LiFePO$_4$ 的自身缺點。

4.1.1 LiFePO$_4$ 的晶體結構

　　LiFePO$_4$ 晶體屬於橄欖石型結構，空間群為 Pnma（正交晶系，D$_{2h16}$），每個晶胞含有 4 個 LiFePO$_4$ 單元，晶胞參數：$a = 0.6008$nm，$b = 1.0334$nm，$c = 0.4694$nm。圖 4-1 為 LiFePO$_4$ 的結構示意圖。

　　在晶體結構中，O 原子以稍微扭曲的六方緊密堆積方式排列，Li 在八面體的 4a 位置，Fe 在八面體的 4c 位置，P 位於氧原子的四面體中心位置。交替排列的 FeO$_6$ 八面體、LiO$_6$ 八面體和 PO$_4$ 四面體形成層狀腳手架結構。在 bc 平面上，相鄰的 FeO$_6$ 八面體通過共用頂點的一個氧原子相連構成 FeO$_6$ 層。在 FeO$_6$ 層與層之間，相鄰的 LiO$_6$ 八面體在 b 方向上通過共用稜上的兩個氧原子相連成鏈，而每個 PO$_4$ 四面體與一個 PO$_6$ 八面體共用稜上的兩個 O 原子，同時又與兩個 LiO$_6$ 八面體共用稜上的 O 原子。Li$^+$ 在 4a 位形成共稜的連續直線鏈，並平行於 c 軸，從而使 Li$^+$ 具有可移動性，在充放電過程中可以脫出和嵌入，而

強的 P—O 共價鍵形成離域的三維立體化學鍵，使 $LiFePO_4$ 具有很強的熱力學和動力學穩定性。

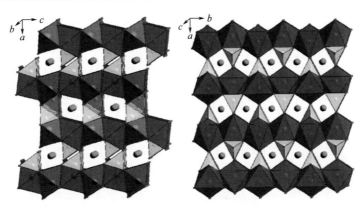

圖 4-1　$LiFePO_4$ 結構示意圖

4.1.2　$LiFePO_4$ 的充放電機理

$LiFePO_4$ 正極材料充電時，Li^+ 從 $FePO_4$ 遷移出來，經過電解液進入負極，Fe^{2+} 被氧化成 Fe^{3+}，電子則經過相互接觸的導電劑和集流體從外電路到達負極，放電過程與之相反。

目前，提出了眾多的有關 $LiFePO_4$ 體系中 Li^+ 的脫嵌機理，而其中最為經典也廣泛被大家所認同的是 Andersson 等提出的「Radial 模型」和「Mosaic 模型」。Radial 模型認為鋰離子的脫嵌是一個沿徑向擴散的過程。充電時，兩相界面不斷向內核推進，外層的 $LiFePO_4$ 不斷轉變為 $FePO_4$，鋰離子和電子不斷通過新形成的兩相界面以維持有效電流。但在一定條件下，鋰離子的擴散速率是一個常數，隨着兩相界面的面積縮小到一定限度時，鋰離子的擴散量最終將不足以維持充電電流達到某一恒定電流密度。此時電子和鋰離子不可能完全脫出，這是因為在兩相界面以內，靠近中心位置的部分 $LiFePO_4$ 不能得到利用，而處於中心的非活性 $LiFePO_4$ 在之後的電池放電過程中，又會限製一部分的 PO_4 鋰化。當電流密度越大時，顆粒中間位置未能進行電化學反應的那一部分 $LiFePO_4$ 的體積占整個顆粒體積的比例越大，對應的能够利用的部分比例就越小，即實際比容量降低。當脫出過程完成後，中心位置仍有部分未轉換的 $LiFePO_4$。當鋰離子重新從外向內嵌入時，一個新的圓環狀 $LiFePO_4/FePO_4$ 界面快速向內移動，未轉換的 $LiFePO_4$ 最終到達粒子中心，然而只是在 $LiFePO_4$ 核周圍留下一條 $FePO_4$ 帶，並不能與之合併。這就是導致 $LiFePO_4$ 容量損失的主要原因。在放

電過程中，Li^+ 的嵌入與充電過程的模式相類似，即 Li^+ 嵌入 $LiFePO_4/FePO_4$ 的兩相界面，隨着 Li^+ 的不斷嵌入，兩相界面不斷地向外擴大遠離內核。Mosaic 模型同樣認為脫嵌過程是 Li^+ 在 $LiFePO_4/FePO_4$ 兩相界面的脫出/嵌入過程。然而與「Radial 模型」不同，這一模型認為在充電過程中，兩相界面在 $LiFePO_4$ 顆粒發生鋰離子脫出生成 $FePO_4$ 的位置是隨機的，而不是均勻地由 $LiFePO_4$ 顆粒表面向核逐步推進的。而且，隨着脫鋰量的增加，脫鋰區域 $FePO_4$ 相不斷增加，不同區域邊緣勢必會交叉接觸，則沒有接觸的死角就會殘留未反應的部分 $LiFePO_4$。充電過程中形成的無定形物質將會包覆這部分 $LiFePO_4$，而成為容量損失的來源。放電過程中 Li^+ 重新嵌入到 $FePO_4$ 相，同樣地，有部分沒有嵌入鋰離子的 $FePO_4$ 殘留在核心處。當 $LiFePO_4$ 相連通後，容量損失即來自於這個內部的非活性區域。研究表明，$LiFePO_4$ 作為鋰離子電池正極材料時，在實際的充放電過程中，鋰離子脫嵌過程都不能很好地與上述任一遷移模型相吻合。所以有的文獻認為，「Radial 模型」和「Mosaic 模型」是同時發生的。雖然對殼層與內核的具體物質仍然有爭議，但是「殼—核」模型還是被更多的研究者所接受。

還有一種觀點認為 $LiFePO_4$ 在脫/嵌鋰過程中出現 $LiFePO_4/stage-II/FePO_4$ 三相共存結構。黃學杰等基於 DFT 計算提出了一種雙界面模型來描述 $LiFePO_4$ 在充放電過程中的脫/嵌鋰機理，如圖 4-2 所示。計算結果表明，除了靜電的直接相互作用，Fe^{2+}/Fe^{3+} 的氧化還原對的間接相互作用使得鋰離子只能採取隔行脫出途徑，因為這樣形成的「二階」結構才在動力學上處於優勢地位，然而熱力學能量最低原理卻支持兩相分離反應機理。動力學與熱力學條件的相互競爭導致 $LiFePO_4$ 顆粒在脫鋰過程中出現 $LiFePO_4/stage-II/FePO_4$ 三相共存結構，可以較好地解釋實驗現象。

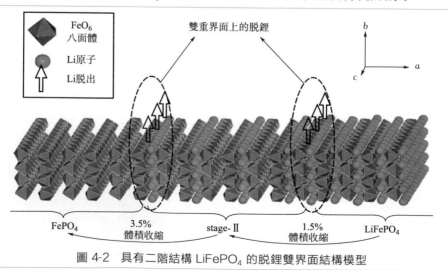

圖 4-2　具有二階結構 $LiFePO_4$ 的脫鋰雙界面結構模型

4.1.3　LiFePO$_4$ 的合成方法

目前，製備 LiFePO$_4$ 的方法主要可分為：固相煅燒法和液相合成法。固相煅燒法包括高溫固相法、碳熱還原法和微波合成法等；液相合成法包括溶膠-凝膠法、水熱法、溶劑熱法、共沉澱法和離子液體法等。

4.1.3.1　高溫固相法及溶膠-凝膠法

高溫固相法屬於早期生產 LiFePO$_4$ 樣品最普遍的一種方法，也成為目前大批量商業化生產中被使用得十分頻繁、最成熟的生產手段。高溫固相法是以碳酸鋰、氫氧化鋰等為鋰源，草酸亞鐵、乙二酸亞鐵、氧化鐵和磷酸鐵等為鐵源，磷酸根主要來源於磷酸二氫銨等。典型的工藝流程為：將原料球磨乾燥後，在惰性或者還原氣氛爐中，以一定的昇溫速度加熱到某一溫度，反應一段時間後冷卻。高溫固相法的優點是工藝簡單、易實現產業化，但產物粒徑不易控製、分佈不均勻，形貌也不規則，並且在合成過程中需要使用惰性氣體保護。目前國內外已經能實現磷酸鐵鋰電池量產的合成方法多採用高溫固相法，如天津斯特蘭、湖南瑞翔、北大先行等。

溶膠-凝膠法主要是鋰源、鐵源和磷源溶液在錯合劑的作用下形成溶膠，溶膠通過進一步生長轉變成具有網路結構的凝膠，凝膠經過乾燥、熱處理等過程最終得到磷酸鐵鋰材料。該方法可製得顆粒較細、分佈均勻的 LiFePO$_4$ 材料，但該法成本較高，不適合工業化。

4.1.3.2　碳熱還原法

碳熱還原法是高溫固相法的改進，屬於高溫固相法的範疇，它是利用碳在高溫條件下，將氧化物還原的製備方法，利用碳熱還原法製備磷酸鐵鋰材料時，採用三價鐵氧化物代替二價鐵氧化物作為鐵源，加入過量的碳，在高溫條件下碳將 Fe^{3+} 還原成 Fe^{2+} 來製備出磷酸鐵鋰材料，而剩餘的碳能夠增強磷酸鐵鋰的導電性能。例如，可以直接以鐵的高價氧化物如 Fe_2O_3 與 LiH_2PO_4 和碳粉為原料，以化學計量比混合，在氣氛保護爐中燒結，之後自然冷卻到室溫。由於該法的生產過程較為簡單可控，且採用一次燒結，所以它為 LiFePO$_4$ 走向工業化提供了另一條途徑。美國 Valence、蘇州恒正為代表，用碳熱還原法以 Fe_2O_3 為鐵源生產磷酸鐵鋰材料。另外，也可用磷酸鐵作為鐵源，生產工藝較為簡單，其最大優點是避開了使用磷酸二氫銨為原料，產生大量氨氣污染環境的問題。

4.1.3.3　微波合成法

微波合成法是利用交變電磁頻率變化，造成材料內部分子運動和相互摩擦，

從而產生熱量的過程。此方法設備簡單，易於控製，加熱時間短。Zeng 等以 LiCl 為鋰源，乙酸亞鐵為鐵源，H_3PO_4 為磷源，苯甲醇和吡咯烷酮作為溶劑，通過微波法合成了兩種不同結構的 α-LiFePO$_4$ 和 β-LiFePO$_4$，其形貌結構如圖 4-3 所示。其中，α-LiFePO$_4$ 為奈米片狀，β-LiFePO$_4$ 為奈米蝴蝶結狀。α-LiFePO$_4$ 在 650℃煅燒後，0.1C、0.5C、1C 和 10C 倍率下的放電比容量分別約為 137mA・h・g^{-1}、121mA・h・g^{-1}、114mA・h・g^{-1} 和 71mA・h・g^{-1}；β-LiFePO$_4$ 在 550℃煅燒後，0.1C、0.5C、1C 和 10C 倍率下的放電比容量分別約為 130mA・h・g^{-1}、120mA・h・g^{-1}、80mA・h・g^{-1} 和 50mA・h・g^{-1}。

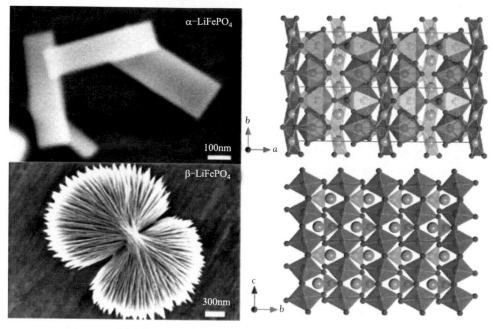

圖 4-3　α-LiFePO$_4$ 和 β-LiFePO$_4$ 的形貌結構圖

4.1.3.4　水熱法

　　水熱法是指在密閉反應器內，以水為溶劑在高溫高壓下進行反應製備粉體材料的方法。溶劑熱法是由水熱法發展而來的，不同的是反應使用的溶劑是有機溶劑或有機溶劑與水的混合液而非水溶液。由於水熱法製備顆粒均勻細小、簡單易操作，越來越多的人用此方法合成 LiFePO$_4$ 材料，並且製備的材料性能也較好。但該合成方法容易在形成橄欖石結構中發生 Fe 錯位現象，影響電化學性能，且水熱法需要耐高溫高壓設備，工業化生產的難度大，成本高。Qian 等採用無模板水熱法合成了具有奈米介孔的 LiFePO$_4$ 微球，其水熱過程的形貌如圖 4-4 所

示。這些 $LiFePO_4$ 微球的直徑約為 $3\mu m$，由很多粒徑為 100nm 左右的奈米顆粒和奈米通道連接而成，並且表面包覆着一層均勻的碳層。該 $LiFePO_4/C$ 材料顯示出很高的堆積密度（$1.4g \cdot cm^{-3}$），並且在 0.1C 倍率下的放電比容量高達 $153mA \cdot h \cdot g^{-1}$，10C 下的放電比容量仍有 $115mA \cdot h \cdot g^{-1}$。

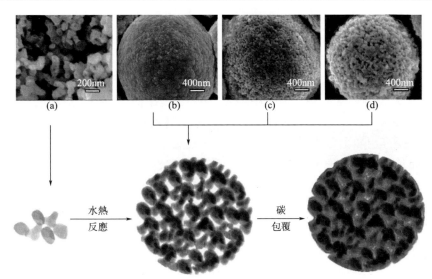

圖 4-4 水熱法製備奈米介孔 $LiFePO_4$ 微球的 SEM 圖

水熱時間：（a）1h；（b）2h；（c）6h；（d）12h

4.1.3.5 其他合成方法

共沉澱法是通過調節反應體系的 pH 值和反應物濃度等，使有效組分以沉澱物的形式從溶液中沉澱出來，過濾乾燥後，進行煅燒得到目標產物。沉澱法製備的前驅體各個組分是在分子水平上混合均勻，不僅縮短了煅燒的時間、降低了溫度，而且還可以通過控製反應條件來獲得不同尺寸和分散性的顆粒。但由於各組分的沉澱平衡濃度積和沉澱速度不可避免地存在差異，因而容易導致組分的偏析，影響混合的均勻性，同時此方法合成條件苛刻、過程難控製、製備週期長。

液相共沉澱法是將原料分散均勻，前驅體可以在低溫條件下合成。將 LiOH 加入到 $(NH_4)_2Fe(SO_4)_3 \cdot 6H_2O$ 與 H_3PO_4 的混合溶液中，得到共沉澱物，過濾洗滌後，在惰性氣氛下進行熱處理，可以得到 $LiFePO_4$。產物表現出較好的循環穩定性。

霧化熱解法主要用來合成前驅體。將原料和分散劑在高速攪拌下形成漿狀物，然後在霧化乾燥設備內進行熱解反應，得到前驅體，灼燒後得到產品。此

外，還有流變相法、氧化-還原法、静電紡絲法等。

4.1.4 LiFePO$_4$ 的掺雜改性

LiFePO$_4$ 的電子電導率和鋰離子擴散係數較低，使得容量衰減嚴重。為了提高 LiFePO$_4$ 的電子電導率和鋰離子擴散係數，科研人員對 LiFePO$_4$ 正極材料進行了大量的改性研究。一是表面碳包覆，不僅增加了材料的比表面積，而且提高了顆粒之間的導電性，從而提高 LiFePO$_4$ 的電子電導率；二是離子掺雜，通過掺雜金屬離子來改變 LiFePO$_4$ 的晶格參數，提高材料的鋰離子擴散係數及電導率，主要掺雜的金屬離子有 Mn^{2+}、Mg^{2+}、Al^{3+}、Ti^{4+}、Zr^{4+}、Nb^{5+} 等；三是材料奈米化，通過減小材料的粒徑和改變材料的形貌來縮短 Li^+ 的擴散路徑，從而提高材料的鋰離子擴散係數。

表面包覆是一種簡便有效的方法，表面包覆改性是對正極材料進行表面處理，使其表面包覆一層薄而穩定的阻隔物，使材料和電解液隔離開來，進而有效阻止二者之間的相互影響；或是經過表面處理改善正極複合材料的電導率，以及複合材料與集流體之間的結合力，並為 LiFePO$_4$ 正極材料提供電子隧道，補償 Li^+ 在脱嵌過程中的電荷平衡，以提高正極材料的熱穩定性、高溫性能、循環穩定性和放電倍率等特性，減少電池的極化現象。常用的包覆有碳包覆、金屬基包覆（如 Ag）、金屬氧化物包覆（如 Al_2O_3）、磷酸鹽包覆（如 $LaPO_4$）以及導電聚合物包覆（如聚吡咯、聚苯胺、聚噻吩等）等。

碳包覆實質上是在 LiFePO$_4$ 顆粒表面包覆了一層導電性能較好的碳膜，既可以增強材料的導電性，補償脱/嵌過程中鋰離子的電荷平衡。同時，由於碳的還原作用，還可以防止材料中 Fe^{2+} 被氧化，有效阻止顆粒間的團聚，而碳並未進入材料晶格。顯然，作為兩相複合的正極材料，LiFePO$_4$/C 複合材料充分結合了 LiFePO$_4$ 和碳材料各自的優勢，具備如下特點：

① 表面碳包覆的 LiFePO$_4$ 顆粒能完全嵌入到碳骨架結構中，被導電性能優越的立體碳網路（有一定程度的石墨化）所橋連，能顯著提高 LiFePO$_4$ 顆粒間的電子傳輸能力。在理想情況下，高度石墨化的三維碳骨架結構就有可能完全取代導電添加劑和集流體的作用，將複合材料直接作為電極使用，從而能確保工作電極的能量和體積比容量。

② 堅固的碳骨架結構能有效控製 LiFePO$_4$ 顆粒的分佈，防止其在材料合成、電極製備和電池反應過程中的有害團聚，從而極大地提高了正極材料的利用率。

③ 高比表面積的多孔碳立體結構有利於電解液的滲透和保持，使 LiFePO$_4$ 顆粒能與電解液充分接觸，從而能提高 Li^+ 在電極中的傳遞速率。

④ 在製備過程中，碳骨架的構建能有效限製 $LiFePO_4$ 粒的生長，往往獲得奈米級別的顆粒，縮短了 Li^+ 擴散的路徑，有利於獲得高倍率性能。

目前常被使用的碳包覆材料包括：蔗糖、葡萄糖、乙炔黑、石墨烯、抗壞血酸、檸檬酸、多壁碳奈米管、聚丙烯、聚乙烯醇等。G. Wang 等報導了介孔 C-$LiFePO_4$ 奈米複合材料，10C 倍率充放電時，1000 個循環的放電平均容量為 $115mA \cdot h \cdot g^{-1}$；Y. Wang 等報導了一種核殼結構的奈米 C-$LiFePO_4$ 複合材料，0.6C 倍率充放電時，首次放電容量為 $168mA \cdot h \cdot g^{-1}$，1100 次循環後，容量損失不超過 5％。表面包覆碳雖然可以有效改善材料的電子電導率，減小顆粒尺寸，提高材料的充放電容量，但是碳的加入明顯降低了材料的振實密度、體積能量密度和質量能量密度，而且製備出理想的碳包覆材料對工藝條件有着嚴格的要求，故仍需要進行大量實驗，以摸索出最佳的工藝條件。

通過金屬或導電金屬化合物包覆改性的方法也很常見，該方法可以阻止 $LiFePO_4$ 顆粒的生長，製得粒徑較小的顆粒，使 Li^+ 的擴散距離減小，增大 $FePO_4$ 和 $LiFePO_4$ 的接觸面積，從而使 Li^+ 可以在更大的 $FePO_4$/$LiFePO_4$ 界面上擴散，而且金屬或金屬氧化顆粒的添加亦提高了活性物質顆粒表面的電導率。雖然表面包覆金屬或導電化合物顆粒在一定程度上能夠提高活性物質的電化學性能，但與包覆碳相比，其達到的效果並不明顯，且近幾年在該方面的研究也沒有取得突破性的進展。

離子摻雜是使摻雜離子進入 $LiFePO_4$ 晶格內部取代部分離子的位置，以提高鋰離子擴散速率和導電性能，降低電池內阻。摻雜改性包括金屬離子摻雜和非金屬離子摻雜，常見的摻雜元素有：Mg、Al、Ni、Co、Mo、Na、Mn、Zn、Nd、Nb、Rh、Cu、V、Ti、Sn、F、B、Br 等。未摻雜和摻雜的 $LiFePO_4$ 正極材料分別表現為 n 型半導體和 p 型半導體，金屬離子的摻入使得 p 型半導體載流子增加，以提高正極材料的整體導電性。摻雜後的充放電循環過程中，正極材料中的 Fe 呈現混合價態，且 Fe^{3+}/Fe^{2+} 的比例發生了改變，從而導致了正極材料在 p 型和 n 型兩種型態之間轉變，極大地增加 $LiFePO_4$ 正極材料的導電性。而電負性較大的陰離子摻雜可以增加電池內部電勢差，提高正極材料的充放電比容量。Y. M. Chiang 等利用金屬離子 Mg^{2+}、Al^{3+}、Zr^{4+}、Ti^{4+} 和 Nb^{5+}（不超過 1％，原子分數）取代 $LiFePO_4$ 中的 Li^+，進行體相摻雜，可以將 $LiFePO_4$ 的室溫電子電導率從 $10^{-9}S \cdot cm^{-1}$ 提高到 $10^{-2}S \cdot cm^{-1}$，且使其高倍率充放電性能得到很大改善，但目前仍存在很大的爭議。但是無可爭議的是，通過選擇性體相摻雜，能形成氧空位從而提高材料的導電性。

4.2　磷酸錳鋰

同 LiFePO$_4$ 一樣，LiMnPO$_4$ 也屬於橄欖石型結構，其理論容量為 171mA・h・g^{-1}，工作平臺在 4.1V（vs. Li$^+$/Li）左右，處於目前商業化的電解液穩定區，其能量密度為 701W・h・kg^{-1}，比 LiFePO$_4$ 高 20%。另外，LiFePO$_4$ 與碳負極構成的電池工作電壓在 3.2V 左右，低於目前 LiCoO$_2$/C 電池的電壓（3.6V），使得兩者不能互換通用，這大大限製了 LiFePO$_4$ 正極材料的應用範圍。LiMnPO$_4$ 相對於 Li$^+$/Li 的電極電勢為 4.1V，正好位於現有電解液體系的穩定電化學窗口，可以彌補 LiFePO$_4$ 電壓低的缺點，與碳負極組成的電池工作電壓與 LiCoO$_2$/C 電池的電壓相近，理論上可以取代價格昂貴的 LiCoO$_2$，是一種具有很好應用前景的鋰離子電池正極材料。雖然 LiMnPO$_4$ 有諸多優點，但是它也存在一些缺陷。Yamada 等通過第一性原理對電子能級進行計算發現，LiFePO$_4$ 電子躍遷時能隙為 0.3eV，屬於半導體，而 LiMnPO$_4$ 電子躍遷時能隙為 2eV，導電性差，幾乎屬於絕緣體。正因為 LiMnPO$_4$ 的電子導電性差，在充放電過程中發生較強的極化，另外由於 Mn^{2+} 轉變為 Mn^{3+} 的過程中，發生 Jahn-Teller 效應，導致體積發生變化，使得 LiMnPO$_4$ 的研究遠遠低於 LiFePO$_4$。雖然 LiMnPO$_4$ 的電化學活性較低，但是我們仍不能忽視其高能量密度和安全性能等優勢，應該將研究的重心放在 LiMnPO$_4$ 的改性上。因此，開展 LiMnPO$_4$ 正極材料的相關應用基礎研究，對開發廉價、綠色的新一代高能鋰離子電池具有重要意義。

4.2.1　LiMnPO$_4$ 的結構特性

4.2.1.1　LiMnPO$_4$ 的晶體結構

橄欖石型正極材料 LiMnPO$_4$ 屬於正交晶系（Pnma），晶胞參數為 $a=$ 10.4466(3) Å、$b=$ 6.10328(17) Å、$c=$ 4.74449(15) Å，與 LiFePO$_4$ [$a=$ 10.3234(6)Å、$b=$6.0047(3)Å、$c=$4.6927(3)Å] 的晶體結構相似，原子坐標可以表示為：Li 在 LiO$_6$ 八面體的 4a 位（0，0，0）、Mn 在 MnO$_6$ 八面體的 4c 位（x，1/4，z）（$x≈0.28$，$z≈0.97$）、P 在 PO$_4$ 四面體的 4c 位（x，1/4，z）（$x≈0.10$，$z≈0.42$）、O1 在 4c 位（x，1/4，z）（$x≈0.10$，$z≈0.74$）、O2 在 4c 位（x，1/4，z）（$x≈0.45$，$z≈0.20$）、O3 在 8d 位（x，y，z）（$x≈0.16$，$y≈0.05$，$z≈0.28$）。氧原子為六方密堆積，Mn 和 Li 分別在六個氧組成的八面體中心，MnO$_6$ 八面體在 ac 平面內沿 c 軸方向「Z 字形」鏈排列且共角，在 a 軸方向形成層狀結構，這些鏈與 PO$_4^{3-}$ 聚合陰離子共角或者共邊形成穩定的 3D

結構，LiO_6 八面體在 b 軸方向上線性排列且共邊，bc 平面被 Li 和 Mn 交替占據，在 a 軸方向上形成有序的 Li-Mn-Li-Mn 排列。Li^+ 是一維的擴散通道，沿着 b 軸 [010] 方向，如圖 4-5 所示。

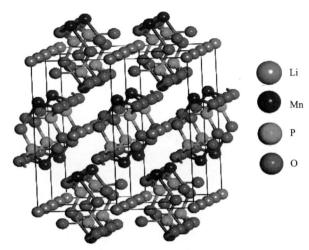

圖 4-5　$LiMnPO_4$ 的晶體結構

　　橄欖石型系列正極材料，例如 $LiMnPO_4$ 的電化學性質比層狀結構和尖晶石結構的正極材料更穩定，原因在於 $LiMnPO_4$ 晶體結構中有 P 原子的存在，P 原子與晶格中的 O 原子能形成高強度的 P—O 共價鍵。P—O 鍵與 O—O 鍵相比，強度要高 5 倍且鍵長更短，從而保證了 PO_4 四面體的穩定性，使 Li^+ 幾乎不可能穿過 PO_4 四面體，降低了 Li^+ 的擴散速率，但也正因為 PO_4 的存在，才保證了 Li^+ 能在一個相對穩定的晶體結構中嵌入/脫出，從而使 $LiMnPO_4$ 具有良好的循環性能和安全性能。此外，高強度的 P—O 鍵能通過 Mn—O—P 的誘導效應穩定 Mn^{2+}/Mn^{3+} 反鍵態，從而使 $LiMnPO_4$ 產生較高的工作電壓。這與 $LiFePO_4$ 類似，在 $LiFePO_4$ 晶體結構中，Fe—O 鍵越強，Fe^{2+}/Fe^{3+} 氧化還原對的能量越高，開路電壓（OCV）越低，而 Fe 與鄰近的 P 共享一個 O 原子形成 Fe—O—P 鏈，更強的 P—O 鍵通過誘導效應使 Fe—O 變得較弱，從而使 OCV 增高。除此之外，$LiMnPO_4$ 晶體結構中，其他原子與 P 形成的鍵（例如 Li—P 鍵、Mn—P 鍵和 P—P 鍵）也比與 O 形成的鍵（例如 Li—O、Mn—O 和 O—O 鍵）要強，雖然前者的鍵長比後者要長。如圖 4-6 所示，由於 O 分別與 P 和 Mn 相鄰，而且 O 周圍的差分電子密度顯示出了典型的 2p 軌道特徵，因此可以確認 O_{2p} 與 P 和 Mn 的軌道將發生有效重疊，並形成共價鍵。而 Mn 周圍的差分電子密度則清楚地顯示出 Mn3d 軌道的特徵，因此可以確認 Mn3d 和 O2p 之間能夠

有效地發生重疊並形成共價鍵。對於 PO_4 四面體中心的 P 而言，P 的 3s 和 3p 軌道發生 sp^3 雜化，這使得 P 的 3s 和 3p 態具有很強的離域特徵。

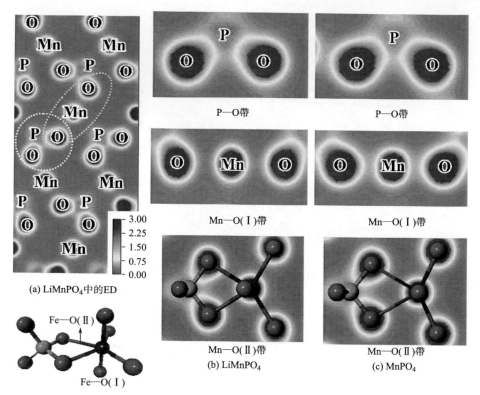

(a) LiMnPO$_4$中的ED

Fe—O(Ⅱ)

Fe—O(Ⅰ)

P—O帶　　　　　　　P—O帶

Mn—O(Ⅰ)帶　　　　　Mn—O(Ⅰ)帶

Mn—O(Ⅱ)帶　　　　　Mn—O(Ⅱ)帶
(b) LiMnPO$_4$　　　　　(c) MnPO$_4$

圖 4-6　LiMnPO$_4$ 化合物的電子密度圖

4.2.1.2　**LiMnPO$_4$ 中的點缺陷**

點缺陷屬於最簡單的缺陷，基本不會引起 $LiMPO_4$（M＝Fe、Mn、Co 或 Ni）晶格整體的變化，但點缺陷與 Li^+ 傳輸機製有直接聯繫。橄欖石型正極材料的缺陷研究大部分集中在 $LiFePO_4$ 材料。在 $LiFePO_4$ 中，反位缺陷和/或缺陷簇會嚴重影響 Li^+ 的擴散行為。橄欖石型正極材料中的點缺陷主要涉及兩種：空位缺陷和反位缺陷。$LiMnPO_4$ 中的缺陷可以按照 Frenkel 和 Schottky 經典的空位和填隙子觀點來處理。通過高價離子取代 Li 離子（M1 位）或 Mn 離子（M2 位）可能會產生空位缺陷。Fisher 等通過理論計算得出，$LiMnPO_4$ 中 O Frenkel 缺陷的能量為 7.32eV，Mn Frenkel 缺陷的能量是 6.80eV，Li Frenkel 缺陷的能量為 1.97eV，説明 Mn^{2+} 和 O^{2-} 空位缺陷的出現對 $LiMnPO_4$ 晶體結構非常不

利，而 Li^+ 空位缺陷只有在高溫環境下纔可能出現，因此通過高價離子（例如 Ga^{3+}、Ti^{4+} 和 Nb^{5+}）取代 M1 位或 M2 位產生空位缺陷的方法是不可取的，超過 3% 的高價離子摻雜都不會真正進入 $LiMnPO_4$ 晶格中。$LiFePO_4$ 中也不可能通過高價離子取代 M1 位和 M2 位產生鋰空位和鐵空位。Li/Mn 反位缺陷的能量為 1.48eV，在 $LiMnPO_4$ 點缺陷中能量最低；此外，Li^+（六配位離子半徑為 0.76Å）和 Mn^{2+}（六配位離子半徑為 0.83Å）有相似的 Shannon 離子半徑，說明 $LiMnPO_4$ 晶體中出現 Li/Mn 反位缺陷的概率最大，實驗結果證明了 Li/Mn 反位缺陷的存在。在 $LiMnPO_4$ 中，反位缺陷的含量較小（< 2%），它們形成與合成條件有關，低溫合成條件會輕微降低 Li/Mn 反位缺陷的能量，使 Li/Mn 反位缺陷容易形成。通過透射電鏡（TEM）研究發現，體相 $LiFePO_4$ 在 600℃下製備時，大約形成了 1% 的反位缺陷，而在 800℃下製備時，幾乎沒有反位缺陷。

4.2.1.3　$LiMnPO_4$ 的脫鋰過程及伴隨的結構扭曲

橄欖石型正極材料除了結構穩定外，另外一個優點就是它們在充電的過程中伴隨着體積收縮，這正好彌補了碳類負極材料在充電時的體積膨脹，使得正負極材料能有效利用電池內的空間。電池充電時，$LiMnPO_4$ 完成的是一個脫鋰過程，用 Li^+ 擴散的單相機製來描述，方程式為：

$$LiMnPO_4 - xLi^+ - xe \Longleftrightarrow Li_{1-x}MnPO_4 \tag{4-1}$$

為了更好地討論 $LiMnPO_4$ 與 $MnPO_4$ 結構的變化，上述方程式應改為用 $LiMnPO_4/MnPO_4$ 兩相機製來描述：

$$LiMnPO_4 - xLi^+ - xe \Longleftrightarrow (1-x)LiMnPO_4 + xMnPO_4 \tag{4-2}$$

$LiMnPO_4$ 或 $LiFePO_4$ 的脫/嵌鋰過程是一個兩相反應機製。Goodenough 等在發現 $LiFePO_4$ 具有可逆的嵌鋰能力時，就用核-殼模型很好地描述了 $LiFePO_4$ 的兩相反應機製。Yonemura 等將核-殼模型應用到了 $LiMnPO_4$ 正極材料，他們認為，$LiMnPO_4$ 脫鋰是一個內核（$LiMnPO_4$）不斷變小，外殼（$MnPO_4$）不斷變大的過程。Chen 和 Richardson 通過實驗發現，化學脫鋰的過程中，脫鋰相會形成非化學計量比 $Li_{1-x}MnPO_4$ 的固溶體，而不是完全的脫鋰形成 $MnPO_4$，但化學計量比 $LiMnPO_4$ 中卻沒有 $MnPO_4$ 的出現，是因為隨着化學脫鋰的程度加深，富鋰相 $LiMnPO_4$ 的晶胞體積維持不變，脫鋰相 $Li_{1-x}MnPO_4$ 晶胞體積逐漸變小，他們還發現，即使在 4.5V 電壓下充電，$LiMnPO_4$ 也不會完全脫鋰，會有部分殘留 Li 存在，原因在於高的電極電阻。兩相轉變造成的最大變化就是相界的出現，相界對 $LiMnPO_4$ 中的動力學行為有很大影響，比如，兩相界面會使電極材料超電勢增大。Yonemura 等認為電子傳輸在 $LiMnPO_4$ 和 $LiFePO_4$ 兩相界面有本質的不同，主要有兩個原因：①$MnPO_4$ 相的 Jahn-Teller 效應會強束

縛極化子空穴使極化子有效質量迅速增長；②$LiMnPO_4/MnPO_4$ 兩相處晶格的不匹配會增加電子躍遷的勢壘。Goodenough 等通過實驗發現，$LiMnPO_4$ 脫鋰前後體積變化為 10％，而 $LiFePO_4$ 脫鋰前後體積變化為 6.8％，使得 $LiMnPO_4/MnPO_4$ 界面處比 $LiFePO_4/FePO_4$ 承受了更大的應力；另外，$LiMnPO_4/MnPO_4$ 界面是與鋰離子擴散方向 [010] 軸垂直，而 $LiFePO_4/FePO_4$ 界面與鋰離子擴散方向平行，這兩個原因直接造成了 $LiMnPO_4$ 與 $LiFePO_4$ 中鋰離子擴散係數的不同，從而導致了電池性能的差異。

盡管 $LiMnPO_4$ 和 $LiFePO_4$ 具有相同的空間群和相似的晶體結構，但由於 $Fe(3d^6 4s^2)$ 和 $Mn(3d^5 4s^2)$ 價電子層不同，這導致了兩者的微觀成鍵結構、熱力學穩定性及電子特性有所不同，而電子結構的變化對材料的電化學性質將產生深遠的影響。根據正常價態的估算，若 Mn 和 Fe 都是＋2 價，則 Fe^{2+} 和 Mn^{2+} 分別是 d^6 和 d^5 構型。因此在 $LiMnPO_4$ 體系中 Mn^{2+} 的低自旋構型將會導致系統產生 Jahn-Teller 畸變，正如第一性原理計算所證實的一樣，而材料的結構畸變將使電池材料的循環性能變差。而對於 $LiFePO_4$ 而言，低自旋構型可以使 MnO_6 保持理想八面體結構，這有利於增強體系的結構穩定性，並提高材料的循環性能。除此之外，Mn 和 Fe 最外層的電子數的差異也會導致 M—O（M＝Mn 和 Fe）之間的化學鍵的強度發生改變。可以預測隨着 3d 層的電子數增加，M—O 之間的成鍵態逐漸被填充，在達到某個臨界點之前 M—O 鍵的鍵強逐漸增強。因此，$LiFePO_4$ 的熱力學穩定性應該較 $LiMnPO_4$ 更優，正如 G. Ceder 通過第一性原理計算及相圖的計算所證實的那樣：$MnPO_4$ 的分解溫度確實較 $FePO_4$ 低得多，這與 Chen 等的實驗研究相一致。另外，第一性原理計算表明，Li^+ 的脫嵌使原本很弱的 Mn—O（Ⅰ）鍵進一步削弱，導致材料的力學性能發生顯著改變。由於 Mn—O（Ⅰ）主要分佈在 {101} 晶面上，這導致與上述兩晶面相關滑移系統（例如{101}、{101}、<010>和<101>）變得非常活躍。因此 $MnPO_4$ 材料很容易產生剪應形變和位錯。沿着 (101) 和晶面分佈的位錯使得緊鄰的 MnO_6 八面體以共享邊的方式相連接，而最緊鄰的兩個 PO_4 四面體則通過一個共享頂點（O 原子）相連。以此，每個 $Mn_2P_2O_8$（$2MnPO_4$）將產生一個多餘的 O 原子，該氧原子將在界面區域釋放，因此使得反應 $2MnPO_4$（P_{nma}）$\Longrightarrow Mn_2P_2O_7$（$C_{2/m}$）$+0.5O_2$ 成為可能。

4.2.2　$LiMnPO_4$ 的改性研究

由於 $LiMnPO_4$ 的電子導電性差，鋰離子在晶體內部擴散速度慢，存在 Jahn-Teller 效應，嚴重影響了材料的電化學性能，而從限製了 $LiMnPO_4$ 的實際應用。通過合適的改性方法來提昇 $LiMnPO_4$ 的電化學性能一直是科學家研究的

重點。目前，常見的對 $LiMnPO_4$ 改性方法有碳包覆、金屬離子摻雜、奈米化和形貌控製等。

4.2.2.1　碳包覆

碳包覆是在提高 $LiMnPO_4$ 材料導電性方面使用較多的一種簡單有效的方法。碳包覆通常是將碳源與預先製備的活性物質混合，然後在高溫、惰性氣體保護下進行熱處理形成包覆層。通過此方法可以在 $LiMnPO_4$ 顆粒表面形成一層導電性能好的碳包覆層，良好的碳包覆有利於電子導電，從而提高材料自身的電子電導率。同時，較好的導電性為電子的快速傳導提供了通道。此外碳包覆還有其他的作用：高溫燒結時，塗覆的碳層作為還原劑，可以阻止 Mn^{2+} 被氧化成更高的價態；碳包覆之後，碳層附着在材料的表面上，可以防止顆粒在鍛燒過程中晶體的持續長大，可以有效控製顆粒的尺寸；碳層附着在材料的表面，可以有效減少材料的團聚，可以提供有效的電子和離子傳輸通道。碳包覆還可以有效地避免 $LiMnPO_4$ 材料與電解液直接接觸而造成活性材料的溶解，進而減小了容量的損失。

Li 等採用高溫固相法製得 $LiMnPO_4/C$ 材料。Li 將炭黑、Li_2CO_3、$MnCO_3$ 和 $NH_4H_2PO_4$ 進行球磨混合，然後在 $400\sim800℃$、N_2 氛圍下進行煅燒，碳包覆量為 9.8%（質量分數）。實驗結果表明，在 $500℃$ 煅燒合成的材料電化學性能最好，在 0.01C 充放電下的放電比容量超過 $140mA \cdot h \cdot g^{-1}$。

Bakenow 等研究了不同導電碳對 $LiMnPO_4$ 電化學性能的影響，分別以乙炔黑（AB）和兩種類型的科琴黑（KB1 和 KB2）為碳源。實驗結果表明，包覆碳的 $LiMnPO_4$ 的比表面積增大，其中 KB2-$LiMnPO_4$ 表現出最好的電化學性能，在放電電流為 0.05C 時的初始放電比容量高達 $166mA \cdot h \cdot g^{-1}$，且具有良好的循環性能。這可能與導電碳的形貌有關，KB2 具有介孔結構和高的比表面積，且能充分溶於有機電解質，使電極與電解液最大限度地緊密接觸，縮短了 Li^+ 的穿透通道，提高了 $LiMnPO_4$ 的導電性。

Wang 等採用多元醇法製備了 $LiMnPO_4$ 奈米片（LMP-NP）、碳包覆的 $LiMnPO_4$ 奈米片（LMP-NP@C），然後利用自組裝的方法製備了有奈米片組成的微團簇的多孔 $LiMnPO_4$@C（LMP-MC@C）材料，如圖4-7所示。研究結果表明，這種獨特的結構設計以及碳包覆顯著提高了 $LiMnPO_4$ 材料的比容量和循環穩定性。0.2C 倍率充放電時，200 次循環後容量仍保持 $120mA \cdot h \cdot g^{-1}$。

Fan 等採用兩步溶劑熱法製備了 $LiMnPO_4$@C 奈米材料，其中，油胺既作溶劑，又作為碳源。該材料的粒徑小於 40nm，且在材料的表面形成一層厚度為 $2\sim3nm$ 的碳包覆層，交織形成一個 $2\mu m$ 的介孔結構。充放電測試表明，$LiMnPO_4$@C

在 0.1C 和 5C 下的放電比容量分別為 168mA・h・g^{-1} 和 105mA・h・g^{-1}，碳包覆薄層不僅提高了材料的電子和離子電導率，還提昇了其循環穩定性。

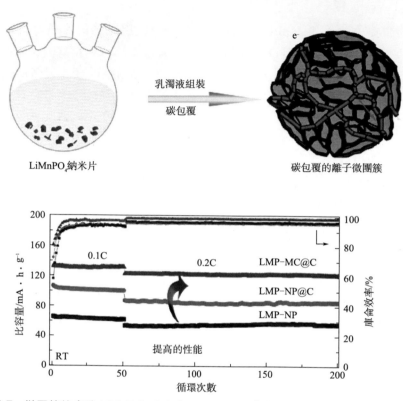

圖 4-7　微團簇的多孔 LiMnPO$_4$@C（LMP-MC@C）材料的合成路線及其循環性能

Wang 等以聚並苯（PAS）作為碳源，採用溶劑熱法合成了奈米尺寸的 LiMn$_{0.9}$Fe$_{0.1}$PO$_4$-PAS 材料，其製備流程如圖 4-8 所示。該材料具有很高的電導率（0.15S・cm^{-1}），表現出了良好的倍率性能和循環性能，在 0.1C、1C 和 10C 下的放電比容量分別為 161mA・h・g^{-1}、141mA・h・g^{-1} 和 107mA・h・g^{-1}，在 20C 下循環 100 次後的容量保持率仍保持在 90％。另外，在摻雜 Fe^{2+} 之後，材料的鋰離子擴散係數提高了一個數量級。

最近，石墨烯以其獨特的性能作為碳源包覆顆粒成為研究重點。石墨烯的二維網狀單層碳原子結構，能夠更快地傳遞電子，由於其柔韌的網狀結構，使得石墨烯的結構非常穩定，這樣可以緩解電池在充放電過程中體積的收縮和膨脹，大大提高了電池的安全穩定性。

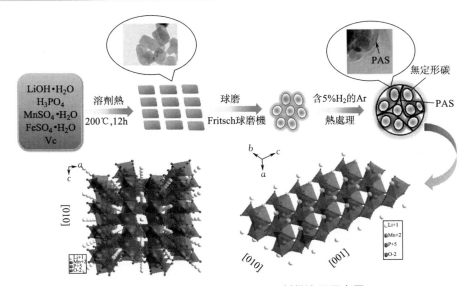

圖 4-8　$LiMn_{0.9}Fe_{0.1}PO_4$-PAS 製備流程示意圖

4.2.2.2　金屬離子摻雜

　　金屬離子摻雜是另一種能有效提高 $LiMnPO_4$ 的電化學性能的方法。通過摻雜一種或多種金屬離子形成固溶體，使主體相產生晶格缺陷達到活化的目的，並且可抑製 Jahn-Teller 效應，從而起到穩定材料結構、提高材料電化學活性的作用。目前用於摻雜 $LiMnPO_4$ 的金屬離子主要有：Fe^{2+}、Mg^{2+}、Zn^{2+}、Cu^{2+}、Co^{2+}、Ni^{2+}、Ca^{2+}、Ti^{4+}、Zr^{4+}、Nb^{5+} 等。其中，由於 $LiMnPO_4$ 與 $LiFePO_4$ 結構的相似性，Fe/Mn 固溶體材料（$LiFe_{1-x}Mn_xPO_4$）得到了更多的關注。雖然 $LiMnPO_4$ 和純 $LiFePO_4$ 的結構相同，但是 $LiFe_{1-x}Mn_xPO_4$ 固溶體並不是這兩種材料的簡單組合。Bramnik 等研究 $LiMn_{0.6}Fe_{0.4}PO_4$ 的脫鋰過程，結果顯示該材料存在兩個兩相區域，都隨着一個兩相區域移動，這不同於純 $LiMnPO_4$ 和純 $LiFePO_4$ 的鋰離子脫/嵌。$LiMnPO_4$ 和 $LiFePO_4$ 的固溶體會提高電化學性能，可能是因為 Mn^{2+}/Fe^{2+} 對的存在降低了電子遷移的活化能，$LiFe_{1-x}Mn_xPO_4$ 中 Mn^{2+}（$3d^5$）和 Fe^{2+}（$3d^6$）的電子混合排布方式促進電荷在離子間的傳輸。然而，$LiFe_{1-x}Mn_xPO_4$ 的電化學行為比較複雜，也有實驗結果顯示 $LiFe_{1-x}Mn_xPO_4$ 的電化學性能會隨着 x 的增大而降低。

　　Lei 等採用溶劑熱法製備了系列碳包覆的 $LiMn_{1-x}Fe_xPO_4$（$0 \leqslant x \leqslant 1$）奈米材料，寬度大約 50nm，長度 50～200nm，碳層的厚度大約 2nm。研究表明，當 $x = 0.2 \sim 0.3$ 時，材料具有較高比容量和倍率性能，如圖 4-9 所示。循環性能測

試表明，0.1C 倍率時，$LiMn_{0.7}Fe_{0.3}PO_4/C$ 首次放電容量為 $167mA \cdot h \cdot g^{-1}$，50 次循環後的容量保持率為 94％；倍率性能測試表明，$LiMn_{0.7}Fe_{0.3}PO_4/C$ 在 0.1C、1C、5C 倍率時的放電容量分別為 $167.6mA \cdot h \cdot g^{-1}$、$153.9mA \cdot h \cdot g^{-1}$、$139.1mA \cdot h \cdot g^{-1}$。更多的 $LiMn_{1-x}Fe_xPO_4$（富 Mn）材料的合成方法及其電化學性能見表 4-1。

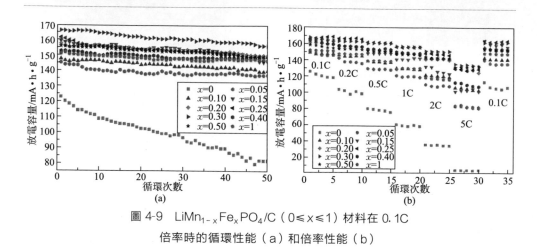

圖 4-9　$LiMn_{1-x}Fe_xPO_4/C$（$0 \leqslant x \leqslant 1$）材料在 0.1C 倍率時的循環性能（a）和倍率性能（b）

表 4-1　$LiMn_{1-x}Fe_xPO_4$（富 Mn）材料的合成方法及其電化學性能

$LiMn_{1-x}Fe_xPO_4$	容量/mA・h・g^{-1}	倍率容量/mA・h・g^{-1}	合成方法
$LiMn_{0.7}Fe_{0.3}PO_4$	167.6@0.1C	153.9@1C,139.1@5C	溶劑熱
$LiMn_{0.75}Fe_{0.25}PO_4$	161.7@0.1C	141.5@1C,121.3@5C	溶劑熱
$LiMn_{0.7}Fe_{0.3}PO_4$	約150@0.1C	約135@1C	溶劑熱
$LiMn_{0.8}Fe_{0.2}PO_4$	約145@0.1C	130@1C	溶劑熱
$LiMn_{0.7}Fe_{0.3}PO_4$	約120@0.1C	105@1C	高溫固相
$LiMn_{0.6}Fe_{0.4}PO_4$	150@0.1C	約145@1C,130@5C	高溫固相
$LiMn_{0.75}Fe_{0.25}PO_4$	55@0.01C	—	溶劑熱
$LiMn_{0.5}Fe_{0.5}PO_4$	153@0.02C	120@1C	溶劑熱
$LiMn_{0.8}Fe_{0.2}PO_4$	111@0.12C	80@1.2C	溶膠-凝膠
$LiMn_{0.9}Fe_{0.1}PO_4$	142@0.12C	115@1.2C	溶膠-凝膠
$LiMn_{0.8}Fe_{0.2}PO_4$	138@0.1C@50℃	110@1C@50℃	溶膠-凝膠
$LiMn_{0.8}Fe_{0.2}PO_4$	165.3@0.05C	142.2@0.5C	溶劑熱
$LiMn_{0.85}Fe_{0.15}PO_4$	163.1@0.1C	150.3@1C,138@5C	溶劑熱
$LiMn_{0.75}Fe_{0.25}PO_4$	157@0.1C	約134@1C	聚合物輔助
$LiMn_{0.8}Fe_{0.2}PO_4$	146.5@0.5C	140@1C,127@5C	共沉澱
$LiMn_{0.8}Fe_{0.2}PO_4$	152@0.2C	146@1C,130@5C	溶劑熱
$LiMn_{0.8}Fe_{0.2}PO_4$	145@0.2C	144@1C,116@5C	噴霧乾燥

續表

$LiMn_{1-x}Fe_xPO_4$	容量/$mA \cdot h \cdot g^{-1}$	倍率容量/$mA \cdot h \cdot g^{-1}$	合成方法
$LiMn_{0.8}Fe_{0.2}PO_4$	151@0.1C	145@1C,133@5C	噴霧乾燥,CVD
$LiMn_{0.8}Fe_{0.2}PO_4$	161@0.05C	158@0.5C,約124@5C	多元醇法
$LiMn_{0.8}Fe_{0.2}PO_4$	162@0.1C	145@1C	高溫固相
$LiMn_{0.75}Fe_{0.25}PO_4$	132@0.1C	120@1C	共沉澱
$LiMn_{0.7}Fe_{0.3}PO_4$	約136@0.5C	107@5C	高溫固相
$LiMn_{0.75}Fe_{0.25}PO_4$	156@0.1C	153@1C,約136@5C	微波
$LiMn_{0.8}Fe_{0.2}PO_4$	142@0.1C	103@1C,69@5C	溶膠-凝膠

Mg^{2+} 的加入可以改善 $LiMnPO_4$ 材料的熱力學性能，提高氧化還原反應的熱穩定性。20％（摩爾分數）Mg 的固溶量能夠有效縮短 Li^+ 的擴散路徑，並且有利於晶體的發育，削弱了 Jahn-Teller 效應，從而增強了材料的結構穩定性，在 0.05C 下比容量達 $150mA \cdot h \cdot g^{-1}$。Chen 等研究發現 Zn^{2+} 摻雜 $LiMnPO_4$ 會產生負面效果，摻雜後的材料電化學性能反而降低了，而 Wang 等的研究結果顯示，Zn^{2+} 摻雜後材料的容量從 $71.9mA \cdot h \cdot g^{-1}$ 提高到了 $140.2mA \cdot h \cdot g^{-1}$。造成該結果的原因可能與材料的製備方法和工藝有關，如反應條件、摻雜量等不同。Fang 等通過加入少量 Zn（2％，摩爾分數），有效減少了充放電時的電池內阻，增加了 Li^+ 的擴散性和相轉變，通過固相法 700℃ 煅燒 3h 合成的 $LiMn_{0.98}Zn_{0.02}PO_4$ 材料的高倍率性能得到很大提高，5C 下比容量達 $105mA \cdot h \cdot g^{-1}$。Nithya 等通過溶膠-凝膠法合成了 Co^{3+} 摻雜 $LiMnPO_4$ 的正極材料 $LiCo_{0.09}Mn_{0.91}PO_4/C$，結果表明該材料具有優良的容量和循環性能，放電區間為 $3\sim4.9V$ 時，在 0.1C 下的放電容量為 $160mA \cdot h \cdot g^{-1}$，循環 50 次後的容量保持率高達 96.3％。Lee 等考察陽離子摻雜對 $LiMnPO_4$ 在電化學過程 Li^+ 遷移的影響，研究發現：Mg^{2+}、Ca^{2+} 和 Zr^{4+} 摻雜後能有效增加材料的可逆容量，減小材料電化學歧化和提高材料中 Li^+ 的擴散係數。

4.2.2.3　奈米化和形貌控製

縮小顆粒尺寸，使其達到奈米級別，能夠縮短 Li^+ 擴散路徑，同時能增大材料的比表面積，從而改善 $LiMnPO_4$ 的電化學性能。另外，材料的形貌在很大程度上也決定了其電化學性能，因此控製 $LiMnPO_4$ 的微觀結構和形貌就顯得特別重要。

由於 $LiMnPO_4$ 晶體中鋰離子的傳輸存在高度的各向異性，主要沿 ［010］方向傳輸，縮短 ［010］方向路徑距離可以極大地提高鋰離子的傳輸速度。因此，控製製備具有較短的 ［010］方向的形貌的材料受到了廣泛的認可。Wang 等通過多元醇法成功合成了奈米結構的 $LiMnPO_4$ 正極材料，其形貌為厚度在 30nm

左右的奈米片狀，該奈米片最薄的方向為 $LiMnPO_4$ 晶體的 [010] 方向，有利於 Li^+ 的快速遷移。該材料在常溫和高溫下都表現出良好的容量和循環性能，在 1/10C 時的放電比容量達到 $141mA \cdot h \cdot g^{-1}$，1C 下的放電比容量仍有 $113mA \cdot h \cdot g^{-1}$；在 50℃ 條件下，0.1C 和 1C 下的放電比容量分別高達 $159mA \cdot h \cdot g^{-1}$ 和 $138mA \cdot h \cdot g^{-1}$，循環 200 次後的容量保持率高達 95％。Choi 等以油酸和切片石蠟為介質，採用固相反應製備了厚度約為 50nm 的 $LiMnPO_4$ 奈米片，其形貌如圖 4-10 所示。TEM 圖顯示，奈米片由生長方向沿 [010] 的單晶體奈米棒自組裝而成，電化學性能測試結果表明，在電流密度為 0.02C 時，材料的容量高達 $168mA \cdot h \cdot g^{-1}$，接近理論值；在 1C 倍率下的放電比容量仍高達 $117mA \cdot h \cdot g^{-1}$。

圖 4-10　$LiMnPO_4$ 奈米片的形貌圖

　　Yoo 等以聚甲基丙烯酸甲酯膠體為模板，通過模板法合成了具有 3D 結構的多孔球狀 $LiMnPO_4$ 材料，其形貌如圖 4-11 所示。該多孔球狀材料的空隙和厚度分為 250nm 和 40nm，比表面積為 $29m^2 \cdot g^{-1}$，因此表現出良好的電化學性能，在 0.1C 的放電比容量高達 $162mA \cdot h \cdot g^{-1}$，10C 時的放電容量仍有 $105mA \cdot h \cdot g^{-1}$。

　　Bao 等以 $NH_4H_2PO_4$、$MnSO_4$ 和 Li_2SO_4 為原料，以乙二醇的水溶液為介質，採用水熱法製備了花狀奈米結構的 $LiMnPO_4$ 材料，如圖 4-12 所示。磷酸錳鋰奈米片大約厚 30nm，並且以 (010) 晶面為主。其原因是乙二醇作為有機溶劑很容易因為存在氫鍵被固體表面吸附，這有助於形成薄片狀的 $LiMnPO_4$ 材料。為了得到更高穩定性的材料，這些片狀 $LiMnPO_4$ 自組裝為分級結構的花狀形貌。Bao 等還通過調節乙二醇水溶液中乙二醇的比例，採用水熱法合成了由奈米棒自組裝形成的花蕊狀的 $LiMnPO_4$ 材料，如圖 4-13 所示。

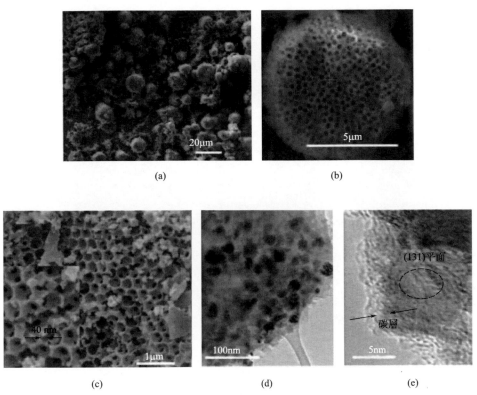

圖 4-11　3D 多孔球狀 LiMnPO$_4$ 的形貌圖

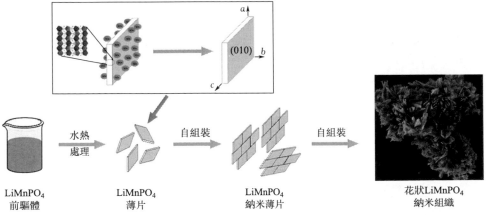

圖 4-12　LiMnPO$_4$ 奈米片自組裝為花狀結構的材料的形成機製

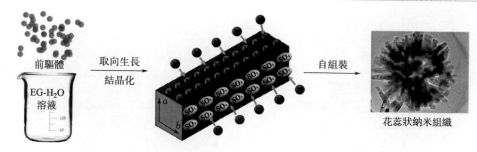

圖 4-13　$LiMnPO_4$ 奈米棒自組裝為花蕊狀材料的形成機製

4.3　$LiCoPO_4$ 和 $LiNiPO_4$ 正極材料

4.3.1　$LiCoPO_4$ 的結構

　　$LiCoPO_4$ 具有有序的橄欖石型結構，有三種空間群結構，分別為 $Pn2_1a$、Cmcm 和 Pnma，如圖 4-14 所示。Klingeler 利用水熱法合成了具有電化學活性的 $Pn2_1a$ 空間群的 $LiCoPO_4$，晶格參數分別為：$a = 10.023(8)$Å、$b = 6.724(7)$Å、$c = 4.963(4)$Å。Pnma 空間群的 $LiCoPO_4$ 在高壓下（15GPa）可以轉化為 Cmcm 空間群。圖 4-15 給出了不同空間群的 $LiCoPO_4$ 的充放電曲線。從圖中可以看出，Cmcm 空間群的 $LiCoPO_4$ 幾乎沒有電化學活性，$Pn2_1a$ 空間群的 $LiCoPO_4$ 電化學活性較低，二者均不適合作為鋰離子電池電極材料，而 Pnma 空間群的 $LiCoPO_4$ 電化學活性尚可，可作為活性材料。空間群為 Pnma 的 $LiCoPO_4$ 屬於正交晶系，晶胞參數為 $a = 10.206$Å，$b = 5.992$Å，$c = 4.701$Å。在 $LiCoPO_4$ 晶體中氧原子呈六方密堆積，磷原子占據的是四面體空隙，鋰原子和鈷原子占據的是八面體空隙。共用邊的八面體 CoO_6 在 c 軸方向上通過 PO_4 四面體連接成鏈狀結構。$LiCoPO_4$ 中聚陰離子基團 PO_4 對整個三維框架結構的穩定起到了重要作用，使得它具有很好的熱穩定性和安全性。$LiCoPO_4$ 的理論容量為 167mA·h·g^{-1}，相對 Li^+/Li 的電極電勢約為 4.8V。

　　$LiCoPO_4$ 的充放電機理較 $LiFePO_4$ 複雜，目前還沒有統一的定論。主要有一步脫嵌機理和兩步脫嵌機理。一步脫嵌機理認為只有一個充放電平臺和兩個相（$LiCoPO_4$ 和 $CoPO_4$），充放電反應式如下：$LiCoPO_4 \rightleftharpoons CoPO_4 + Li^+ + e$，與 $LiFePO_4$ 相似。兩步脫嵌機理認為充電曲線上出現 $4.80 \sim 4.86$V 及 $4.88 \sim$

4.93V 兩個平臺，對應 Li_xCoPO_4 的 $0.7 \leqslant x \leqslant 1$ 和 $0 \leqslant x \leqslant 0.7$，除了 $LiCoPO_4$ 和 $CoPO_4$ 相之外，中間還出現一個 Li_xCoPO_4 相。嵌鋰過程中相變向相反的方向進行。

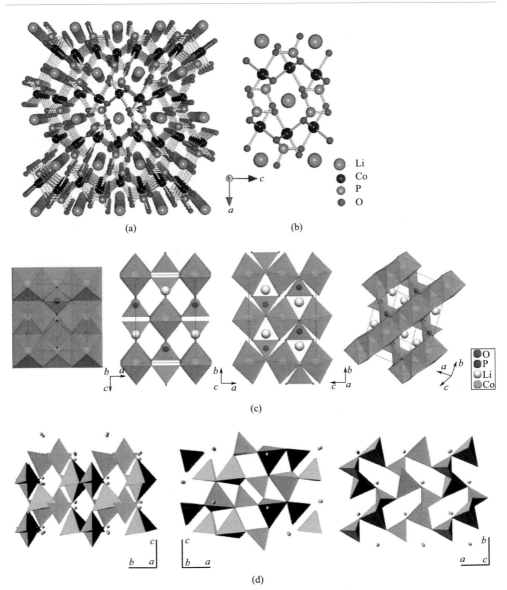

圖 4-14　不同空間群的 $LiCoPO_4$ 結構圖

（a），（b）Pnma；（c）Cmcm；（d）$Pn2_1a$

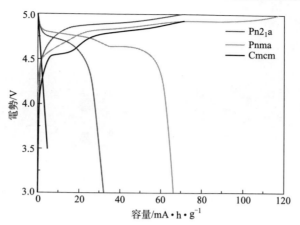

圖 4-15　不同空間群的 LiCoPO₄ 在 0.1C 倍率時的首次充放電曲線

4.3.2　LiCoPO₄ 的製備方法

LiCoPO₄ 常用的製備方法主要有：高溫固相法、噴霧熱分解法、微波合成法、溶膠–凝膠法、水熱合成法、共沉澱法等。

固相法是合成正極材料最常用的也是最容易產業化的一種方法，主要是將鋰源、鈷源、磷源等按照一定比例進行物理混合均勻後，在惰性氣氛下進行燒結。高溫固相法是電極材料製備中最常用的一種方法，工藝簡單，易實現產業化；但樣品的粒徑不易控製，分佈不均。Loris 等以 CoNH₄PO₄ 和 LiOH 為原料在 700℃空氣氣氛中煅燒製備了 LiCoPO₄ 材料，在 0.1C 倍率下首次放電容量達到 125mA·h·g⁻¹。

溶膠-凝膠法是一種條件溫和的材料製備方法。它是將高化學活性的組分經過溶液、溶膠、凝膠而固化，再經熱處理合成氧化物或其他固體化合物的方法。Kim 等採用葡萄糖輔助的溶膠–凝膠法在 400℃空氣中製備了 LiCoPO₄/C 材料，放電容量可到 145mA·h·g⁻¹，但放電電壓偏低，這可能與材料中含有 Co₃O₄ 雜質以及材料的結晶性較差有關。

微波法是利用微波的強穿透能力進行加熱，具有反應時間短、效率高和能耗低等優點。Li 等在 2.45GHz、700W 的微波下加熱 11min 製得純相 LiCoPO₄/C 材料，0.1C 倍率下放電容量為 144mA·h·g⁻¹，但循環穩定性較差，30 次循環後容量保持率僅為 50%，這可能是由於微波法加熱時間較短，材料結晶度較低，晶體結構不夠穩定。

4.3.3 LiCoPO$_4$ 的摻雜改性

LiCoPO$_4$ 電子電導率極低（$<10^{-10}$ S·cm^{-1}），屬於絕緣體範疇；材料中聚陰離子基團的存在壓縮了同處於相鄰 CoO$_6$ 層之間的 Li$^+$ 嵌/脫通道，降低了 Li$^+$ 的遷移速率；而且充電後高氧化態的 Co^{3+} 容易與電解液發生副反應，從而影響材料的電化學性能。為了製備性能優良的材料，目前主要利用包覆和摻雜兩種方式對 LiCoPO$_4$ 進行改性。

與其他正極材料一樣，在 LiCoPO$_4$ 表面包覆一層導電材料，可以大幅度提高材料粒子間的電子電導率，加快電極反應動力學速度，減小電池極化，提高材料的利用率。表面包覆常用碳包覆和金屬氧化物包覆等。加入前驅體中的碳源，在燒結過程中碳化，不僅可以提高顆粒間的導電性，還可以阻止產物顆粒的團聚。表面包覆金屬氧化物也可提高結構穩定性，增加材料導電性，改善循環壽命。Eftekhari 等用濺射法在 LiCoPO$_4$ 表面包覆一層 Al$_2$O$_3$，阻止了高電壓下高價態的 Co^{3+} 與電解液的直接接觸與反應，將 LiCoPO$_4$ 的 50 次充放電循環的容量保持率從 58% 提高到 83%。而且在 LiCoPO$_4$/Al$_2$O$_3$ 界面上形成的 LiCo$_{1-x}$Al$_x$PO$_z$ 膜還可以加快 Li$^+$ 的擴散。

離子摻雜是提高 LiCoPO$_4$ 電化學性能有效的路徑之一。和碳包覆相比，金屬離子摻雜不會降低材料的振實密度，從而從根本上改善了材料的電化學性能。Han 等用微波法合成了 LiCo$_{0.95}$Fe$_{0.05}$PO$_4$，發現用 Fe^{2+} 對 Co^{2+} 位摻雜後，晶胞參數變大，放電容量提高了 12mA·h·g^{-1}，性能提高的原因可能是摻雜拓寬了 Li$^+$ 的一維擴散通道。Satya Kishore 等用 Mg、Mn 和 Ni 三種元素對 LiCoPO$_4$ 的 Co^{2+} 位進行摻雜，發現 LiCo$_{0.95}$Mn$_{0.05}$PO$_4$ 具有良好的放電比容量和循環性能。Allen 等發現 Fe 摻雜的 LiCoPO$_4$ 具有優異的循環性能，500 次循環後容量保持率達 80%。XRD 精修測試結果表明，Fe^{3+} 取代部分 Li$^+$ 位，Fe^{2+} 和 Fe^{3+} 共同取代部分 Co^{2+} 位。

4.3.4 LiNiPO$_4$ 正極材料

與 LiFePO$_4$ 一樣，LiNiPO$_4$ 是橄欖石型結構，屬於 Pnma 空間群。Li$^+$ 和 Ni^{2+} 占據了八面體空位的一半，P^{5+} 占據了四面體空位的 1/8。PO$_4^{3-}$ 中的 P—O 共價鍵很強，在充電時可以起到穩定作用，防止了高電壓下 O$_2$ 的釋出，保證了材料的穩定和安全。但是，LiNiPO$_4$ 電導率較低，鋰離子擴散係數較 LiFePO$_4$ 小，電化學活性較低。

LiNiPO$_4$ 的合成較為困難，用通常的合成方法得到的產物通常雜質都很多，

所以通常要採用低溫或者其他一些特殊手段合成。由於 Li^+ 和 Ni^{2+} 的半徑相似，在 $LiNiPO_4$ 中，Li-Ni 交換是最常見的一種缺陷（稱為反位缺陷），這一類缺陷會嚴重阻礙鋰離子的嵌入。$LiNiPO_4$ 在很長時間以來也一直不能被電化學活化，直到近幾年，人們才發現了一些克服這些困難的辦法，比如奈米化、包覆、用變價的陽離子摻雜或形成固溶體等。材料奈米化可以同時縮短鋰離子和電子的擴散距離，提高倍率性能，而且減少循環中晶格結構的破壞。用高導電性的材料包覆，比如碳、磷化鎳等，也可以增加電傳導性能。摻雜的目的是在晶格內部形成一定的缺陷或形變，從而提高鋰的擴散性能。

4.4　$Li_3V_2(PO_4)_3$正極材料

近來許多研究小組報導了 $Li_3V_2(PO_4)_3$，發現該材料具有晶體框架結構穩定、充放電電壓平臺靈活可控等突出優點，極有可能被推動成為新一代鋰離子電池正極材料。此外，在中國，特別是攀枝花地區有十分豐富的釩礦資源，煉鐵後的鐵礦渣中含有大量的釩，很有必要進行釩資源的綜合利用。根據中國的釩資源情況和國情，開展新型鋰離子電池正極材料 $Li_3V_2(PO_4)_3$ 的研究具有重要意義。

4.4.1　$Li_3V_2(PO_4)_3$的結構特點

$Li_3V_2(PO_4)_3$ 具有與 $LiCoO_2$ 同樣的放電平臺和能量密度，而 $Li_3V_2(PO_4)_3$ 的熱穩定性、安全性遠遠優於 $LiCoO_2$，也好於 $LiMn_2O_4$。與 $LiFePO_4$ 相比，具有單斜結構的 $Li_3V_2(PO_4)_3$ 化合物，不僅具有良好的安全性，而且具有更高的 Li^+ 離子擴散係數、放電電壓和能量密度。這樣，$Li_3V_2(PO_4)_3$ 被認為是比 $LiFePO_4$ 更好的正極材料，並被看成是電動車和電動自行車鋰離子電池最有希望的正極材料。$Li_3V_2(PO_4)_3$ 具有單斜（簡稱 A-LVP）和菱方（簡稱 B-LVP）兩種晶型，兩者都有相同的網狀結構單元 $V_2(PO_4)_3$，不同的是金屬八面體 VO_6 和磷酸根離子 PO_4 四面體的連接方式和鹼金屬存在的位置，如圖 4-16 所示。菱方晶相具有典型的 NASICON 結構，屬於 R-3m 空間群，VO_6 正八面體與 PO_4 正四面體共用頂點連接成 $V_2(PO_4)_3$ 骨架結構，鋰離子則位於同一個位點之上。在充放電過程只有一個平臺，但可逆性較差，容量保持率較低。並且菱方晶相熱穩定性差，合成困難等缺點也影響了材料的應用。

由於單斜結構的 $Li_3V_2(PO_4)_3$ 具有更好的鋰離子脫嵌性能，因此人們研究較多的是單斜結構的 $Li_3V_2(PO_4)_3$。單斜結構的 $Li_3V_2(PO_4)_3$ 屬於 $P2_1/n$ 空間

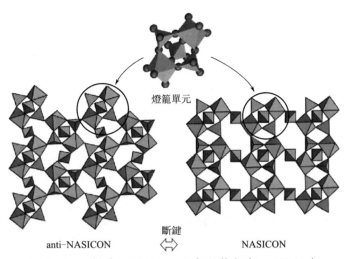

燈籠單元

斷鍵
⟺

anti-NASICON   NASICON

圖 4-16　單斜（anti-NASICON）和菱方（NASICON）
結構的 $Li_3V_2(PO_4)_3$晶體結構示意圖

群，晶胞參數為：$a = 8.662\text{Å}$，$b = 8.1624\text{Å}$，$c = 12.104\text{Å}$，$\beta = 90.452°$。對於單斜的 $Li_3V_2(PO_4)_3$，PO_4 四面體和 VO_6 八面體通過共用頂點氧原子而組成三維骨架結構，每個 VO_6 八面體周圍有 6 個 PO_4 四面體，而每個 PO_4 四面體周圍有 4 個 VO_6 八面體，以 $(VO_6)_2(PO_4)_3$ 為單元形成 $Li_3V_2(PO_4)_3$ 三維網狀結構，鋰離子存在於三維網狀結構的空穴處。這樣就以 A_2B_3（$A = VO_6$，$B = PO_4$）為單元，形成三維網狀結構，每個單晶中由 4 個 A_2B_3 單元構成。晶胞中有 3 個 Li^+ 晶學體位置，其中，Li(1) 占據正四面體位置，Li(2) 和 Li(3) 與 5 個 V—O 鍵相連，占據類四面體位置，共 12 個 Li^+。V 有兩個位置：V(1) 和 V(2)，V—O 鍵長分別為 2.003nm 和 2.006nm。從 $Li_3V_2(PO_4)_3$ 的結構分析，PO_4^{3-} 結構單元通過強共價鍵連成三維網路結構並形成更高配位的由其他金屬離子占據的空隙，使得 $Li_3V_2(PO_4)_3$ 正極材料具有和其他正極材料不同的晶相結構以及由結構決定的突出的性能。$Li_3V_2(PO_4)_3$ 由 VO_6 八面體和 PO_4 四面體通過共頂點的方式連接而成，通過 V—O—P 鍵穩定了材料的三維框架結構。當鋰離子在正極材料中嵌脫時，材料的結構重排很小，材料在鋰離子嵌脫過程中保持良好的穩定性。但是，由於 VO_6 八面體被聚陰離子基團 PO_4 分隔開來，導致單斜結構的 $Li_3V_2(PO_4)_3$ 材料的電子電導率只有 $10^{-7}\text{S}\cdot\text{cm}^{-1}$ 數量級，遠低於金屬氧化物正極材料 $LiCoO_2$ 的 $10^{-3}\text{S}\cdot\text{cm}^{-1}$ 和 $LiMn_2O_4$ 的 $10^{-5}\text{S}\cdot\text{cm}^{-1}$。

$Li_3V_2(PO_4)_3$ 的具體充放電反應為：

$$Li_3V^{III}V^{III}(PO_4)_3 \longrightarrow Li_2V^{III}V^{IV}(PO_4)_3 + Li^+ + e \qquad (4\text{-}3)$$

$$\text{Li}_2 \text{V}^{\text{III}} \text{V}^{\text{IV}} (\text{PO}_4)_3 \longrightarrow \text{Li}_1 \text{V}^{\text{IV}} \text{V}^{\text{IV}} (\text{PO}_4)_3 + \text{Li}^+ + \text{e} \qquad (4\text{-}4)$$

$$\text{Li}_1 \text{V}^{\text{IV}} \text{V}^{\text{IV}} (\text{PO}_4)_3 \longrightarrow \text{V}^{\text{IV}} \text{V}^{\text{V}} (\text{PO}_4)_3 + \text{Li}^+ + \text{e} \qquad (4\text{-}5)$$

總反應式：$\text{Li}_3 \text{V}^{\text{III}} \text{V}^{\text{III}} (\text{PO}_4)_3 \longrightarrow \text{V}^{\text{IV}} \text{V}^{\text{V}} (\text{PO}_4)_3 + 3\text{Li}^+ + 3\text{e} \qquad (4\text{-}6)$

從上述反應可知，1mol $\text{Li}_3 \text{V}_2 (\text{PO}_4)_3$ 可嵌脫 2mol Li^+，也可以完全嵌脫 3mol Li^+，$\text{Li}_3 \text{V}_2 (\text{PO}_4)_3$ 的充放電性能與所設定的電位有關；在電壓為 3.0～4.3V 時，可嵌脫 2mol Li^+，對應理論比容量為 133mA・h・g^{-1}；在電壓為 3.0～4.8V 時，可嵌脫 3mol Li^+，對應的理論比容量為 197mA・h・g^{-1}，比 LiFePO_4 的理論比容量（170mA・h・g^{-1}）高。A-LVP 中的鋰離子處於 4 種不等價的電荷環境中，所以電化學電位譜（electrochemical voltage spectroscopy, EVS）及其微分電容曲線（圖 4-17）中出現 3.61V、3.69V、4.1V 和 4.6V 4 個電位區。在前 3 個電位區的鋰離子嵌脫是對應於 $\text{V}^{3+}/\text{V}^{4+}$ 電對，而 4.6V 電位區的第三個鋰離子嵌脫對應於 $\text{V}^{4+}/\text{V}^{5+}$ 電對。此外，材料 A-LVP 嵌入兩個鋰離子後把 V^{3+} 還原為 V^{2+}，對應的電位平臺在 1.7～2.0V 之間，加上材料中第三個鋰離子的嵌脫，材料的比容量還有很大的上昇空間。由此看來，高容量的 A-LVP 材料將很有吸引力。B-LVP 中的 3 個鋰離子處於相同的電荷環境中，隨着兩個鋰離子的脫出，V^{3+} 被氧化為 V^{4+}，但是只有 1.3 個鋰離子可以再重新嵌入，相當於 90mA・h・g^{-1} 的放電容量，嵌入電位平臺為 3.77V，性能明顯比 A-LVP 的性能差。鋰離子在 B-LVP 中的嵌脫可逆性較差，可能是因為鋰離子脫出後，B-LVP 的晶體結構發生了從菱方到單斜的變化，阻止了鋰離子的可逆嵌入。此外，$\text{Li}_3 \text{V}_2 (\text{PO}_4)_3$ 的 DSC 實驗顯示，盡管 $\text{Li}_3 \text{V}_2 (\text{PO}_4)_3$ 的熱穩定性不如 LiFePO_4 的熱穩定性，但與鎳鈷酸鋰和錳酸鋰相比，$\text{Li}_3 \text{V}_2 (\text{PO}_4)_3$ 仍具有非常好的熱穩定性；由此看來，高容量的 $\text{Li}_3 \text{V}_2 (\text{PO}_4)_3$ 材料將很有吸引力。

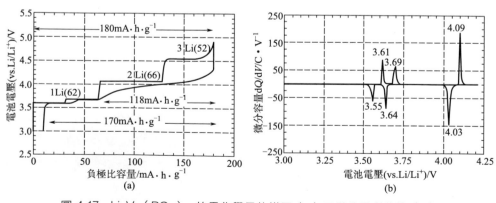

圖 4-17　$\text{Li}_3 \text{V}_2 (\text{PO}_4)_3$ 的電化學電位譜圖（a）及微分電容曲線（b）

4.4.2 $Li_3V_2(PO_4)_3$的製備方法

$Li_3V_2(PO_4)_3$ 的合成方法有高溫固相法、碳熱還原法、溶膠-凝膠法、微波法等，這些方法各有優缺點。

高溫固相法是指固體直接參與化學反應並引起化學變化，同時至少在固體內部或外部的一個過程中起控制作用的反應。此法工藝簡單，製備條件容易控制和工業化，是製備鋰離子電池正極材料比較成熟的方法。高溫固相法的基本流程是將化學計量比的 V_2O_5、$NH_4H_2PO_4$ 和鋰鹽混合，混合物先在較低溫度（300℃左右）加熱除去揮發性物質，然後在較高溫度下燒結得到 $Li_3V_2(PO_4)_3$，熱處理過程一般在保護性氣氛下完成，以防止 V^{3+} 被氧化。高溫固相法的缺點是產物顆粒不均勻，晶形無規則，純度低、電性能差、實驗週期長，用純 H_2 作為還原劑成本高，並且在實驗操作時由於 H_2 的易燃易爆性質而非常危險。其中焙燒溫度是影響產物性能的主要因素之一，隨着焙燒溫度的降低，有利於減小產物的粒徑，增大比表面積，從而提高產物性能。經過改進，對原料進行機器球磨或氣流粉碎，可以很大程度地減小起始物的粒徑大小，提高粒徑均勻程度，這些物理手段均可以有效地提高產物的電化學穩定性、比容量以及循環性能。Saidi 等設計了以石墨氈為負極，$Li_3V_2(PO_4)_3$ 為正極的電池，該材料在 -10℃ 下具有比 $LiCoO_2$ 更高的比能量，説明低溫條件下 $Li_3V_2(PO_4)_3$ 儲存或釋放能量的能力要比 $LiCoO_2$ 好，室溫下該電池在 $3.5\sim4.5$V 的放電比容量為 $138mA \cdot h \cdot g^{-1}$，50 次循環後仍然保持很好的穩定性。

與實驗室中傳統的 H_2 還原方法相比，碳熱還原法具有成本低、更適合於工業大規模製備的優點。在製備鋰離子蓄電池正極材料過程中過量的碳還可以作為導電物質保留在活性物質中，從而提高活性物質的導電性能。碳熱還原法向原料中加入過量 C，不但可以作為還原劑，同時過量的 C 還可以作為導電劑，提高材料的電子電導率，從而提高其電化學性能。同為固相法，所採用的以 C 為還原劑比文獻報導的以純 H_2 作為還原劑更具可行性，更適合於工業化批量生產。Barker 等以 V_2O_5、$(NH_4)_2HPO_4$ 和過量的具有高比表面積的碳為原料，混合後在 $600\sim800$℃ 的氫氣環境中煅燒 $8\sim16$h，然後加入 LiF，在 $650\sim750$℃ 下煅燒 $1\sim2$h 得到了摻雜 F 元素的最終產物。材料在 C/5 的倍率下首次放電比容量達到 $130mA \cdot h \cdot g^{-1}$，且循環 500 次仍保持了初始容量的 90%，具有非常良好的循環穩定性能。

溶膠-凝膠法前驅體溶液化學均勻性好，熱處理溫度低，能有效提高合成產物的純度以及結晶粒度，反應過程易於控製，但乾燥收縮大，合成週期長，工業化難度大。戴長鬆等以 $LiOH \cdot H_2O$（LiF、Li_2CO_3、$LiCH_3COO \cdot 2H_2O$）、

NH_4VO_3、H_3PO_4 和檸檬酸為原料，採用溶膠-凝膠法合成 $Li_3V_2(PO_4)_3$ 正極材料，具有較高的放電比容量和較好的循環穩定性，0.1C 和 1C 倍率下首次放電比容量分別為 $130mA \cdot h \cdot g^{-1}$ 和 $129mA \cdot h \cdot g^{-1}$；1C 倍率下循環 40 次後，容量仍為 $127mA \cdot h \cdot g^{-1}$，容量保持率為 98.4%；隨後又進行 10C 倍率放電，10 次循環後容量為 $105mA \cdot h \cdot g^{-1}$，容量保持率達 98.1%。

　　微波法是利用微波的強穿透能力進行加熱。與常規的固相加熱法相比，微波法具有反應時間短、製備過程快捷、省去惰性氣體保護、效率高和能耗低等優點，但是過程難於控製，設備投入較大，難於工業化。應皆榮等採用微波碳熱還原法合成了正極材料 $Li_3V_2(PO_4)_3$，即將一定配比的 $LiOH \cdot H_2O$、V_2O_5、H_3PO_4 和蔗糖（$C_{12}H_{22}O_{11}$）通過球磨均勻混合，烘乾後埋入石墨粉中，在功率為 800W 的家用微波爐中高火加熱 15min，通過碳熱還原合成 $Li_3V_2(PO_4)_3$。充放電測試表明，在電壓範圍為 3.0～4.3V 和 3.0～4.8V 時，$Li_3V_2(PO_4)_3$ 正極材料具有較好的電化學性能。在電壓範圍為 1.5～4.8V 時，$Li_3V_2(PO_4)_3$ 正極材料循環性能較差。

　　Chang 等採用流變相法合成了正極材料 $Li_3V_2(PO_4)_3$，0.1C 和 0.2C 倍率下首次放電比容量分別為 $189mA \cdot h \cdot g^{-1}$ 和 $177mA \cdot h \cdot g^{-1}$（放電區間為 3.0～4.8V），100 次循環後放電容量分別為 $140mA \cdot h \cdot g^{-1}$ 和 $133mA \cdot h \cdot g^{-1}$。Gaubicher 等採用離子交換法合成了 $B-Li_3V_2(PO_4)_3$，循環伏安測試表明：所得樣品能脫出 2 個 Li^+，對應的電壓平臺為 3.77V，放電比容量只有 $90mA \cdot h \cdot g^{-1}$。

　　除以上常用的製備方法之外，水熱法、冷凍乾燥法、噴霧乾燥法、微波法、靜電紡絲法等方法也同樣應用於磷酸釩鋰材料的合成中。

4.4.3　$Li_3V_2（PO_4）_3$的摻雜改性

　　$Li_3V_2(PO_4)_3$ 正極材料具有較高的鋰離子擴散係數，允許鋰離子在材料中快速擴散，但是 VO_6 八面體被聚陰離子基團分隔開來，導致材料只有較小的電子電導率。一系列研究表明，包覆、摻雜、機械化學活化或者採用低溫合成技術均可有效改善材料的電導率，提高材料的充放電循環性能。

4.4.3.1　$Li_3V_2（PO_4）_3$ 的表面包覆

　　通過對 $Li_3V_2(PO_4)_3$ 的表面碳包覆改善材料的導電性，提高容量和提高材料放電電位平臺。包覆碳可以使材料顆粒更好地接觸，從而提高材料的電子電導率和容量。包覆碳結合機械化學活化預處理使得碳前驅體可以更均勻地和反應物混合，而且在燒結過程中還能阻止產物顆粒的團聚，能更好地控製產物的粒度和提高材料的電導率。Fu 等合成的 $Li_3V_2(PO_4)_3/C$ 表現出了很好的循環性能，在

電壓範圍為 $3.0 \sim 4.8V$ 時，材料 1C 第 50 次放電比容量為 $138 mA \cdot h \cdot g^{-1}$，為首次放電比容量的 94.6%，5C 時首次放電比容量為 $111 mA \cdot h \cdot g^{-1}$。碳包覆能顯著提高 $Li_3V_2(PO_4)_3$ 的電化學性能，其原因可能為：①有機物在高溫惰性的條件下分解為碳，從表面增加其導電性；②產生的碳微粒達奈米級粒度，可細化產物粒徑，擴大導電面積，對 Li^+ 擴散有利；③碳起還原劑的作用避免 V^{3+} 被氧化。

目前，用碳包覆 $Li_3V_2(PO_4)_3$ 常用的碳源主要分為無機前驅體和有機前驅體。無機前驅體包括：炭黑、高面積碳、KB 炭、碳奈米片等。有機物前驅體包括：蔗糖、乙二醇、葡萄糖、檸檬酸、PEG、PVA、草酸、順丁烯二酸、抗壞血酸、麥芽糖、EDTA、澱粉、冰糖、聚苯乙烯、腐殖酸、殼聚糖、PVDF、甘氨酸、酚醛樹脂等。

相對於無定形碳，石墨烯具有高比表面積、高機械強度和最薄的理想二維晶體結構，在力學、光學、電學方面表現突出，有高的電子遷移率。利用石墨烯的高電子遷移率和高比表面積的特性與 $Li_3V_2(PO_4)_3$ 複合，來提昇 $Li_3V_2(PO_4)_3$ 的電化學性能以及避免 $Li_3V_2(PO_4)_3$ 在充放電過程中由體積變化所導致的團聚現象。另外，石墨烯的大比表面積能為奈米 $Li_3V_2(PO_4)_3$ 提供接觸平面，減少鋰離子擴散距離，此外還原氧化石墨烯也有效地提昇了導電能力。

除了用石墨烯與 $Li_3V_2(PO_4)_3$ 複合外，碳奈米管也是與 $Li_3V_2(PO_4)_3$ 複合的良好材料。碳奈米管有優異的力學性能和導電性以及高比表面積，沿着長度方向的電導率為 $1 \sim 4 \times 10^2 s \cdot cm^{-2}$，垂直方向的電導率為 $5 \sim 25 s \cdot cm^{-2}$。由於碳奈米管的毛細作用和表面張力，使電解液能吸附在其表面，減少了電解液的表面極化作用，此外，碳奈米管也能為 Li^+ 提供擴散通道從而提昇複合材料的電化學性能。因此，用碳奈米管為磷酸釩鋰搭建一個三維導電網路也是提昇 $Li_3V_2(PO_4)_3$ 電化學性能的一種有效方法。

通過對 $Li_3V_2(PO_4)_3$ 表面包覆非電化學活性物質的方式可以防止 $Li_3V_2(PO_4)_3$ 在高電位下與電解液反應，進而提高材料的電化學性能。非碳材料包覆主要是金屬氧化物、金屬氟化物、鋰離子導體等，其中金屬氧化物和金屬氟化物的穩定性能阻止電解液與 $Li_3V_2(PO_4)_3$ 之間發生副反應，形成穩定的固體電解質界面膜，提昇 $Li_3V_2(PO_4)_3$ 的循環穩定性，鋰離子導體包覆 $Li_3V_2(PO_4)_3$ 的目的是提昇鋰離子在 $Li_3V_2(PO_4)_3$ 粒子之間的傳導，提高複合材料的鋰離子擴散係數。

4.4.3.2　$Li_3V_2(PO_4)_3$ 的離子摻雜

採用金屬離子摻雜 $Li_3V_2(PO_4)_3$ 可以提高晶格內部的電子電導率和鋰離子在晶體內部的化學擴散係數，從而提高材料的室溫電導率，是近年來此類研究的發展方向。對於磷酸釩鋰材料來説，其可摻雜的位點主要有 Li 位、V 位和 PO_4

位，一般選擇一或兩個位點進行摻雜。摻雜提高 $Li_3V_2(PO_4)_3$ 性能的原因主要是：①通過摻雜穩定晶體結構，改善材料的循環性能；②通過摻雜離子半徑或荷電狀態不同的離子，使結構無序，產生無序效應，並以此獲得特殊的性質或改善性能。通常使用離子半徑較大的離子取代晶格中原有的離子，可以擴大材料的晶胞體積，使 Li—O 鍵被拉長，從而改善鋰離子在電極材料中的擴散性能，進而改善電極材料的充放電性能。此外，摻雜離子與被取代離子的價態不同，會使電極材料的晶體結構中出現缺陷，相應的形成 p 型或 n 型導電機製，改善材料的導電能力進而降低極化，提高了材料的電化學性能。目前已經報導的摻雜離子主要有 Na^+、K^+、Ni^{2+}、Mg^{2+}、Zn^{2+}、Ca^{2+}、Mn^{2+}、Mn^{3+}、Y^{3+}、Co^{3+}、Fe^{3+}、Al^{3+}、Sc^{3+}、Cr^{3+}、La^{3+}、Tm^{3+}、Sn^{4+}、Ce^{4+}、Ti^{4+}、Ge^{4+}、Zr^{4+}、Nb^{5+}、Ta^{5+}、Mo^{6+}、F^- 和 Cl^- 等。

例如，Li 位置的摻雜離子一般為同族（Na^+、K^+）或大小相近的離子（Ca^{2+}）。研究表明，適量 Na^+ 在 Li 位的摻雜顯著提昇了 $Li_3V_2(PO_4)_3$ 的電導率。Ca^{2+} 在 Li 位的摻雜降低了 $Li_3V_2(PO_4)_3$ 材料小倍率放電比容量，但大倍率性與循環穩定性都得到了提昇。V 位的摻雜主要是為了提供空穴，進而提昇材料的電導率。例如，Zn^{2+} 的摻雜不僅能提高 VO_6 八面體結構的穩定性，還能在循環的過程中減緩 c 軸與晶胞體積的膨脹對循環穩定性的影響；Mg^{2+} 摻雜可以顯著地改善 $Li_3V_2(PO_4)_3$ 材料的倍率性能，降低材料的極化，並提高循環穩定性；Fe 離子摻雜改善了 $Li_3V_2(PO_4)_3$ 材料在 3.0～4.8V 之間的循環性能；Co^{3+} 摻雜可以改善 $Li_3V_2(PO_4)_3$ 材料的電化學穩定性，並有助於提昇材料的循環穩定性；Nb^{5+} 摻雜可以使 $Li_3V_2(PO_4)_3$ 材料的晶胞擴大，有利於 Li 離子的嵌入和脫出。PO_4 位摻雜主要為鹵族元素的 F^- 和 Cl^-，研究表明 F^- 的摻雜能夠顯著提高 $Li_3V_2(PO_4)_3$ 的倍率性能，並且其電子電導率要比純相 Li_3V_2-$(PO_4)_3$ 高出兩個數量級。

4.4.4　不同形貌的 $Li_3V_2(PO_4)_3$

$Li_3V_2(PO_4)_3$ 粒子奈米化是提昇鋰離子擴散速率的有效方式。根據 Fick 定律 $t=L^2/D$（t 為 Li^+ 擴散時間，L 為擴散距離，D 擴散係數）。鋰離子擴散係數不變的情況下，鋰離子擴散時間與擴散距離的平方成正比。因此，通過形貌控製 $Li_3V_2(PO_4)_3$ 粒子的大小，能夠極大地縮短鋰離子擴散時間，提昇材料的倍率循環性能。

Wei 等採用一鍋法水熱合成了介孔 $Li_3V_2(PO_4)_3$/C 奈米線（LVP/C-M-NWs）複合物，如圖 4-18 所示。首先利用 V_2O_5 和草酸在去離子水中製備凝膠 VOC_2O_4，然後加入 Li_2CO_3 和 $NH_4H_2PO_4$ 的混合溶液，形成帶負電荷的親水

且均勻的 $Li_3V_2(PO_4)_3$ 膠體表面，然後加入溴化十六烷基三甲銨（CTAB）陽離子表面活性劑，利用庫侖力的作用捕捉帶負電荷的 $Li_3V_2(PO_4)_3$ 膠體，在溶液中形成膠團複合物。在水熱過程中，位於團聚複合物間隙的有機分子自組裝為中孔。同時，自組裝的有機表面活性劑和水解的 $Li_3V_2(PO_4)_3$ 膠體導致奈米線形貌的形成。在 5C 倍率、3～4.3V 之間循環時，3000 次循環後的容量保持率為 80%。即使是 10C 循環時，其可逆容量仍為理論容量的 88%。LVP/C-M-NWs 展示了優異的高倍率性能和超長的循環壽命，其原因來自於這種具有雙連續的電子/離子傳輸路徑、較大的電極-電解液接觸面積和鋰離子易嵌/脫的分級結構的介孔奈米線在電池循環過程中的優異結構穩定性。

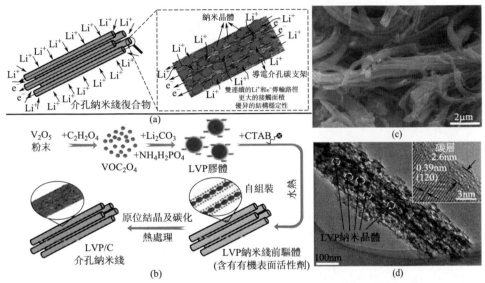

圖 4-18　具有雙連續的電子/離子傳輸路徑、較大的電極-電解液接觸面積和鋰離子易嵌/脫的介孔 $Li_3V_2(PO_4)_3$/C 奈米線複合物（LVP/C-M-NWs）的示意圖（a），LVP/C-M-NWs 的製備流程示意圖（b）、 SEM 圖（c）和 HRTEM 圖（d）

　　Li 等利用膠態晶體陣列（CCA）合成了三維有序多孔（3DOM）的 $Li_3V_2(PO_4)_3$/C 正極材料，如圖 4-19 所示。首先將甲基丙烯酸甲酯（MMA）聚合為直徑為 200nm 的單分散聚甲基丙烯酸甲酯（PMMA）膠體球，然後將 PMMA 倒入模型，乾燥後形成有序的陣列 CCA 模板。隨後利用傳統方法製備 $Li_3V_2(PO_4)_3$ 藍黑色凝膠前驅體。在真空環境中，將 $Li_3V_2(PO_4)_3$ 凝膠前驅體完全滲透到 CCA 模板中，50℃ 下乾燥後，隨後 350℃ 下在氫氣中燒結 4h 除去模板，最後 750℃ 下在氫氣中燒結 6h，得到 3DOM 結構的 $Li_3V_2(PO_4)_3$/C 正極材料。測試結果表明，在 3.0～4.4V 之間循環時，其 0.1C 倍率時的可逆容量為 151mA·h·g^{-1}，

5C 時的容量為 $132\text{mA} \cdot \text{h} \cdot \text{g}^{-1}$，展示了高的可逆容量和優異的倍率性能。

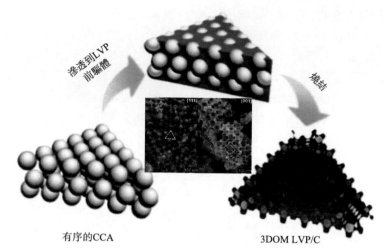

有序的CCA   3DOM LVP/C

圖 4-19　三維有序多孔（3DOM）的 $Li_3V_2(PO_4)_3$/C 正極材料製備流程示意圖及其 SEM 圖

Liang 等合成了三明治形狀的 $Li_3V_2(PO_4)_3$/C 材料，碳粒子直徑在 200～300nm 並且均勻地分佈在 $Li_3V_2(PO_4)_3$ 片層之間形成三明治結構從而形成導電層，並且為 $Li_3V_2(PO_4)_3$ 在充電過程中留有充足的體積變化空間，材料具有很好的循環穩定性。

盡管 $Li_3V_2(PO_4)_3$ 在鋰離子電池的應用時間遠遠短於 $LiCoO_2$、$LiMn_2O_4$ 和 $LiFePO_4$，還停留在產品實驗的初級階段，需要經歷一個由小到大的發展過程，所以目前不可能成為動力型鋰離子電池的主流正極材料。但是隨着其研究的不斷深入，$Li_3V_2(PO_4)_3$ 作為一種高電勢的正極材料，以其毒性較小、成本較低、擴散係數高、比容量高及穩定性能好等顯著特點，是動力鋰電池正極材料的發展趨勢，有望成為下一代鋰離子電池的首選正極材料，有效地解決電動車用化學電源的技術瓶頸，從而使鋰離子電池成為更有競爭力的動力電池。隨着對這類材料研究的深入及逐步走向應用，$Li_3V_2(PO_4)_3$ 將會形成能源材料及化學電源界新的研究熱點。

4.5　焦磷酸鹽正極材料

焦磷酸鹽 $[Li_2Fe(Mn、Co)P_2O_7]$ 正極材料由於具有高的電壓平臺成為近期的熱點。$Li_2FeP_2O_7$ 屬於空間群 $P2_1/c$，其結構如圖 4-20 所示。Fe 原子占據

3 個結晶位，Fe 原子將 Fe 1 位完全充滿，餘下的 Fe 原子將 Fe 2 位和 Fe 3 位占據，Fe 1 位於八面體 FeO_6 的角上，而 Fe 2 和 Fe 3 位於彎曲的 FeO_5 的錐角上，Li 原子位於四面體的 LiO_4 和三角雙錐體的 LiO_5 角上。由於 Li^+（0.76Å，六配位）的半徑與 Fe^{2+}（0.78Å，六配位，高自旋）的半徑相近，因此 $Li_2FeP_2O_7$ 可以看作一個富含 Li-Fe 反位缺陷的混亂焦磷酸體系，堆積的結構形成一個沿着 bc 平面的類似兩維網狀空間結構，結構中的磷酸基對材料本身起到穩定框架的作用，為 Li^+ 的嵌脫提供了通道。與橄欖石結構 $LiFePO_4$ 的一維通道不同，$Li_2FeP_2O_7$ 理論上具有更高的鋰離子遷移速率。

$Li_2FeP_2O_7$ 能夠實現一個鋰離子充放電，比容量達到 $110mA \cdot h \cdot g^{-1}$，平臺電壓達到 3.5V，在所有含 Fe 的磷酸鹽正極材料中電勢最高。如圖 4-20 所示，理論上，$Li_2FeP_2O_7$ 化合物能夠實現 2 個電子傳導反應（Fe^{2+}/Fe^{3+} 和 Fe^{3+}/Fe^{4+}）。第一性原理計算表明其第 2 個電子傳導反應發生在較高的電勢 5.2V，理論容量可達 $220mA \cdot h \cdot g^{-1}$。

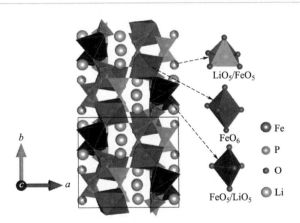

圖 4-20　$Li_2FeP_2O_7$ 的晶體結構

與 $LiFeSiO_4$ 正極材料相似，$Li_2FeP_2O_7$ 的首次充電平臺與第二次充電平臺存在少量的電壓降，可能是由於在首次充電鋰離子脫出的過程中，晶體結構發生了重排而改變了 LiO_5 和 FeO_5 的占位，使充放電過程中晶體結構發生了不可逆變化，形成了更加穩定的結構而導致電壓平臺下降。

2010 年 Adam 等在 650℃ 下採用固相法合成了 $Li_2MnP_2O_7$，研究發現它屬於單斜晶系，晶胞體積 $V = 1063.1Å^3$。隨後，Nishimura 等在更低的溫度下（400～500℃）合成了一種新型的 β-$Li_2FeP_2O_7$ 材料，盡管同樣屬於單斜晶系，但是其晶胞體積僅為 $531.81Å^3$，與之前發現的有很大差別。$Li_2MnP_2O_7$ 的電化學

活性較低，但是 $Li_2Mn_xFe_{1-x}P_2O_7$ 具有較好的電化學活性。$Li_2Mn_xFe_{1-x}P_2O_7$ 的放電平臺大約在 4.3V，遠遠高於單一的 $Li_2FeP_2O_7$ 的平臺 3.5V。但是，隨着 Mn 的增加，導致容量逐漸地減少。

　　$Li_2CoP_2O_7$ 屬於單斜晶系，Co 晶格占位與 $Li_2FeP_2O_7$ 的 Fe 占位相同，具有類似的結構，電壓平臺約為 4.8V，電化學活性也相對較低。

4.6　氟磷酸鹽正極材料

　　$LiFePO_4F$ 屬於三斜晶系，空間群為 P_{-1}，水磷鋰鐵石構型。由於 Fe^{3+}/Fe^{4+} 電勢較高，在現有電解液體系下，Li^+ 不容易從 $LiFePO_4F$ 中脫出，但是 Li^+ 却很容易嵌入其中，形成單相的 Li_2FePO_4F（$LiFePO_4F$ 與 $LiAlH_4$ 或 BuLi 發生還原反應）。嵌鋰後形成的 Li_2FePO_4F 與 $LiFePO_4F$ 相比，晶型結構為略微擴充的水磷鋰鐵石型，鋰離子的嵌入引起晶胞體積增大 7.9%。在 PO_4 正四面體及 FeO_4F_2 正八面體形成的三維立體結構中，Li^+ 優先在 [100] 與 [010] 兩個晶向上傳遞。

　　$LiVPO_4F$ 是第一個被報導作為鋰離子電池正極材料的氟磷酸鹽化合物，屬於三斜晶系，屬於 P_{-1} 空間群，與天然礦 $LiFePO_4OH$（tavorite 型）、鋰磷鋁石（$LiAlPO_4F_xOH_{1-x}$）是同構型的。其結構是建立在磷氧四面體和氧氟次格子上的三維框架，每個 V 原子與 4 個 O 原子和 2 個 F 原子相連，F 原子位於 VO_4F_2 八面體頂部，該結構中有 2 個晶體位置可使 Li^+ 嵌入，如圖 4-21 所示。在這個三維網路結構中，鋰原子分別占據了兩種不同的間隙位置。因為 PO_4^{3-} 聚陰離子的強誘導效應降低了過渡金屬氧化還原對的能量從而產生相對高的工作電壓（4.3V）。除此之外，F 原子的誘導效應也會產生積極的影響，也就是説 V—F 鍵是非常穩定的，使得 $LiVPO_4F$ 擁有穩定的結構而不受鋰離子嵌入脫出的影響。Dahn 等發現脫鋰態 $LiVPO_4F$ 的熱穩定性比脫鋰態的 $LiFePO_4$ 要優越，説明這種物質是目前熱穩定性最好的正極材料之一。由此可見，基於聚陰離子型的 $LiVPO_4F$ 正極材料是一種有潛力待開發的動力鋰離子電池的正極材料，有望成為下一代鋰離子電池正極材料而被商業化。

　　$LiVPO_4F$ 的嵌脫鋰過程是一個兩相機理，中子衍射和 X 射線衍射的結構精修確定了 $LiVPO_4F$、VPO_4F 和 Li_2VPO_4F 三種純單相的結構模型。VPO_4F 和 Li_2VPO_4F 屬於單斜晶系（空間群 C2/c），它們的結構有很大的相關性。但是，Li_2VPO_4F 的 NMR 研究表明，2 個 Li 的空間位置是有明顯區別的。到目前為止，$LiVPO_4F$ 的合成方法主要有碳熱還原法、溶膠-凝膠法、離子交換法和水熱

法，但以碳熱還原法為主。由於 $LiVPO_4F$ 也存在本徵電子電導率低的問題，電子電導率低會使材料的極化增大，平均電壓降低，可逆容量增大等。改善 $LiVPO_4F$ 的性能的手段主要包括碳包覆和摻雜等。碳包覆可以提高 $LiVPO_4F$ 的電導率；摻雜則是運用離子，例如 Al^{3+}、Cr^{3+}、Y^{3+}、Ti^{4+} 及 Cl^- 等，分別替代結構中的 V 和 F 來提高本徵材料的離子電導率，從而使獲得的鋰離子電池正極材料性能更加優良。

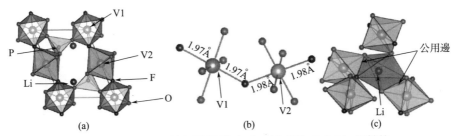

圖 4-21　$LiVPO_4F$ 的晶體結構（a），$LiVPO_4F$ 中 V—F 鍵的
鍵長（b）和 LiO_4F 的局部環境及 VO_4F_6 八面體（c）

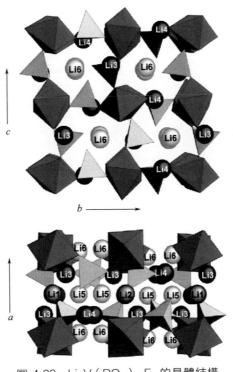

圖 4-22　$Li_5V(PO_4)_2F_2$ 的晶體結構

$Li_5V(PO_4)_2F_2$ 為層狀單斜晶格結構，空間構型為 $P2_1/c$，鋰離子傳輸路徑為沿 a 軸方向的一維路徑與沿（100）晶面的二維路徑，這兩種傳輸路徑交叉形成三維的傳輸通道，有利於 Li^+ 的嵌入/脫出，如圖 4-22 所示。Nazar 等首先用高溫固相法合成的層狀 $Li_5V(PO_4)_2F_2$ 正極材料，電化學測試表明，第一個 Li^+ 脫出對應的充電電位平臺為 $4.15V$，充電比容量為 $80\sim90mA\cdot h\cdot g^{-1}$，即一個 V^{3+} 被氧化成 V^{4+}，與理論值 $86mA\cdot h\cdot g^{-1}$ 相一致，此過程在高倍率下充放電可逆性較好；第二個 Li^+ 脫出對應的充電電位平臺為 $4.65V$，總的充電比容量為 $162mA\cdot h\cdot g^{-1}$，接近理論值 $170mA\cdot h\cdot g^{-1}$，這時 V^{4+} 被氧化為 V^{5+}，但此過程的可逆性較差，可能的原因有兩方面：①V^{5+} 的存在造成 VO_6 正八面體結構不穩定；②電解液在 $5.00V$ 高電位下發生氧化分解。而 $Li_3V_2(PO_4)_3$ 材料在三個 Li^+ 可逆嵌脫時可逆性相對較好，這可能與 V^{5+} 在全脫鋰態分子中所占的比重較小有關。

參考文獻

[1] Ellis B L, Lee K T, Nazar L F. Positive electrode materials for Li-ion and Li-batteries. Chem Mater, 2010, 22（3）: 691-714.

[2] Zhu Y R, Xie Y, Zhu R S, Shu J, Jiang L J, Qiao H B, Yi T F. Kinetic study on LiFePO4 positive electrode material of lithium ion battery. Ionics, 2011, 17（5）: 437-441.

[3] Yi T F, Li X Y, Liu H, Shu J, Zhu Y R, Zhu Rongsun. Recent developments in the doping and surface modification of LiFePO4 as cathode material for power lithium-ion battery. Ionics, 2012, 18（6）: 529-539.

[4] Andersson A S, Thoms J O. The source of first-cycle capacity loss in LiFePO4. J Power Sources, 2001, 97-98: 498-502.

[5] Zeng G B, Caputo R, Carriazo D, Luo L, Niederberger M. Tailoring two polymorphs of LiFePO4 by efficient microwaveassisted synthesis: a combined experimental and theoretical study. Chem Mater, 2013, 25（17）: 3399-3407.

[6] Qian J F, Zhou M, Cao Y L, Ai X P, Yang H X. Template-free hydrothermal synthesis of nanoembossed mesoporous LiFePO4 microspheres for high-performance lithium-ion batteries. J. Phys. Chem. C, 2010, 114（8）: 3477-3482.

[7] Yonemura M, Yamada A, Takei Y, Sonoyama N, Kanno R. Comparative kinetic study of olivine Li$_x$MPO4（M=Fe、Mn）. J Electrochem Soc, 2004, 151:

A1352-A1356.

[8] Chung S Y, Bloking J T, Chiang Y M. Electronically conductive phosphoo-livines as lithium storage electrodes. Nature Mater, 2002, 1: 123-128.

[9] Padhi A K, Nanjundaswamy K S, Goodenough J B. Phospho-olivines as positive-electrode materials for rechargeable lithium batteries. JElectrochem Soc , 1997, 144 (4): 1188-1194.

[10] Chen G, Richardson T J. Solid solution phases in the olivine-type $LiMnPO_4/MnPO_4$ system. J Electrochem Soc, 2009, 156 (9): A756-A762.

[11] Li G H, Azuma H, Tohda M. $LiMnPO_4$ as the cathode for lithium batteries. Electrochem Solid-State Lett, 2002, 5 (6): A135-A137.

[12] Bakenov Z, Taniguchi I. Physical and electrochemical properties of $LiMnPO_4/$ C composite cathode prepared with different conductive carbons. J Power Sources, 2010, 195: 7445-7451.

[13] Fan J, Yu Y, Wang Y, Wu Q, Zheng M, Dong Q. Nonaqueous synthesis of nano-sized $LiMnPO_4@C$ as a cathode material for high performance lithium ion batteries. Electrochim. Acta, 2016, 194: 52-58.

[14] Wang L, Zuo P, Yin G, Ma Y, Cheng X, Du C, Gao Y. Improved electrochemical performance and capacity fading mechanism of nano-sized $LiMn_{0.9}Fe_{0.1}PO_4$ cathode modified by polyacene coating. J Mater Chem A, 2015, 3: 1569-1579.

[15] Nithya C, Thirunakaran R, Sivashanmugam A, Gopukumar S. $LiCo_xMn_{1-x}PO_4/C$: a high performing nanocomposite cathode material for lithium rechargeable batteries. Chem A-sian J, 2012, 7 (1): 163-168.

[16] Chen G Y, Richardson T J. Improving the performance of lithium manganese phosphate through divalent cation substitution. Electrochem Solid-State Lett, 2008, 11: A190-A194.

[17] Wang Y, Chen Y, Cheng S, He L. Improving electrochemical performance of $LiMnPO_4$ by Zn doping using a facile solid state method. Korean J Chem Eng, 2011, 28 (3): 964-968.

[18] Wang D, Buqa H, Crouzet M, Deghenghi G, Drezen T, Exnar I, Kwon N, Miners J H, Poletto L, Grätzel M. High-performance, nano-structured $LiMnPO_4$ synthesized via a polyol method. J Power Sources, 2009, 189: 624-628.

[19] Choi D, Wang D, Bae I, Xiao J, Nie Z, Wang W, Viswanathan V V, Lee Y J, Zhang J G, Graff G L, Yang Z, Liu J. $LiMnPO_4$ nanoplate grown via solid-state reaction in molten hydrocarbon for Li-ion battery cathode. Nano Lett, 2010, 10: 2799-2805.

[20] Yoo H, Jo M, Jin B S, Kim H S, Cho J. Flexible morphology design of 3d-macroporous $LiMnPO_4$ cathode materials for Li secondary batteries: Ball to Flake. Adv Energy Mater, 2011, 1: 347-351.

[21] 張英杰，朱子翼，董鵬，邱振平，梁慧新，李雪. $LiFePO_4$ 電化學反應機理、製備及改性研究新進展. 物理化學學報, 2017, 33 (6): 1085-1107.

[22] Sun Y, Lu X, Xiao R, Li H, Huang X. Kinetically controlled lithium-staging in delithiated $LiFePO_4$ driven by the Fe center mediated interlayer Li-Li interactions. Chem Mater, 2012, 24 (24): 4693-4703.

[23] Bramnik N N, Bramnik K G, Nikolowski K, Hintersteina M, Baehtzb

C, Ehrenberg H. Synchrotron diffraction study of lithium extraction from $LiMn_{0.6}Fe_{0.4}PO_4$. Electrochem Solid-State Lett, 2005, 8 (8): A379-A381.

［24］ 萬洋, 鄭蕎佶, 賈敦敏. 鋰離子電池正極材料磷酸錳鋰研究進展. 化學學報, 2014, 72: 537-551.

［25］ Wang C, Li S, Han Y, Lu Z. Assembly of $LiMnPO_4$ nanoplates into microclusters as a high-performance cathode in lithium-ion batteries. ACS Appl Mater Interfaces, 2017, 9 (33): 27618-27624.

［26］ Lei Z, Naveed A, Lei J, Wang J, Yang J, Nuli Y, Meng X, Zhao Y. High performance nano-sized $LiMn_{1-x}Fe_xPO_4$ cathode materials for advanced lithium-ion batteries. RSC Adv, 2017, 7: 43708-43715.

［27］ Bao L, Xu G, Wang J, Zong H, Li L, Zhao R, Zhou S, Shen G, Han G. Hydrothermal synthesis of flower-like $LiMnPO_4$ nanostructures self-assembled with (010) nanosheets and their application in Li-ion batteries. Cryst Eng Comm, 2015, 17: 6399-6405.

［28］ Bao L, Xu G, Zeng H, Li L, Zhao R, Shen G, Han G, Zhou S. Hydrothermal synthesis of stamen-like $LiMnPO_4$ nanostructures self-assembled with [001]-oriented nanorods and their application in Li-ion batteries. Cryst Eng Comm, 2016, 18: 2385-2391.

［29］ Xie Y, Yu H T, Yi T F, Zhu Y R. Understanding the thermal and mechanical stabilities of olivine-type $LiMPO_4$ (M= Fe、Mn) as cathode materials for rechargeable lithium batteries from first-principles. ACS Appl Mater Interfaces, 2014, 6 (6): 4033-4042.

［30］ Yi T F, Fang Z K, Xie Y, Zhu Y R,

Dai C. Band structure analysis on olivine $LiMPO_4$ and delithiated MPO_4 (M=Fe、Mn) cathode materials. J Alloys Compd, 2014, 617: 716-721.

［31］ 朱彥榮, 謝穎, 伊廷鋒, 曾媛苑, 諸榮孫. 鋰離子電池正極材料 $LiMnPO_4$ 的電子結構. 無機化學學報, 2013, 29 (3): 523-527.

［32］ Truong Q D, Devaraju M K, Tomai T, Honma I. Direct observation of antisite defects in $LiCoPO_4$ cathode materials by annular dark-and bright-field electron microscopy. ACS Appl Mater Interfaces, 2013, 5 (20): 9926-9932.

［33］ Jähne C, Neef C, Koo C, Meyer H P, Klingeler R. A new $LiCoPO_4$ polymorph via low temperature synthesis. J Mater Chem A, 2013, 1: 2856-2862.

［34］ Kreder Ⅲ K J, Assat G, Manthiram A. Microwave-assisted solvothermal synthesis of three polymorphs of $LiCoPO_4$ and their electrochemical properties. Chem Mater, 2015, 27 (16): 5543-5549.

［35］ Masquelier C, Croguennec L. Polyanionic (phosphates, silicates, sulfates) frameworks as electrode materials for rechargeable Li (or Na) batteries. Chem Rev, 2013, 113 (8): 6552-6591.

［36］ Saïdi M Y, Barker J, Huang H, Swoyer J L, Adamson G. Performance characteristics of lithium vanadium phosphate as a cathode material for lithium-ion batteries. J Power Sources, 2003, 119-121: 266-272.

［37］ 戴長鬆, 王福平, 劉靜濤, 王殿龍, 胡信國. $Li_3V_2(PO_4)_3$ 的溶膠-凝膠合成及其性能研究. 無機化學學報, 2008, 24 (3): 381-387.

［38］ 應皆榮, 姜長印, 唐昌平, 高劍, 李

維，萬春榮. 微波碳熱還原法製備 Li_3V_2 $(PO_4)_3$ 及其性能研究. 稀有金屬材料與工程，2006，35（11）：1792-1796.

[39]　Liu C，Massé R，Nan X，Cao G. A promising cathode for Li-ion batteries：Li_3V_2（PO_4）$_3$. Energy Storage Materials，2016，4：15-58.

[40]　張廣明，周國江. 磷酸釩鋰正極材料的研究進展. 化學工程師，2017，4：51-54.

[41]　Wei Q，An Q，Chen D，Mai L，Chen S，Zhao Y，Hercule K M，Xu L，Khan A M，Zhang Q. One-pot synthesized bicontinuous hierarchical Li_3V_2（PO_4）$_3$/C mesoporous nanowires for high-rate and ultralong-life lithium-ion batteries. Nano Lett，2014，14（2）：1042-1048.

[42]　Li D，Tian M，Xie R，Li Q，Fan X，Gou L，Zhao P，Ma S，Shi Y，Hua Yong H T. Three-dimensionally ordered macroporous Li_3V_2（PO_4）$_3$/C nanocomposite cathode material for high-capacity and high-rate Li-ion bat-

teries. Nanoscale，2014，6：3302-3308.

[43]　Blidberg A，Häggström L，Ericsson T，Tengstedt C，Gustafsson T，Björefors F. Structural and electronic changes in $Li_2FeP_2O_7$ during electrochemical cycling.Chem Mater，2015，27（11）：3801-3804.

[44]　Bamine T，Boivin E，Boucher F，Messinger R J，Salager E，Deschamps M，Masquelier C，Croguennec L，Ménétrier M，Carlier D. Understanding local defects in li-ion battery electrodes through combined DFT/NMR studies：application to LiVPO$_4$F. J Phys Chem C，2017，121（6）：3219-3227.

[45]　Makimura Y，Cahill L S，Iriyama Y，Goward G R，Nazar L F. Layered Lithium Vanadium Fluorophosphate，Li_5V（PO_4）$_2F_2$：A 4V class positive electrode material for lithium-ion batteries. Chem Mater，2008，20（13）：4240-4248.

第5章

矽酸鹽正極材料

矽元素的地殼豐度高、環境友好和結構穩定性高等優點，使得矽酸鹽成為一種潛在的鋰離子電池正極材料。聚陰離子型正矽酸鹽材料的通式為 Li_2MSiO_4（M＝Mn、Fe、Co、Ni），強 Si—O 鍵使得材料具有優異的安全性，且理論上允許兩個 Li^+ 可逆嵌脫（$M^{2+} \longrightarrow M^{4+}$ 氧化還原對），具有 $300mA \cdot h \cdot g^{-1}$ 以上的理論容量。因此，矽酸鹽正極材料具有突出的理論容量和優異的安全性能使其在大型鋰離子動力蓄電池領域具有較大的潛在應用價值。

5.1 矽酸鐵鋰

2000 年，Armand 等首先提出了正矽酸鹽作為鋰離子蓄電池正極材料的想法。他們以 FeO 和 Li_2SiO_3 為原料，球磨後在 800℃燒結 4h 得到了 Li_2FeSiO_4 材料。但是，由於其電化學性能不是很理想，因此未能得到人們的重視。然而，關於 Li_2FeSiO_4 正極材料研究的正式報導始於 2005 年，Nytén 等通過高溫固相法製備了 Li_2FeSiO_4 材料，測得初始充電容量約為 $165mA \cdot h \cdot g^{-1}$。與傳統的鋰離子電池正極材料 $LiCoO_2$、$LiNiO_2$ 和 $LiMn_2O_4$ 相比，Li_2FeSiO_4 具有價格低、環境友好、安全、電化學穩定等優點，再加上 Li_2FeSiO_4 理論上可以進行兩個鋰離子的脫嵌，具有很高的比容量，這使得矽酸亞鐵鋰正極材料迅速成為被關注的焦點。

5.1.1 矽酸鐵鋰的結構

由於在實際製備過程中很難得到單一相的 Li_2FeSiO_4 樣品，所以 Li_2FeSiO_4 的結構仍存在爭議。2005 年，Nytén 等通過固相反應，在 750℃反應 24h 首次合成了 Li_2FeSiO_4/C 正極材料。利用 Rietveld 精修、XRD 確立其結構類型：Li_2FeSiO_4 材料與 Li_3PO_4 是同構的，屬於正交結構，晶胞參數為 $a=6.2661(5)$ Å，$b=5.3295(5)$ Å，$c=5.0148(4)$ Å，空間群為 Pmn2$_1$。但是，2008 年，Nishimura 等對 Nytén 的結構類型提出了質疑，認為分析和結構模型本身都存在三個主要的問題：①樣品中含有一定量的 Li_2SiO_3 雜質；②存在大量的未知衍射

峰；③Li—Si 間距太短。為了解決這些問題，Nishimura 等在 800℃ 下製備了高質量的 Li_2FeSiO_4 樣品。利用高分辨率的同步 XRD（HR-XRD）進行表徵，得出了 Li_2FeSiO_4 的晶體結構。認為其屬於單斜晶系，空間群為 P2₁，晶胞參數 $a=8.22898(18)$Å，$b=5.02002(4)$Å，$c=8.23335(18)$Å。2010 年，Sirisopanaporn 等通過電子顯微鏡（EMS）、X 射線衍射（XRD）、中子衍射（ND）、電感耦合等離子體原子發射光譜（ICP-AES）和穆斯堡爾譜對固相法製備的 Li_2FeSiO_4 進行表徵，確立了一種新的 Li_2FeSiO_4 晶體結構。認為這種結構與 Li_2CdSiO_4 同構，如表 5-1 所示。

表 5-1　不同溫度下製備的 Li_2FeSiO_4 結構的晶胞參數

樣品	$a/$Å	$b/$Å	$c/$Å	晶體結構	空間群
LFS@750	6.2661(5)	5.3295(5)	5.0148(4)	正交晶系	Pmn2₁
LFS@800	8.22898(18)	5.02002(4)	8.23335(18)	單斜晶系	P2₁
LFS@900	6.2836(1)	10.6572(1)	5.0386(1)	正交晶系	Pmnb

　　Li_2FeSiO_4 的結構與合成製備條件，特別是合成溫度密切相關。在不同製備條件下，合成的產物結構不盡相同。圖 5-1 為不同空間群的 Li_2FeSiO_4 晶體結構圖。在較高溫度下，一般得到的是正交相 Li_2FeSiO_4，空間群為 Pmn2₁。在該結構中，所有陽離子都以四面體配位形式存在，其結構可以看成是 [SiMO₄] 層沿著 ac 面無限展開，每一個 SiO₄ 與四個相鄰的 MO₄ 共點。鋰離子位於兩個 [SiMO₄] 層之間的四面體位置，且每一個 LiO₄ 四面體中有三個氧原子處於同一 [SiMO₄] 層中，第四個氧原子屬於相鄰的 [SiMO₄] 層，LiO₄ 四面體沿著 a 軸共點相連，鋰離子在其中完成嵌入-脫出反應。與 $LiFePO_4$ 相比，Li_2FeSiO_4 結構中的 Li 在 b 軸形成共稜的連續直線鏈，並平行於 a 軸，從而使得鋰離子具有二維擴散特性。而在較低溫度（600～700℃）下合成的 Li_2FeSiO_4 的結構更符合單斜晶系的 P2₁ 空間群，在該結構中，氧原子形成有規律扭曲的四面體陣列，而陽離子則占據 1/2 的四面體位置。與正交晶系的結構相比，FeO₄ 和 SiO₄ 四面體同樣通過共點連接組成 $[SiFeO_4]_x$ 層，但是這兩種四面體的朝向不是相同的，如圖 5-2 所示。這樣，Li 和 Si 之間的距離就達到了一個合理長度。除正交和單斜兩種晶型外，在更高溫度（900℃）下製備的 Li_2FeSiO_4 屬於正交晶系的 Pmnb 空間群。

　　有研究表明，Li_2FeSiO_4 首次循環後，材料的放電平臺由 3.01V 降為 2.80V，隨後穩定在 2.7V 左右。原因可能是首次充放電過程中發生了離子的有序化重排，材料形成了更穩定的相。結構分析表明，在首次充放電過程中，晶體發生了結構的重組，部分占據 4b 位的鋰離子與占據 2a 位的鐵離子進行了互換，

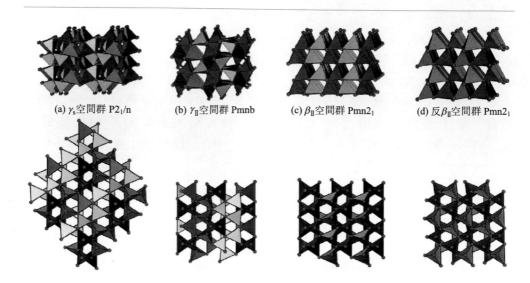

(a) γ_s空間群 P2₁/n   (b) γ_{II}空間群 Pmnb   (c) β_{II}空間群 Pmn2₁   (d) 反β_{II}空間群 Pmn2₁

圖 5-1 Li_2FeSiO_4 同質多形體結構的兩個正交視圖

（a）γ_s 結構（P2₁/n 空間群），該結構中一半四面體的指向與其他四面體相反，且其包含具有共享邊的 LiO_4/FeO_4 和 LiO_4/LiO_4 四面體；（b）γ_{II}結構（Pmnb 空間群），該結構中三個具有共享邊的四面體按照 Li-Fe-Li 的次序排列；（c）β_{II}結構（Pmn2₁ 空間群），在該結構中所有四面體具有相同的朝向且垂直於密度積平面，不同的四面體之間通過共享頂點連接，沿 a 軸的 LiO_4 鏈與 FeO_4 和 SiO_4 交替排列的四面體鏈相互平行；（d）反 β_{II}結構（Pmn2₁ 空間群），在該結構中所有的四面體沿着 c 軸指向相同的方向，並且它們通過共享頂點連接。 SiO_4 四面體呈孤立分佈，它們分別與 LiO_4 和（Li/Fe）O_4 四面體通過頂點連接。

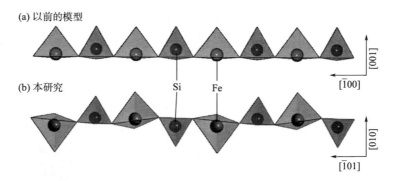

圖 5-2 Li_2FeSiO_4 單斜相 P2₁/n（a）與正交相 Pmn2₁（b）間的區別

4b 位置的 Li：Fe 從 96：4 變為 40：6，導致充電電壓平臺從 3.10V 降至 2.80V。這種陽離子混排在其他電池材料如橄欖石結構的 $LiFePO_4$ 中也有發生，

通常它會對鋰離子的一維擴散產生不利影響。密度泛函理論（DFT）研究發現，Li_2FeSiO_4 材料具有半導體屬性，其帶隙寬度為 0.15eV，而其脫鋰態化合物 $LiFeSiO_4$ 的態密度數據說明材料為絕緣體（帶隙寬度為 1.10eV），這也直接解釋了材料在室溫下首次循環後性能變差的原因。但是，由於 Li_2FeSiO_4 具有二維離子擴散特性，因此陽離子混排對鋰離子的擴散影響甚微，反而有利於晶體結構由亞穩態向穩態轉變，從而保持長時間循環的穩定性。因此，正常情況下的電化學反應為：

$$Li_2FeSiO_4 \Longrightarrow LiFeSiO_4 + Li^+ + e \tag{5-1}$$

一般認為 Li_2FeSiO_4 化合物中的 Fe 只存在 2 種價態過渡金屬離子（Fe^{2+} 和 Fe^{3+}），只能有 1 個 Li^+ 可以進行脫嵌，其理論容量為 166mA·h·g^{-1}。但是，Zhong 等利用第一性原理計算表明，基於單斜晶系 $P2_1$ 空間群的 Li_2FeSiO_4 分子中的第 2 個 Li^+ 可以在 4.6V（vs. Li^+/Li）進行可逆脫嵌，並且這一結論得到 Manthiram 組的驗證，其理論容量可達 330mA·h·g^{-1} 左右，此時的反應式為：

$$LiFeSiO_4 \Longrightarrow Li_{1-x}FeSiO_4 + xLi^+ + xe \tag{5-2}$$

兩個鋰脫出之間高的電位差來源於 Fe^{3+} 穩定的 $3d^5$ 半充滿電子結構，因此從 $LiFeSiO_4$ 中脫出剩下的一個鋰是非常困難的。Li_2FeSiO_4 在充放電循環過程中，鋰離子在 $LiFeSiO_4$ 和 Li_2FeSiO_4 兩相之間轉移，這是兩相共存的過程，對應 Fe^{3+}/Fe^{2+} 的相互轉換。兩相之間的晶胞體積相差只有 1％左右，說明在充放電過程中 Li_2FeSiO_4 的體積變化很小，不至於造成顆粒變形和破裂，從而顆粒與顆粒、顆粒與導電劑之間的電接觸在充放電過程中不會受到破壞。聚陰離子型材料的三維框架結構，使得該材料具有較好的循環性能。另外，Li_2FeSiO_4 的充電產物與反應時間和弛豫狀態密切相關，如圖 5-3 所示。在 0.02C 的低倍率充電時，得到的產物 $LiFeSiO_4$ 為穩定的正交相；而在 0.1C 的較高倍率時得到的是亞穩態的單斜相 $LiFeSiO_4$。這是由於在較低的充電倍率下，中間相產物有較長的弛豫時間，可以進行部分陽離子移位從而轉化為穩定的正交結構。

Eames 等使用密度泛函理論（DFT）系統地研究了矽酸亞鐵鋰的 4 種晶態 $Pmn2_1$、$P2_1/n$、$Pmnb$ 和 $Pmn2_1$-循環（經循環轉變結構）在充放電循環過程中電壓和結構變化。測試結果顯示，不同晶態結構的矽酸亞鐵鋰首次充電過程中，不同的電壓平臺與 Li_2FeSiO_4 轉變為 $LiFeSiO_4$ 時所需脫離能量變化有關，具體表現在轉變過程中，陽離子間的靜電排斥與四面體結構的混亂發生相互對抗，因而不同晶態，電壓平臺不同。$Pmn2_1$ 晶構中，當 Li_2FeSiO_4 轉變為 $LiFeSiO_4$ 時，體積增大 4.2％，四面體 SiO_4 和 LiO_4 中，系統中的四面體混亂度和靜電排斥在能量和對抗方面最高，因而導致其初始電壓平臺最高，為 3.10V；$P2_1/n$ 晶構中，SiO_4 與 O—O 共價網狀結構和 LiO_4 導致能量最小；$Pmnb$ 晶構中，Li—Fe

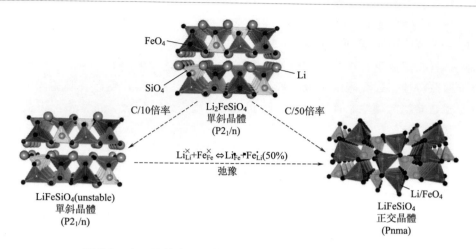

FeO$_4$

SiO$_4$

Li

C/10倍率

C/50倍率

Li$_2$FeSiO$_4$
單斜晶體
(P2$_1$/n)

$Li^{\times}_{Li}+Fe^{\times}_{Fe} \Leftrightarrow Li^{.}_{Fe}+Fe^{.}_{Li}(50\%)$
弛豫

LiFeSiO$_4$(unstable)
單斜晶體
(P2$_1$/n)

Li/FeO$_4$

LiFeSiO$_4$
正交晶體
(Pnma)

圖 5-3　在不同倍率下充放電後 Li$_2$FeSiO$_4$ 材料結構的變化

和 Fe—Fe 間的間隙比 P2$_1$/n 的小，為四種晶構中離子變形度最大；電壓平臺最小（2.90V）。Zhang 等採用密度泛函理論研究了原始空間群為 P2$_1$/n 的 Li$_2$FeSiO$_4$ 正極材料和其循環脫嵌產物（P2$_1$/n 循環和 Pmn2$_1$ 循環）在充放電過程中多鋰嵌脫機製。如圖 5-4 所示，結果表明，在單電子脫嵌過程中，充電電壓平臺由首次的 3.1V 變為之後循環的 2.83V，這種變化來源於材料由原始結構（Pmn2$_1$，P2$_1$/n 和 Pmnb）向循環結構（P2$_1$/n-循環和 Pmn2$_1$-循環）的轉變。多電子脫嵌中，首次充電路徑的不同選擇會導致充電平臺出現差異：Li$_2$FeSiO$_4$ 由結構 P2$_1$/n 經中間態 LiFeSiO$_4$（P2$_1$/n-循環）再轉變為 Li$_{0.5}$FeSiO$_4$（P2$_1$/n-循環），電壓平臺為 4.78V；P2$_1$/n 結構的 LiFeSiO$_4$ 直接變為 Li$_{0.5}$FeSiO$_4$（P2$_1$/n-循環），此時電壓平臺為 4.3V。而之後的充電過程中，電壓平臺只以 4.78V 出現。

　　另外，由於 Li$_2$FeSiO$_4$ 的氧化還原電位較低，材料暴露於空氣中將發生化學脫鋰過程。廈門大學楊勇等對 Li$_2$FeSiO$_4$ 儲存性能的研究表明，隨着在室溫空氣中儲存時間的延長，其體相結構發生明顯變化，對稱性由 P2$_1$/n 轉變為 Pnma。與之相應，材料的電化學性能也發生顯著變化，主要表現在首次充電過程中 3.2V 平臺容量的衰減，對應於化學氧化脫鋰過程，空氣中儲存後的 Li$_2$FeSiO$_4$ 通過高溫退火後，其結構和性能可以得到恢復。Nytén 等採用現場光電子能譜（PES/XPS）對 Li$_2$FeSiO$_4$ 的穩定性和表面性質研究發現，材料在空氣中暴露，表面會形成 Li$_2$CO$_3$ 等碳酸鹽物質，說明發生了化學氧化脫鋰的過程。

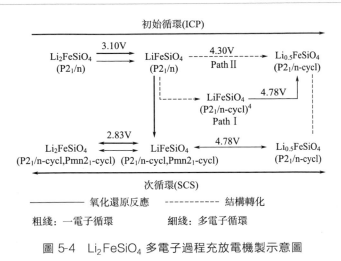

圖 5-4　Li_2FeSiO_4 多電子過程充放電機製示意圖

5.1.2　矽酸鐵鋰的合成

Li_2FeSiO_4 常見的合成方法主要有固相法、溶膠-凝膠法、水熱法、微波合成法、溶劑熱法、燃燒法等。

（1）固相法

固相法就是將稱量的原材料充分混合後，利用高溫燒結得到目標產物的合成方法。其具有製備工藝簡單、易實現工業化等優點。但合成材料的晶粒大，分佈不均勻，並且需要較高的合成溫度、較長的反應時間和使用保護氣。Nytén 等首次成功合成出純相的 Li_2FeSiO_4 材料。在實驗中，選擇 $FeC_2O_4 \cdot 2H_2O$ 和 Li_2SiO_3 為原料，將其分散在丙酮中，充分混合後加入 10（質量分數）％的碳凝膠研磨；丙酮揮發完後；再將混合物加熱到 750℃反應 24h，期間不斷通入 CO/CO_2 氣體（50/50）來抑製 Fe^{2+} 氧化。製備的樣品在 60℃、2.0～3.7V 電壓區間內進行充放電測試。首次充電的容量為 $165mA \cdot h \cdot g^{-1}$，幾次循環後基本穩定在為 $140mA \cdot h \cdot g^{-1}$，表現出良好的容量性能。

（2）溶膠-凝膠法

溶膠-凝膠法是將原材料在液相下均勻混合，經過水解與縮合等化學反應後，形成穩定、透明的溶膠，再經過一段時間聚合形成凝膠，最後將得到的凝膠進行乾燥和燒結製備齣目標產物的合成方法。與固相法相比，該方法製備的材料主要有以下特點：具有分佈均勻、粒徑小、反應易控等優點，但是過程複雜、耗時。Dominko 等首先將乙酸鋰、二氧化矽、檸檬酸和乙二醇溶於水中，經充分攪拌

2h 後加入檸檬酸鐵，攪拌 1h，維持一晚形成凝膠；然後將凝膠在 80℃乾燥至少 24h；最後將得到的粉末在 CO/CO_2 保護下加熱到 700℃，反應 1h，冷却到室溫後，得到 Li_2FeSiO_4/C 正極材料。材料在 C/20 倍率、2.0～3.8V 電壓下，前三次放電容量都高於 $120mA \cdot h \cdot g^{-1}$。Zhang 等選擇檸檬酸作碳源和錯合劑進行 Li_2FeSiO_4/C 的製備。向 CH_3COOLi 與 Fe（NO）$_3$ 混合溶液中慢慢加入飽和檸檬酸溶液，待充分攪拌後，將溶液轉移到盛有 TEOS-乙醇的回流系統中，80℃回流至少 12h。然後將得到的透明綠色溶液於 75℃蒸乾，100℃進行真空乾燥。最後在氫氣保護下，700℃煅燒 12h，得到 Li_2FeSiO_4/C 正極材料。材料在 C/16 倍率、1.5～4.8V 電壓下，測得最大放電容量為 $153.6mA \cdot h \cdot g^{-1}$，80 次循環後，容量保持率為 98.3％。

（3）水熱法

水熱法指在密封的高溫高壓反應容器內，在水體系下進行的化學反應。該方法易製得純相的材料，不過設備要求高、技術難度大、成本比較高。Dippel 等在氫氣保護下，利用水熱法進行 Li_2FeSiO_4/C 材料的製備。首先將 0.01mol 二氧化矽加入到提前製備好的氫氧化鋰溶液內，磁力攪拌 5min，超聲水浴 30min；然後向上述混合液中慢慢加入氯化亞鐵溶液，攪拌 30min 後轉移到密封的反應釜中，於 180℃恒溫 12h，將得到的前驅體用去氧水沖洗幾次，於 120℃乾燥至少一晚。最後，為了增加產率，將前驅體與 15％（質量分數）的蔗糖在去氧水中攪拌 1h，直到水揮發完，將得到的粉末於 120℃乾燥至少一晚，600℃煅燒 6h，得到 Li_2FeSiO_4/C 正極材料。Dominko 等同樣利用水熱法製備出含有多種同質異構體的 Li_2FeSiO_4/C 樣品。在氫氣保護下，將原材料放在不銹鋼高壓釜中，分別在不同溫度（400℃、700℃、900℃）下加熱 6h，25℃下淬滅，然後稱取 1g 淬滅後得到的樣品與 1.3g 檸檬酸均勻混合，在 700℃下反應 6h，期間持續通入 CO/CO_2，最後慢慢冷却到室溫，得到目標產物。

（4）微波合成法

微波合成法是指在合成過程中，微波直接與反應物中的分子或離子耦合，利用偶極旋轉或離子傳導將能量傳給被加熱物，使反應體系快速獲得整體均勻加熱的一種合成方法。該方法縮短了燒結時間，節約了能源，符合環保的要求，目前已經應用到了鋰離子電池正極材料的合成中。Peng 等首次使用微波法製備 Li_2FeSiO_4/C 材料。首先將 Li_2CO_3、$FeC_2O_4 \cdot 2H_2O$、SiO_2 和 10％（質量分數）葡萄糖按一定的化學計量比溶解在丙酮中，充分球磨 6h，待丙酮揮發後，再球磨 0.5h，最後將得到的粉末分成兩部分且壓成球狀放入鋁坩堝中。在氫氣保護下，一部分 700℃燒結 20h；另一部分 700℃微波處理 12min。將分別得到的產物在 60℃、2.0～3.7V 的電壓、C/20 倍率下進行充放電性能測試。微波處理

後合成的材料表現出 $116.9mA \cdot h \cdot g^{-1}$ 的首次高放電容量，明顯高於傳統高溫固相法的 $103mA \cdot h \cdot g^{-1}$。

(5) 溶劑熱法

溶劑熱法是水熱法的發展。其利用分散在非水溶劑中反應物的溶解性、分散性及化學活性提高，在較低溫度下獲得產物的合成方法。該方法易於控製，能獲得高純度、均勻的奈米材料。Muraliganth 等採用微波溶劑熱法製備奈米結構的 Li_2FeSiO_4/C。以蔗糖作為碳源，將一定量的正矽酸四乙酯、氫氧化鋰、乙酸亞鐵溶於 $30mL$ 三乙二醇中，然後轉移到石英管中，密封。在微波處理過程中，$300℃$ 下反應 $20min$；在溶劑熱處理過程中，$300℃$ 下反應 $5min$，待反應物冷卻到室溫後將浮在其表面上的三乙二醇輕輕倒出，用丙酮清洗多次。最後加入 30%（質量分數）蔗糖，氫氣保護，$650℃$ 加熱 $6h$ 完成碳包覆。Li_2FeSiO_4/C 樣品表現出良好的倍率性能和循環穩定性。在室溫下，放電容量為 $148mA \cdot h \cdot g^{-1}$。

(6) 燃燒法

燃燒法是一種新型的製備正極材料的方法。該方法以可溶性的前驅體鹽（氧化劑）和燃料（最常見的是含碳化合物）之間的氧化還原反應為基礎。並且主要由燃料和氧化劑的類型，燃料與氧化劑的摩爾比，產物中逐漸形成的氣體的相對體積來控製。該方法具有低成本、快速、產率高和產物均勻的特點。Dahbi 等採用蔗糖輔助燃燒法製備了 Li_2FeSiO_4/C 材料。先將 $LiNO_3$、$Fe(NO_3)_3 \cdot 9H_2O$ 和 SiO_2 按化學計量比溶於最少量的水中，加入蔗糖後於 $120℃$ 加熱 $2h$ 揮發掉多餘的水，直到溶液達到糖漿似的黏稠度，並且變為棕色泡沫。繼續加熱，泡沫會無火焰自發的燃燒，最終變為棕黑色的粉末。最後將收集的粉末充分研磨後在 $800℃$ 加熱處理 $10h$，期間不斷通入 CO/CO_2（50/50）混合氣體以防止 Fe^{2+} 的氧化。在 $60℃$、$C/20$ 倍率、$1.8\sim4.0V$ 電壓下進行充放電測試，加入 $1.5mol$ 蔗糖的 Li_2FeSiO_4/C 樣品表現出最好的電化學性能、循環穩定性和倍率性能，放電容量為 $130mA \cdot h \cdot g^{-1}$，50 次循環後無容量衰退現象。

除此之外，一些新穎的方法也被應用到 Li_2FeSiO_4 材料的合成中。例如，Rangappa 等採用超臨界流體法合成了 Li_2FeSiO_4 奈米片，如圖 5-5 所示。在 $45℃$ 下 $0.02C$ 倍率時，首次容量為 $340mA \cdot h \cdot g^{-1}$，遠高於其他方法製備的正矽酸鹽材料，基本實現了第二個 Li^+ 的全部嵌脫（圖 5-5），20 次循環後容量仍在 $280mA \cdot h \cdot g^{-1}$ 左右。不同的合成方法各有其優點與缺點，因此優化 Li_2FeSiO_4 的合成仍然是相關研究工作的重點。

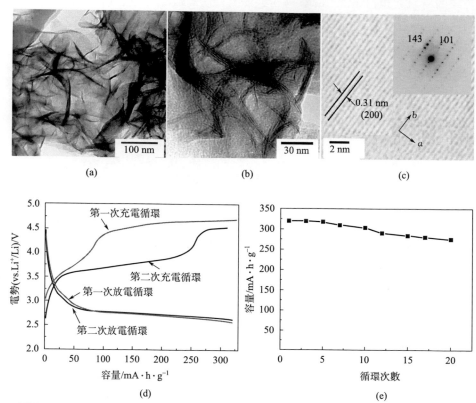

圖 5-5　Li_2FeSiO_4 奈米片的 TEM 圖（a），（b）；　Li_2FeSiO_4 奈米片的 HRTEM 圖
（插圖為 SAED）（c）；Li_2FeSiO_4 奈米片在 45℃、0.02C 倍率下的充放電曲線（d）；
Li_2FeSiO_4 奈米片的循環性能（e）

5.1.3　矽酸鐵鋰的改性

Li_2FeSiO_4 的室溫下其電子電導率約為 $6×10^{-14} S·cm^{-1}$，在 60℃ 時也僅
為 $2×10^{-12} S·cm^{-1}$，近似絕緣體。其部分脫鋰產物 $LiFeSiO_4$ 的帶隙與
Li_2FeSiO_4 相當，電導率較低。而且，鋰離子在 Li_2FeSiO_4 和 $LiFeSiO_4$ 兩相中
的擴散係數都很小。這些因素導致 Li_2FeSiO_4 材料的實際容量遠低於理論容
量，高倍率充放電性能很差，難以滿足實際應用的要求。因此，如何改善
Li_2FeSiO_4 材料的電子和離子傳輸性能，提高材料的倍率性能是該類材料能否
商業化的關鍵。與低電導率的材料類似，改進 Li_2FeSiO_4 材料的性能的手段主
要有以下 3 種。

5.1.3.1 矽酸鐵鋰材料的奈米化

Fan 等通過溶膠-凝膠的方法獲得了多孔的 Li_2FeSiO_4/C 正極材料。以 C/5 倍率在 $1.5\sim4.5V$ 電壓區間內進行充放電測試。首次放電容量較低，為 $134mA\cdot h\cdot g^{-1}$，190 次循環後，材料放電的容量昇高到 $155mA\cdot h\cdot g^{-1}$。這説明孔狀有利於電解液與活性材料表面接觸，減少鋰離子的遷移距離，提高了電化學循環性能和倍率性能。燕子鵬等採用溶膠-凝膠法合成出奈米的 Li_2FeSiO_4/C 正極材料。以抗壞血酸為碳源，添加聚乙二醇（PEG），通過 SEM 觀察到材料顆粒細小，粒徑約為 50nm。室溫下，在 $1.5\sim4.8V$ 電壓區間內，以 C/16 的倍率進行充放電測試，首次放電容量為 $138.2mA\cdot h\cdot g^{-1}$。Tao 等採用酒石酸輔助溶膠-凝膠法製備出多孔的 Li_2FeSiO_4/C 奈米材料。通過 XRD 測試得知材料中無雜質相產生，這説明酒石酸有利於製備高純相的樣品。在 0.5C 倍率、$1.5\sim4.8V$ 電壓下進行充放電測試，含碳量為 8.06％（質量分數）的 Li_2FeSiO_4/C 材料首次的放電容量為 $176.8mA\cdot h\cdot g^{-1}$。Huang 等採用噴霧乾燥與固相法結合的方式，合成出球狀的 Li_2FeSiO_4/C 正極材料。通過 XRD、SEM 手段進行表徵，發現材料的結晶度較高，並且為孔狀的球形顆粒。在 0.1C 倍率，$1.5\sim4.6V$ 電壓區間內進行充放電測試得出：首次放電容量為 $153mA\cdot h\cdot g^{-1}$。這表明奈米球狀縮短了鋰離子和電子傳導的距離，碳奈米管（CNTs）連接顆粒之間，形成網狀結構，促使了材料電化學性能的提高。

5.1.3.2 矽酸鐵鋰材料的表面包覆

在材料表面包覆一層導電性優良且在電解液以及在充放電過程保持穩定的物質，用以改善顆粒間的電子傳導性能，可以提高材料的循環性能。顯然，碳具有成本低、對充放電過程副作用小等優點，是滿足上述要求的優良導電劑。添加碳改性主要包括碳摻雜和表面碳包覆。添加碳不僅可以提高材料的電子電導率，而且比表面積也相應增大，有利於材料與電解質充分接觸，從而改善了微粒內層鋰離子的嵌入/脱出性能，進而提高了材料的充放電容量和循環性能，同時碳在產物結晶過程中可充當成核劑，從而減小產物的粒徑，碳還可起到還原劑的作用，抑製高溫反應過程中三價鐵的生成。但碳的加入會降低材料的能量密度，因此，在提高材料電化學性能的同時，要盡可能減少 Li_2FeSiO_4/C 複合材料中碳的含量。常見的碳包覆手段有原位碳包覆和非原位碳包覆，二者的區別主要在於碳的包覆過程是否與材料矽酸亞鐵鋰形成的過程相同步，伴隨着材料矽酸亞鐵鋰的形成，碳材料一同包覆到材料四周的視為原位碳包覆，而對於矽酸亞鐵鋰形成後，再對其表面進行碳包覆修飾的稱之為非原位碳包覆。與非原位碳包覆相比，原位碳包覆的碳層不僅依附於材料表面，而且能夠做到分散顆粒周圍、填充顆粒間隙

的效果，包覆效果更佳。因此，盡管近年來大量不同原位碳包覆材料得到研究報導，但是探索以新材料為碳源的原位碳包覆研究仍是科研工作者的熱門課題。Wu 等以乙酸鋰、檸檬酸鐵、正矽酸乙酯為原料，使用聚氧乙烯-聚氧丙烯-聚氧乙烯 P123（$EO_{20}PO_{20}EO_{20}$）材料作碳源，在氬氣氛圍中 650℃煅燒 10h 後製備出純相奈米尺寸的 Li_2FeSiO_4/C，包覆碳層均勻地覆蓋在材料表面，厚度為 2nm，表現出較高的有序度，因而暗示了 Li_2FeSiO_4 有較好的電化學性能。電壓為 1.5～4.8V 時的電化學測試顯示，當電流密度為 0.1C，Li_2FeSiO_4/C 首次放電容量為 230mA・h・g^{-1}，當電流密度增加到 10C 時，其可逆容量仍為 120mA・h・g^{-1}。

除了研究探索新碳源外，碳包覆研究中也出現了選用多種碳材料共作碳源的報導，並且包覆方式多樣，性能提高顯著。Mu 等以葡萄糖和碳奈米球作為碳源，製備了複合碳包覆的 Li_2FeSiO_4/C/CNS 正極材料，與葡萄糖單碳包覆材料（Li_2FeSiO_4/C）的對比表明：前者具有更小的晶粒尺寸，並且由於奈米球在材料中的依附嵌入，利於材料表觀電導率的提高，同時促進了電子轉移，從而表現了較低的界面阻抗和較強的鋰離子擴散能力。第二次充放電循環中，Li_2FeSiO_4/C 材料放電容量僅為 115.1mA・h・g^{-1}，經 30 次循環，其放電容量衰減到 106.5mA・h・g^{-1}；相比之下，Li_2FeSiO_4/C/CNS 材料的第二次放電容量高達 159mA・h・g^{-1}，60 次循環後放電容量增長為 164.7mA・h・g^{-1}，同時顯示了更好的倍率性能。Huang 等採用檸檬酸、多壁碳奈米管為碳源，溶膠-凝膠工藝合成 Li_2FeSiO_4/C/MWCNTs 複合材料。與 Li_2FeSiO_4/C 相比，MWCNTs 加入後產物的碳包覆均勻，雜質更少，粒徑更小，僅出現少量團聚，並且 MWCNTs 能夠很好地依附在 Li_2FeSiO_4 表面，促使 Li_2FeSiO_4 連接點增多，有利於鋰離子的擴散，提高其電化學性能。在 1.5～4.8V 循環，電流密度為 0.1C 時，Li_2FeSiO_4/C/MWCNTs 前 2 次放電容量分別為 189mA・h・g^{-1}和 206.8mA・h・g^{-1}，Li_2FeSiO_4/C 為 157mA・h・g^{-1} 和 168.7mA・h・g^{-1}。20C 時，500 次循環後的雙碳放電容量為 82mA・h・g^{-1}，高於單碳放電容量 54.8mA・h・g^{-1}。

在各種碳材料中，石墨烯因其獨特的二維結構和優良的物理化學性質，最適合用來包覆在電極材料表面形成包覆結構。石墨烯具有超大的比表面積，同時具有良好的導電性和導熱性，因此同時具有良好的電子傳輸通道和離子傳輸通道，作為包覆材料非常有利於提高電池的倍率性能和循環性能。Yang 等採用溶膠-凝膠法製備 Li_2FeSiO_4/C 材料及石墨烯改性的 Li_2FeSiO_4/C[LFS/(C＋rGO)]複合材料，合成路線如圖 5-6 所示。將原材料溶於乙醇的水溶液，並加入氧化石墨烯，然後 70℃回流 12h。溶劑揮發後在 120℃下真空乾燥 12h，得到乾燥的凝膠前驅體，並研磨 6h。將上述粉末在 350℃下煅燒 5h，然後在氮氣氣氛中 650℃下

煅燒 10h，冷却至室溫得到 LFS/（C＋rGO）複合材料，其電子電導率分別高達 $7.1 \times 10^{-4} S \cdot cm^{-1}$、$1.5 \times 10^{-3} S \cdot cm^{-1}$，遠遠高於未改性的 Li_2FeSiO_4 正極材料的電導率（$6 \times 10^{-14} S \cdot cm^{-1}$），並具有較高的倍率放電容量。如圖 5-6 所示，在任意倍率下，LFS/（C＋rGO）複合材料具有比 Li_2FeSiO_4/C 材料更高的放電容量。

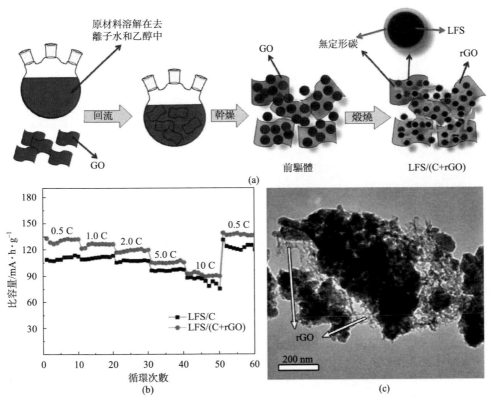

圖 5-6　石墨烯改性的 Li_2FeSiO_4/C ［LFS/（C＋rGO）］複合材料的合成
路線圖（a），Li_2FeSiO_4/C 及 LFS/（C＋rGO）材料的倍率
性能圖（b）和 LFS/（C＋rGO）複合材料的 TEM 圖（c）

5.1.3.3　矽酸鐵鋰材料的離子摻雜

　　雖然降低顆粒尺寸和與碳材料複合可以提高材料的充放電性能，但是對材料本徵的電子和離子傳輸性能影響甚微。為了提高材料本徵的傳輸性能，引入結構缺陷和進行離子摻雜是非常有效的途徑。

　　經過十幾年的研究，大量不同的摻雜元素得到報導，種類繁多，數量龐大，

包括 Mg^{2+}、Zn^{2+}、Cu^{2+}、Ni^{2+}、Mn^{2+}、Al^{3+}、Cr^{3+}、Co^{3+}、V^{5+}、N^{3-} 等。Deng 等研究了 Mg^{2+}、Zn^{2+}、Cu^{2+}、Ni^{2+} 摻雜的 $Li_2Fe_{0.97}M_{0.03}SiO_4$ 材料，結果表明：能夠成功進入 Li_2FeSiO_4 材料中只有 Mg 和 Zn，並且摻雜元素不參與反應的特性，能夠起到穩定材料晶體結構、提高循環穩定性的特性。Zhang 等通過溶膠-凝膠法分別實現了 Mg^{2+}、$Zn^{2+}/Cu^{2+}/Ni^{2+}$、Cr^{3+} 的摻雜，分別表現出優越的性能。Araujo 組計算表明，Li_2FeSiO_4 具有非常低的鋰離子擴散係數，僅為 $10^{-20} \sim 10^{-17} cm^2 \cdot s$，但是實驗表明，$Ni^{2+}$ 摻雜可以提高 Li_2FeSiO_4 材料的鋰離子擴散係數。但是，相比上述研究，Mn^{2+} 的 Li_2FeSiO_4 摻雜最受關注。這是因為：① Mn 和 Fe 原子半徑相近，Mn 可以固溶到 Li_2FeSiO_4 的晶構中；②Mn 的雙鋰脫出電位均在 5V 以下，能夠針對性的改善 Fe^{3+} 到 Fe^{4+} 脫鋰電壓太高、理論容量低的本質缺陷。例如：Sha 等將噴霧熱解及球磨工藝結合製備的 $Li_2Fe_{0.5}Mn_{0.5}SiO_4$ 首次放電容量 $149mA \cdot h \cdot g^{-1}$。Deng 等採用檸檬酸輔助溶膠-凝膠工藝製備的 $Li_2Fe_{0.5}Mn_{0.5}SiO_4$ 材料首次放電容量在 $170mA \cdot h \cdot g^{-1}$ 左右。最近，Bini 等發現：Pmnb 空間群的 Li_2FeSiO_4 是矽酸鐵錳鋰（$Li_2Fe_xMn_{1-x}SiO_4$）材料最穩定的同素異構體，但材料中的 Li/Fe 及 Mn 位的無序受合成條件影響較大，工藝的改進將有益於材料循環性能的提高。Chen 等則通過對比 $Li_2Fe_{1-y}Mn_ySiO_4$（$y = 0$、0.2、0.5、1）材料，指出：最初幾次的循環中，矽酸鐵錳鋰存在 $P2_1/n$ 到 $Pmn2_1$ 晶構的轉變，並伴隨着明顯的無定形化，而摻雜的 Mn 僅在最初幾次循環中能夠參與脫鋰反應。可見，Mn^{3+} 的 Jahn-Teller 效應和錳參與脫鋰反應的時效性是矽酸錳鐵鋰材料面臨的主要問題。

　　近幾年，摻雜研究也對不同摻雜位置進行了研究報導，常見的有 Si 位和 O 位。Hao 等以 $LiCH_3COO \cdot 2H_2O$、$Fe(NO_3)_3 \cdot 9H_2O$、TEOS 和 NH_4VO_3 為原料，採用溶膠-凝膠工藝，成功製備出 V 元素分別摻雜於 Fe 位和 Si 位的樣品 $Li_2Fe_{0.9}V_{0.1}SiO_4/C$ 和 $Li_2FeSi_{0.9}V_{0.1}O_4/C$。經比較，Si 位摻雜樣品 $Li_2FeSi_{0.9}V_{0.1}O_4/C$ 放電容量最大，為 $159mA \cdot h \cdot g^{-1}$，30 次循環後，放電容量仍有 $150mA \cdot h \cdot g^{-1}$ 左右，顯示出優異的循環性能。Armand 等利用第一性原理計算預測了 Li_2FeSiO_4 摻雜 N 或 F 後的電化學性能，認為摻雜 N 或 F 都可降低 Fe^{3+}/Fe^{4+} 電對的電壓，N 的摻雜會提高 Li_2FeSiO_4 的比容量，而 F 可能會帶來不利的影響。Zhu 等採用密度泛函理論對氧位摻雜 N 元素材料 $Li_{2-x}FeSiO_{4-y}N_y$（$x = 0$、1、2；$y = 0.5$、1）在脫鋰過程中相位轉變的穩定性變化進行了理論計算，結果表明：隨着摻 N 量的增多，Fe^{3+}/Fe^{4+} 理論電壓在脫鋰過程中逐漸降低；隨着循環的進行，取代 O 位置的 N 元素，改變了價鍵方向，Pugh 比值（B/G）也由 1.02 變為 1.33，低於 1.75，顯示了結構的不穩定

性。此外，當脫鋰到 $FeSiO_{3.5}N_{0.5}$ 時，體積變化了 32.0％，也暗示了材料較差的結構穩定性，因此摻雜材料 $Li_2FeSiO_{4-y}N_y$ 在開始的幾次循環將獲得較高的理論比容量，但隨着循環的進行，容量衰減嚴重。

另外，為了進一步發揮不同摻雜離子的協同作用，Li_2FeSiO_4 的雙離子摻雜的研究引起了人們的關注。Hu 等合成的雙摻雜材料 $LiMn_{0.9}Fe_{0.05}Mg_{0.05}PO_4$，與單摻雜材料 $LiMn_{0.9}Fe_{0.1}PO_4$ 相比，具有更好的循環性能和倍率性能。當電流密度為 0.2C 時，首次放電容量為 $121mA \cdot h \cdot g^{-1}$，30 次循環後放電容量幾乎無損失。當電流密度分別為 0.1C、1C、2C、3C、5C 時，對應的放電比容量為 $140mA \cdot h \cdot g^{-1}$、$117mA \cdot h \cdot g^{-1}$、$103mA \cdot h \cdot g^{-1}$、$90mA \cdot h \cdot g^{-1}$、$62mA \cdot h \cdot g^{-1}$。Cui 等對比了單摻雜的 $LiZn_{0.05}Mn_{1.95}O_4$ 和雙摻雜的 $LiZn_{0.05}Mn_{1.95}O_{0.0036}(PO_4)_{0.025}$ 的性能，單摻雜 Zn 能够抑製 Mn^{3+} 的 Jahn-Teller 效應，提高循環性能，20 次循環後容量保持率為 90.2％；而隨着 PO_4^{3-} 共摻雜不僅具有更高的放電容量，而且循環性能得到再次提高，20 次循環後容量保持率為 94.3％。這些工作表明：適宜雙摻雜成分的引入，除了可能保持單摻雜的特性外，還能够實現互補，產生協同作用，實現材料電化學性能的進一步提昇。

5.2 矽酸錳鋰

5.2.1 矽酸錳鋰的結構

Li_2MnSiO_4 材料理論比容量可高達 $333mA \cdot h \cdot g^{-1}$，與 Fe 相比，Mn 更容易進行兩電子交換，配合正矽酸鹽化學式允許兩個 Li^+ 交換的特性，理論上更容易實現製備高比容量正極材料的目的。Li_2MnSiO_4 的結構複雜，存在多種同分異構體。目前報導中關於 Li_2MnSiO_4 的結構主要有兩大類，分別為正交晶系 $Pmn2_1$ 空間點群和單斜晶系 $P2_1/n$ 空間點群。其中，由 Dominkoa 等用改進的溶膠-凝膠法合成的 Li_2MnSiO_4 正極材料通過 XRD 分析得出 Li_2MnSiO_4 為正交晶系，屬 $Pmn2_1$ 空間點群，與 Li_2FeSiO_4 同構，晶格常數為：$a=6.3109(9)$Å、$b=5.3800(9)$Å，$c=4.9662$Å，其結構如圖 5-7 所示。Li、Mn、Si 分別占據四面體的中心位置，O 占據四面體頂點位置，Li、Mn、Si 分別與氧原子形成四面體，其結構是典型的全向上的四面體構型。但通過電子衍射分析得出 Li_2MnSiO_4 的晶格常數中 b 值是 XRD 中 b 值的 2 倍，與曾報導的單晶結構 Li_2FeSiO_4 中的 b 值相吻合，屬 Pmnb 空間點群，這説明 Li_2MnSiO_4 是一個輕

微扭曲的正交結構。同樣，Belharouak 等採用溶膠-凝膠法在 700℃下燒結得到的 Li_2MnSiO_4，通過 XRD 分析同樣得出 Li_2MnSiO_4 與 Li_3PO_4 同構，屬於 $Pmn2_1$ 空間點群。

單斜晶系的 Li_2MnSiO_4 首次報導是由 Politaev 採用高溫固相法在 950～1150℃下合成的，通過 XRD 對其結構進行表徵，並採用 Rietveld 程序對 XRD 數據進行擬合，得到其結構為單斜晶系，屬於 $P2_1/n$ 空間點群，晶格常數為：$a=6.336(1)$Å、$b=10.9146(2)$Å、$c=5.0730(1)$Å，結構與 γ_{II}-Li_2ZnSiO_4 以及低溫合成的 Li_2MgSiO_4 相類似。如圖 5-7 所示，O 位於四面體的頂點與位於四面體中心的 Li、Mn、Si 分別形成四面體，但這些四面體的方向不同，與正交晶系相比，單斜晶系為框架結構，而正交晶系為層狀結構。

Arroyo-deDompablo 等認為不同條件下合成的 Li_2MnSiO_4 空間結構可能不同，包括 $P2_1/n$、$Pmnb$ 和 $Pmn2_1$ 三種空間群，如圖 5-7 所示。他們通過第一性原理計算得出，$P2_1/n$ 空間點群不如 $Pmnb$ 和 $Pmn2_1$ 空間點群穩定，而且由於 $Pmnb$ 和 $Pmn2_1$ 空間點群的總能量相差不到 $5meV/f.u.$，所以這兩種點群難以孤立存在，同時還指出高溫/高壓不利於形成 $Pmn2_1$ 空間點群。並對實驗室製得的 Li_2MnSiO_4 材料進行 XRD、Li MAS NMR 以及 SAED 測試，結果表明所得材料確實為不同晶型的混合物。為進一步證實計算結果，他們以水熱法合成的 Li_2MnSiO_4 作前驅體，在 400℃下處理後獲得 $Pmn2_1$ 結構，在 900℃下處理 3h

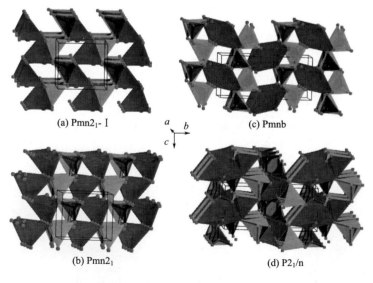

(a) $Pmn2_1$- I   (c) $Pmnb$

(b) $Pmn2_1$ (d) $P2_1/n$

圖 5-7　Li_2MnSiO_4 可能的晶體結構示意圖

獲得 Pmnb 結構，處理 6h 則得到 $P2_1/n$ 結構，實現了不同晶型之間的相互轉變（$Pmn2_1 \rightarrow Pmnb \rightarrow P2_1/n$）。程琥等採用溶膠-凝膠法在不同溫度下合成了 Li_2MnSiO_4 正極材料，通過 XRD 分析和 ^6Li 固體核磁共振譜研究同樣發現其晶相結構比較複雜，其中，在 600℃下合成的樣品中正交 $Pmn2_1$ 相占 76%，正交 Pmnb 相占 19%；在 900℃下合成的樣品中單斜 $P2_1/n$ 相占 66%，正交 $Pmn2_1$ 相占 14%，正交 Pmnb 相占 18%。Liu 等採用 Rietveld 程序對其用多元醇法在 700℃下合成的 Li_2MnSiO_4/C 結構進行精修，發現樣品中存在兩種相，分別為 $Pmn2_1$ 相和 $Pl2_1/nl$ 相，各占 52.65% 和 42.94%，並無 $P2_1/n$ 相、Pmnb 相和 $Pmn2_1$-Ⅰ相。上述工作充分說明：Li_2MnSiO_4 的結構與合成工藝有關。

Li_2MnSiO_4 脫鋰的氧化反應可以表示如下：

$$Li_2MnSiO_4 \Longrightarrow LiMnSiO_4 + Li^+ + e \tag{5-3}$$

實驗測得首次循環的平臺在 4.1V，若第 2 個 Li^+ 也能脫去，則 Mn^{3+} 氧化成 Mn^{4+}，其反應可以表示如下：

$$LiMnSiO_4 \Longrightarrow MnSiO_4 + Li^+ + e \tag{5-4}$$

Dompablo 等通過理論計算得出該氧化反應的電壓平臺約 4.5V。Dompablo 等認為，不同空間結構的 Li_2MnSiO_4 的放電電壓不同，通過 GGA+U 的方法計算得到，Pmnb、$Pmn2_1$ 和 $P2_1/n$ 這 3 種結構對應的放電電壓分別是 4.18V、4.19V 和 4.08V。

到目前為止，國內外關於 Li_2MnSiO_4 正極材料的合成和性能研究的文獻已有很多，合成方法與 Li_2FeSiO_4 類似，主要包括高溫固相法、溶膠-凝膠法、Pechini 法、水熱法、微波法、超臨界法等。但其電化學性能還沒有達到所預想的高容量，循環性能也較差。主要原因在於 Li_2MnSiO_4 電子電導率低（$<10^{-14}S \cdot cm^{-1}$），而且在循環過程中結構坍塌並伴隨着 Li_2SiO_3 雜相的生成。Dominko 等通過 XRD 研究了不同脫鋰態下 $Li_{2-x}MnSiO_4$（$x=0$，0.25，0.5，0.75，1，1.5，2）材料的晶體結構，發現隨着脫鋰量的增大，Li_2MnSiO_4 的特徵衍射峰強度逐漸減弱，當 $x=1$ 時衍射峰已與背底難以區分。

Kokalj 等通過密度泛函理論計算結合 XRD、NMR 和 TEM 得出 Li_2MnSiO_4 材料在脫出大量的鋰離子後結構坍塌，並且向無定形態轉變，Li_2MnSiO_4 在反應中可能發生相分離為 Li_2MnSiO_4 和非晶態的 $MnSiO_4$。Yang 等利用 XRD 和 IR 分析不同充放電態下的 Li_2MnSiO_4，同樣發現在鋰離子脫出過程中，XRD 中 Li_2MnSiO_4 的特徵衍射峰強度逐漸減弱並最終消失，在 IR 中對應於 SiO_4^{4-} 在 $900cm^{-1}$ 附近的吸收峰寬化，表明 Li_2MnSiO_4 材料由晶態向無定形態轉變。Dominko 等還通過原位的 XAS 分析了 Li_2MnSiO_4/C 材料，分析結果表明：在氧化過程中，Mn(Ⅱ)-Mn(Ⅲ) 的轉化是有限的，並且 Mn 周圍環境的改變是不

可逆的，這種不可逆轉的變化與原位的 XRD 的分析結果是相對應的。這些實驗表明：Li_2MnSiO_4 材料在首次充電過程中晶體結構發生變化，晶態特徵逐漸消失，最終結構完全坍塌。因此，為了進一步得到高性能的 Li_2MnSiO_4 正極材料，目前的研究工作主要集中於：①優化合成工藝縮小晶粒尺寸、提高材料純度；②碳包覆提高材料的電子電導率；③摻雜離子提高材料的結構穩定性。

5.2.2 　奈米矽酸錳鋰材料的碳包覆

由於 Li_2MnSiO_4 材料的電子電導率太低，即使是奈米化的 Li_2MnSiO_4 材料的電化學性能也較差。因此，通常上碳包覆與奈米化結合，合成不同形貌的奈米結構的碳包覆 Li_2MnSiO_4 材料，是提高其電化學性能的有效方法。Xie 等以 MCM-41 為模板，採用水熱法製備了碳包覆的介孔 Li_2MnSiO_4（$M-Li_2MnSiO_4$），MCM-41 模板以及合成碳包覆的 $M-Li_2MnSiO_4$ 路線如圖 5-8 所示。MCM-41 是一種有序介孔材料，它是一種新型的奈米結構材料，具有孔道呈六方有序排列、大小均勻、孔徑可在 2～10nm 範圍內連續調節、比表面積大等特點。由 Kresge 等在 1992 年的 Nature 雜誌上首次報導，並命名此類材料為 MCM-41。研究結果

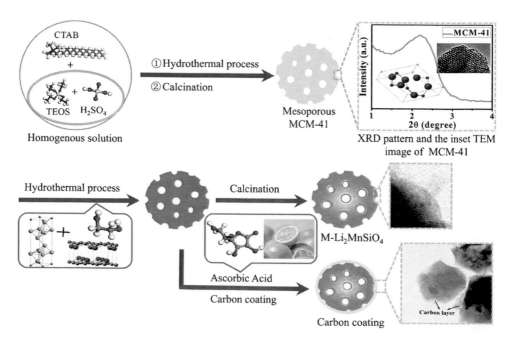

圖 5-8　MCM-41 模板以及合成碳包覆的 $M-Li_2MnSiO_4$ 路線示意圖

表明，採用 MCM-41 模板製備的 M-Li$_2$MnSiO$_4$ 具有多孔的結構，孔徑 9～12nm，在 20mA・g^{-1} 電流密度充放電時，M-Li$_2$MnSiO$_4$ 的可逆容量為 193mA・h・g^{-1}，而粒子狀的 B-Li$_2$MnSiO$_4$ 的可逆容量僅為 120.1mA・h・g^{-1}。而碳包覆的 M-Li$_2$MnSiO$_4$ 具有更小的電荷轉移電阻，在相同電流密度下的可逆容量為 217mA・h・g^{-1}，並展示了最好的循環穩定性。

Song 等採用溶劑熱法製備了 Li$_2$MnSiO$_4$ 奈米棒（LMS NRs），然後以聚丙烯腈（PAN）為碳源，採用靜電紡絲的方法將 Li$_2$MnSiO$_4$ 奈米棒嵌入到碳奈米纖維中，製備了 LMS/CNFs 材料，如圖 5-9 所示。其充放電性能圖說明，LMS/CNFs 材料首次放電容量高達 350mA・h・g^{-1}，300 次循環後容量仍超過 270mA・h・g^{-1}，展示了優異的循環穩定性。

基於 PEDOT（聚乙烯二氧噻吩）具有分子結構簡單、能隙小、電導率高等特點，Kempaiah 等採用超臨界溶劑熱法合成了 PEDOT/Li$_2$MnSiO$_4$ 奈米複合正極材料。室溫下首次放電容量高達 293mA・h・g^{-1}，40℃ 時容量可提高至 313mA・h・g^{-1}，基本實現了兩個鋰離子的脫嵌，20 次循環後，容量仍可以保持

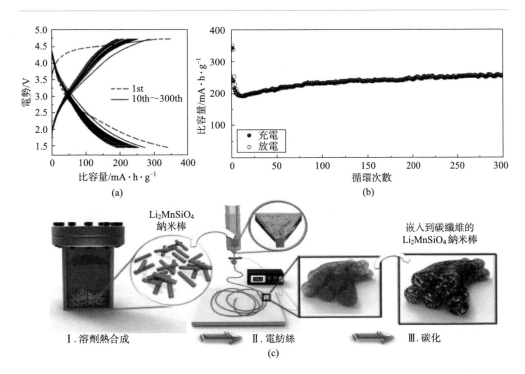

圖 5-9　在 0.1C 倍率下低碳量的 LMS/CNFs 材料的充放電曲線（a）以及循環性能曲線（b），　LMS NRs 和 LMS/CNFs 材料的合成路線示意圖（c）

在 240mA・h・g^{-1}，展示了優異的電化學性能。這是因為高導電性的 PEDOT 有效地改善了 Li_2MnSiO_4 的導電性，並抑製了材料充電和放電過程中不可逆的體積變化。

Dominko 等採用改進的溶膠-凝膠法製備的 Li_2MnSiO_4/C 複合材料，通過 SEM 分析粒徑分佈大約在 20～50nm 之間，首次放電容量為 140mA・h・g^{-1}，循環 10 次後放電容量減小為 100mA・h・g^{-1}（平均每次循環衰減 4mA・h・g^{-1}）。Gong 等採用溶膠-凝膠法合成的 Li_2MnSiO_4/C 複合材料，以 5mA・g^{-1} 的電流密度在 1.5～4.8V 電壓區間內進行充放電，首次放電容量達到 209mA・h・g^{-1}（相當於可逆的嵌脫 1.25 個鋰）。循環 10 次後放電容量衰減到 140mA・h・g^{-1}。Belharouak 等採用溶膠-凝膠法合成了 Li_2MnSiO_4 並利用兩種不同的方法（分別為碳包覆和高溫球磨）摻碳，對比了無碳的 Li_2MnSiO_4 和兩種摻碳的 Li_2MnSiO_4 的電化學性能，以 10mA・g^{-1} 的電流密度在 1.5～4.8V 電壓區間內進行充放電，無碳的 Li_2MnSiO_4 首次放電容量僅為 4mA・h・g^{-1}，而摻碳後容量得到明顯提高，碳包覆和高溫球磨得到的 Li_2MnSiO_4 首次放電容量分別達到 135mA・h・g^{-1} 和 115mA・h・g^{-1}。Deng 等通過溶膠-凝膠法合成的 Li_2MnSiO_4/C，碳含量約為 10.5%（質量分數），以 10mA・g^{-1} 的電流密度在 1.5～4.8V 電壓區間內進行充放電，首次放電容量為 142mA・h・g^{-1}，循環 20 次後容量衰減 70mA・h・g^{-1}，循環 50 次後容量衰減率達到 63%。Liu 等通過多元醇法合成了 Li_2MnSiO_4/C 複合正極材料，通過 TEM 觀察到 Li_2MnSiO_4 表面有一層薄的碳包覆，元素分析得出樣品中含碳量為 12.3%。室溫下，在 1.5～4.8V 電壓區間內以 C/30 的電流密度進行充放電，首次放電容量為 132.4mA・h・g^{-1}，循環 10 次後容量保持率為 81.8%。

5.2.3　矽酸錳鋰材料的摻雜

適當的離子摻雜一方面可以提高 Li_2MnSiO_4 正極材料的電子電導率，減小電極的極化，另一方面摻雜與 Mn^{2+} 半徑接近的金屬陽離子，容易形成固溶體從而穩定 Li_2MnSiO_4 的結構。已報導的摻雜在 Li_2MnSiO_4 中的雜原子有 Mg^{2+}、Fe^{2+}、Al^{3+}、Cr^{3+}、V^{4+}、Mo^{6+}、PO_4^{3-} 等。Dominko 等提出，在 Li_2MSiO_4 的 M 位進行適當摻雜，可能會阻止循環過程中結構變化所引起的容量衰減。Kuganathan 等通過理論計算得出：在單斜結構的 Li_2MnSiO_4 中摻雜 Al^{3+} 合成 $Li_{2+x}MnSi_{1-x}Al_xO_4$，不僅有利於 Li^+ 的擴散，而且可能使材料在充電過程中脫出更多的鋰離子，從而提高其充放電容量。劉文剛等採用傳統高溫固相合成法成功合成了 $Li_2Mn_{0.9}Al_{0.1}SiO_4$ 和 $Li_2Mn_{0.9}Ti_{0.1}SiO_4$ 固溶體材料，合成的樣品

中均存在少量雜質。通過 SEM 觀察其形貌發現，未摻雜金屬的 Li_2MnSiO_4 微觀形貌為類球形顆粒，而摻雜後樣品的形貌為非球形顆粒，顆粒尺寸分別為 $100\sim$ 500nm 和 $200\sim300nm$。電化學測試表明，Al 或 Ti 的摻雜均可以有效地提高 Li_2MnSiO_4 正極材料的容量和循環性能，説明摻雜 Al 或 Ti 可以穩定 Li_2MnSiO_4 正極材料的晶體結構。劉文剛還採用傳統高溫固相反應法合成了 $Li_2Mn_{0.95}Mg_{0.05}SiO_4$ 固溶體材料，合成粉末中同樣也存在少量雜質。比較摻 Mg 前後所得粉末材料，發現二者形貌區別不大（均為類球形顆粒），且粒度相差很小（均在 $100\sim500nm$ 之間）。電化學性能測試表明，摻雜 Mg 可以有效提高 Li_2MnSiO_4 正極材料的容量和循環性能，其機理在於 Mg 摻雜穩定了 Li_2MnSiO_4 正極材料的晶體結構。Zhao 等通過溶膠-凝膠法製備含 Mg 的 Li_2MnSiO_4 前驅體，然後在惰性氣體的保護下高溫煅燒得到碳包覆的 Li_2MnSiO_4 正極材料。EIS 和 CV 測試表明碳包覆和低含量的鎂離子摻雜不會破壞 Li_2MnSiO_4 材料結構，並且顯著提高了電導率和循環性能，0.1C 倍率放電測試表明，鎂離子摻雜和非摻雜 Li_2MnSiO_4 的不可逆比容量分別為 $289mA \cdot h \cdot g^{-1}$ 和 $248mA \cdot h \cdot g^{-1}$。經過 20 次循環後其容量分別保持在 $155mA \cdot h \cdot g^{-1}$ 和 $122mA \cdot h \cdot g^{-1}$。與未摻雜的相比，摻雜後的 Li_2MnSiO_4 循環性能得到極大提高。

密度泛函理論（DFT）計算證明，$Li_2Mn_xFe_{1-x}SiO_4$ 在具備較高容量的同時，充放電過程中結構還相對穩定。Kuganathan 等通過計算對 Li_2MnSiO_4 的結構、摻雜效果及晶體缺陷作了相似的研究。Belharouak 等也得出了相似的結論，即該材料存在陽離子 Li^+、Mn^{2+} 間易位的缺陷。目前，這個結論已經得到了初步證實。楊勇等研究表明，Fe 取代 $Li_2Mn_xFe_{1-x}SiO_4$ 材料可以實現較高的充放電容量，當 $x=0.5$ 時首次放電容量達 $235mA \cdot h \cdot g^{-1}$，但材料的循環性能未見明顯改善。通過進一步研究，他們發現採用改進的合成方法製備出 $Li_2Fe_{0.5}Mn_{0.5}SiO_4/C$，所得樣品的循環穩定性得到了一定改善。雖然長期循環穩定性仍有待改進，但是前幾圈循環幾乎未見明顯的容量衰減，説明鐵錳混合體系有利於提高該材料的結構穩定性。電化學原位 XAFS 研究表明，$Li_2Fe_{0.5}Mn_{0.5}SiO_4$ 充電過程中，鐵、錳離子的吸收邊均隨着充電電位的昇高發生向高能區的移動，對應離子價態的昇高，兩種離子價態變化的次序及範圍與電位區間關係密切，並且 Fe 離子的價態變化範圍更大，是該材料實現超出 1 個電子交換的內在原因。對 $Li_2Fe_{0.5}Mn_{0.5}SiO_4$ 中 Fe、Mn 離子近鄰的結構研究表明，經過首次充放電循環後，Fe、Mn 離子所處四面體配位環境未發生實質變化，也未出現類似 Li_2MnSiO_4 的結構坍塌現象，進一步説明鐵錳混合體系可以有效穩定材料的結構。密度泛函理論研究結果同樣表明，適當量的 Fe^{2+} 部分取

代形成 $Li_2Mn_xFe_{1-x}SiO_4$ 可以穩定材料在高於一個鋰脫嵌下的結構以避免相分離發生。Dominko 等採用改進的 Pechini 法在 Li_2MnSiO_4 中摻雜 Fe，合成的 $Li_2Mn_{0.25}Fe_{0.75}SiO_4$ 在 2.0～4.5V 電壓區間內進行充放電，首次放電容量達到 194.81mA·h·g^{-1}（1.17 個 Li^+ 可逆），循環 3 次後放電容量為 176.49mA·h·g^{-1}（1.06 個 Li^+ 可逆）。實驗證明，摻雜後盡管有大量的鋰離子參與可逆循環，但結構仍然不穩定。Deng 等通過溶膠-凝膠法合成了 $Li_2Fe_{1-x}Mn_xSiO_4$（$x=0,0.3,0.5,0.7,1$）正極材料，以 10mA·g^{-1} 的電流密度在 1.5～4.8V 電壓區間內進行充放電，當 $x=0.5$ 時首次放電容量最大為 172mA·h·g^{-1}，循環性能較好，50 次循環後容量衰減為 86mA·h·g^{-1}，材料的結構穩定性仍然不理想。

Zhang 等採用溶膠-凝膠法合成了 Cr^{3+} 摻雜的 $Li_2Cr_xMn_{1-x}SiO_4$（$x=0.03，0.06，0.10$）。研究結果表明，當 Cr^{3+} 的摻雜量為 0.06 時，所製得的 $Li_2Cr_{0.06}Mn_{0.94}SiO_4/C$ 的晶型為單斜晶系 Pn_7 空間群，單位晶胞體積最大，且表現出最好的電化學性能，首次放電比容量可以達到 295mA·h·g^{-1}，相當於 1.77 個鋰離子嵌入，放電容量最高可以達到 314mA·h·g^{-1}。同時在 50 周循環時容量保持率接近 65.8%。這可能是因為摻雜 Cr^{3+} 能夠有效地擴大單位晶胞體積，而晶胞體積的增大能夠進一步阻止晶體結構的坍塌，從而提高材料在充/放電過程中的結構穩定性。

Wagner 等採用溶膠-凝膠法在氫氬混合氣中合成了 V 摻雜的 $Li_2Mn_{1-x}V_xSiO_4$（$0 \leqslant x \leqslant 0.15$）和 $Li_2MnSi_{1-x}V_xO_4$（$0 \leqslant x \leqslant 0.3$），其電化學性能如圖 5-10 所示。圖 5-10(a) 可以看出，V 在 Mn 位的摻雜未顯著影響 Li_2MnSiO_4 的充放電性能，首次充電容量均在 160mA·h·g^{-1} 左右。但是 $Li_2Mn_{1-x}V_xSiO_4$ 更高，具有比 Li_2MnSiO_4 更高的放電容量（110mA·h·g^{-1}），首次不可逆容量大約為 35%。圖 5-10(b) 可以看出，V 在 Si 位的摻雜顯著提高了 Li_2MnSiO_4 的充放電性能，其中 $Li_2MnSi_{0.75}V_{0.25}O_4$ 展示了最高的放電容量。另外，$Li_2MnSi_{0.75}V_{0.25}O_4$ 也展示了較好的倍率性能［圖 5-10(c)］。在 0.5C 倍率循環時，$Li_2MnSi_{0.75}V_{0.25}O_4$ 同樣展示了比 Li_2MnSiO_4 更高的容量。

上述工作表明：金屬摻雜對 Li_2MnSiO_4 正極材料的容量和循環性能有一定的提高，但仍難以根本解決 Li_2MnSiO_4 材料晶構穩定性的問題。總之，Li_2MnSiO_4 正極材料盡管展示出良好的應用潛力，但高容量條件下循環性能不理想仍是目前面臨的最大難題。能否利用 SiO_4^{4-} 與其他聚陰離子基團搭配或由多元陽離子摻雜獲得穩定的框架結構是當前值得深入研究的問題。

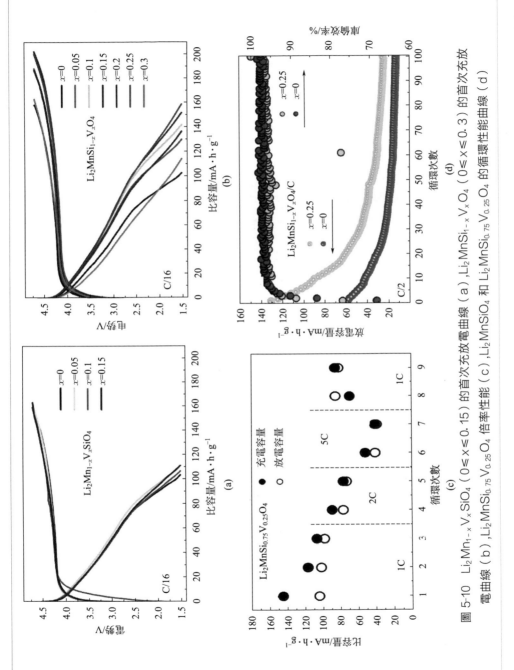

圖 5-10 $Li_2Mn_{1-x}V_xSiO_4$（$0 \leqslant x \leqslant 0.15$）的首次充放電曲線（a），$Li_2MnSi_{1-x}V_xO_4$（$0 \leqslant x \leqslant 0.3$）的首次充放電曲線（b），$Li_2MnSi_{0.75}V_{0.25}O_4$（倍率性能（c），$Li_2MnSiO_4$ 和 $Li_2MnSi_{0.75}V_{0.25}O_4$ 的循環性能曲線（d）

5.3 矽酸鈷鋰

Li_2CoSiO_4 的理論比容量為 $325mA \cdot h \cdot g^{-1}$，具有相對較高的氧化還原電位（第一個鋰脫嵌約在 4.1V，另一個鋰脫嵌約在 5.0V），但目前所合成得到的不同結構 Li_2CoSiO_4 材料的電化學性能均較差。Lyness 等利用水熱法合成出 β_I、β_{II}、γ_0 三種不同晶型的 Li_2CoSiO_4。材料的首次充電比容量最高為 $180mA \cdot h \cdot g^{-1}$，但首次的放電比容量卻僅為 $30mA \cdot h \cdot g^{-1}$。這可能是因為充電時形成的高價 Co 離子與電解液反應，降低了充放電的庫侖效率。由於 Co^{2+} 在高溫下容易被碳還原為單質鈷，因此通常無法實現對 Li_2CoSiO_4 進行原位碳包覆。但是，Wu 等以 GGA+U 為框架採用密度泛函理論分析了 Na 摻雜對 Li_2CoSiO_4 材料的電子結構和性能的影響。結果表明 Na 摻雜能夠產生導帶降低和縮窄帶隙的作用，這有助於加強材料的電子導電率；另外，Na 對 Li_2CoSiO_4 材料 Li 位的替代可以使相鄰兩層的夾層空間擴大，有利於鋰離子的傳遞擴散。

楊勇等報導，根據配位場理論，Fe^{2+}、Fe^{3+}，甚至 Fe^{4+} 在和氧四面體配位情況下都可以穩定，因此 Li_2FeSiO_4 具有高的循環穩定性和熱穩定性。但是，Mn^{4+} 和 Co^{4+} 在氧的八面體配位場中具有很高的晶體場穩定能，因而 Mn^{4+} 和 Co^{4+} 在氧的四面體場中很不穩定，在實際體系中很少遇到 Mn^{4+} 和 Co^{4+} 與氧四面體配位的情況；同時與四面體配位相比，Mn^{3+} 也傾向於和氧採用八面體配位形式。在材料的充電過程中，由於 Mn 和 Co 離子氧化到高價態將引起它們與氧離子配位結構的重排，導致不可逆的相變過程發生。這可能是導致 Li_2MnSiO_4 和 Li_2CoSiO_4 材料循環容量衰退的一個主要原因。因此，開發過渡金屬離子處於氧八面體配位環境的 Li_2MSiO_4 材料對於提高容量和正矽酸鹽材料的循環穩定性是一個非常有趣和值得探索的方向。

參考文獻

---

[1] Nishimura S, Hayase S, Kanno R, Yashima M, Nakayama N, Yamada A. Structure of Li_2FeSiO_4. J Am Chem Soc, 2008, 130(40): 13212-13213.

[2] Nytén A, Abouimrane A, Armand M, Gustafsson T, Thomas J O. Electro-

chemical performance of Li_2FeSiO_4 as a new Li-battery cathode material. Electrochem Commun, 2005, 7 (2): 156-160.

[3] 張玲, 王文聰, 倪江鋒. 兩電子反應體系矽酸鐵鋰的研究進展. 中國科學: 化學, 2015, 45 (6): 571-580.

[4] Masese T, Orikasa Y, Tassel C, Kim J, Minato T, Arai H, Mori T, Yamamoto K, Kobayashi Y, Kageyama H, Ogumi Z, Uchimoto Y. Relationship between phase transition involving cationic exchange and charge-discharge rate in Li_2FeSiO_4. Chem Mater, 2014, 26 (3): 1380-1384.

[5] 張秋美, 施志聰, 李益孝, 高丹, 陳國華, 楊勇. 氟磷酸鹽及正矽酸鹽鋰離子電池正極材料研究進展. 物理化學學報, 2011, 27 (2): 267-274.

[6] Peng Z D, Cao Y B, Hu G R, Du K, Gao X G, Xiao Z W. Microwave synthesis of Li_2FeSiO_4 cathode materials for lithium-ion batteries. Chin Chem Lett, 2009, 20 (8): 1000-1004.

[7] Rangappa D, Murukanahally K D, Tomai T, Unemoto A, Honma I. Ultrathin nanosheets of Li_2MSiO_4 (M = Fe, Mn) as high-capacity Li-ion battery electrode. Nano Lett, 2012, 12 (3): 1146-1151.

[8] Zhang P, Zheng Y, Yua S, Wu S Q, Wen Y H, Zhu Z Z, Yang Y. Insights into electrochemical performance of Li_2FeSiO_4 from first-principles calculations. Electrochim Acta, 2013, 111: 172-178.

[9] Fan X Y, Li Y, Wang J J, Gou L, Zhao P, Li D L, Huang L, Sun S G. Synthesis and electrochemical performance of porous Li_2FeSiO_4/C cathode material for long-life lithium-ion batteries. J Alloys Compd, 2010, 493 (1-2): 77-80.

[10] 燕子鵬, 蔡舒, 周幸, 苗麗娟. 正極材料

奈米 Li_2FeSiO_4/C 的溶膠-凝膠法合成及電化學性能. 矽酸鹽學報, 2012, 40 (5): 734-738.

[11] Zheng Z G, Wang Y, Zhang A, Zhang T R, Cheng F Y, Tao Z L, Chen J. Porous Li_2FeSiO_4/C nanocomposite as the cathode material of lithium-ion batteries. J Power Sources, 2012, 198: 229-235.

[12] Huang B, Zheng X D, Lu M. Synthesis and electrochemical properties of carbon nano-tubes modified spherical Li_2FeSiO_4 cathode material for lithium-ion batteries. J Alloys Compd, 2012, 525: 110-113.

[13] Wu X Z, Jiang X, Huo Q S, Zhang Y X. Facile synthesis of Li_2FeSiO_4/C composites with triblock copolymer P123 and their application as cathode materials for lithium ion batteries. Electrochim Acta, 2012, 80: 50-55.

[14] Yang J L, Kang X C, Hu L, Gong X, He D P, Peng T, Mu S C. Synthesis and electrochemical performance of Li_2FeSiO_4/C/carbon nanosphere composite cathode materials for lithium ion batteries. J Alloys Compd, 2013, 572: 158-162.

[15] Peng G, Zhang L L, Yang X L, Duan S, Liang G, Huang Y H. Enhanced electrochemical performance of multi-walled carbon nanotubes modified Li_2FeSiO_4/C cathode material for lithium-ion batteries. J Alloys Compd, 2013, 570: 1-6.

[16] 楊勇, 龔正良, 吳曉彤, 鄭建明, 呂東平. 鋰離子電池若干正極材料體系的研究進展. 科學通報, 2012, 57 (27): 2570-2586.

[17] Zhang L L, Duan S, Yang X L, Peng G, Liang G, Huang Y H, Jiang Y, Ni

S B, Li M. Reduced graphene oxide modified Li_2FeSiO_4/C composite with enhanced electrochemical performance as cathode material for lithium ion batteries. ACS Appl Mater Interfaces, 2013, 5（23）: 12304-12309.

[18] Bini M, Ferrarin S, Capsoni D, Spreafico C, Tealdi C, Mustarelli P. Insight into cation disorder of $Li_2Fe_{0.5}Mn_{0.5}SiO_4$. J Solid State Chem, 2013, 200: 70-75.

[19] Hao H, Wang J B, Liu J L, Huang T, Yu A S. Synthesis, characterization and electrochemical performance of Li_2FeSiO_4/C cathode materials doped by vanadium at Fe/Si sites for lithium ion batteries. J Power Sources, 2012. 210: 397-401.

[20] Zhu L, Li L, Xu L H, Cheng T M. Phase stability of N substituted $Li_{2-x}FeSiO_4$ electrode material: DFT calculations. Comput Mater Sci, 2015, 96: 290-294.

[21] Hu C L, Yi H H, Fang H S, Yang B, Yao Y C, Ma W H, Dai Y N. Improving the electrochemical activity of $LiMnPO_4$ via Mn-site co-substitution with Fe and Mg. Electrochem Commun, 2010, 12: 1784-1787.

[22] Cui P, Liang Y. Synthesis and electrochemical performance of modified $LiMnO_4$ by Zn^{2+} and PO_4^{3-} co-substitution. Solid State Ionics, 2013, 249-250: 129-133.

[23] 程琥, 劉子庚, 李益孝. 鋰離子電池正極材料 Li_2MnSiO_4 固體核磁共振譜研究. 電化學, 2010, 16（3）: 296-299.

[24] Liu W G, Xu Y H, Yang R. Synthesis and electrochemical properties of Li_2MnSiO_4/C nanoparticles via polyol process. Rare Met, 2009, 5: 511-514.

[25] Gong Z L, Yang Y. Synthesis and characterization of Li_2MnSiO_4/C nano-composite cathode material for lithium ion batteries. J Power Source, 2007, 174（2）: 528-532.

[26] Xie M, Luo R, Chen R, Wu F, Zhao T, Wang Q, Li L. Template-assisted hydrothermal synthesis of Li_2MnSiO_4 as a cathode material for lithium ion batteries. ACS Appl Mater Interfaces, 2015, 7（20）: 10779-10784.

[27] Song H J, Kim J C, Choi M, Choi C, Dar M A, Lee C W, Park S, Kim D W. Li_2MnSiO_4 nanorods-embedded carbon nanofibers for lithium-ion battery electrodes. Electrochim Acta, 2015, 180, 756-762.

[28] Gong Z L, Li Y X, Yang Y. Synthesis and characterization of $Li_2Mn_xFe_{1-x}SiO_4$ as a cathode material for lithium-ion batteries. Electrochem. Solid-State Lett, 2006, 9: A542-A544.

[29] 劉文剛, 許雲華, 楊蓉. $Li_2Mn_{0.9}Ti_{0.1}SiO_4$ 鋰離子電池正極材料的合成及其性能. 熱加工工藝, 2009, 16（38）: 25-27.

[30] 劉文剛, 許雲華, 楊蓉. 鋰離子電池正極材料 $Li_2Mn_{0.95}Mg_{0.05}SiO_4$ 的合成和電化學性能. 矽酸鹽通報, 2009, 3（28）: 464-467.

[31] 劉曉彤, 趙海雷, 王捷, 何見超. 正極材料 Li_2MSiO_4（M = Fe、Mn）的研究進展. 電池, 2011, 41（2）: 108-111.

[32] Zhang S, Lin Z, Ji L, Li Y, Xu G, Xue L, Li S, Lu Y, Toprakci O, Zhang X. Cr-doped Li_2MnSiO_4/carbon composite nanofibers as high-energy cathodes for Li-ion batteries. J Mater Chem, 2012, 22, 14661-14666.

[33] Wagner N P, Vullum P E, Nord M K, Svensson A M, Vullum-Bruer F. Vanadium substitution in Li_2MnSiO_4/C as positive electrode for Li ion batteries, J

Phys Chem C, 2016, 120（21）: 11359-11371.

[34] Lyness C, Delobel B, Armstrong A R, Bruce P G. The lithium intercalation compound Li_2CoSiO_4 and its behaviour as a positive electrode for lithium batteries Chem Commun, 2007, 4890-4892.

[35] Wu S Q, Zhu Z Z, Yang Y, Hou Z F. Effects of Na-substitution on structural and electronic properties of Li_2CoSiO_4 cathode material. Trans Nonferrous Met Soc China, 2009, 19（1）: 182-186.

第6章

LiFeSO₄F正極材料

　　鋰離子電池因其具有電壓高、比能量高、循環壽命長、無記憶效應、對環境污染小、可快速充電、自放電率低等優點而成為便携式電子產品的理想電源，也是未來電動汽車和混合電動汽車的首選電源。其中正極材料因價格偏高、能量密度和功率密度偏低而成為製約鋰離子電池被大規模推廣應用的瓶頸。雖然鋰離子電池的保護電路已經比較成熟，但對於動力電池而言，要真正保證安全，正極材料的選擇十分關鍵。氟化聚陰離子材料通過 SO_4^{2-}（或 PO_4^{3-}）陰離子的誘導效應和 F^- 的強電負性作用，與金屬陽離子一起組成三維骨架結構，保證了材料的結構穩定性，從而使材料具有更好的循環穩定性，進而在安全性和成本方面都特別具有吸引力。SO_4^{2-} 比 PO_4^{3-} 具有更強的誘導效應，所以硫酸鹽應比磷酸鹽具有更高的電位平臺。2010 年 Tarascon 組首次報導了 $LiFeSO_4F$ 的電化學性能，具有 3.6V 的電位平臺，比 $LiFePO_4$ 高出 0.2V，證明了誘導效應的潛在作用。$LiFeSO_4F$ 具有比 $LiFePO_4$ 更高的離子擴散係數，因而具有更好的倍率性能，但這個領域的探索才剛剛開始起步。與 $LiFePO_4$ 相比，$LiFeSO_4F$ 的原料來源則更為廣泛。硫酸亞鐵就是一種使用硫酸和鐵屑製取的廉價鐵鹽。此外，硫磺和硫酸鹽常常是火電廠中的副產物。低廉的價格和優異的安全性使氟硫酸鹽材料特別適用於動力電池材料，從而使基於氟硫酸鹽材料的鋰離子電池成為更有競爭力的動力電池。

6.1　LiFeSO₄F 的結構

　　圖 6-1 為 $LiFeSO_4F$ 晶體結構示意圖，$LiFeSO_4F$ 為三斜晶胞（空間群 P1），由 SO_4 四面體和 FeO_4F_2 八面體組成。從圖 6-1 中可以看出，一個 S 原子周圍有四個 O 原子組成了 SO_4 四面體結構且共角點的八面體沿 c 軸的方向組成長鏈，每個四面體與四個不同的八面體共頂點。在所有共頂點的四個八面體中，有兩個八面體在一條鏈上，也可以說每個四面體連着三個不同的鏈。每個 FeO_4F_2 八面體通過其中的氧原子連着四個不同的四面體，通過其中的氟陰離子連着兩個不同的八面體。這種三維結構給 Li^+ 提供了沿着 [100]、[010]、[101] 三個方向的

遷移通道，比一維結構的 $LiFePO_4$ 正極材料更有利於 Li^+ 的脫出和嵌入，具有更高的離子電導率，因此可提高材料的電化學性能。

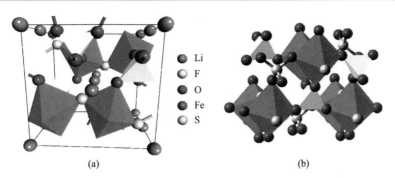

Li
F
O
Fe
S

(a)　　　　　　　　　(b)

圖 6-1　$LiFeSO_4F$（a）以及 $FeSO_4F$（b）晶體結構示意圖

$LiFeSO_4F$ 體系在脫鋰後，體積縮小。$LiFeSO_4F$ 正極放電的電化學反應如式（6-1）所示：

$$FeSO_4F + xLi^+ + xe^- \xrightleftharpoons[\text{充電}]{\text{放電}} Li_xFeSO_4F \qquad (6\text{-}1)$$

由式（6-1）可以看出，在放電時鋰離子將從負極遷移到 $FeSO_4F$，同時為了保持體系的電中性，電子則從外電路向 $FeSO_4F$ 轉移，從而形成 Li_xFeSO_4F。電子在 FeO_4F_2 骨架上的填充將導致系統的電子結構發生相應的變化。根據系統的吉布斯自由能的變化，$LiFeSO_4F$ 相對於鋰負極的電壓計算值為 3.66V，這與實驗結果吻合。

對於固態電極材料，熱力學穩定性是一個很重要的物理量，因為它通常可以與循環性能和安全性問題聯繫起來。可以利用材料相對於元素相的熱力學生成焓（$\Delta_f H_{m,el}$）揭示 $LiFeSO_4F$ 和 $FeSO_4F$ 材料的穩定性，根據以下熱力學循環：

$$LiF(s, Fm-3m) + FeSO_4(s, Cmcm) \Longrightarrow LiFeSO_4F(s, P-1) \qquad (6\text{-}2)$$

摩爾反應焓（$\Delta_r H_m$）可以用晶體的能量通過計算得到。由於體積效應對於固態材料而言非常小且通常可以忽略，因此在計算中可以不考慮體積效應。根據我們的計算，反應方程式（6-2）的反應焓約為 $-135.466kJ \cdot mol^{-1}$。此外，反應方程式（6-2）的摩爾反應焓還可以從各物質的實驗摩爾生成焓推導出來，即

$$\Delta_r H_m = \Delta_f H_{m,el}(LiFeSO_4F) - \Delta_f H_m(LiF) - \Delta_f H_m(FeSO_4) \qquad (6\text{-}3)$$

由於標準狀態下 LiF 和 $FeSO_4$ 的摩爾生成焓是已知的，$\Delta_f H_m$（LiF）和 $\Delta_f H_m(FeSO_4)$ 的數值分別為 $-616.931kJ \cdot mol^{-1}$ 和 $-928.848kJ \cdot mol^{-1}$，$\Delta_f H_{m,el}(LiFeSO_4F)$ 的數值最終可確定為 $-1681.245kJ \cdot mol^{-1}$。類似地 $FeSO_4F(P-1)$ 相對於元素相的摩爾生成焓則可以通過反應方程式（6-4）計算得

到，其數值為$-1327.868kJ \cdot mol^{-1}$。

$$Li(s,Im-3m)+FeSO_4F(s,P-1)\Longrightarrow LiFeSO_4F(s,P-1) \qquad (6-4)$$

上述結果表明，$LiFeSO_4F$ 和 $FeSO_4F$ 相對於元素相都是熱力學穩定的固態電極材料。需要指出的是，在多次的充放電過程中，正極材料有可能會分解成氧化物而不是相應的元素相，例如 $LiCoO_2$、$LiMn_2O_4$ 和 $LiMnPO_4$ 等正極材料在工作過程中分解成不同的氧化物是完全可能的。因此，可以通過材料相對於氧化物相的摩爾生成焓（$\Delta_fH_{m,ox}$）研究這個問題，該數值實際上也對應於正極材料發生分解反應時反應焓的負值。$LiFeSO_4F$ 可能存在以下兩個分解反應：

$$LiFeSO_4F(s,P-1)\Longrightarrow LiF(s,Fm-3m)+FeO(s,Fm-3m)+SO_2(g)+\frac{1}{2}O_2(g)$$
$$(6-5)$$

$$2FeSO_4F(s,P-1)\Longrightarrow FeF_2(s,P42/mnm)+FeO(s,Fm-3m)+2SO_2(g)+\frac{3}{2}O_2(g)$$
$$(6-6)$$

兩個反應方程式的摩爾反應焓的計算值分別為 $360.68kJ \cdot mol^{-1}$ 和 $367.81kJ \cdot mol^{-1}$，這表明 $LiFeSO_4F$ 和 $FeSO_4F$ 相對於相應的氧化物仍是熱力學穩定的。但是實驗研究表明 $LiFeSO_4F$ 中確實存在 tavorite 相向 triplite 相的轉變。對於材料的多形體，熱力學穩定性並不能確保相變不會發生，這已經被自然界中的諸多例子所證實：相轉變確實可以在不同的熱力學穩定的多形體間進行。如軟膜理論所指示的那樣不穩定的晶格振動（軟聲子）可以導致相變發生；外部應力作用下的力學失穩也可以導致相變的發生。這兩個原因可能與實驗所觀察到的 $LiFeSO_4F$ 材料的相變現象有關。理論計算結果表明，tavorite 相 $LiFeSO_4F$ 在布裏淵區中心 Γ 存在兩個不穩定聲子，這些不穩定的振動主要由氧原子的運動占主導位置，如圖 6-2 所示。計算結果表明，tavorite 相 $LiFeSO_4F$ 將會經歷一個相變，這與實驗的觀測一致。

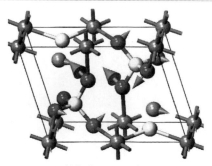
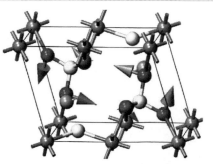

(a) 頻率爲$-84.20cm^{-1}$的軟聲子　　　　(b) 頻率爲$-67.41cm^{-1}$的軟聲子

圖 6-2　tavorite 相 $LiFeSO_4F$ 中的不穩定聲子

為了進一步闡明熱力學穩定性的根源，我們計算了 $LiFeSO_4F$ 和 $FeSO_4F$ 的電子結構。圖 6-3 為 $LiFeSO_4F$ 的能帶結構，其中費米能級設為能量零點。根據簡併度、分裂特徵、能帶的數目以及軌道的電子密度分佈，可將每一個能帶的組成進行分解（圖 6-4）。可以發現 S_{3s} 帶和 S_{3p} 帶位於費米能級之上，並且它們的能量位置要比 O_{2p} 帶的能量位置高，因此相當部分的電子將從 S 原子向 O 原子轉移，這個結論可被原子布居所證實。文獻報導指出在 $LiMPO_4$ 材料中，電子從製衡陽離子（P）向 O 陰離子轉移將導致 O_{2p} 帶向低能方向移動，並使正極材料的電化學勢降低；因此，電池的電壓（vs. Li^+/Li）降昇高。在 $LiFeSO_4F$ 材料中也存在着類似的效應，S 原子和 O 原子之間的電荷轉移對 $LiFeSO_4F$（vs. Li^+/Li）材料具有相對較高的電壓是有利的。

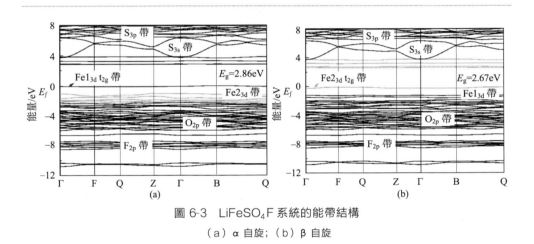

圖 6-3　$LiFeSO_4F$ 系統的能帶結構

（a）α 自旋；（b）β 自旋

此外，從圖 6-3 可知 S_{3s} 帶和 S_{3p} 帶的分裂很明顯，這說明 S_{3s} 和 S_{3p} 軌道的離域性很強，SO_4 四面體中 S 和 O 之間將形成有效的共價鍵。根據計算得到的鍵級數據，可以證實該化合物中確實存在很強的 S—O 鍵。由於共價鍵越強，在形成該化學鍵和晶體的時候所釋放的能量越多，正極材料的熱力學穩定性將更高。因此，可以推斷 S—O 鍵對 $LiFeSO_4F$ 良好的熱力學穩定性起到很重要的作用。

另外從圖 6-3 可知，$LiFeSO_4F$ 的 α 自旋帶和 β 自旋帶幾乎是相同的，該材料似乎是非磁性系統。但是經過仔細的考慮，我們發現 $LiFeSO_4F$ 和 $FeSO_4F$ 的反鐵磁態（AFM）的能量比它們相應的鐵磁態（FM）的能量分別低 31m eV 和 117m eV，這樣先前的理論和實驗結果完全一致。為了分析這種效應，Fe1 離子和 Fe2 離子的 3d 帶分別用不同的顏色進行了區分。對於 Fe1 離子，α 自旋通道只有一個 t_{2g} 帶是有電子占據的，而在 β 自旋通道，其所有的 d 帶都是完全占據

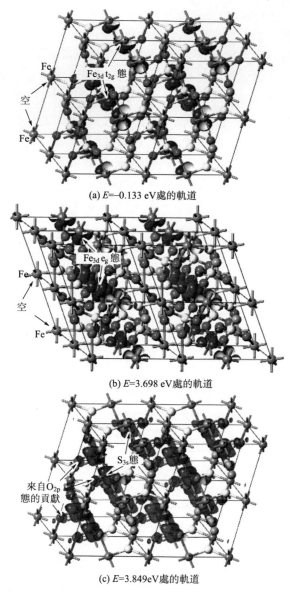

(a) $E=-0.133$ eV處的軌道

(b) $E=3.698$ eV處的軌道

(c) $E=3.849$eV處的軌道

圖 6-4　布裏淵區 Γ 點處具有不同能量值的軌道（α-自旋）的電子密度圖

的。這個結果說明，Fe1 離子呈 $t_{2g}^4 e_g^2$ 高自旋排布，其理論磁矩約為 $4\mu_b$。雖然 LiFeSO$_4$F 中的 Fe2 離子的氧化態也是＋2 價且具有 d^6 高自旋構型，但是其磁矩的方向與 Fe1 離子剛好相反。這種特殊的磁序導致整個 LiFeSO$_4$F 材料的净磁矩為零。另外需要指出的是在 LiFeSO$_4$F 中，Fe 離子的高自旋排列構型將導致

FeO_4F_2 八面體產生較小的 Jahn-Teller 畸變。但是由於 $LiFeSO_4F$ 相對於元素相的摩爾生成焓的數據很負，這種小畸變並不足以導致材料的結構不穩定性，$LiFeSO_4F$ 可以維持很好的循環穩定性，這已經被實驗所證實。根據圖 6-3 可以證實 Fe 和 O（或 F）之間的軌道交疊也是可能的，這導致較強的 Fe—O（0.19～0.23）和 Fe—F（0.20）共價鍵的產生。但是，相對於 S—O 共價鍵，Fe—O 鍵和 Fe—F 鍵要弱得多。因此可以證實 S—O 鍵確實對 $LiFeSO_4F$ 材料良好的熱力學穩定性起決定作用。

文獻曾報導電極的電化學性能是由電荷轉移反應和鋰離子在體相材料中的擴散這兩個過程中鋰離子的嵌入/脫出動力學所決定。較差的電子導電性將對電極材料在循環過程中的容量產生影響，而較高的導電性通常對應於較小的電化學極化且可導致較好的循環性能。因此，研究 $LiFeSO_4F$ 的輸運性能非常有必要。除了上述的資訊之外，能帶結構也可以給出一些與化學物的導電性有關的資訊。根據我們的計算發現 $LiFeSO_4F$ 兩個自旋通道的帶隙分別為 2.86eV 和 2.67eV。Ramzan 等採用雜化泛函和 GGA＋U 方法，通過計算得到 $LiFeSO_4F$ 材料兩個通道的帶隙值分別為 3.1eV 和 2.6eV。需要注意的是，材料的電子電導率不僅與帶隙寬度有關，也與載流子的濃度和有效質量相關。為了估算材料的載流子的有效質量，我們首選確定了價帶頂和導帶低的位置，並通過下面的公式經過計算得到。

$$\frac{1}{m^*} = \frac{1}{h^2} \frac{\partial^2 E(k)}{\partial k^2} \qquad (6-7)$$

表 6-1 為所計算的載流子的有效質量。計算結果表明 $LiFeSO_4F$ 的載流子的有效質量具有明顯的各向異性，並且價帶頂的空穴和導帶底的電子的有效質量要比自由電子的質量大得多。大的帶隙和載流子較低的移動性使得 $LiFeSO_4F$ 材料的電子導電性很差。實驗結果表明 $LiFeSO_4F$ 的電子導電性約為 10^{-11} S·cm^{-1}。這個結構並不奇怪，因為 $LiFeSO_4F$ 的價帶和導帶均由 Fe_{3d} 態組成，Fe_{3d} 帶的分裂較弱、定域性較強，這就是電子和空穴具有很大的有效質量的原因。為了提高材料的電子導電性，可以考慮一下策略：①通過摻雜在費米能級附近引入離域態，這將導致帶隙或載流子有效質量明顯減小，同時也可能提高載流子的濃度。如圖 6-5 所示，Fe 被 Co 離子取代後確實可以使材料的 β 通道的帶隙（1.48eV）明顯減小。在很多材料系統（$LiFePO_4$ 和 $Li_4Ti_5O_{12}$ 等）中，摻雜已經被證實是改善材料的電子導電性的一個有效方法。由於相似的特性及離子半徑，3d 金屬一般來說趨於替代 Fe 位點，而非金屬原子則傾向於取代 O 離子。摻雜元素出現在填隙位置也是有可能的。雖然已有一些關於 $LiFeSO_4F$ 體系摻雜的研究，摻雜元素對電子電導率的影響仍沒有完全地被揭示出來。從理論計算的角度考慮，完全闡明這種效應是可能的。但是由於摻雜元素的多樣性以及摻雜位點的複雜性，

完全闡明這個問題目前仍比較困難，計算過程所需耗費的代價仍較高。但是，圖 6-5 結果表明在 $2×2×2$ 超胞中，摻雜將導致 β 自旋通道的帶隙從 2.67eV 降低至 1.48eV。②電極材料的奈米化不僅可以導致材料表面產生一些活躍的表面態，同時也可以有助於降低載流子的平均自由程。如圖 6-6 所示，O-和 S-終結 (001) 表明的帶隙明顯減小。特別是 O-終結 (001) 表明，α 自旋通道的帶隙僅為 0.03eV。根據電子密度分析可知，表明態主要來自於材料表面上的 O 物質。價帶頂的電子是比較活躍的，它們可以很容易在熱激發的條件下向其他地方躍遷。因此可以預期表明的電子導電性將顯著提高。此外，由於材料粒子的尺寸（與表面的厚度相關）降低，電子和鋰離子的平均自由程均明顯減小，這對於提高材料的導電性也是非常有利的。因此，可以預期材料的奈米化也是一個提高電極材料導電性的有效方法。

表 6-1　LiFeSO$_4$F 和 FeSO$_4$F 的載流子有效質量（自由電子質量單位，m_e）[①]

項目	LiFeSO$_4$F		FeSO$_4$F	
	TVB 孔	BCB 電子	TVB 孔	BCB 電子
$m^*_{[100]}$	−6.57(−19.39)	13.20(186.91)	−4.70(−1.98)	1.40(363.64)
$m^*_{[010]}$	−12.02(−4.74)	34.60(7.68)	−2.86(−5.56)	36.74(1.37)
$m^*_{[001]}$	−244.49(−24.15)	13.82(32.69)	−4.57(−5.42)	19.36(23.51)

①括號中的數值是 β 通道的載流子有效質量。

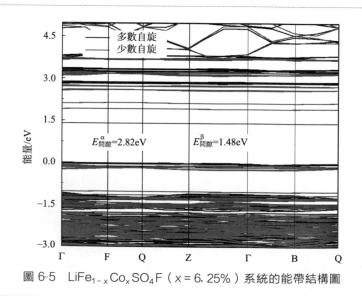

圖 6-5　LiFe$_{1-x}$Co$_x$SO$_4$F（$x=6.25\%$）系統的能帶結構圖

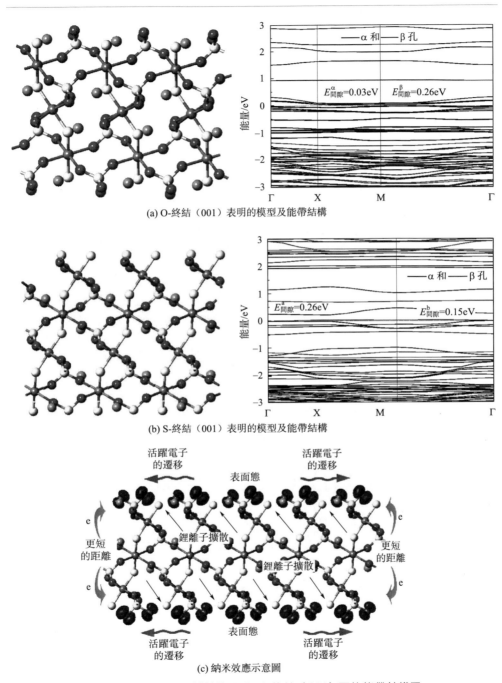

(a) O-終結（001）表明的模型及能帶結構

(b) S-終結（001）表明的模型及能帶結構

(c) 納米效應示意圖

圖 6-6　LiFeSO₄F 材料的 O-和 S-終結（001）面的能帶結構圖

　　此外，鋰是以純離子的形式存在於 $LiFeSO_4F$ 晶格中，當鋰離子從電極材料中脫嵌以後，化合物的電子密度分佈和電子結構將發生改變。通過比較可以發現，當材料從 $LiFeSO_4F$ 變成 $FeSO_4F$ 之後，Fe、F、O 和 S 物質的電荷變化（Δe）分別是 $0.51e$、$0.12e$、$0.09e$ 和 $0.06e$。在充放電過程中，F、O 和 S 物質電荷的變化變化比較大，但是這種現象實際上與定域在 Fe—F 和 Fe—O 化學鍵中的電子的劃分有關。由於 Fe 的電荷在充電過程中顯著增加（$\Delta e=0.51e$），Fe 位點仍可以被認為是有效的氧化還原中心。$LiFeSO_4F$ 的充放電容量將取決於以下反應：

$$\mathop{LiFeSO_4F}\limits^{+2} \underset{\text{放電}}{\overset{\text{充電}}{\rightleftharpoons}} \mathop{FeSO_4F}\limits^{+3}+Li^++e^- \tag{6-8}$$

圖 6-7 為 $FeSO_4F$ 的能帶結構。隨着電子從正極材料的移除，Fe 離子被氧

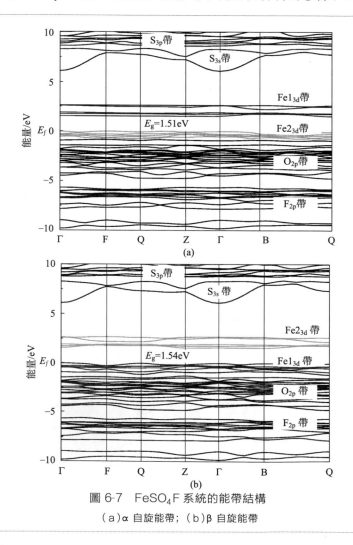

圖 6-7　$FeSO_4F$ 系統的能帶結構

（a）α 自旋能帶；（b）β 自旋能帶

化，Fe$_{3d}$t$_{2g}$ 占據態變空，因此在 FeSO$_4$F 中 Fe 的氧化態為 +3 價且其具有 d^5 高自旋構型，Fe 的磁矩約為 5μ_b。理論上 t$_{2g}^3$e$_g^2$ 高自旋構型並不會導致系統產生任何的 Jahn-Teller 畸變，可以預期 FeO$_4$F$_2$ 八面體將具有優良的結構穩定性。FeSO$_4$F 中 S—O 鍵、Fe—O 鍵和 Fe—F 鍵的強度與 LiFeSO$_4$F 材料中相應的鍵的強度相當，因此 FeSO$_4$F 也是很穩定的。穩定的雙端結構不僅保證了電化學反應具有良好的可逆性，同時也使電池具有良好的循環性能。與 LiFeSO$_4$F 相比，FeSO$_4$F 的帶隙（約 1.5eV）更小，其載流子有效質量也明顯減小，這表明 FeSO$_4$F 的電子導電性將優於 LiFeSO$_4$F。

在諸如 HEV 和 PHEV 等需要快速充放電的應用中，材料具有良好的倍率性能至關重要。當電極反應無法跟上快速充放電過程中電流的步伐時，鋰離子將沒有足夠的時間從電極內部擴散到電極表面和電解質中。因此，電極的倍率性能與鋰離子在體相材料中的遷移能力有密切的關係。可以利用 LiFeSO$_4$F 材料中的鋰離子擴散機理來揭示這個問題的本質。圖 6-8 為 tavorite 相 LiFeSO$_4$F 中鋰離子可能嵌入的空隙位置。

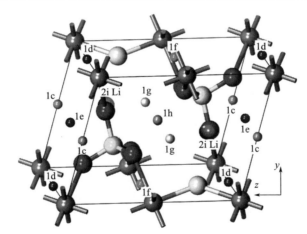

圖 6-8　tavorite 相 LiFeSO$_4$F 中鋰離子可能嵌入的空隙位置

由圖 6-8 可知，P$_{-1}$ 對稱點群存在很多的空隙位置，因此可以預期鋰離子在 Li$_x$FeSO$_4$F 物質中的擴散行為將非常複雜，另外鋰離子位於 2i 位置是非常穩定的。為了沿着材料的孔道擴散，鋰離子首先需要從 2i 位置遷移出來。當鋰離子從正極脫嵌出來並且在對電極上還原時，所需的平均能量應該為 3.6eV。但是假如 2i 位鋰離子遷移到晶格中的空隙位置（如 1h，1g，1e 等），克服晶格中 Li$^+$ 和 O^{2-}（F$^-$）之間靜電作用所需能量則小得多。

圖 6-9 為鋰離子從 2i 位向其他空位遷移時的能量曲線，相應的數值則匯總在

表 6-2 中。除了 1f 和 1c 位以外，LiFeSO$_4$F 中鋰離子從 2i 位向其他空隙位置躍遷所需的活化能均小於 2.3eV。根據過渡態理論和稀釋擴散理論，鋰離子的擴散係數可以用下面的公式計算：

$$D = a^2 v \exp\left(\frac{-E_a}{kT}\right) \qquad (6-9)$$

式中，a、v 和 E_a 分別是躍遷距離、嘗試頻率和活化能。為了確定嘗試頻率，需要計算材料的聲子譜。通過計算可發現在布裏淵區中心 Γ 點有 7 個僅僅與鋰離子的運動相關的聲子，如圖 6-10 所示。v 的數值通過計算可確定為 $10^{13}s^{-1}$，其中溫度設置為 298K。

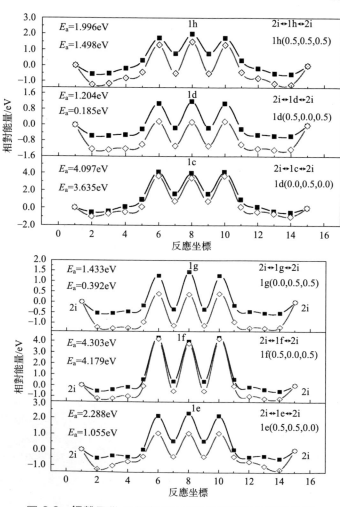

圖 6-9　鋰離子從 2i 位向其他空隙位置遷移的能量曲線

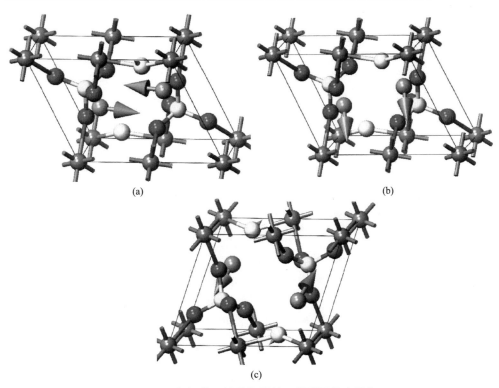

圖 6-10 與鋰離子運動相關的三個聲子的本徵矢

（a） 257.18cm^{-1} 處的聲子；（b） 319.10cm^{-1} 處的聲子；（c） 478.10cm^{-1} 處的聲子

表 6-2 鋰離子在 tavorite 相 $Li_x FeSO_4 F$ 中的擴散性質

路徑	$LiFeSO_4F$		$a/\text{Å}$	$Li_{0.5}FeSO_4F$		$a/\text{Å}$
	E_a/eV	$D/\text{cm}^2 \cdot \text{s}^{-1}$		E_a/eV	$D/\text{cm}^2 \cdot \text{s}^{-1}$	
2i↔1h	1.996	1.49×10^{-36}	2.77	1.498	3.93×10^{-28}	2.80
2i↔1g	1.433	2.68×10^{-27}	2.07	0.392	1.03×10^{-09}	2.07
2i↔1f	4.303	2.00×10^{-75}	3.72	4.179	3.65×10^{-73}	3.72
2i↔1e	2.228	9.22×10^{-41}	1.98	1.055	5.84×10^{-21}	1.96
2i↔1d	1.204	1.94×10^{-23}	2.05	0.185	2.97×10^{-06}	1.99
2i↔1c	4.097	4.01×10^{-72}	2.51	3.635	2.66×10^{-64}	2.56
[100]方向(x軸)						
1h↔1g	0.563	2.08×10^{-12}	2.59	1.141	3.68×10^{-22}	2.62
1e↔1c	2.058	1.17×10^{-37}	2.59	2.354	1.20×10^{-42}	2.62
[010]方向(y軸)						
1e↔1d	1.084	3.75×10^{-21}	2.76	0.897	4.94×10^{-18}	2.64
1h↔1f	1.955	7.31×10^{-36}	2.76	2.256	5.51×10^{-41}	2.64

續表

路徑	LiFeSO$_4$F		$a/\text{Å}$	Li$_{0.5}$FeSO$_4$F		$a/\text{Å}$
	E_a/eV	$D/\text{cm}^2 \cdot \text{s}^{-1}$		E_a/eV	$D/\text{cm}^2 \cdot \text{s}^{-1}$	
[001]方向(z軸)						
1h↔1e	0.292	1.57×10^{-07}	3.66	0.451	3.31×10^{-10}	3.70
1f↔1d	2.748	5.20×10^{-49}	3.66	3.604	1.86×10^{-63}	3.70
1g↔1c	2.530	2.50×10^{-45}	3.66	3.044	5.32×10^{-54}	3.70
[011]或[101]方向						
1h↔1d	0.792	6.43×10^{-16}	3.91	1.348	2.53×10^{-25}	3.84
1g↔1e	0.854	5.42×10^{-17}	3.79	0.775	1.17×10^{-15}	3.79

　　從表 6-2 中可以看出，鋰離子擴散係數在 $10^{-41} \sim 10^{-27}$ 範圍之內，LiFeSO$_4$F 材料中的鋰離子的移動性似乎是非常差的。這個結果似乎與實驗和理論報導的結果相互衝突。在氟代硫酸鐵鋰中，實驗觀測得到的鋰離子遷移的活化能在 $0.77 \sim$ 0.99eV 之間，而 Tripathi 等報導的理論值為 $0.36 \sim 0.46$eV。基於相同的代碼和方法，Lee 和 Park 等經過計算後得到的數值為 $0.04 \sim 0.57$eV。對於部分脫鋰的正極材料，密度泛函理論給出的預測值為 0.3eV。為了闡明這個問題，Xie 等計算了 Li$_{0.5}$FeSO$_4$F 體系中鋰離子沿着不同路徑遷移時系統的活化能。可以發現當 2i 位產生鋰空位時，所有的活化能顯著降低。特別是鋰離子從 2i 位向 1g 位和 2i 位向 1d 位躍遷時，活化能僅為 0.392eV 和 0.185eV。這種現象表明晶格存在適量的 2i 位缺陷將有助於啓動和激活鋰離子在材料的通道中傳輸。通過分析材料結構中的一些細節，可以進一步證實在 LiFeSO$_4$F 材料中鋰離子從 2i 位向其他空隙位置遷移時，大的擴散勢壘主要源於 Li-Li 之間的排斥作用。例如，當 2i 位的鋰遷移至 1g 位時，1g 位的鋰離子和最近鄰的 2i 位鋰離子之間的距離僅為 2.07Å，這個數值明顯小於金屬鋰晶體中 Li-Li 的平衡間距（3.039Å）。Li-Li 間強烈的排斥作用使得 2i 位鋰向其他空位的躍遷變得極端困難，這就是在完全嵌鋰態 LiFeSO$_4$F 中，鋰離子從 2i 位向其他空隙位躍遷具有非常大的活化能的根本原因。因此可以推斷在高鋰濃度的條件下 2i 鋰空位較少，鋰離子的擴散將被有效地阻塞，這導致材料具有較差的擴散動力學特性。但是需要注意的是當系統中存在適量的 2i 位鋰空位，鋰離子就可以成功地向空隙位置遷移，如圖 6-8 所示，鋰離子沿着不同的路徑遷移成為可能，如圖 6-11 所示。

　　圖 6-12 為鋰離子沿着 [100]、[010]、[001]、[011] 和 [101] 方向擴散時，系統的能量曲線，相應的動力學性質匯總於表 6-2 中。從表 6-2 可知，LiFeSO$_4$F 材料中存在兩個高速擴散通道（1h↔1g 和 1h↔1e），這兩個通道分別沿着 x 軸和 z 軸方向。Sebastian 等的 DFT＋U 計算結果表明：在 LiFeSO$_4$F 中，鋰離子沿着 c 軸方向擴散具有很高的活化能（1.18eV）；由於 SO$_4$ 的阻礙或較長的

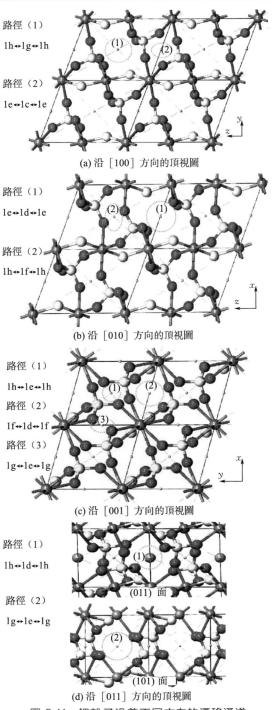

路徑（1）

1h↔1g↔1h

路徑（2）

1e↔1c↔1e

(a) 沿 ［100］ 方向的頂視圖

路徑（1）

1e↔1d↔1e

路徑（2）

1h↔1f↔1h

(b) 沿 ［010］ 方向的頂視圖

路徑（1）

1h↔1e↔1h

路徑（2）

1f↔1d↔1f

路徑（3）

1g↔1e↔1g

(c) 沿 ［001］ 方向的頂視圖

路徑（1）

1h↔1d↔1h

路徑（2）

1g↔1e↔1g

(011) 面

(101) 面

(d) 沿 ［011］ 方向的頂視圖

圖 6-11　鋰離子沿着不同方向的遷移通道

傳輸距離，鋰離子沿 a 軸和 b 軸方向的擴散不是很有利。而後續的從頭算分子動力學的計算結果則表明：①鋰離子擴散是各向異性的；②鋰離子可以沿着三個方向擴散；③鋰離子沿着 x 軸和 y 軸方向的擴散比沿着 z 軸方向的擴散慢。此外，GULP 殼模型的計算結果也表明 $LiFeSO_4F$ 是有效的三維鋰離子導體，且對角躍遷或 Z 形躍遷的組合是最有利的鋰離子遷移路徑。需要注意的是，在真實的條件下，鋰離子在材料內的擴散實際上是由多個平行的級聯躍遷共同組成的，而不僅僅是單一位點間的一次躍遷。這種情況下鋰離子擴散動力學實際上與所有路徑中活化能最大的基元躍遷有關，如圖 6-13 所示。

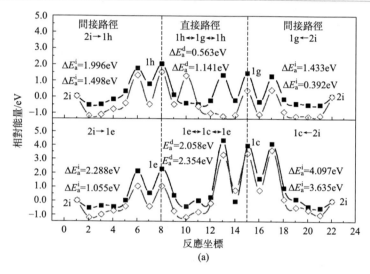

(a)

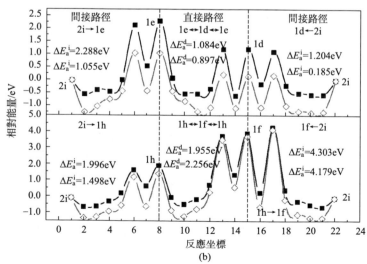

(b)

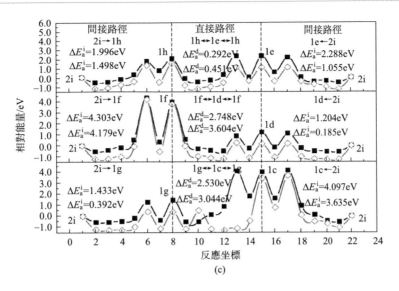

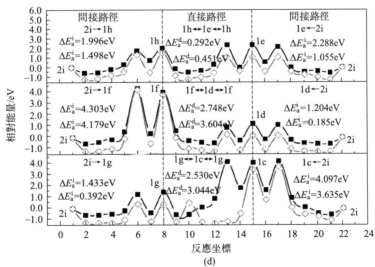

圖 6-12 鋰離子沿着不同方向可能的遷移路徑的能量曲線

（a）鋰離子沿着 [100]（x 軸）方向遷移的能量曲線；（b）鋰離子沿着 [010]（y 軸）
方向遷移的能量曲線；（c）鋰離子沿着 [001]（z 軸）方向遷移的能量曲線；
（d）鋰離子沿着 [011] 和 [101] 方向遷移的能量曲線

　　雖然 1h↔1e 躍遷的活化能僅為 0.292eV，這個數值比 1g↔1h 躍遷（0.563eV）所需能量小得多，但是 1g↔1h 躍遷是 1h↔1e 躍遷的前置步驟。因此，鋰離子沿着 [100] 和 [001] 方向躍遷的擴散動力學行為主要由 1g↔1h 躍

遷步驟控製。此外，如果條件合適，鋰離子沿着 Z 形鏈（1g→1h→1e→1h′→1g′）的擴散也是可能的。這三個路徑是高速鋰離子擴散通道。除了以上路徑外，鋰離子沿着 1g↔1e 和 1d↔1h 通道的擴散是非常困難的，即使 2i 位鋰更趨向於遷移到 1d 位置；這兩個通道的活化能分別是 0.854eV（約 $6.43 \times 10^{-16} cm^2 \cdot s^{-1}$）和 0.792eV（$5.42 \times 10^{-17} cm^2 \cdot s^{-1}$）。隨着鋰離子從正極脫嵌並向負極遷移（充電過程），2i 位的鋰空位逐漸增多，同時伴隨着晶格常數的降低。這些變化使鋰離子沿着不同方向的擴散動力學發生明顯變化。從表 6-2 可知，除了 1e↔1d 和 1g↔1e 躍遷外，其他躍遷步驟的活化能都增加了。這種現象可以合理地歸因於晶格尺寸和擴散通道的收縮。圖 6-13(b) 表明 $Li_x FeSO_4 F$ 材料在低鋰濃度條件下可能的擴散路。可以證實，鋰離子沿着［001］方向（1e↔1h）的躍遷仍是有效的高速擴散通道。另外，需要強調的是在低鋰濃度條件下，晶格中存在着很多 2i 位鋰空位，這些 2i 位鋰空位也可以有效地作為一些高速擴散路徑的中間位置。因此，2i↔1g、2i↔1d 和 1g↔2i↔1d 高速擴散通道成為可能。$LiFeSO_4 F$ 和 $FeSO_4 F$ 材料中的鋰離子擴散通道的活化能與 $LiFePO_4$ 中的擴散通道的活化能（0.55eV）相近，且明顯小於 $Li_2 FeSiO_4$（0.91eV）的數值，因此可以推斷 $LiFeSO_4 F$ 是一個很好的鋰離子導體，這與先前的實驗和理論結果完全吻合。

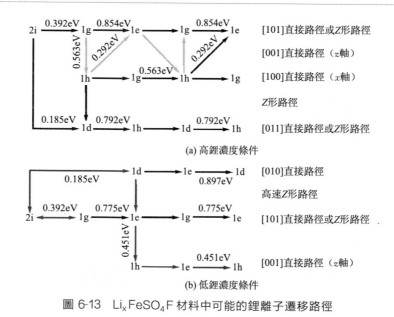

圖 6-13　$Li_x FeSO_4 F$ 材料中可能的鋰離子遷移路徑

另外，Nazar 組的計算表明 Li^+ 沿着 $LiFeSO_4 F$ 晶體的［111］方向的遷移能較低，其屬於快離子導體，較低的遷移能對電極材料的容量保持率和倍率性能的

提高都具有重要意義；Ramzan 組採用雜化的密度泛函理論計算了 $LiFeSO_4F$ 的電子結構，並採用 Bader 方法分析了電荷分佈問題，計算結果與實驗一致；隨後，從頭算分子動力學方法的計算結果表明 Li^+ 的擴散是三維的；Frayret 組則採用態密度泛函理論計算了 $LiMSO_4F$（M＝Fe，Co，Ni）的平均電勢，它們的數值分別為 3.6V、4.9V 和 5.4V。我們組採用第一性原理方法研究了 Li_xFeSO_4F 材料的結構穩定性和輸運性質，研究結果表明鋰離子遷移活化勢壘很低（0.185～0.563eV），Li_xFeSO_4F 材料具有很好的離子導電性。此外，理論計算的結果還進一步表明 Li_xFeSO_4F 的摩爾生成焓也比傳統的 $LiCoO_2$ 和 $LiNiO_2$ 正極材料更負，這說明 Li_xFeSO_4F 應該具有更好的熱力學穩定性。然而實驗仍觀察到了該材料在充放電循環過程中發生了相轉變。結構相變的發生將導致電極材料的循環穩定性變差，從而影響電池的整體性能。

6.2 LiFeSO₄F 的合成方法

合成 $LiFeSO_4F$ 的關鍵兩步分別是 $FeSO_4 \cdot H_2O$ 的失水和 LiF 進行嵌鋰，其反應方程式為：

$$FeSO_4 \cdot 7H_2O \Longrightarrow FeSO_4 \cdot H_2O + 6H_2O \qquad (6-10)$$

$$FeSO_4 \cdot H_2O + LiF \Longrightarrow LiFeSO_4F + H_2O \qquad (6-11)$$

氟離子取代了 $FeSO_4 \cdot H_2O$ 中 OH^- 的位置，H^+ 的位置正好由一個 Li^+ 補充上去，後一步必須比第一步要快。因此，疏水反應介質對於降低失水速率就很關鍵。由於 $LiFeSO_4F$ 材料在 400℃下 SO_4^{2-} 就開始分解，這也表明不可能用經典的高溫固相法製備該材料。因此，目前主要採用疏水的離子性液體作為溶劑，低溫合成。

6.2.1 離子熱法

離子熱法就是用離子液體作為媒介，原料化合物分散在離子液體中，在一定的溫度下反應生成目標產物的製備方法。Ati 等以 $FeSO_4 \cdot H_2O$ 與 LiF 為原料，以二（三氟甲基磺醯）1-乙基-3-甲基咪唑（EMI-TFSI）離子液體為媒介，在聚四氟乙烯內襯的反應釜內首次合成出 $LiFeSO_4F$ 粉體。該方法合成 $LiFeSO_4F$ 分兩步：第一步反應是由 $FeSO_4 \cdot 7H_2O$ 脫水製成 $FeSO_4 \cdot H_2O$；第二步反應是在 300℃將 $FeSO_4 \cdot H_2O$ 和 LiF 與離子性液體媒介裝入聚四氟乙烯內襯的鋼釜中加熱 5h。冷却後，採用離心法分離粉末和離子性液體。採用二氯甲烷清洗得到的粉末（介於白色和褐白色之間），最後在 60℃下採用真空乾燥得到

$LiFeSO_4F$ 粉體。在合成中，離子液體作為反應介質降低了反應溫度，減緩了 $FeSO_4 \cdot H_2O$ 中 H_2O 的釋放。該方法的優點在於操作簡單、反應溫度低、時間短，合成的 $LiFeSO_4F$ 粉體顆粒小（200nm），有利於離子的擴散，從而提高材料的電化學性能。0.05C 放電時，首次放電容量接近 $140mA \cdot h \cdot g^{-1}$，10 次循環後容量衰減大約 $5mA \cdot h \cdot g^{-1}$。但是這種方法存在的缺點是 Fe^{2+} 易被氧化、合成所使用的離子液體比較昂貴而且有毒需要回收等。但是，最近 Nazar 組研究表明採用親水的四甘醇（TEG）為溶劑，220℃ 也可合成無雜質相的微米級的 $LiFeSO_4F$，降低了合成成本。四甘醇相對於離子液體價格低廉，且具有一定的還原性，可以防止 Fe^{2+} 的氧化。Yang 等以 TEG 為溶劑，260℃ 時合成了亞微米級的 $LiFeSO_4F$ 材料，0.05C 放電時，首次放電容量僅為 $92mA \cdot h \cdot g^{-1}$，0.5C 放電時，放電容量銳減至 $11mA \cdot h \cdot g^{-1}$。如此差的電化學性能主要是由 $LiFeSO_4F$ 材料較大的粒徑和低的電導率引起的。Tripathi 等採用 FeF_2 和 Li_2SO_4 作為原料，按照一定的化學計量比混合，然後轉移到聚四氟乙烯內襯的鋼釜中，加入適量的 TEG，在 230℃ 下反應 48h 得到 $LiFeSO_4F$ 材料，該反應的化學式為：

$$FeF_2 + Li_2SO_4 \longrightarrow LiFeSO_4F + LiF \tag{6-12}$$

但是，該反應會產生電化學性質不活潑的 LiF，所以材料的性能勢必會下降。

6.2.2　固相法

由於 SO_4^{2-} 在高溫條件下易於分解，這使得通過傳統的高溫固相法來合成 $LiFeSO_4F$ 異常困難。大多數固相反應在較低的溫度下難以進行，而某些熔點較低的分子固體或含有結晶水的無機物及大多數有機物能形成固態配合物，其可以在室溫甚至在 0℃ 發生固相反應。Ati 等將 $FeSO_4 \cdot H_2O$ 與 LiF 按照一定的化學計量比放到球磨機上球磨 7min，然後在 1MPa 的壓力下將粉末壓成厚 5mm、直徑 1cm 的小球，再將小球放入聚四氟乙烯內襯的鋼釜中，在氬氣保護、290℃ 下反應數天後，得到 $LiFeSO_4F$ 粉體。該方法需要 LiF 過量，所以合成的產物中就會有微量的 LiF，因其不活潑的電化學性質，從而影響目標產物的性能。LiF 和 $FeSO_4 \cdot H_2O$ 量的比值 r 不同，電池的電化學性能也是不同的。在此反應中，化合物中結晶水的存在並不改變反應的方向和限度，它起到降低固相反應溫度的作用。實驗中可以通過改變研磨時間、溶劑種類和結晶溫度等來改變顆粒的半徑和形狀，從而改善目標產物的結構。將反應物充分研磨到細小均勻，使顆粒的表面積隨其顆粒度的減小而急劇增加，是縮短反應時間、促進反應發生的重要手段。固相法操作簡單，與昂貴的離子液體相比，成本大幅降低是該方法的一大優勢。然而，緩慢的反應速率增加了反應時間，過量的 LiF 也降低了材料本身的電

化學性能。因此，固相法還需要大量的實驗進行探究和改進。

6.2.3 聚合物介質法

在聚合物介質合成法中，選取合適的反應介質就至關重要。由於聚乙二醇（PEG）有極好的熱穩定性，在 300℃ 能保持穩定，這使它能作為反應介質在整個合成過程中存在。Ati 等採用聚乙二醇（PEG）作溶劑合成了 LiFeSO$_4$F。其主要步驟如下：FeSO$_4$·H$_2$O 與稍過量的 LiF 球磨混勻後，加入 PEG 後，放置於聚四氟乙烯內襯的反應釜中，在氫氣氣氛中昇溫至 290℃，保溫 24h，自然冷卻後，所得產物用離心管分離出溶劑並且用乙酸乙酯清洗三次，在 60℃ 下乾燥 12h 即可得到 LiFeSO$_4$F 材料。在 0.05C 倍率充放電時，首次放電比容量達到 130mA·h·g^{-1}，10 個循環以後容量穩定在 120mA·h·g^{-1}，具有較好的電化學性能。在用聚合物介質法合成 LiFeSO$_4$F 中，還有多種高分子聚合物溶劑可選擇，如 PEO、PEG-PPO-PEG 等。但是，不同甚至相同的聚合物其聚合度不同對合成條件和合成材料的性能都有很大影響。

6.2.4 微波溶劑熱法

微波溶劑熱技術用於製備電極材料與一般的溶劑熱合成方法相比，具有以下優勢。①加熱速度快：微波加熱是使被加熱物體本身成為發熱體，內外同時加熱，能在較短時間內達到加熱效果；②加熱均勻：微波加熱時，物體各部位通常都能均勻滲透電磁波產生熱量，因此溶液體系受熱均勻性大大改善；③節能高效：在加熱過程中，加熱室內的空氣與相應的容器都不會發熱，所以熱效率極高；④易於控製：微波加熱的熱慣性極小，適宜於加熱過程和加熱工藝的自動化控製。因此，微波溶劑熱法已經廣泛應用於製備磷酸鹽正極材料及各種負極材料等。Tripathi 等採用微波輔助溶劑熱法合成出 LiFeSO$_4$F 粉體。該方法主要合成過程為：將一定計量比的 FeSO$_4$·H$_2$O 與 LiF（1：1.1）在氫氣氣氛下混合球磨 2h，然後轉移到充滿氫氣的內襯聚四氟乙烯的反應釜內，並加入 TEG 作為媒介。將反應釜放到合適的帶有壓力和溫度傳感器的轉子上，然後將包含反應釜的轉子放置到微波反應裝置中，溫度在 5min 內昇至 230℃，並微波合成 10min，最後採用 THF 清洗去除 TEG，得到 200nm 左右的 LiFeSO$_4$F 粉體。電化學性能研究表明，在 0.05C 的充放電測試中，首次放電比容量達到 130mA·h·g^{-1}，可逆容量在 115mA·h·g^{-1} 左右。

總之，人們通過優化反應條件及改進合成方法等途徑來改善 LiFeSO$_4$F 材料的性能取得了一定成效，但並不能從根本上解決 LiFeSO$_4$F 電化學性能差的問題。要提高其電化學性能單獨開展該方面的工作有一定局限性。

6.3　LiFeSO₄F 的摻雜改性

第一性原理計算發現，純的 $LiFeSO_4F$ 的帶隙為 $3.6eV$，具有絕緣體特徵。因此，$LiFeSO_4F$ 的電子電導率遠低於 $LiCoO_2$ 和 $LiMn_2O_4$，這會導致材料在充放電時發生極化現象，所以材料電化學活性較低。事實上電子與離子的傳導率低的問題，在高性能電極材料的設計中已經不是難題，可以通過體相摻雜來減小禁帶寬度，進而提高材料的電導率，這重新引領了一系列廉價的低電導率鋰離子電池材料的研究，諸如磷酸鹽（$LiMPO_4$）、矽酸鹽（Li_2MSiO_4）、硼酸鹽（$LiMBO_3$）和氟磷酸鹽（$LiMPO_4F$）。因此，可以通過 $LiFeSO_4F$ 表面包覆碳或添加導電劑形成複合材料及摻雜金屬離子等方式來提高其電導率。

6.3.1　LiFeSO₄F 的金屬摻雜

Barpanda 等報導了 $LiFe_{1-\delta}Mn_\delta SO_4F$ 材料，並且發現 $LiFe_{0.9}Mn_{0.1}SO_4$ 具有 $3.9V$ 的電位平臺，比純 $LiFeSO_4F$ 高出 $0.3V$，$0.05C$ 首次放電容量接近 $125mA \cdot h \cdot g^{-1}$，25 次循環後容量衰減大約 $15mA \cdot h \cdot g^{-1}$。該正極材料在 $70\% \sim 80\%Li^+$ 可逆脫嵌時只有 0.6% 的體積變化，與 $LiFePO_4$ 的 7% 和 $LiFeSO_4F$ 的 10% 相比可以忽略不計了。此外，Radha 等的研究表明，$LiFe_{1-x}Mn_xSO_4F$（$0 \leqslant x \leqslant 1$）即使在 x 值的邊界條件下仍然具有高的穩定性，說明 Mn 的摻雜不影響 $LiFeSO_4F$ 的結構穩定性。Barpanda 等採用離子熱法合成了 $Li(Fe_{1-x}M_x)SO_4F$（$M = Co$，Ni），研究表明材料在充放電過程中的極化很小，循環性能也很好，但容量沒有得到提高，反而隨着 x 值（$0 < x < 1$）的增大而減小。Tripathi 等通過離子熱法製備了 $Li(Fe_{1-x}M_x)SO_4F$（$M = Zn$，Mn）。他們的研究表明，在 $0.05C$ 的電流充放電下，$LiFe_{0.9}Mn_{0.1}SO_4$ 中 70% 的 Li^+ 發生了可逆脫嵌，但當 $x > 0.5$ 時可逆容量幾乎為 0。Zn 和 Mn 的摻雜使材料的能量密度有所提高。$LiFe_{0.9}Zn_{0.1}SO_4$ 的電化學性能相對於固相法有了很大的提高，充放電電壓平臺比 $LiFeSO_4F$ 高 $300mV$。Ati 等通過離子熱法製備了 $LiFe_{1-x}Zn_xSO_4F$ 正極材料，具有 $3.9V$ 的電位平臺，比純 $LiFeSO_4F$ 高出 $0.3V$，並且通過控製合適的球磨時間和包覆的碳含量，可以提高其動力學性能。伊廷鋒等通過第一性原理計算研究表明，當鋰嵌入材料後，S、O 和 F 的原子布居變化較小，電子主要填充在過渡金屬的 3d 軌道，導致過渡金屬被還原，成為電化學反應的活性中心。在嵌鋰態中，鋰和氧（氟）之間形成了離子鍵，而過渡金屬（Ti 和 Fe）與氧（氟）之間則形成了共價鍵，S—O 鍵的共價性最強。態密度的計

算結果則表明：Ti 和 Fe 均保持高自旋排列結構；LiFeSO₄F 的兩個自旋通道的帶隙分別為 2.88eV 和 2.29eV，其導電性很差；Ti 摻雜使體系的帶隙消失，顯著地提高了正極材料的導電性；LiTi$_{0.25}$Fe$_{0.75}$SO₄F 系統中 Ti—O 鍵和 Ti—F 鍵均比純相中的 Fe—O 鍵和 Fe—F 鍵的共價性更強，因此 Ti 摻雜材料具有更好的結構穩定性。

6.3.2　LiFeSO₄F 的包覆改性

在材料表面包覆一層導電性優良且在電解液以及在充放電過程保持穩定的物質，用以改善顆粒間的電子傳導性能，可以提高材料的循環性能。顯然，碳具有成本低、對充放電過程副作用小等優點是滿足上述要求的優良導電劑。在各種碳材料中，石墨烯因其獨特的二維結構和優良的物理化學性質，最適合用來包覆在電極材料表面形成包覆結構。石墨烯具有超大的比表面積，同時具有良好的導電性和導熱性，因此同時具有良好的電子傳輸通道和離子傳輸通道，作為包覆材料非常有利於提高電池的倍率性能。郭維等用四甘醇作溶劑，FeSO₄ · 7H₂O、FeSO₄ · 4H₂O、FeSO₄ · H₂O 與 LiF 為原料，採用溶劑熱法合成了 LiFeSO₄F-石墨烯複合正極材料。結果表明：以 FeSO₄ · 4H₂O 和 FeSO₄ · 7H₂O 為原料，多個結晶水的存在可以延緩原料的脫水過程，有利於消除產物中 FeSO₄ 雜相的生成。電實驗測試材料的電化學性能，發現加入石墨烯後可以促進 LiFeSO₄F 的電化學活性，提高材料的比容量、倍率性能和循環性能。Dong 等採用固相法製備了 LiFeSO₄F-碳奈米管［MW-CNTs，3％（質量分數）］複合正極材料，C/20 和 C/30 倍率放電時，首次放電容量分別為 88.5mA · h · g^{-1} 和 99.4mA · h · g^{-1}，60 次循環後容量在 40mA · h · g^{-1} 左右。

LiFeSO₄F 正極材料理論上應具有比磷酸鹽材料更高的電壓平臺和更穩定的結構，因而可能具有更好的應用前景。這個工作不僅對現有的 LiFePO₄ 是個挑戰，也預示着更多的氟硫酸鹽（LiMSO₄F）可以被繼續研究開發，有望成為下一代鋰離子電池的正極活性材料。但目前關於 LiFeSO₄F 的研究工作才剛剛開始，還主要集中在材料製備上，對於摻雜改性的研究比較少。製備方法上還是主要採用離子性液體作為溶劑的離子熱法，但是這種方法合成成本較高。因此，需要改進材料的製備技術，簡化材料製備工藝。在提高 LiFeSO₄F 電化學性能方面，可以通過包覆導電性物質和摻雜等方法進行結構調控，提高其電子電導率和離子電導率，同時可以結合第一性原理計算加強其鋰離子的嵌入和脫出動力學方面的研究，找出其動力學的影響因素和反應的控製步驟，從而提高反應速率，為提高倍率放電能力奠定基礎。因此，在未來的研究中，隨着 LiFeSO₄F 製備工藝及其摻雜改性研究的深入，LiFeSO₄F 綜合電化學性能必將不斷地提高，在鋰離

子電池材料應用領域將會具有更廣闊的發展空間。

參考文獻

[1]　Xie Y, Yu H T, Yi T F, Wang Q, Song Q S, Lou M, Zhu Y R. Thermodynamic stability and transport property of tavorite $LiFeSO_4F$ as cathode material for lithium-ion battery. J Mater Chem. A, 2015, 3（39）: 19728-19737.

[2]　陶偉, 黃雲, 伊廷鋒, 謝穎. 鋰離子電池 $LiTi_{0.25}Fe_{0.75}SO_4F$ 正極材料的電子結構. 無機化學學報, 2017, 33（3）: 429-434.

[3]　伊廷鋒, 李紫宇, 陳賓, 謝穎, 諸榮孫. 鋰離子電池新型 $LiFeSO_4F$ 正極材料的研究進展. 稀有金屬材料與工程, 2015, 44（12）: 3248-3252.

[4]　Ellis B L, Lee K T, Nazar L F. Positive electrode materials for Li-ion and Li-batteries. Chem Mater, 2010, 22（3）: 691-714.

[5]　Recham N, Chotard J N, Dupont L, Delacourt C, Walker W, Armand M, Tarascon J M, A 3.6V lithium-based fluorosulphate insertion positive electrode for lithium-ion batteries. Nat Mater, 2010, 9（1）: 68-74.

[6]　Tsevelmaa T, Odkhuu D, Kwon O, Cheol Hong S. A first-principles study of magnetism of lithium fluorosulphate $LiFeSO_4F$. J Appl Phys , 2013, 113（17）: 17B302.

[7]　Frayret C, Villesuzanne A, Spaldin N. Bousquet E, Chotard J N, Recham N, Tarascon J-M. $LiMSO_4F$（M = Fe, Co, Ni）: promising new positive electrode

materials through the DFT microscope. Phys Chem Chem Phys, 2010, 12, 15512-15522.

[8]　Ramzan M, Lebégue S, Kang T W, Ahuja R. Hybrid density functional calculations and molecular dynamics study of lithium fluorosulphate, a cathode material for lithium-ion batteries. J Phys Chem C, 2011, 115（5）: 2600-2603.

[9]　Tripathi R, Gardiner G R, Islam M S, Nazar L F. Alkali-ion conduction paths in $LiFeSO_4F$ and $NaFeSO_4F$ tavorite-type cathode materials. Chem Mater, 2011, 23（8）: 2278-2284.

[10]　Gong Z, Yang Y. Recent advances in the research of polyanion-type cathode materials for Li-ion batteries. Energy Environ Sci, 2011, 4（9）: 3223-3242.

[11]　Ati M, Melot B C, Chotard J N, Rousse G, Reynaud M, Tarascon J M. Synthesis and electrochemical properties of pure $LiFeSO_4F$ in the triplite structure. Electrochem Commun, 2011, 13（11）: 1280-1283.

[12]　Tripathi R, Ramesh T N, Ellis B L, Nazar L F. Scalable synthesis of tavorite $LiFeSO_4F$ and $NaFeSO_4F$ cathode materials. Angew Chem Int Ed, 2010, 49（46）: 8738-8742.

[13]　Tripathi R, Popov G, Ellis B L, Huq A, Nazar L F. Lithium metal fluorosulfate polymorphs as positive electrodes

for Li-ion batteries: synthetic strategies and effect of cation ordering. Energy Environ Sci, 2012, 5 (3): 6238-6246.

[14] Atia M, Sougrati M T, Recham N, Barpanda P, Leriche J B, Courty M, Armand M, Jumas J C, Tarascona J M. Fluorosulfate positive electrodes for Li-ion batteries made via a solid-state dry process. J Electrochem Soc, 2010, 157 (9): A1007-1015.

[15] Ati M, Walker W T, Djellab K, Armand M, Recham N, Tarascon J M. Fluorosulfate positive electrode materials made with polymers as reacting media. Electrochem. Solid-State Lett, 2010, 13 (11): A150-A153.

[16] Tripathi R, Popov G, Sun X, Ryan D H, Nazar L F. Ultra-rapid microwave synthesis of triplite LiFeSO$_4$F. J Mater Chem A, 2013, 1 (9): 2990-2994.

[17] Barpanda P, Ati M, Melot B C, Rousse G, Chotard J N, Doublet M L, Sougrati M T, Corr S A, Jumas J C, Tarascon J M. A 3. 90V iron-based fluorosulphate material for lithium-ion batteries crystallizing in the triplite structure. Nat Mater, 2011, 10 (10): 772-779.

[18] Radha A V, Furman J D, Ati M, Melot B C, Tarascon J M, Navrotsky A. Understanding the stability of fluorosulfate Li-ion battery cathode materials: a thermochemical study of LiFe$_{1-x}$Mn$_x$SO$_4$F ($0 \leqslant x \leqslant 1$) polymorphs. J Mater Chem, 2012, 22, 24446-24452.

[19] Barpanda P, Recham N, Chotard J N, Djellab K, Walker W, Armand M, Tarascon J M. Structure and electrochemical properties of novel mixed Li (Fe$_{1-x}$M$_x$) SO$_4$F (M = Co, Ni, Mn) phases fabricated by low temperature ionothermal synthesis. J Mater Chem, 2010, 20 (9): 1659-1668.

[20] Ati M, Melot B C, Rousse G, Chotard J N, Barpanda P, Tarascon J M. Structural and electrochemical diversity in LiFe$_{1-\delta}$Zn$_\delta$SO$_4$F solid solution: a Fe-based 3. 9V positive-electrode material. Angew Chem Int Ed, 2011, 50 (45): 10574-10577.

[21] 郭維，殷雅俠，張亞利，萬立駿，郭玉國. LiFeSO$_4$F/石墨烯複合材料的製備與電化學性能電化學. 2012, 18 (2): 125-130.

第7章

碳基、矽基、錫基材料

金屬鋰具有最低的電極電勢，理論容量可以達到 $3860\text{mA} \cdot \text{h} \cdot \text{g}^{-1}$，從材料的電極電勢和理論比容量看，它是鋰離子電池最為理想的負極材料，而最早期的鋰離子電池負極材料採用的即是金屬鋰。雖然它的比容量很高，但是安全性能很差，因為單質鋰屬於活潑金屬，在空氣中較難存在，且在過充電時，負極表面極易形成鋰枝晶，造成電池短路。為解決這一問題，研究者們不斷尋求能夠替代金屬鋰的新型負極材料，隨後碳係材料、矽基材料、錫基材料、含鋰過渡金屬氮化物、金屬氧化物、新型合金等其他負極材料相繼出現。經過十多年的發展，商品化鋰離子電池中應用最成功的負極材料是石墨類碳材料。碳材料在鋰離子電池中取代金屬鋰作負極，使電池的安全性能和循環性能得到大大提高，同時又保持了鋰離子電池高電壓的優勢。一般來說，選擇一種好的負極材料應遵循以下原則：比能量高；相對鋰電極的電極電位低；充放電反應可逆性好；與電解液和黏結劑的兼容性好；比表面積小（$<10\text{m}^2 \cdot \text{g}^{-1}$）；真密度高（$>2.0\text{g} \cdot \text{cm}^{-3}$）；嵌鋰過程中尺寸和機械穩定性好；資源豐富、價格低廉；在空氣中穩定、無毒副作用。目前，市場上使用的石墨類碳材料由人造石墨和天然石墨組成，其中人造石墨占 80%，天然石墨占 20%。正在探索的負極材料有氮化物、PAS、錫基氧化物、錫合金、奈米負極材料以及其他的一些金屬間化合物等。

7.1 碳基材料

由於碳材料具有比容量高、電極電位低、循環效率高、循環壽命長和安全性能良好等優點，所以碳材料被廣泛地用作鋰離子電池的負極材料。目前，用作鋰離子電池負極的碳材料有石墨、乙炔黑、微珠碳、石油焦、碳纖維、裂解聚合物和裂解碳等。表 7-1 列出了部分碳材料的物理性質。

表 7-1　部分碳材料的物理性質

碳材料	結晶度 L_c/nm	晶格常數 d/nm	密度/$\text{g} \cdot \text{cm}^{-3}$	比表面積/$\text{m}^2 \cdot \text{g}^{-1}$
乙炔黑	1.2	0.348	1.31	31.7
熱解炭	1.2	0.380	1.60	4.0

續表

碳材料	結晶度 L_c/nm	晶格常數 d/nm	密度/g・cm^{-3}	比表面積/m^2・g^{-1}
石油焦炭 1400℃	3.9	0.346	2.13	9.5
瀝青焦炭 1200℃	2.6	0.347	2.02	4.0
人造石墨 1900℃	19.3	0.343	1.97	4.0
人造石墨 2200℃	47.4	0.339	1.96	2.8
人造石墨 2500℃	84.5	0.337	2.00	1.9
人造石墨 2800℃	112.3	0.336	1.98	1.5
天然石墨	229.1	0.335	2.20	6.3

此外，碳材料根據其結構特點可進行如下分類，如圖 7-1 所示。

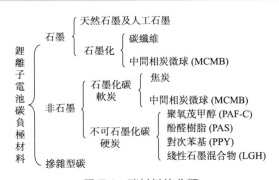

圖 7-1　碳材料的分類

7.1.1　石墨

石墨是最早用於鋰離子電池的碳負極材料之一，其導電性好、結晶度高、具有良好的層狀結構，很適合鋰離子的嵌入/脫出，形成鋰-石墨層間化合物，充放電比容量可達 300mA・h・g^{-1} 以上，充放電效率在 90％ 以上，不可逆容量低於 50mA・h・g^{-1}。鋰在石墨中脫嵌反應發生在 0～0.25V 左右（vs. Li$^+$/Li），具有良好的充放電電位平臺，可與包括 LiMn$_2$O$_4$ 在內的許多正極材料相匹配，組成的電池平均輸出電壓高，是目前鋰離子電池應用最多的負極材料。由於正電荷

的相互排斥，在室溫下 Li^+ 在純石墨中是每 6 個 C 原子可嵌入 1 個 Li^+ 離子，理論表達式為 LiC_6，理論容量 $372mA \cdot h \cdot g^{-1}$。根據石墨層的堆積方式，可以將石墨分為六方石墨（2H，$P6_3$/mmc）和菱形石墨（3R，R-3m），圖 7-2 給出了石墨層的不同堆積方式，其中以 ABAB 方式堆積的為六方石墨，而菱形石墨以 ACBACB 方式堆積。根據石墨的來源方式可以分為天然石墨（2H 和 2H＋3R）和人造石墨，軟碳就是人造石墨的碳源，通過高溫處理軟碳就能得到人造石墨。

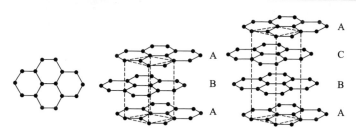

圖 7-2　石墨的晶體結構及層間堆積方式圖

從電化學反應來看，各種碳材料作為鋰離子電池負極的主要機製，都與鋰-石墨層間化合物（Li-GIC）的形成有關。鋰在石墨中嵌入可形成多級化合物，LiC_6 通常稱為一級化合物。石墨包括人工石墨和天然石墨兩大類。人工石墨是將易石墨化炭（如瀝青焦炭）在 N_2 氣氛中於 $1900\sim2800℃$ 經高溫石墨化處理製得。天然石墨有鱗片石墨和微晶石墨兩種，前者經過選礦和提純後含碳量可高達 99％ 以上，後者含雜質較多，難以提純，不僅嵌鋰容量較低，而且不可逆容量較高，不適合作鋰離子電池的負極材料。因此，工業上多採用鱗片石墨作為碳負極的原材料。微晶石墨純度低，石墨晶面間距 $[d_{(002)}]$ 為 $0.336nm$。主要為 2H 晶面排序結構，即按 ABAB…… 順序排列，可逆比容量僅 $260mA \cdot h \cdot g^{-1}$，不可逆比容量在 $100mA \cdot h \cdot g^{-1}$ 以上。鱗片石墨晶面間距 $[d_{(002)}]$ 為 $0.335nm$，主要有 ABAB…… 排列的 2H 型六方晶體結構和 ABCABC…… 排列的 3R 型菱形晶面排序結構。2H 型晶體的理論比容量為 $372mA \cdot h \cdot g^{-1}$，而且在兩種晶型的石墨中，鋰的嵌入反應是相似的。鱗片石墨可逆比容量與產品純度關係大。含碳量為 95％ 時，可逆容量為 $240\sim280mA \cdot h \cdot g^{-1}$；含碳提高到 99％ 以上時，其可逆容量可達到 $300\sim350mA \cdot h \cdot g^{-1}$。

鱗片石墨價廉易得，用作鋰離子電池負極材料具有放電電位低（0.1V vs. Li^+/Li）、放電電位曲線平穩等突出的優點，但它是石墨化程度很高的碳材料，其表面各向異性程度大。首次充電過程中，電解液在其表面還原分解反應的不均勻性增大，所形成的鈍化膜疏鬆多孔，不能有效地阻擋溶劑化 Li^+ 的共嵌入，可能造成石墨層的崩潰。此外，這種碳材料中 Li^+ 沿石墨微晶 ab 軸平面擴

散速度比 c 軸方向大得多，而鋰的插入是在石墨層邊界進行的。由於邊界面積小及顆粒之間的相互阻擋作用，致使 Li^+ 在其中擴散存在很大的動力學障礙，故不能以較高的速率進行充放電，這就限製了它在實際中的應用，因此一般要對其進行改性處理。

可石墨化碳主要有石油焦、針狀焦、碳纖維、中間相碳球等。通常可石墨化碳都具有亂層的石墨結構，隨着熱處理溫度的昇高，層與層之間無規則組織降低，通過高溫石墨化（2800℃以上）處理，可轉化為人造石墨。

人工石墨是將易石墨化碳經高溫石墨化處理製得。作為鋰離子電池負極材料的人工石墨類材料主要有中間相碳微球石墨、石墨纖維及其他各種石墨化碳等。其中人們最為熟悉的是高度石墨化的中間相碳微球，簡稱 MCMB。MCMB 用作鋰離子負極材料除了具有石墨類碳負極的一般特徵外，在其結構和形態方面也具有特有的優勢：①MCMB 本身具有球狀結構，堆積密度大，可以實現緊密填充，製作體積比容量更高的電池；②比表面積小，減少了充電時電解液在其表面生成 SEI 膜等副反應引起的不可逆容量損失，還可以提高安全性；③MCMB 具有層狀分子平行排列結構，有利於鋰離子的嵌入與脫嵌，一般經分級處理後，符合粒徑要求的產品就直接用作鋰離子負極材料。因此，MCMB 被認為是用作鋰離子電池負極最具有發展潛力的一種炭材料。MCMB 作為鋰離子電池負極材料，熱處理溫度和熱處理時間對其嵌鋰性能產生較大的影響。MCMB 是目前長壽命小型鋰離子電池及動力電池所使用的主要負極材料之一，而它所存在的主要問題是比容量不高、價格昂貴。

石墨化炭纖維的表面和電解液之間的浸潤性能非常好，同時由於嵌鋰過程主要發生在石墨的端面，從而具有徑向結構的炭纖維極有利於鋰離子快速擴散，因而具有優良的大電流充放電性能。此外，氣相生長炭纖維還可以作為其他石墨電極材料的輔料來增強導電性，從而提高電池的循環壽命和大電流充放電的性能。無論是瀝青基炭纖維還是氣相生長炭纖維，它們的製造工藝比較複雜，對生產條件要求高，產物有時還不穩定，因此實用的規模不大。

石墨作負極也存在許多缺點，如：充放電循環過程中形成 SEI 膜，造成基體膨脹和容量損失，同時使石墨層發生剝落現象而降低壽命；石墨材料與溶劑相容性差；Li^+ 只能從片狀邊界嵌入和脫出，由於嵌入/脫出反應面積小，擴散路徑長，不適應大電流充放電；石墨熱處理溫度通常需在 2000℃ 以上，使生產成本增加；當電位達 0V 或更低時，石墨電極上可能有金屬鋰沉積出來。由於未改性石墨存在以上缺點，所以在實際中廣泛應用的多是改性石墨。石墨改性主要有以下幾種。

（1）機械研磨

機械研磨可改變材料的微觀結構、形態及電化學性能。採用球磨對碳負極

材料進行處理後，其結構和電化學性能都會發生一定的變化。經過球磨後的石墨負極材料，其結構最顯著的變化就是粒徑變小，其他還有表面積、表面結構、晶體結構、表面缺陷等。利用球磨的巨大衝擊能量，使天然石墨破碎，喪失掉其晶體的特徵，具有非晶質結構。球磨後使得顆粒的表面含有大量的斷鍵，超微化顆粒的表面成為極活潑的表面，另外天然石墨的形貌也從二維形貌變成絮狀。超微粒子的自由膨脹和變化，使插層得以順利進行，可逆容量得到提高，並且球磨的同時帶來了石墨晶體結構的變化，使其成為非晶態，具有類似石油焦的結構。

（2）表面氧化

對天然石墨進行氧化改性，一些活性較高的組分被除掉，奈米級微孔數目增加，產生奈米級通道，而且表面結構也發生變化；氧化之前材料表面存在的氧原子與一些缺陷結構相關聯，氧化之後，氧的存在則是與活性高的碳原子反應而留下，並形成一層緻密的氧化物表面膜，結合更緊密，該膜有利於 Li^+ 的擴散和遷移，所以其容量明顯增加，同時充放電效率亦明顯提高。

（3）摻雜型石墨

Tanaka 等用濕化學還原法將 Ag 分散於石墨中增加石墨顆粒間導電性，比容量增加 10% 達到 $800mA \cdot h \cdot L^{-1}$，循環壽命從 200 次增到 4200 次，且容量保持為最初的 70% 以上。Chen 等提出將 MCMB 與 $4\%B_2O_3$ 混合，在 $2800°C$ 下熱處理得到摻 B 的 MCMB。除去 MCMB 的球狀結構和低表面積的特徵，使得電壓昇高，但充電容量變低，不可逆容量損失變大。

總之，在石墨材料的表面修飾和改性方面的工作，歸納起來不外乎：人工施加一層固體電解質膜，材料表面無定形化，採用高分子膜修飾，通過各種氧化/還原體系處理石墨材料，物理或化學處理石墨材料，摻雜。

7.1.2　非石墨類

7.1.2.1　軟炭

軟炭主要有石油焦、針狀焦、碳纖維、焦炭、碳微球等。石油焦、碳纖維、碳微球，這類材料的結構常為無序，晶粒尺寸小，碳原子之間的排列是任意旋轉或平移的，這使其具有較大的層間距和較小的層平面，Li^+ 在其中擴散速度較快，能使電池進行更高速的充放電，且無定形碳比表面積大，表面含較多的極性基團，能與電解液有較好的相容性。軟炭大多是由煤瀝青、石油瀝青、蒽等材料製得。焦炭是最有代表性的軟炭，是經液相炭化形成的一類碳素材料。在炭化過程中 H、O、N、S 等雜原子逐漸被去除，碳含量增高，並發生一系列脫氫、環

化、縮聚、交聯等化學變化。根據原料的不同可以將焦炭分為瀝青焦、石油焦等。

7.1.2.2 　硬炭

　　硬炭材料一般在炭化初期便經由 sp^3 雜化形成立體交聯，從而阻礙了網面平行生長，具有無定形結構，即使在很高溫度（＞2800℃）下進行熱處理也難以石墨化，故稱之為硬炭。因此，硬炭是指難石墨化碳，是高分子聚合物的熱解炭。雖經過高溫處理，石墨網平面仍不發達，堆疊層數少，排列紊亂，空孔多，為鋰的儲存提供了良好的場所。這類碳在 2500℃ 以上的高溫也難以石墨化，常見的硬炭有樹脂炭（如酚醛樹脂、環氧樹脂和聚糠醇 PFA-C 等）、有機聚合物熱解炭（如 PFA、PVC、PVDF 和 PAN 等）和炭黑（乙炔黑）等。硬炭材料與含 PC 體系的電解液能夠較好地相容。典型的硬炭材料的充放電曲線具有較大的首次充放電不可逆容量（一般大於 20％）和電壓滯後現象（放電電勢明顯高於對應的嵌鋰狀態的充電電勢）。

7.1.3 　碳奈米材料

　　20 世紀 90 年代，日本的 Iijima 用氬氣直流電弧對陰極碳棒放電，發現了管狀結構的碳原子簇，即碳奈米管。碳奈米管的管徑和管與管之間相互交錯的縫隙都屬奈米數量級，這種特殊的微觀結構具有優異的物理及化學特性和嵌鋰性能，使得鋰離子的嵌入深度小、行程短、嵌入位置多（管內和層間的縫隙、空穴），同時碳奈米管導電性能很好，有較好的離子運輸和電子傳導能力，適合用作鋰離子電池極好的負極材料。碳奈米管（CNTs）是由碳六元環構成平面疊合而成的奈米級無縫管狀結構材料，有多層管（MWNT）也有單層管（SWNT），如圖 7-3 所示。管子的外徑幾至幾百奈米，內徑一至幾十奈米。長幾十奈米到幾毫米，層與層之間約 0.34nm。兩端是封口的，也可以是開口的。有直的也有彎的，還有螺旋狀的碳奈米管。它具有類似石墨的層狀結構，許多結構性質都有利於鋰離子的嵌入，同時有實驗發現它具有很高的充電容量，可達 $1000mA \cdot h \cdot g^{-1}$，具有很大的吸引力。碳奈米管的層間距 $[d_{(002)} = 3.4 \sim 3.5nm]$ 大於石墨的層間距（3.35nm），大的層間距對鋰離子來說進出有了大的通道，這些大的通道不僅增大了鋰離子的擴散能力，而且使鋰離子能夠更加深入地嵌入，同時嵌鋰時由於體積的膨脹，層間距要增加 10％左右，因此石墨層要發生移動，從而使嵌鋰順利進行。因此從這個原理上看碳奈米管的充電容量可能遠大於石墨。碳奈米管的管徑僅為奈米級尺寸，因而它具有比較大的比表面積。碳奈米管的這種特殊的微觀結構使鋰離子嵌入深度小，過程短。它不僅可嵌入管內各層間和管芯，而且可嵌

入到管間的縫隙中，從而為鋰離子提供可嵌入的空間位置，有利於進一步提高鋰離子電池的放電容量及電流密度。在鋰離子嵌入脫出反應中，碳奈米管的電化學行為和它們的微觀結構密切相關，因此不同的製備方法、不同的工藝生產出的碳奈米管用作鋰離子電池的負極後可能產生很大的差異。

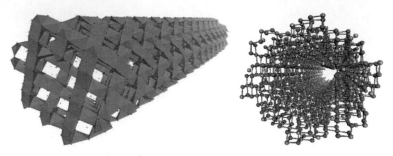

圖 7-3　碳奈米管的結構示意圖

7.1.4　石墨烯材料

石墨烯是一種僅由碳原子以 sp^2 雜化軌道組成六角形晶格的平面薄膜，亦即只有一個碳原子厚度的二維材料。相比其他炭材料如碳奈米管，石墨烯具有獨特的微觀結構，這使得石墨烯具有較大的比表面積和蜂窩狀空穴結構，具有較高的儲鋰能力。此外，材料本身具有良好的化學穩定性、高電子遷移率以及優異的力學性能，使其作為電極材料具有突出優勢。研究發現，石墨烯的可逆容量在 $330\sim1054\mathrm{mA \cdot h \cdot g^{-1}}$，這是基於其獨特的二維結構提供了高的比表面積，也被認為是其表面豐富的官能團和無序/缺損的結構造成的。另外，與碳奈米管類似，純石墨烯材料由於首次循環庫侖效率低、充放電平臺較高以及循環穩定性較差等缺陷並不能取代目前商用的炭材料直接用作鋰離子電池負極材料。製備石墨烯的方法可分為物理法和化學法兩類。物理方法包括機械剝離法、外延生長法、取向附生法；化學方法包括氧化石墨還原法，化學氣相沉積法、熱還原氧化石墨法等。化學剝離法成本低廉，易於大量製備，因此儲能材料研究用的石墨烯材料大多採用此方法製備。化學剝離法中最主要的方法是氧化剝離法，通常先將石墨在水溶液中氧化後，進行剝離得到氧化石墨烯，氧化石墨烯經還原獲得石墨烯。化學剝離法製備的石墨烯材料存在較多的官能團和結構缺陷。氧化石墨烯以碳、氫、氧元素為主，但沒有固定的化學計量比，主體仍然是由碳原子構成的蜂窩狀六元環結構。

影響石墨烯儲鋰容量的結構參數主要包括：層間距、無序度、比表面積、含

氧官能團（C/O 比）和層數。多層石墨烯的層間可為鋰離子提供可逆的存儲空間，大層間距一直被認為是石墨烯高儲鋰容量的一個重要來源。有報導表明，小尺寸無序結構的石墨烯的儲鋰容量達到了石墨負極的兩倍，並認為該種石墨烯材料具有高容量的原因是大層間距使得石墨烯兩個表面均能儲鋰，石墨烯層間距的增加能夠提昇石墨烯材料的可逆儲鋰容量。石墨烯的充放電行為類似於低溫軟炭負極，目前已提出多種模型用於解釋鋰在軟炭材料中的儲鋰行為。化學剝離法製備的石墨烯材料可看作是含有大量微孔缺陷和含氧官能團的二維炭材料，因此微孔機製和碳-鋰-氫機製可以部分解釋石墨烯的儲鋰特徵。根據軟炭負極的微孔儲鋰機製，大量微孔的存在可能使石墨烯材料具有高放電比容量和嚴重容量衰減，這是因為在石墨烯的反應過程中，Li^+ 首先插入石墨烯中的 sp^2 碳的區域中，並進入附近的微孔，形成鋰簇或鋰分子 Li_x（$x \geqslant 2$），這使得石墨烯具有很高的儲鋰容量。另外，實際製備的石墨烯材料中含有一定的氧和氫原子，根據碳-鋰-氫模型，大量的 Li^+ 能夠吸附在碳六元環的氫原子周圍，形成類似有機鋰分子（$C_2H_2Li_2$）的結構，因而石墨烯中的氫使得石墨烯具有更高的比容量。

另外，有報導表明氮、硼等原子對石墨烯的儲鋰性能也有重要影響。氮摻雜後，石墨烯的能帶和電子結構會發生變化，同時增加了電極/電解質潤濕性，其電學性能和穩定性也會得到相應的提昇，在其表面提供更多的活性中心，從而增強鋰離子與石墨烯之間的相互作用，進一步提高其電化學性能。石墨烯中摻雜硼後，摻雜的硼原子周圍能夠形成缺電子中心，並形成穩定的 Li_6BC_5 化合物，而 Li_6C_6 在石墨烯片層間不能穩定存在，因此也能夠提高石墨烯的比容量。

但是，石墨烯直接用作鋰離子電池負極材料時還存在着一些問題。例如，石墨類負極材料在首次充放電過程中會與電解液發生反應，形成固體電解質界面膜（solid electrolyte interface，SEI 膜），導致電池負極的鈍化，消耗大量的鋰離子，使得石墨類負極材料的不可逆容量較高。而石墨烯的比表面積更大，與電解液接觸面積也就更大，會形成更多的 SEI 膜，導致更高的不可逆容量的損失。另外，製備過程中石墨烯片層容易發生團聚和堆積。這些都會導致石墨烯電極在充放電過程中出現首次庫侖效率低、容量衰減快等問題。而且，其充放電曲線顯示，石墨烯電極沒有明顯而平穩的放電平臺。因此，將石墨烯直接作為鋰離子電池負極材料的效果並不理想。隨着製備技術的發展，通過控製石墨烯片層間的間距、防止固體電介質層的形成大量消耗鋰離子，並合理平衡缺陷結構與「死鋰」的產生也許是石墨烯材料進一步向實用化材料發展的方向之一。石墨烯諸多優良的物理化學特性，使其在鋰離子電池負極材料中能夠發揮出巨大的應用價值。作為基體材料，石墨烯能有效地提供奈米顆粒的附着位點，既減少了奈米顆粒的團聚，又能緩解其充放電過程中劇烈的體積效應；同時，石墨烯還可以提高複合材料中電子和離子的傳輸能力。另外，石墨烯超大的比表面積和獨特的微觀結構，

使得形成的複合材料具有多孔的結構，增強了電解液的浸潤性。因此，將石墨烯與其他負極材料進行複合後，能够充分地發揮二者的協同效應，以使其綜合電化學性能得到提昇。因此，石墨烯複合材料作為負極材料比單一的原材料電極普遍表現出了更優異的性能。

7.2　矽基材料

　　矽基負極材料是目前發現的容量最高的負極材料。正常情況下，矽負極的首次脫鋰容量能達到 $3000mA \cdot h \cdot g^{-1}$，但是可逆性能很差，容量在循環過程中衰減很快，5 次循環之後就減至 $500A \cdot h \cdot g^{-1}$ 左右，主要也是由於其在脫嵌鋰過程中體積變化比較大。在嵌入鋰離子後，矽材料的體積膨脹到原來的 4 倍以上，脫鋰過程中，體積又迅速減小，在此過程中，矽晶體的內部結構可能被破壞，活性物質與電極的接觸性能變差，導電性變差，從而容量也劇烈銳減。目前對於高容量矽負極材料的改性主要採用表面改性、摻雜、複合等方法，形成包覆或高度分散的體系，通過提高材料的力學性能，以緩解脫/嵌鋰過程中的體積膨脹產生的內應力對結構的破壞。在眾多改善其循環性能的方法中，減小活性物質尺寸，製備奈米級矽基負極材料有望較好地解決這一問題。因為奈米材料具有較大的孔隙容積，能够容納較大的體積膨脹而不致造成結構的機械破碎及崩潰。

7.2.1　矽負極材料的儲鋰機理

　　矽負極材料的充放電過程通過矽與鋰的合金化和去合金化反應來實現，即合金化/去合金化機理，其可逆儲鋰可用下列反應式為：

$$x\,\mathrm{Li} + y\,\mathrm{Si} \xrightleftharpoons[\text{去合金化}]{\text{合金化}} \mathrm{Li}_x\mathrm{Si}_y \qquad (7\text{-}1)$$

　　在儲鋰過程中，矽與鋰反應可形成一系列 $\mathrm{Li}_x\mathrm{Si}_y$ 合金（例如 $\mathrm{Li}_{12}\mathrm{Si}_7$、$\mathrm{Li}_7\mathrm{Si}_3$、$\mathrm{Li}_{13}\mathrm{Si}_4$、$\mathrm{Li}_{15}\mathrm{Si}_4$、$\mathrm{Li}_{22}\mathrm{Si}_5$ 等），不同 $\mathrm{Li}_x\mathrm{Si}_y$ 合金具有不同的微結構和嵌鋰電位。

　　脫鋰截止電壓＞50mV：

$$x\,\mathrm{Li} + y\,\mathrm{Si}(透明) \xrightarrow{\text{合金化}} \mathrm{Li}_x\mathrm{Si}_y(無定形) \qquad (7\text{-}2)$$

　　脫鋰截止電壓 0mV：

$$\mathrm{Li}_x\mathrm{Si}_y(無定形) + z\,\mathrm{Li} \xrightarrow{\text{合金化}} \mathrm{Li}_4\mathrm{Si}_{15}(透明) \qquad (7\text{-}3)$$

$$\mathrm{Li}_4\mathrm{Si}_{15}(透明) \xrightarrow{\text{去合金}} \mathrm{Li} + \mathrm{Si}(無定形) \qquad (7\text{-}4)$$

　　矽負極材料的主要問題是首次庫侖效率低、充放電循環壽命短和倍率性能差

等。在嵌鋰過程中，由於鋰離子不斷插入，矽的體積膨脹可高達 $300\% \sim 400\%$，同時，矽的導電性也得到了提高，電池內阻不斷減小。在脫鋰過程中，隨着鋰離子脫出，矽的體積大幅收縮，導電性不斷降低，電池內阻不斷增加。矽在嵌脫鋰過程中體積大幅膨脹與收縮所帶來的應力將使電極材料產生大量微裂紋，活性物質間、活性物質與集流體間接觸不良，進而引起活性物質剝落和結構崩塌。這種現象一方面導致了電極活性物質無法完全參與電化學嵌脫鋰反應，在充放電過程中產生了不可逆的容量，這種不可逆容量是矽充放電效率低和循環穩定性差的主要原因之一；另一方面，活性物質間、活性物質與集流體間接觸不良可導致矽電極的導電性降低、電池內阻增加。此外，本徵矽為半導體材料，電子和鋰離子傳導係數都不大。這些都是矽充放電倍率性能差的主要原因。

在初期的充放電過程中，矽與有機電解液會在固液相界面發生還原反應，在矽表面形成一層鈍化膜。這層鈍化膜稱為 SEI 膜。在矽表面形成 SEI 膜的電化學反應是一個不可逆儲鋰反應，這也是矽首次庫侖效率低的另一個主要原因。矽在嵌脫鋰過程的巨大體積變化將導致電極材料的粉化，破壞了原先形成的 SEI 膜。在裂紋的斷層面，電極材料內部的矽將與電解液接觸，在充放電過程中，矽表面會形成新的 SEI 膜。嵌脫鋰過程中新 SEI 膜不斷地生成也是導致矽充放電循環穩定性較差的主要原因之一。

7.2.2 矽負極材料奈米化

矽奈米材料主要包括矽奈米顆粒、矽奈米管以及矽奈米線等，如圖 7-4 所示。顆粒細化可以減輕矽的絕對體積變化程度，同時還能減小鋰離子的擴散距離，提高電化學反應速率。但當尺寸降至 100nm 以下時，矽活性顆粒在充放電過程中很容易團聚，發生「電化學燒結」，反而加快了容量的衰減。而且矽奈米顆粒的比表面積很大，增大了與電解液的直接接觸，導致副反應及不可逆容量增加，降低了庫侖效率。另外，奈米矽粉主要通過激光法生產，製備成本高。

矽奈米線叫減小充放電過程中徑向的體積變化，實現良好的循環穩定性，並在軸向提供鋰離子的快速傳輸通道。因此，採用矽奈米線作為鋰離子電池負極材料有望較好的進行矽基負極的改性。但一般來說，一維奈米矽粉末材料並不比奈米顆粒材料有明顯優勢，而在集流體上直接生長矽奈米線由於製備成本高、生產週期較長、奈米線長度有限等原因而難以實用化。另外，技術問題在於所採用的集流體質量遠大於活性物質矽的質量。因此，矽奈米線沉積基底的選擇對其商業化應用的實現至關重要。

矽奈米管材料由於在其軸向可提供空間來緩解矽材料在循環過程中的體積膨

脹，避免了矽材料的坍塌和新的 SEI 膜的形成，因此矽奈米管負極材料鋰離子電池具有較高的比容量和較好的循環性能。但是，該材料振實密度較低、體積比容量相對較低，且製備成本較高，因此不適用於大規模生產。

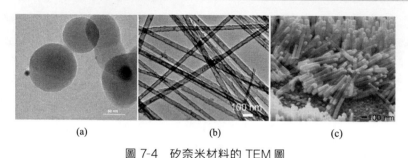

（a）　　　　　　　　　　（b）　　　　　　　　　　（c）

圖 7-4　矽奈米材料的 TEM 圖
（a）矽奈米顆粒；（b）矽奈米管；（c）矽奈米線

二維奈米化即製備矽基薄膜，薄膜化可降低與薄膜垂直方向上產生的體積變化，從而維持電極的結構完整性。通過基底選擇和處理、界面過渡層優化以及薄膜微觀結構調製，厚度為 $100nm \sim 3.6\mu m$ 的矽薄膜負極在較大的充放電倍率下仍然能夠釋放出 $2000mA \cdot h \cdot g^{-1}$ 以上的可逆容量，並且具有優異的循環穩定性。

多孔矽是矽負極三維奈米化的一種形式，多孔矽負極材料電池可以提高電極的循環穩定性，原因主要是，其大量的孔洞結構，可以釋放材料內部因體積效應帶來的應力。同時，多孔矽材料的比表面積比體矽材料大很多，使得鋰離子遷移的邊界通道增加。Takeshi 等採用冶金學上簡單的自上而下的方法將金屬熔化物去合金製備了三維奈米多孔矽，利用該三維奈米多孔矽作為鋰離子電池的負極材料。由於三維奈米多孔結構承受了體積膨脹，如圖 7-5 所示。電極顯示了高的倍率性能和全重比容量，其電池比容量為 $1000mA \cdot h \cdot g^{-1}$，大概是目前碳質負極材料電池的三倍，並且其比容量可以維持 1500 次循環，是傳統的奈米矽粒子無法達到的。該方法製備簡單，有望規模化生產大容量鋰離子電池。

傳統的奈米化手段一般都工藝複雜，且成本高昂，而中南大學的周向陽等利用天然高嶺土作為原料，通過選擇性酸腐蝕和鎂熱還原的方法成功製備了奈米 Si 材料。該材料由直徑為 $20 \sim 50nm$ 的顆粒相互連接而成，這種奈米顆粒組成的多孔結構使得該材料具有非常優良的電化學性能，在 0.2C 倍率下循環 100 次，可以獲得高達 $2200mA \cdot h \cdot g^{-1}$ 的穩定容量，1C 循環 1000 次，可逆容量達到 $800mA \cdot h \cdot g^{-1}$ 以上。

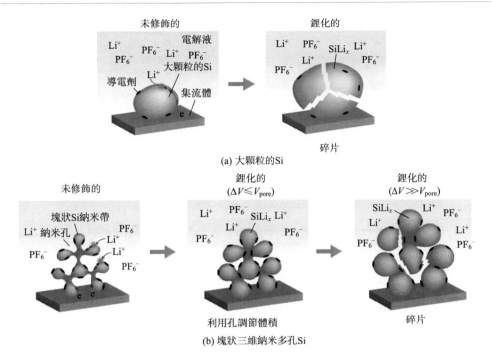

圖 7-5　Si 顆粒及三維奈米多孔 Si 電極的設計示意圖

（a）Si 顆粒鋰化之後的粒子破裂；（b）三維奈米多孔 Si 電極鋰化後的結構示意圖

　　另外，矽烯被認為是一種具有高容量及高循環穩定性的負極材料，矽烯是一種具有蜂窩狀結構的層狀矽材料，可通過分子束外延以及固相反應的方法製備得到。由於在矽烯中，矽原子間的鍵長要比石墨烯中碳原子間的鍵長大許多，所以矽烯中層間原子排列具有曲翹的排列結構。相比於傳統金剛石結構的矽材料，矽烯的層間耦合作用是凡得瓦力，層與層之間提供了可供鋰離子插入的空間，確保在充放電過程中矽烯的結構不被破壞，從而避免了傳統矽電極材料在充放電過程中電極體積膨脹的問題。利用矽烯製作的負極材料的穩定性和循環次數都可以得到很大的提高，相比於石墨，多層矽烯的晶格常數更大，其理論容量可以達到石墨的三倍左右。Li 等通過分子束外延的方法製備了單層/多層矽烯樣品，並用掃描隧道顯微鏡詳細地研究了矽烯的原子和電子結構，如圖 7-6 所示。研究結果清楚地顯示了矽烯的 $A\overline{B}A$ 結構。通過角分辨光電子能譜儀確定了矽烯的狄拉克費米子特性，這一研究表明矽烯中的電子具有極快的傳輸速度，解決了傳統矽材料中導電性差的問題。另外，研究還表明矽烯在大氣下的穩定性遠高於傳統矽材料，其結構和電子性能均得以保持。

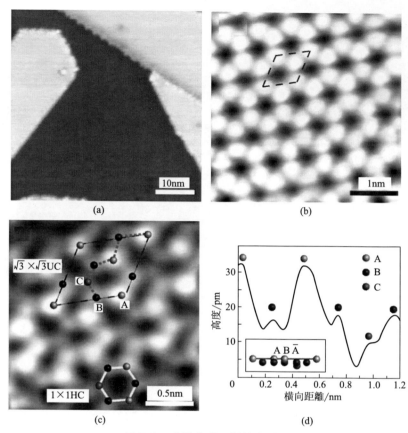

圖 7-6　矽烯薄膜及其蜂窩結構

（a）多層矽烯薄膜的 STM 圖；（b）矽烯結構的 STM 圖；（c）矽烯 AB$\bar{A}$ 原子結構；（d）高度曲線

7.2.3　矽-碳複合材料

　　矽-碳複合負極材料中矽作為活性物質，提供儲鋰容量；碳作為分散基體，緩衝矽顆粒嵌脫鋰時的體積變化，保持電極結構的完整性，並維持電極內部電接觸。因此矽-碳複合材料綜合了兩者的優點，表現出高的比容量和較長的循環壽命，有望代替石墨成為新一代鋰離子電池負極材料。目前矽-碳複合負極材料中作為基質的碳可分為石墨碳、無定形碳、中間相碳微球、碳纖維、碳奈米管、石墨烯等。碳基質及製備方法的不同都會對複合材料的形貌及電化學性能產生重要的影響。其中，奈米線/管型的 Si/C 作電池負極材料具有優良的電化學性能，歸因於：①奈米線的多分枝微觀結構使得奈米線間的直接接觸面積達到最小，從而使矽團聚膨脹過程中的應力得到極有效舒緩；②奈米線陣列可為相鄰奈米線 Si

在嵌脫鋰時的體積變化提供足夠的孔隙；③碳雖然相比矽具有較低的比能量，但是碳奈米纖維作為核結構在充放電過程中體積變化小，因此可以作為支撐結構並提供有效的導電路徑。Liu 等在泡沫鎳上製備了一種三明治結構的 C-Si-C 奈米管，如圖 7-7 所示。0.05C 倍率充放電的時候，C-Si-C 奈米管首次放電容量超過 $2500\mathrm{mA \cdot h \cdot g^{-1}}$，2C 倍率時，放電容量仍在 $1300\mathrm{mA \cdot h \cdot g^{-1}}$ 左右，展示了優異的倍率性能和高的循環穩定性。

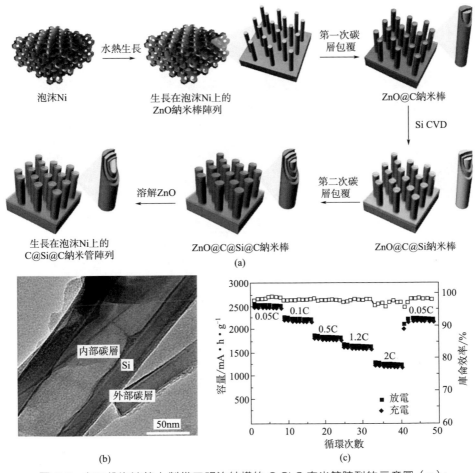

圖 7-7　在三維泡沫鎳上製備三明治結構的 C-Si-C 奈米管陣列的示意圖（a）；
C-Si-C 奈米管 TEM 圖（b）；　C-Si-C 奈米管電極的倍率性能（c）

SiO_x 材料的首次效率過低的問題是其在應用過程中繞不開的問題，在首次嵌鋰過程中生成的 Li_2O 和 Li_4SiO_4 非活性相雖然能夠很好地緩衝材料的體積膨脹，但是也消耗了大量的 Li，因此導致該材料的不可逆容量很高，嚴重影響了

該材料的實際應用。目前較為實際的解決辦法主要是通過向正極或者負極添加少量的 Li 源,在充電的過程中利用這部分額外的 Li 補充首次充電過程中不可逆的 Li 消耗,以達到提昇鋰離子電池首次效率的目的。為了從本質上提高 SiO_x 材料的首次效率,Lee 等開發了一種 $Si\text{-}SiO_x\text{-}C$ 複合結構的矽負極材料,奈米 Si 顆粒分散在 SiO_x 顆粒中,顆粒表面包覆了一層多孔碳材料。電化學測試表明該材料具有優良的電化學性能,在 0.06C 下可逆容量達到 $1561.9mA \cdot h \cdot g^{-1}$,首次效率達到 80.2%,1C 循環 100 次,容量保持率可達 87.9%

7.2.4　其他矽基複合材料

Song 等利用模板輔助法製備了 Si/Ge 雙層奈米管陣列(Si/Ge DLNTs)電極,展示了優異的電化學性能。如圖 7-8 所示,3C 倍率時,50 次循環後 Si/Ge DLNTs 容量保持率為 85%,容量是 Si 奈米管的 2 倍。

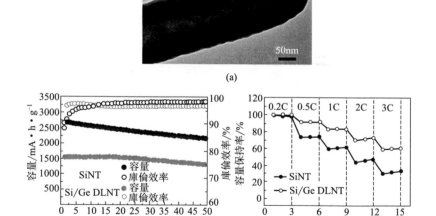

(a)

(b)　(c)

圖 7-8　Si/Ge 雙層奈米管陣列的 TEM 圖(a), Si 奈米管及 Si/Ge 雙層奈米管陣列在 0.2C 倍率的循環性能(b)及在不同倍率下的容量保持率(c)

Jin 等在奈米 Si 負極外表面包覆一層人工的 TiO_2 奈米層,合成出高機械強度的蛋黃殼結構的(yolk-shell)$Si@TiO_2$ 負極。原位 TEM 力學測試顯示,TiO_2 外殼的機械強度是無定形碳的 5 倍。$Si@TiO_2$ 電極片可以承受高強度的輥壓力以提高電極片壓實密度,並且通過 SEI 膜的自修復,使 Si 的外表面形成一

層緻密的人工 SEI 膜＋自然 SEI 膜，可以使穩定的庫命效率達到 99.9％以上。如圖 7-9 所示，製備出的高壓實密度的 Si@TiO₂ 結構矽負極全電池，實現了較傳統石墨負極 2 倍的體積比容量（1100mA・h・cm⁻³）和 2 倍的質量比容量（762mA・h・g⁻¹），可滿足工業化的應用標準，將有效地推動 Si 基負極在電池工業中的商業應用。

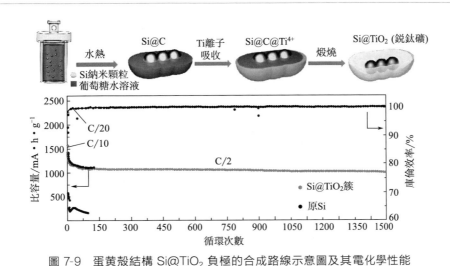

圖 7-9　蛋黃殼結構 Si@TiO₂ 負極的合成路線示意圖及其電化學性能

7.3　錫基材料

1995 年 Idota 等報導了錫基氧化物作為鋰離子電池負極材料具有高的比容量，由此掀起了研究開發錫基負極材料的熱潮。由於碳負極材料的比容量低，首次充放電效率低，以及有機溶劑共插入等缺陷，因此眾多研究者開始尋求其他非碳負極材料替代已商業應用的碳負極材料。相對於碳負極材料，錫基負極材料是一種高比容量的負極材料，包括錫的氧化物、錫基複合氧化物、錫鹽和錫合金等。錫及其氧化物，通過與 Li⁺ 發生可逆合金化反應，可具有兩三倍於石墨的高理論比容量（Sn：994mA・h・g⁻¹，SnO₂：782mA・h・g⁻¹）；同時，其略高於石墨的低充放電電位（1.0～0.3V）可使電池既獲得高電壓又不致析出鋰枝晶；並且該類負極材料不存在溶劑共嵌入現象。這些優勢使錫基材料成為近年來鋰離子電池負極材料領域的一個研究熱點。錫的氧化物有氧化錫、氧化亞錫以及二者的混合物。多數研究者認為錫的氧化物嵌鋰機理為鋰和氧化錫或氧化亞錫在充放電過程中分兩步進行：

$$Li + SnO_2(SnO) \longrightarrow Li_2O + Sn \qquad (7\text{-}5)$$

$$x Li + Sn =\!=\!= Li_x Sn \qquad (7\text{-}6)$$

首先鋰與氧化錫或氧化亞錫反應生成 Li_2O 和 Sn，這是一個不可逆過程；然後鋰與錫反應生成鋰錫合金，此過程是可逆的。由於第一步不可逆過程以及錫的氧化物與有機電解液等的反應，直接導致了錫的氧化物電極材料首次不可逆容量較高。此外，鋰離子在嵌入和脫嵌的過程中，材料本身體積變化很大（300％），引起電極材料結構改變，導致活性物質的開裂、粉化和較差的循環穩定性，以及完全鋰合金化時電極材料較差的導電性也造成材料比容量衰減，循環穩定性下降。因此，改善循環穩定性、減少首次充放電循環不可逆損失、提高充放電倍率得到廣泛關注，成為近些年 Sn 基負極研究的重點。

針對錫基材料的上述不足，目前主要的解決辦法有：

① 合成奈米化材料，減小絕對體積變化來緩解部分體積膨脹以及降低 Li^+ 的遷移路徑，緩解 Li^+ 嵌入/脫出活性材料所產生的極化；

② 與活性物質或非活性物質形成金屬間化合物，利用惰性相組分抑製其體積膨脹和粉化，同時增強活性相的導電性；

③ 調控錫基負極材料的形貌，使其具有高孔隙率、低密度和較大的比表面積，使 Li^+ 的傳輸更容易進行，並且可為錫體積膨脹提供空間，減小體積膨脹帶來的負面影響；

④ 合成複合材料，使材料的物理化學性質發生變化，實現對其尺寸、形貌、組成與結構等方面的有效調控和剪裁，從而利用各組分間的協同作用，優勢互補，提高其電化學活性和穩定性。研究內容主要涉及金屬錫材料、錫基合金材料、錫基氧化物材料、錫基複合材料等。

7.3.1　錫基材料的奈米化

目前對於錫基材料的合成主要基於其氧化物的製備，主要合成方法包括模板法、水熱法、溶膠-凝膠法以及靜電噴鍍法、真空熱蒸鍍法、磁控濺射法、化學氣相沉積法等。通過不同方法製備出來的產物的微觀形貌、大小等也會不同，從而其具備的電化學性能也不盡相同。而對於錫基氧化物當前的研究重點在於對其奈米化、複合化和特殊結構的設計。SnO_2 的奈米線、奈米棒、奈米片、空心球、奈米管等各種結構依次被製備出來，這些奈米結構材料都極大地提高了錫基負極材料的循環和穩定性能。如圖 7-10 為部分奈米形貌的錫基氧化物的微觀結構，顯著提高了 SnO_2 材料的電化學性能。

圖 7-10 SnO₂ 空心奈米塊、奈米繭及奈米花的微觀形貌

Jiang 等報導了一種「玉米狀」奈米級 SnO_2 負極材料，顯著地改善了 SnO_2 負極材料的可逆性和循環性能，如圖 7-11 所示。首先合成刷子狀兩嵌段高分子模板（HPC-g-PAA），其直徑和長度可以通過改變這種兩嵌段高分子的分子量自由改變。這種高分子模板上的官能團羧基與 SnO_2 之間存在較強的錯合作用，反應過程中形成的奈米 SnO_2 顆粒被限定並逐層堆積在這種刷子狀高分子模板的長鏈上，形成多孔的「玉米狀」奈米級 SnO_2 材料。另外，在 SnO_2 材料表面包覆了一層 1nm 左右的聚多巴胺薄膜，避免活性物質表面與電解液的直接接觸，抑製了 SEI 膜的增長，展示出優異的電化學性能。在 $160mA \cdot g^{-1}$ 的電流密度循環時，該材料循環 300 次後接近 SnO_2 的理論容量，並展示了較好的循環穩定性。

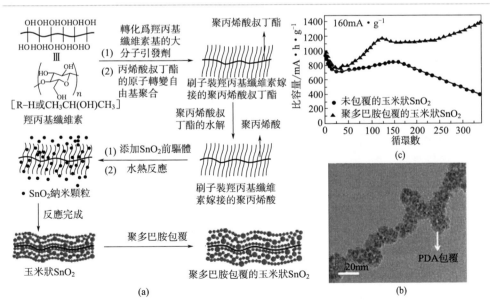

圖 7-11 親水性的刷子狀兩嵌段高分子模板（HPC-g-PAA）合成及 PDA 包覆的 「玉米狀」奈米級 SnO₂ 模板生長示意圖（a）， PDA 包覆的 「玉米狀」 SnO₂ 奈米晶的 TEM 圖（b）及循環性能曲線（c）

7.3.2　錫-碳複合材料

碳類負極材料，由於嵌脱鋰時體積變化較小、循環性能穩定，且具有很好的彈性和導電性，是 Sn 基材料改性方面很好的緩衝基體。通過包覆、附着等方式將 Sn 基材料與碳質材料複合，並結合奈米化和微觀結構設計，製備成各種奈米結構的 Sn/C 複合材料，是提高 Sn 基負極材料電化學性能的有效方式。

將 Sn 基材料附着在石墨、碳奈米管、碳奈米纖維等已有的碳質材料基體的外表面，可以提昇錫基材料的電化學性能。一方面，碳質材料作為基體，可以對錫基顆粒起到支撐和固定作用，抑製錫基顆粒的團聚；另一方面，導電性的碳材料與錫基顆粒緊密相連，有利於保持活性顆粒之間及活性顆粒與集流體之間的導電性；另外，碳質材料具有一定的柔韌性，可對錫基顆粒的體積變化起到一定的緩衝作用。

對於包覆型 Sn/C 複合材料，一方面，彈性的碳殼可以緩衝內部 Sn 基顆粒反應時的體積變化，並將其體積膨脹限製在碳殼內部，從而降低 Sn 基顆粒破壞的速度；另一方面，強韌的碳殼將 Sn 顆粒包裹在其內部，使 Sn 顆粒彼此隔離，可有效避免其在反應時的接觸和團聚。這種特殊的結構使電極材料在維持自身結構及提高電化學穩定性方面具有很大優勢。另外，對空心或多孔錫結構進行碳包覆，不僅可以通過碳殼限製緩衝內部活性材料的體積應變並防止其嚴重團聚，本身預留的空腔或空隙也可容納反應時的體積變化，延緩電極的粉化失效。另外，超薄殼的空心結構也可為鋰離子提供更短的傳輸路徑，有利於倍率性能的提昇。因此，一般來説，包覆型比表面附着型具有更好的循環性能。對於包覆型，即便奈米顆粒從碳殼內表面脱落，也將被同一碳殼內表面的其他部位捕獲而繼續發揮活性儲鋰作用；而對於表面附着型，一旦顆粒從碳殼外表面脱落將會導致永久失去電接觸而不再發揮儲鋰作用。

石墨烯具有超薄、高導電性等特點，將其與 Sn 基材料製成三明治結構，一方面，石墨烯片層可以固定 Sn 基顆粒並保持其良好的電接觸、抑製不同層間的Sn 基顆粒聚集；另一方面，Sn 基顆粒也可防止石墨烯片層的再堆疊，在提高 Sn 基電極的循環和倍率性能方面具有一定優勢。在 Sn/石墨烯負極材料中，將金屬錫引入到石墨烯中，插入到石墨片層結搆間，不僅能擴大石墨層間距，擴大石墨烯的比表面積，增加石墨烯材料的儲鋰容量，而且金屬錫奈米顆粒能够覆蓋石墨烯表層，防止電解質插入石墨烯片層時電極材料剝落現象的發生。反過來，石墨烯又可以緩衝金屬錫在充放電過程中體積的膨脹收縮，增強電子傳輸能力，改善材料倍率性能。因此，如何有效地調控石墨烯與 Sn 基材料的組裝與排列，使其形成良好的電子與離子傳輸通道是構建高性能複合電極材料的關鍵。

　　另外，在 Sn/C 複合物中加入另外一種非活性且比較軟的金屬（M），形成合金，這樣鋰插入時由於 M 的可延性，體積變化大大減小，金屬 M 主要是充當緩衝「基體」的作用，減小錫金屬充放電過程中的應力變化，增加電導率，維持材料結構的穩定性，同時也可以提高 Sn 的電化學性能。在首次放電過程中，Sn—M 鍵斷開，生成金屬 M 和 Sn-Li 合金相。若 M 為活性金屬，則其可以與鋰進一步反應。Sn 可以和多種金屬 M 形成合金負極，比如 Co、Ni、Cu、Sb、Fe、Ca、Al、Mg 等。

參考文獻

[1] 陳德鈞. 鋰離子電池的碳負極材料. 電池工業, 1999, 4（2）: 58-63.

[2] 周德鳳, 趙艷玲, 郝婕, 馬越, 王榮順. 鋰離子電池奈米級負極材料的研究. 化學進展, 2003, 15（6）: 445-450.

[3] 郭麗玲, 張傳祥, 範廣新. 碳奈米管用作鋰離子電池負極材料的研究進展. 材料導報, 2011, 25（S2）: 111-114.

[4] 趙廷凱, 鄧嬌嬌, 折勝飛, 李鐵虎. 碳奈米管和石墨烯在鋰離子電池負極材料中的應用. 炭素技術, 2015, 34（3）: 1-5.

[5] 聞雷, 劉成名, 宋仁昇, 羅洪澤, 石穎, 李峰, 成會明. 石墨烯材料的儲鋰行為及其潛在應用. 化學學報, 2014, 72（3）: 333-344.

[6] 龔佑寧, 黎德龍, 張豫鵬, 潘春旭. 石墨烯及其複合材料在鋰離子電池負極材料中的應用. 材料導報 A: 綜述篇, 2015, 29（4）: 33-38.

[7] 高鵬飛, 楊軍. 鋰離子電池矽複合負極材料研究進展. 化學進展, 2011, 23（2-3）: 264-274.

[8] 梁初, 周羅挺, 夏陽, 黃輝, 陶新永, 甘永平, 張文魁. 矽負極材料的儲鋰機理與電化學改性進展. 功能材料, 2016, 47（8）: 08043-08049.

[9] Chen B, Meng G, Xu Q, Zhu X, Kong M, Chu Z, Han F, Zhang Z. Crystalline silicon nanotubes and their connections with gold nanowires in both linear and branched topologies. ACS Nano, 2010, 4（12）: 7105-7112.

[10] Cho J H, Picraux S T. Enhanced lithium ion battery cycling of silicon nanowire anodes by template growth to eliminate silicon underlayer islands. Nano Lett, 2013, 13（11）: 5740-5747.

[11] Luo L, Xu Y, Zhang H, Han X, Dong H, Xu X, Chen C, Zhang Y, Lin J. Comprehensive understanding of high polar polyacrylonitrile as an effective binder for Li-ion battery nano-si anodes. ACS Appl Mater Interfaces, 2016, 8（12）: 8154-8161.

[12] Wada T, Ichitsubo T, Yubuta K, Segawa H, Yoshida H, Kato H. Bulk-nanoporous-silicon negative electrode with extremely high cyclability for lithium-ion batteries prepared using a top-down process. Nano Lett, 2014, 14（8）:

4505-4510.

[13] 張紀偉，張明媚，張麗娟. 鋰離子電池矽/碳複合負極材料研究進展. 電源技術，2013，37（4）：682-685.

[14] Li Z, Zhuang J, Chen L, Ni Z, Liu C, Wang L, Xu X, Wang J, Pi X, Wang X, Du Y, Wu K, Dou S X. Observation of van hove singularities in twisted silicene multilayers. ACS Cent Sci, 2016, 2（8）: 517-521.

[15] Jin Y, Li S, Kushima A, Zheng X, Sun Y, Xie J, Sun J, Xue W, Zhou G, Wu J, Shi F, Zhang R, Zhu Z, So K, Cui Y, Li J. Self-healing SEI enables full-cell cycling of a silicon-majority anode with a coulombic efficiency exceeding 99.9%. Energy Environ Sci, 2017, 10（2）: 580-592.

[16] Liu J, Li N, Goodman M D, Zhang H G, Epstein E S, Huang B, Pan Z, Kim J, Choi J H, Huang X, Liu J, Hsia K J, Dillon S J, Braun P V. Mechanically and chemically robust sandwich-structured C@Si@C nanotube array Li-ion battery anodes. ACS Nano, 2015, 9（2）: 1985-1994.

[17] Song T, Cheng H, Choi H, Lee J H, Han H, Lee D H, Yoo D S, Kwon M S, Choi J M, Doo S G, Chang H, Xiao J, Huang Y, Park W, Chung Y C, Kim H, Rogers J A, Paik U. Si/Ge Double-layered nanotube array as a lithium ion battery anode. ACS Nano, 2012, 6（1）: 303-309.

[18] 儲道葆，李建，袁希梅，李自龍，魏旭，萬勇. 鋰離子電池 Sn 基合金負極材料. 化學進展，2012，24（8）: 1466-1475.

[19] Lou X W, Yuan C L, Archer L A. Double-walled SnO$_2$ nano-cocoons with movable magnetic cores. Adv Mater, 2007, 19（20）: 3328-3332.

[20] Liang J, Yu X Y, Zhou H, Wu H B, Ding S, Lou X W. Bowl-like SnO$_2$ @ carbon hollow particles as an advanced anode material for lithium-Ion batteries. Angew Chem Int Ed, 2014, 53（47）: 12803-12807.

[21] Chen J S, Archer L A, Lou X W. SnO$_2$ hollow structures and TiO$_2$ nanosheets for lithium-ion batteries. J Mater Chem, 2011, 21（27）, 9912-9924.

[22] Jiang B, He Y, Li B, Zhao S, Wang S, He Y B, Lin Z. Polymer-templated formation of polydopamine-coated SnO$_2$ nanocrystals: anodes for cyclable lithium-ion batteries. Angew Chem Int. Ed., 2017, 5（7）: 1869-1872.

[23] 周達飛，呂瑞濤，黃正宏，鄭永平，沈萬慈，康飛宇. 鋰離子電池 Sn/C 複合負極材料的研究進展. 材料科學與工程學報，2016，34（5）: 830-835.

[24] 孟浩文，馬大千，俞曉輝，楊紅艷，孫艷麗，許鑫華. 鋰離子電池錫-金屬-碳複合負極材料. 化學進展，2015，27（8）: 1110-1122.

[25] Zhou X, Wu L, Yang J, Tang J, Xia L, Wang B. Synthesis of nano-sized silicon from natural halloysite clay and its high performance as anode for lithium-ion batteries. J Power Sources, 2016, 324（30）, 33-40.

[26] Lee S J, Kim H J, Hwang T H, Choi S, Park S H, Deniz E, Jung D S, Choi J W. Delicate structural control of Si-SiO$_x$-C composite via high-speed spray pyrolysis for Li-ion battery anodes. Nano Lett, 2017, 17（3）: 1870-1876.

第8章

Li₄Ti₅O₁₂負極材料

近年來，全球資源緊缺和環境惡化使人類發展面臨嚴峻挑戰，低碳經濟以及全球可持續發展戰略使以儲能技術為基礎的新能源汽車備受矚目。在各種新能源動力形式中，鋰離子電池被認為是當前最有發展前途的新能源動力形式。雖然鋰離子電池的保護電路已經比較成熟，但對於動力電池而言，要真正保證安全，電極材料的選擇十分關鍵。目前鋰離子電池負極材料大多採用各種嵌鋰碳材料，但是碳電極的電位與金屬鋰的電位很接近；當電池過充電時，碳電極表面易析出金屬鋰，會形成枝晶而引起短路，溫度過高時易引起熱失控等。同時，鋰離子在反復地插入和脫嵌過程中，會使碳材料結構受到破壞；另外，碳材料與電解液兼容性也存在較大問題，導致容量衰減。因此，尋找能在比碳電位稍正的電位下嵌入鋰、廉價、安全可靠和高比容量的新的負極材料是當前鋰離子電池的研究熱點之一。開發 HEV、EV 用動力鋰離子電池的主要技術瓶頸是倍率性能和安全性。尖晶石 $Li_4Ti_5O_{12}$ 是一種「零應變」插入半導體材料，它以優良的循環性能和穩定的結構而成為備受關注的動力鋰離子電池負極材料。但是它存在電子電導率和離子電導率低的缺點，在大電流充放電時容量衰減快，倍率性能較差，限製了在高功率鋰離子電池中的應用。在動力電池這一全球矚目的領域，鋰離子電池的高倍率工作特性是決定其能否獲得商業化應用的關鍵因素之一。較差的倍率性能是影響 $Li_4Ti_5O_{12}$ 作為負極材料的發展的瓶頸，因此如何提高 $Li_4Ti_5O_{12}$ 的電導率進而提高其倍率性能具有重要的理論和現實意義。

8.1 Li₄Ti₅O₁₂ 的結構及其穩定性

8.1.1 Li₄Ti₅O₁₂ 的結構

$Li_4Ti_5O_{12}$（也可寫作 $Li_{4/3}Ti_{5/3}O_4$）是一種能夠在空氣中穩定存在的不導電的白色晶體，呈尖晶石型結構，具有與 $LiMn_2O_4$ 相似的「AB_2O_4」結構，晶格常數 $a＝0.836nm$，空間群為 Fd-3m，其中 O^{2-} 構成 FCC 點陣，位於 32e 的位置。點陣中共有 32 個四面體間隙和 32 個八面體間隙，3/4 鋰離子位於 8a 的

四面體間隙中，同時 1/4 鋰離子和全部鈦離子以 1：5 的比率隨意地占據 16d 的八面體間隙中，因而其結構式可表示為 $[Li]_{8a}[Li_{1/3}Ti_{5/3}]_{16d}[O_4]_{32e}$，每個晶體單胞中含有 8 個 $[Li]_{8a}[Li_{1/3}Ti_{5/3}]_{16d}[O_4]_{32e}$ 分子，如圖 8-1 所示。結構中 $[Li_{1/3}Ti_{5/3}]_{16d}[O_4]_{32e}$ 框架非常穩定，並且在共面的 8a 四面體位置和 16c 八面體位置存在的三維間隙空間為鋰離子擴散提供了通道。

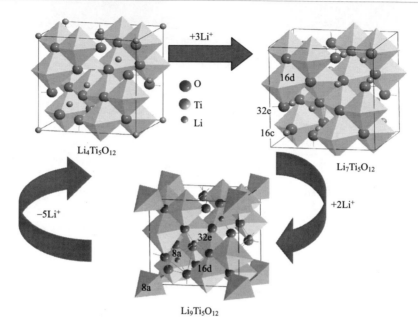

圖 8-1　$Li_4Ti_5O_{12}$、　$Li_7Ti_5O_{12}$ 以及 $Li_9Ti_5O_{12}$ 晶體結構圖

8.1.2　$Li_4Ti_5O_{12}$ 的穩定性

$Li_4Ti_5O_{12}$ 可通過下述熱力學循環完成：

$$2Li_2O(s)+5TiO_2(s)\!=\!=\!=\!Li_4Ti_5O_{12}(s) \tag{8-1}$$

其摩爾反應焓（$\Delta_r H_m$）可以通過下式計算：

$$\Delta_r H_m = \Delta_f H_m(Li_4Ti_5O_{12})-2\Delta_f H_m(Li_2O)-5\Delta_f H_m[TiO_2(金紅石)]$$
$$= E(Li_4Ti_5O_{12})-2E(Li_2O)-5E[TiO_2(金紅石)] \tag{8-2}$$

其中，$E(Li_2O)$、$E(TiO_2)$（s，金紅石）、$E(Li_4T_5O_{12})$ 代表 Li_2O（$-821.0508701eV$）、二氧化鈦（$-2483.2406419855eV$）和 $Li_4Ti_5O_{12}$ 的總能（$-14060.26244eV$）。根據 DFT 的運算法則，摩爾反應焓（$\Delta_r H_m$）的計算值為 $-143.99kJ \cdot mol^{-1}$。通過文獻可知，TiO_2（s，金紅石）的摩爾生成焓

（$\Delta_f H_m$）值為-944.0kJ・mol^{-1}±0.8kJ・mol^{-1}。根據下述方程式：

$$\Delta_f H_m(Li_4 Ti_5 O_{12})=\Delta_r H_m+2\Delta_f H_m(Li_2 O)+5\Delta_f H_m(TiO_2,s,金紅石)$$

$$(8\text{-}3)$$

Li$_4$Ti$_5$O$_{12}$ 的摩爾生成焓（$\Delta_f H_m$）的計算值為-6061.45kJ・mol^{-1}±4kJ・mol^{-1}。Li$_{4/3}$Ti$_{5/3}$O$_4$（$\frac{1}{3}[Li_4 Ti_5 O_{12}]$）的摩爾生成焓（$\frac{1}{3}\Delta_f H_m=-2020.48$kJ・mol^{-1}$\pm1.333$kJ・mol^{-1}）明顯低於 LiCoO$_2$（$-142.54$kJ・mol^{-1}$\pm1.69$kJ・mol^{-1}）、LiNiO$_2$（$-56.21$kJ・mol^{-1}$\pm1.53$kJ・mol^{-1}）和 LiMn$_2O_4$（$-1380.9$kJ・mol^{-1}$\pm2.2$kJ・mol^{-1}）。

Li$_7$Ti$_5$O$_{12}$ 和 Li$_{8.5}$Ti$_5$O$_{12}$ 可通過下述熱力學循環完成：

$$2Li_2 O(s)+5TiO_2(s)+3Li(s)=\!=\!=Li_7 Ti_5 O_{12}(s) \qquad (8\text{-}4)$$

$$2Li_2 O(s)+5TiO_2(s)+4.5Li(s)=\!=\!=Li_{8.5} Ti_5 O_{12}(s) \qquad (8\text{-}5)$$

其中，$E(Li_2 O)$、$E(Li)$、$E(TiO_2)$（s，金紅石）、$E(Li_7 Ti_5 O_{12})$ 代表 Li$_2$O、鋰（-190.19579eV）、二氧化鈦、Li$_7$Ti$_5$O$_{12}$（-14636.002eV）和 Li$_{8.5}$Ti$_5$O$_{12}$ 晶體（-14920.593eV）的總能。因此，可以計算出 Li$_7$Ti$_5$O$_{12}$ 和 Li$_{8.5}$T$_5$O$_{12}$ 的摩爾反應焓（$\Delta_r H_m$）的計算值分別為-641.12kJ・mol^{-1}、-573.32kJ・mol^{-1}。

根據下述方程式：

$$\Delta_f H_m(Li_7 Ti_5 O_{12})=\Delta_r H_m+2\Delta_f H_m(Li_2 O)+5\Delta_f H_m(TiO_2,s,金紅石)+3\Delta_f H_m(Li)$$

$$(8\text{-}6)$$

$$\Delta_f H_m(Li_{8.5} Ti_5 O_{12})=\Delta_r H_m+2\Delta_f H_m(Li_2 O)+$$
$$5\Delta_f H_m(TiO_2,s,金紅石)+4.5\Delta_f H_m(Li) \qquad (8\text{-}7)$$

Li$_7$Ti$_5$O$_{12}$ 和 Li$_{8.5}$T$_5$O$_{12}$ 的摩爾生成焓（$\Delta_f H_m$）的計算值為$-6558.58.45$kJ・mol^{-1}±4kJ・mol^{-1}、-6490.78kJ・mol^{-1}±4kJ・mol^{-1}。由此可見，Li$_7$Ti$_5$O$_{12}$ 和 Li$_{8.5}$T$_5$O$_{12}$ 的摩爾生成焓值差別很小。根據計算結果可以看出，鋰離子嵌入後，Li$_4$T$_5$O$_{12}$ 的熱力學穩定性被進一步提高。但是隨着鋰離子的進一步嵌入 Li$_{8.5}$Ti$_5$O$_{12}$ 的熱穩定性略微減小，但是可以推斷出 Li$_7$Ti$_5$O$_{12}$ 和 Li$_{8.5}$T$_5$O$_{12}$ 都具有較高的熱穩定性。相對於上述計算的 LiTi$_2$O$_4$ 晶體的摩爾生成焓（-2070.723kJ・mol^{-1}±1.6kJ・mol^{-1}），16d 位的 Ti 被 Li 取代後，其摩爾生成焓增大 $[\Delta_f H_m(Li_{4/3} Ti_{5/3} O_4)=-2020.48$kJ・mol^{-1}$\pm1.33$kJ・mol$^{-1}]$，這説明取代削弱了體系的穩定性。

圖 8-2 為 Li$_4$T$_5$O$_{12}$ 的電子密度圖和差分電子密度圖。其中正值表示得電子，負值表示失去電子，正值越大，表示該區域獲得的電子數越多，負值越大，表示失去電子越多。

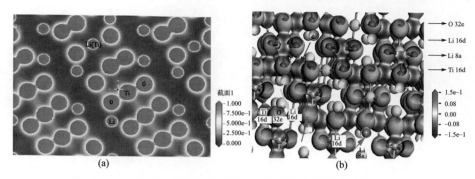

圖 8-2　$Li_4Ti_5O_{12}$ 的電子密度圖（a）和差分電子密度圖（b）

　　由於原子內層電子只有定域性，這從能帶結構和態密度圖均可以證實，因此各原子在核處的電子密度都很大。計算結構表明 Li 與 O 之間的電子密度為 0，說明 Li 與 O 之間不能形成有效共價鍵，Li 以離子形式存在，而 Li 與 O 之間有較大的電子密度，說明 Ti-O 之間軌道電子密度發生重疊，形成強共價鍵。計算結果還表明：Li 以離子形式存在晶格中，（得失電子不明顯，不形成共價鍵）；Ti 呈花瓣狀，3d 軌道失去電子，O 平面內為三角形，屬於 sp^3 雜化，Ti_{3d} 與 O_{2p} 軌道成鍵，這說明 $Li_4T_5O_{12}$ 具有較好的結構穩定性。

　　圖 8-3 為 $Li_4T_5O_{12}$ 材料在 0～2V 之間循環時的晶格常數變化曲線，可以看出即使是在材料的深度嵌脫鋰過程中晶胞參數最大膨脹不超過 0.1％，而縮小時這個數值僅為 0.05％，這充分表明即使在深度嵌脫鋰（4Li，$Li_9Ti_5O_{12}$）情況下 $Li_4Ti_5O_{12}$ 依舊能維持它零應變的特性。當深度嵌脫鋰時材料的晶胞參數僅出現微小的變化，說明晶體的內部結合能也變化不大，這也進一步說明了 $Li_4T_5O_{12}$ 材料的結構高度穩定性。

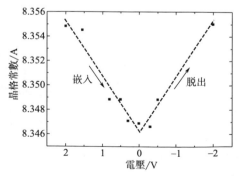

圖 8-3　$Li_4T_5O_{12}$ 材料在 0～2V 之間循環時的晶格常數變化曲線

8.2 Li₄Ti₅O₁₂ 的電化學性能

　　圖 8-4 為 Li₄Ti₅O₁₂ 材料在 0.1C 下的首次充放電曲線及其循環伏安曲線，充放電區間為 0～2V，從首次充放電曲線中可以看出，在 1.5V 較明顯的放電平臺，1.58V 附近有個充電平臺，這主要歸因於 Ti⁴⁺/Ti³⁺ 的氧化還原電對反應。此時，盡管 Li₄Ti₅O₁₂ 的理論容量只有 175mA·h·g⁻¹，但由於其可逆鋰離子脫嵌比例接近 100％，故其實際容量一般保持在 150～160mA·h·g⁻¹。嵌鋰過程中，結構變化原理如下：

$$[\mathrm{Li}]_{8a}[\mathrm{Li}_{1/3}\mathrm{Ti}_{5/3}]_{16d}[\mathrm{O}_4]_{32e}+e^-+\mathrm{Li}^+\Longleftrightarrow[\mathrm{Li}_2]_{8a}[\mathrm{Li}_{1/3}\mathrm{Ti}_{5/3}]_{16d}[\mathrm{O}_4]_{32e}$$

$$(8\text{-}8)$$

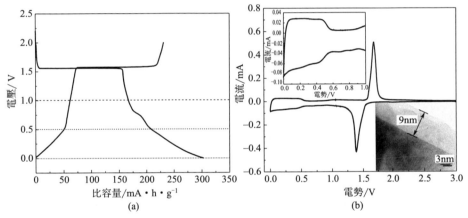

圖 8-4　Li₄Ti₅O₁₂ 材料在 0.1C 下的首次充放電曲線（a）和
循環伏安曲線（b）（插圖為放大的 CV 曲線以及深度嵌鋰時的 TEM 圖）

　　大部分尖晶石型物質都是單相離子隨機插入的化合物，而 Li₄Ti₅O₁₂ 具有十分平坦的充放電平臺，在外來的 Li⁺ 嵌入到 Li₄Ti₅O₁₂ 的晶格中時，這些 Li⁺ 開始占據 16c 位置，而 Li₄Ti₅O₁₂ 的晶格原位於 8c 的 Li⁺ 也開始遷移到 16c 位置，最後所有的 16c 位置都被 Li⁺ 所占據，所以其容量也主要被可以容納 Li⁺ 的八面體空隙的數量所限製。反應產物 Li₇Ti₅O₁₂ 為淡藍色，由於出現 Ti⁴⁺ 和 Ti³⁺ 變價，其電子導電性較好，電導率約為 10⁻²S·cm⁻¹。將嵌脫鋰截止電位降低到 0.5V，可以發現首次嵌鋰時，在 0.75V 出現一個不可逆的電位平臺，對應的是電解液的分解，因為溶劑或溶質一般在 1.0V 以下發生分解，所以截止電位一下

降，材料的首次效率也下降，當然其中一部分不可逆容量也可能來自於結構中鋰的未脫出（即所謂的「死鋰」）。死鋰現象隨着截止電位的進一步降低變得更加明顯，當 $Li_4Ti_5O_{12}$ 在 $0\sim2V$ 間循環時，首次嵌鋰容量超過 $300mA\cdot h\cdot g^{-1}$，超過了額定的理論質量比容量 $293mA\cdot h\cdot g^{-1}$。從圖 8-4 中可以看出，0.5V 的超長斜坡是額外高容量的主要來源。儘管放電容量比較可觀，但是首次不可逆容量非常高。此時，$Li_7Ti_5O_{12}$ 可以進一步嵌鋰變為 $Li_9Ti_5O_{12}$（相當於 $Li_4Ti_5O_{12}$/Li 電池放電至 0V），結構變化原理可能如下：

$$[Li_3]_{8a}[LiTi_5]_{16d}[O_{12}]_{32e}+5e^-+5Li^+ ===$$
$$[Li_x]_{8a}[Li_y]_{8b}[Li_6]_{16c}[Li_{2-x-y}]_{48f}[LiTi_5]_{16d}[O_{12}]_{32e} \qquad (8\text{-}9)$$

從循環曲線中出現了兩對氧化還原峰，分別位於 $1\sim2V$ 之間和 0.6V 以下，在 $0.6\sim0.75V$ 之間還出現了一個不可逆的還原峰。位於 1.5V、1.7V、0.6V 附近的還原峰和氧化峰主要歸因於 Ti^{4+}/Ti^{3+} 的氧化還原反應，而 $0.6\sim0.75V$ 附近的不可逆的還原峰可能是電解液的不可逆分解造成的。循環伏安測試結果出現的峰電位正好與首次充放電曲線的平臺一一對應，可見循環伏安測試也同樣驗證了 Ti^{4+} 的轉化是一個多步的過程，而 $Li_9Ti_5O_{12}$ 才是 $Li_4Ti_5O_{12}$ 的最終還原產物。此外從放大的 CV 曲線上可以看出，在深度嵌鋰時，CV 曲線成信封狀，說明形成了非晶相。當截止電位下降到 1V 以下進行深度嵌鋰時，不可避免地會出現電解液的分解，從而其反應產物 SEI 膜覆蓋在材料的表面，因而造成了一定的不可逆容量損失。從圖 8-4(b) 中的 TEM 圖可以看出，當 $Li_4Ti_5O_{12}$ 深度嵌鋰時，無定形的 SEI 膜（約 9nm）在材料嵌鋰到 0V 時出現了，說明電解液的分解反應在 $Li_4Ti_5O_{12}$ 的表面同樣也能發生，這個反應對應着 CV 曲線上首次嵌鋰時 0.75V 的不可逆還原峰。深度嵌鋰（4Li）後材料清晰可見的晶格條紋進一步說明 $Li_4Ti_5O_{12}$ 晶體結構在低電位區域的穩定性。

因此，$Li_4Ti_5O_{12}$ 能夠避免充放電循環過程中由於電極材料的連續膨脹收縮而導致嚴重的結構破壞，從而使電極保持良好的循環性能、可逆容量和使用壽命，減緩了電池在充放電循環過程中容量衰減的速度，使得 $Li_4Ti_5O_{12}$ 作為負極材料具有比碳負電極更優良的電化學性能。$Li_4Ti_5O_{12}$ 的電極電位為 1.55V（vs. Li^+/Li），有平坦且穩定的充放電平臺。由於 $Li_4Ti_5O_{12}$ 電極的工作電壓較高（1V 以上循環），而有機電解液的還原分解反應一般在低電壓下（<0.8V vs. Li^+/Li）才會進行，因此在鋰離子電池充放電過程中，將不會在較低的電壓下發生電解液的副反應，提高了電池的循環性能和安全性。同時，$Li_4Ti_5O_{12}$ 在全充電狀態下具有良好的熱穩定性和較小的吸濕性，成為了下一代鋰離子電池負極材料的熱門候選。圖 8-5 給出了部分可能的 $Li_4Ti_5O_{12}$ 全電池的電壓，例如，$1.55V Li_4Ti_5O_{12}/LiNi_{0.8}Co_{0.15}Al_{0.05}O_2$（LNCAO）、$2.4V Li_4Ti_5O_{12}/$

$LiCoO_2$ (LCO)、2.3V$Li_4Ti_5O_{12}$/Li_{1+x} $(Ni_{1/3}Co_{1/3}Mn_{1/3})_{1-x}O_2$ (L333)、1.9V$Li_4Ti_5O_{12}$/ $LiFePO_4$（LFP）、2.45V$Li_4Ti_5O_{12}$/$LiFe_{0.2}Mn_{0.8}PO_4$（LFMP）、2.6V$Li_4Ti_5O_{12}$/ $LiMn_2O_4$ (LMO)、3.2V$Li_4Ti_5O_{12}$/$LiNi_{0.5}Mn_{1.5}O_4$ (LNMO)、$Li_4Ti_5O_{12}$/ $LiCoPO_4$ (LCP) 以及 3.5V$Li_4Ti_5O_{12}$/$LiCoMnO_4$ (LCMP)。

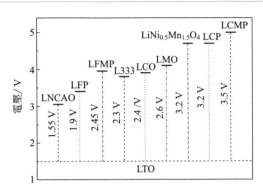

圖 8-5　部分可能的 $Li_4Ti_5O_{12}$ 全電池的電壓

　　但是純相 $Li_4Ti_5O_{12}$ 同樣具有下列明顯的缺點：①與其他負極材料相比，$Li_4Ti_5O_{12}$ 負極材料的放電比容量較低，其理論比容量才約為 $175mA\cdot h\cdot g^{-1}$；②$Li_4Ti_5O_{12}$ 是不導電的晶體，作為導電性差的電極材料，在大電流充放電時，極化現象嚴重，比容量衰減速度較快，高倍率性能不佳；③雖然 $Li_4Ti_5O_{12}$ 的電極電勢高，保證了電池較高的安全性，同時却降低了輸出電壓；④作為負極材料的振實密度應大於 $2g\cdot cm^{-3}$，而 $Li_4Ti_5O_{12}$ 的振實密度較低，只有 $1.68g\cdot cm^{-3}$，導致體積比容量低。所以改善倍率性能成為 $Li_4Ti_5O_{12}$ 實用化進程的關鍵。

8.3　$Li_4Ti_5O_{12}$ 的合成

8.3.1　$Li_4Ti_5O_{12}$ 的合成方法

　　目前，$Li_4Ti_5O_{12}$ 製備方法有固相法和液相法兩大類。固相法又可細分為高溫固相法、熔融浸漬法、微波化學法等。液相法包括溶膠-凝膠法、水熱反應法等。

8.3.1.1　高溫固相法

　　固相法操作簡單，對設備要求低，適用於大規模生產，因此在很多研究中，

$Li_4Ti_5O_{12}$ 可通過固相反應法合成。研究者通常以 $LiOH \cdot H_2O$ 或 Li_2CO_3 與 TiO_2 為原料，通過高溫（800～1000℃）、長時間（24h 以上）的熱處理製備產物，自然冷却後球磨即可得到理想的尖晶石結構 $Li_4Ti_5O_{12}$。Yi 等利用高溫固相法在空氣中 850℃ 燒結 24h 合成了微米級的 $Li_4Ti_5O_{12}$ 陽極材料，研究了其過放電至 0V 時的電化學性能，結果表明：0.1C 倍率時，其首次放電容量高達 333.5mA·h·g^{-1}，超過了其理論容量 298mA·h·g^{-1}，不可逆容量高達 92.5mA·h·g^{-1}，這可能與首次放電至 0V 時 SEI 膜的產生有關；53 次循環放電容量仍高達 195.4mA·h·g^{-1}，這説明，過放電至 0V 時 $Li_4Ti_5O_{12}$ 仍具有相當好的結構穩定性，提高了 $Li_4Ti_5O_{12}$ 的能量密度。

　　高溫固相反應工藝簡單、成本低、易於實現工業化生產，但粉體原料需要長時間的研磨混合，混合均勻程度有限，擴散過程難以順利進行；高的煅燒溫度和長煅燒時間使製備得到的 $Li_4Ti_5O_{12}$ 顆粒較大，從而使鋰離子在其中的遷移路徑變長、嵌入和脱出困難。尤其在高倍率環境下，容易在其內部形成無法脱、嵌的「死鋰」，導致高倍率性能較差；產物非常堅硬，很難將其磨成製作電極需要的粉末；材料電化學性能不易控製。於是有研究者從混料工藝入手，對傳統固相合成方法進行改進，採用高能行星式球磨或振盪研磨等機械法混料，得到了顆粒細小甚至奈米級產物，有效提高了材料電化學性能，並且使燒結溫度明顯降低、時間縮短。Kiyoshi 等採用振盪研磨機混料，在 800℃ 下僅反應 3h，即可獲得 $Li_4Ti_5O_{12}$ 精細微粒，具有非常好的大倍率放電性能，1C 下充放電顯示出優異的循環穩定性，100 次循環後，仍保持 99％ 的相對容量。

8.3.1.2 溶膠-凝膠法

　　溶膠-凝膠法採用液相法-溶膠-凝膠法製備 $Li_4Ti_5O_{12}$，一般是以 $[Ti(OCH(CH_3)_2)_4]$ 和 $LiC_2H_3O_2 \cdot 2H_2O$ 的乙醇溶液為前驅體。TiO_2 來自金屬-有機物和金屬環氧化合物的水解和高分子的聚合濃縮反應，而 $Ti(OR)_4$ 則是金屬與醇 ROH 直接反應所得。溶膠-凝膠法製備 $Li_4Ti_5O_{12}$ 的可能形成過程為：鈦酸丁酯的醇溶液在有水存在時緩慢水解，首先生成 $Ti(OH)_4$，然後發生失水縮聚和失醇縮聚形成凝膠；前驅體在高溫加熱時氫氧化鈦發生分解生成 TiO_2，然後和鋰鹽 $LiOOCCH_3$ 分解得到的 Li_2O 或 Li_2CO_3 反應生成 $Li_4Ti_5O_{12}$。Hao 等採用溶膠-凝膠法，通過加入不同的螯合劑（如三乙醇胺、乙二酸、檸檬酸和乙酸）製備得到不同奈米粒徑的 $Li_4Ti_5O_{12}$。其中以三乙醇胺作為螯合劑得到 $Li_4Ti_5O_{12}$ 粒徑最小，平均粒徑大小僅為 80nm。23.5mA·g^{-1} 下首次放電比容量為 168mA·h·g^{-1}，二次放電比容量為 151mA·h·g^{-1}，且有好的循環性能。結果表明在溶膠-凝膠的過程中加入適量的螯合劑可以減慢膠凝速度，使製備得到的 $Li_4Ti_5O_{12}$ 顆粒更小、更均勻，從而使其高倍率性能得到提高。

　　溶膠-凝膠法有以下優點：①溶膠-凝膠法前驅體溶液化學均勻性好，熱處理溫度低；②能有效提高合成產物的純度以及結晶粒度，反應過程易於控制；③可製備奈米粉體和薄膜；但有機物在燒結的過程中產生大量的 CO_2 氣體，乾燥收縮大，合成週期長，工業化難度大。其缺點也是顯而易見的：添加有機化合物造成了成本上昇；在燒結的過程中，凝膠成粉是一個體積劇烈膨脹的過程，因此反應爐的利用率較低；有機物在燒結的過程中產生大量的 CO_2 氣體。

8.3.1.3　水熱合成法

　　水熱合成法也是製備電極材料較常見的濕法合成法，一般來説，水熱合成法在相對較低的溫度下合成具有晶體結構的材料，反應條件多變可調，產物組成均勻，物相和微結構一致，粒徑分布較窄，設備比較簡單，操作不複雜。楊立等的實驗中採用二氧化鈦膠體作為初始原料，在攪拌條件下，將 TiO_2 膠體和 $LiOH$ 加入到水和乙醇的混合溶液中，隨後將溶液轉入水熱反應釜中，在 $150\sim200℃$ 下水熱離子交換反應 $10\sim18h$，得到白色沉澱，再將白色沉澱置於 $350\sim600℃$ 的馬弗爐中熱處理 $1\sim3h$，得到 $Li_4Ti_5O_{12}$ 負極材料，該材料在 $20C$ 的倍率下具有 $125mA\cdot h\cdot g^{-1}$ 的穩定放電比容量，顯示了良好的大倍率充放電性能。Li 等的實驗成功地製備了形狀可控、電化學性能優良的 $Li_4Ti_5O_{12}$ 奈米管/奈米線，結果表明水熱合成法製備的材料比傳統高溫固相法製得的材料電荷轉移阻抗及動力學數據都得到了改善。

8.3.1.4　微波法

　　微波技術用於製備電極材料從本質上也是高溫固相反應，但與傳統的高溫固相反應相比，微波具有加熱反應時間短、生產效率高、消耗能量少、對環境無污染、產品純度高的特點。微波法已被廣泛用於製備電極材料，用微波的高能量快速加熱，瞬間反應來製備 $Li_4Ti_5O_{12}$，製備出的 $Li_4Ti_5O_{12}$ 質量好、純度高、可達奈米級，因此越來越受到人們的重視。$Yang$ 等利用微波法首次合成了一系列鋰鈦氧化合物，如 $Li_4Ti_5O_{12}$、$Li_2Ti_3O_7$、Li_2TiO_3 和 $LiTiO_2$。產物 $Li_4Ti_5O_{12}$ 具有很好的性能，初始放電容量為 $150mA\cdot h\cdot g^{-1}$。按照化學計量比混合原料 Li_2CO_3 和 TiO_2，置於氧化鋁坩堝，用碳化矽作為微波吸收材料，並將熱量轉移至原料發生化學反應，生成 $Li_4Ti_5O_{12}$。因為反應有 CO_2 氣體放出，所以要控製微波加熱功率，以保證最終產物的形貌特徵。

8.3.1.5　熔鹽合成法

　　熔鹽合成法是近代發展起來的一種合成無機氧化物材料最簡單的方法之一，主要應用具有低熔點的鹼金屬鹽類作為反應介質，反應物在液相中能實現原子尺

度的混合，能使合成反應在較短的時間內和較低的溫度下完成，合成產物各組分配比準確，成分均勻，形成純度較高的反應產物。但由於煅燒溫度一般比較高，能耗較大，阻礙了其實際應用。Bai 等以 LiCl 和 KCl 為合成介質，合成尖晶石型鈦酸鋰，在製備過程中，反應物在低溫熔融鹽中的擴散速度明顯高於在傳統固相環境中，這可有效地加快反應速率，降低反應溫度，縮短反應時間，製備的尖晶石型鈦酸鋰形貌規則、粒度分佈均勻，當 LiCl 和 KCl 的摩爾比為 1.5 時，0.2C 放電時，樣品首次充放電效率為 94%，放電比容量為 169mA・h・g^{-1}，並且在 5C 充放電時同樣具有較好的倍率性能。

8.3.1.6　燃燒合成法

燃燒合成法一般是將鋰源、鈦源、氨基酸和硝酸混合在一起，在較低的溫度下引發其燃燒，然後再進行高溫處理，它同時具備固相法和溶膠-凝膠法的優點。燃燒法的優點在於生產工藝簡單，製備的產物比較純凈，具有奈米級顆粒，電化學性能優良，但合成原料一般採用有機試劑，成本較高，故難以實際應用。Yuan 等採用燃燒合成法在 700℃ 或更高的溫度合成了純相奈米 Li$_4$Ti$_5$O$_{12}$，結果表明 700℃ 合成的材料具有最好的電化學性能，10C 倍率放電時仍具有 125mA・h・g^{-1} 的可逆容量，並具有穩定的循環性能，這主要是由於電子電導率的增加提高了其表面反應動力學。

8.3.1.7　噴霧合成法

噴霧合成法一般是先將反應物製成漿料，然後經噴霧乾燥器和高溫煅燒處理，產物 Li$_4$Ti$_5$O$_{12}$ 的粒徑相比直接固相法要小，它的優點是產物形貌均一、粒徑分佈窄。Ju 等利用噴霧高溫分解後處理前驅體的方法製備了球形 Li$_4$Ti$_5$O$_{12}$ 材料，合成的最佳條件是 800℃，並具有相當好的循環性能。Nakahara 等將 LiOH・H$_2$O 和銳鈦礦 TiO$_2$ 混合製成漿料，噴霧乾燥後於 800℃ 下燒結 3h，再經球磨 4h 後製得平均粒徑為 0.7μm 的 Li$_4$Ti$_5$O$_{12}$ 材料。在 25℃ 下 1C 倍率循環 100 次後容量保持率高達 99%，10C 的放電容量是 0.15C 的 86%，而 50℃ 下 10C 的容量是 0.15C 的 96%，展示了優秀的循環性能。

8.3.2　Li$_4$Ti$_5$O$_{12}$ 的奈米化及表面形貌控製

形貌的選擇對於 Li$_4$Ti$_5$O$_{12}$ 材料的電化學性能有至關重要的影響，製備不同形貌的 Li$_4$Ti$_5$O$_{12}$ 材料是提高其電化學性能的重要手段。相對於普通材料，奈米材料的尺寸小，鋰離子傳輸路徑短，能更好地釋放嵌脫鋰的應力，具有快速的充放電能力；奈米材料的表面張力比普通材料大，嵌鋰過程中，溶劑分子難以進入材料的晶格，因此可阻止溶劑分子的共嵌，延長電池的循環壽命。此外，高比表

面積的奈米材料增大了反應界面，可以提供更多的擴散通道，具有理論儲鋰容量高的優勢。到目前為止，常見的納/微結構的 $Li_4Ti_5O_{12}$ 材料主要包括奈米顆粒、奈米纖維、奈米管、奈米線、奈米棒、奈米片、奈米盤、波浪形的奈米片、多孔結構、球形分級結構、奈米陣列等不同形貌，如圖 8-6 所示。

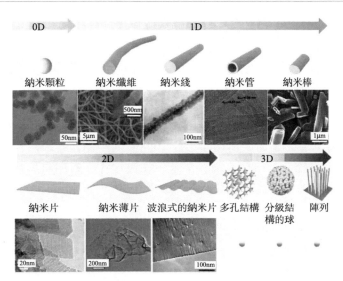

圖 8-6　常見的納/微結構的 $Li_4Ti_5O_{12}$ 材料示意圖及其對應的 TEM 圖

　　一維奈米材料是指向一個方向定向延伸，而其他兩個方向的維度受到抑製的一類材料，包括奈米管、奈米線、奈米棒、奈米纖維等不同形貌。由於該結構材料的軸向長度可達到微米級，而徑向卻只有奈米級，從而可同時實現提高循環性和離子遷移率的雙重作用。奈米管的中空結構使 $Li_4Ti_5O_{12}$ 材料具有較大的比表面積，可以有效地提高電極材料與電解液的接觸面積，縮短鋰離子的遷移路徑，進而可以提高材料的電化學性能。但是奈米管的缺點是，空心結構導致其振實密度低，比能量小；此外，與電解液的接觸面積過大，也容易導致副反應發生，進而導致材料的不可逆容量提高。對比奈米管，奈米棒擁有較高的振實密度和介適的表面活性，因而具有比能量高和循環性能好的優勢。奈米線和奈米纖維的直徑能夠一般只有幾個奈米，不但可以大大縮短鋰離子在充放電過程中的遷移距離，還能增大活性物質的比表面積，提高利用率，增大電池比容量，還因其多孔和纖維相互連接形成互穿網路等結構特點，能加快離子、電子傳導，使電池具有優異的循環性能及倍率性能。靜電紡絲法製備的奈米纖維，因其直徑小、比表面積大、孔隙率高等特點，在 $Li_4Ti_5O_{12}$ 材料製備方面得到廣泛應用。該技術生產方式簡單、成本低且原料來源廣泛，而且比採用常規方法製得的纖維直徑小幾個數量級。

二維材料是指電子僅可在兩個維度的非奈米尺度（1～100nm）上自由運動（平面運動）的材料，與一維奈米材料不同，二維奈米材料是由奈米晶料構成的單層或多層的薄層結構材料，其在兩個維度上具有延伸性。該結構表面積大，離子遷移路徑短，同時也可直接在表面鑲嵌其他高電導性材料對 $Li_4Ti_5O_{12}$ 進行改性，具有廣泛的應用前景。二維奈米 $Li_4Ti_5O_{12}$ 材料主要包括奈米片、奈米盤、奈米薄膜等。$Li_4Ti_5O_{12}$ 奈米片一般只有幾個奈米的厚度，可有效減小電極在大電流下充放電的極化程度，提高可逆容量和循環壽命。除了單層的奈米片外，Mani 等通過無模板溶膠-凝膠法在不同的溫度下合成了多層 $Li_4Ti_5O_{12}$ 複合物薄膜，該平面薄膜表面長有突出的刺，這些刺聚集形成連續的網路結構而使表面粗糙，這增加了其比表面積，從而有利於比容量的提高。

三維奈米結構是指由零維、一維、二維中的一種或多種基本結構單元組成的複合材料，其中包括：橫向結構尺寸小於 100nm 的物體；奈米微粒與常規材料的複合體；粗糙度小於 100nm 的表面；奈米微粒與多孔介質的組裝體系等。三維奈米材料主要包括：奈米玻璃、奈米陶瓷、奈米介孔材料、奈米金屬和奈米高分子。其中，鋰離子電池三維奈米電極材料主要是奈米介孔材料。介孔材料具有蜂窩狀的孔道，其孔道是有序排列的，包括層狀、六方對稱排列和立方對稱排列等，孔徑分佈窄並可在 1.5～10nm 之間系統調變；比表面積大，可高達 $1000m^2 \cdot g^{-1}$；孔隙率高等特點。通過模板法製備的 $Li_4Ti_5O_{12}$ 材料具有不易團聚的優點，因而目前三維奈米結構的合成多用此法。C. Jiang 等採用溶膠-凝膠法，以碳球為模板成功製備出微米尺寸、薄壁、空心球結構 $Li_4Ti_5O_{12}$。研究發現：薄的空心球壁縮短了鋰離子的遷移路徑，有利於鋰離子的快速嵌入和脫出；大量孔結構的存在增大了 $Li_4Ti_5O_{12}$ 與電解液的接觸面積，同時也能與導電劑充分混合以提高其導電性。該材料具有較好的高倍率性能，0.57C 下該薄壁空心球結構 $Li_4Ti_5O_{12}$ 的首次放電比容量可高達 $175mA \cdot h \cdot g^{-1}$，二次放電比容量為 $159mA \cdot h \cdot g^{-1}$；5.7C 下其二次放電比容量仍為 0.57C 下的 76%，不同倍率下都有較好的循環性能。Sorensen 等以聚甲基丙烯酸甲酯（PMMA）球為模板成功製備出微米尺寸三維有序大孔 $Li_4Ti_5O_{12}$。研究發現只有較薄孔壁的三維有序大孔 $Li_4Ti_5O_{12}$ 才具有較好的高倍率性能。$0.125mA \cdot cm^{-2}$ 下首次放電比容量為 $149mA \cdot h \cdot g^{-1}$；當電流密度增加一倍時，比容量幾乎沒有變化；$0.63mA \cdot cm^{-2}$ 下首次放電比容量仍有 $143mA \cdot h \cdot g^{-1}$ 左右，並且在不同電流密度下循環性能都較好。

奈米材料由於較小的尺寸、較大的比表面積，可有效提高電極和電解液的接觸面積，有助於活性物質利用率的提高，從而顯著提高其放電比容量，用於 $Li_4Ti_5O_{12}$ 儲鋰方面顯示了較大的優勢，但又存在着穩定性差的缺陷。納微結構是由奈米單元組成的，而整體尺度在微米級的一類結構體系，這類結構體系結合了奈米結構和微米結構的優點，在提高鋰離子電池的倍率性能和循環壽命的同

時，不會降低電池的比容量。因此如何構築動力學穩定的納微結構電極材料是當前 $Li_4Ti_5O_{12}$ 電極材料研究的熱點問題。Yang 等通過水/溶劑熱法先後製備得到了花狀、片組裝中空微球、介孔微球、鋸齒狀 $Li_4Ti_5O_{12}$，電化學性能都較為優越。所得的產物都是納微分級結構，能夠同時具備奈米材料和微米材料的優點，例如短的電子和離子傳輸距離、高比表面積、熱動力學穩定性、易於處理。將適量四異丙醇鈦（TTIP）和氨水加入到熱的乙二醇中，然後加入到 LiOH 溶液中於 170℃ 水熱反應，經過 500℃ 的熱處理，最終得到花狀 $Li_4Ti_5O_{12}$，8C 倍率下循環 100 次後可逆容量為 $152mA \cdot h \cdot g^{-1}$。Yang 等還利用 TTIP 水解得到的水合 TiO_2 微球，並以此作為前驅體，分別在 LiOH 水溶液和乙醇/水（體積比 1：1）混合溶液中水熱反應，可製得片組裝中空微球和介孔微球，其中前者顯示出了優異的高倍率性能，在 50C 時候仍然擁有 $131mA \cdot h \cdot g^{-1}$ 的放電比容量。Yang 等將 TTIP 直接加入到 LiOH 和 H_2O_2 溶液中經水熱反應、500℃ 處理可製得鋸齒狀 $Li_4Ti_5O_{12}$ 奈米片組裝的微球，57C 下循環 200 次後依然具有 $132mA \cdot h \cdot g^{-1}$ 的放電比容量。

8.4　$Li_4Ti_5O_{12}$ 的摻雜

　　對 $Li_4Ti_5O_{12}$ 進行摻雜改性，除了可以提高材料的導電性，降低電阻和極化，還能降低其電極電位，提高電池的能量密度。摻雜改性一方面可以對材料進行體摻雜，另一方面可以直接引入高導電相。為提高材料的電子導電能力，可以在材料中引入自由電子或電子空穴。對 $Li_4Ti_5O_{12}$ 的摻雜改性可以從取代 Li^+、Ti^{4+} 或 O^{2-} 三方面進行。常見的摻雜離子包括：Na^+、Mg^{2+}、Zn^{2+}、Ca^{2+}、Ni^{2+}、Cu^{2+}、Sr^{2+}、Al^{3+}、La^{3+}、Sc^{3+}、Ru^{4+}、Zr^{4+}、Nb^{5+}、V^{5+}、W^{6+}、Mo^{6+}、Br^-、F^-、N^{3-} 等，表 8-1 給出了不同的摻雜離子及合成方法對 $Li_4Ti_5O_{12}$ 電化學性能的影響。

表 8-1　不同的摻雜離子及合成方法對 $Li_4Ti_5O_{12}$ 電化學性能的影響

摻雜離子	合成方法	具有最佳電化學性能的樣品	摻雜對電化學性能的正影響	摻雜對電化學性能的負影響
Na^+	高溫固相	$Li_{3.85}Na_{0.15}Ti_5O_{12}$	適量的 Na 摻雜可以顯著提高材料的離子和電子電導率，進而提高了材料的快速充放電性能。Na 摻雜的 $Li_4Ti_5O_{12}$ 材料有希望商業化大規模應用	Na 摻雜量過高降低了鋰離子擴散係數，增加了電荷轉移電阻

續表

摻雜離子	合成方法	具有最佳電化學性能的樣品	摻雜對電化學性能的正影響	摻雜對電化學性能的負影響
Mg^{2+}	高溫固相	Mg 與 Li 的摩爾比為 3%	Mg 摻雜可以顯著提高材料的電子電導率和鋰離子擴散係數,進而提高了材料的高倍率性能	過量的 Mg 摻雜提高了材料的電荷轉移電阻,減小了放電容量
Zn^{2+}	高溫固相	$Li_4Ti_{4.8}Zn_{0.2}O_{12}$	Zn 摻雜提高了材料鋰離子擴散係數、鋰離子脫嵌的可逆性,進而表現出了優異的寬電位窗口的循環性能	過量的 Zn 摻雜降低了材料的放電電壓平臺,進而提高了全電池的充電電壓
Ca^{2+}	高溫固相	$Li_{3.9}Ca_{0.1}Ti_5O_{12}$	適量 Ca 摻雜提高了材料的電子電導率和鋰離子擴散係數	過量的 Ca 摻雜增加了電極的極化,降低了材料的放電容量
Ni^{2+}	高溫固相	$Li_{3.9}Ni_{0.15}Ti_{4.95}O_{12}$	Ni 摻雜大大提高了材料的電子電導率。5C 倍率放電時,$Li_{3.9}Ni_{0.15}Ti_{4.95}O_{12}$ 的可逆容量為 $72mA \cdot h \cdot g^{-1}$,是純 $Li_4Ti_5O_{12}$ 的 2 倍	Ni 摻雜降低了 $Li_4Ti_5O_{12}$ 的理論容量,進而降低了材料的低倍率容量
Cu^{2+}	高溫固相	$Li_{3.8}Cu_{0.3}Ti_{4.9}O_{12}$	Cu^{2+} 摻雜顯著提高了 $Li_4Ti_5O_{12}$ 的電導率,進而摻雜材料展示了高的倍率性能和循環性能	過量的 Cu 摻雜提高了材料的電荷轉移電阻,降低了鋰離子擴散係數
Sr^{2+}	高溫固相	$0.02Sr-Li_4Ti_5O_{12}$（Sr 與 Ti 的摩爾比為 0.02）	Sr^{2+} 摻雜增加了材料的晶格常數,減小了材料的粒徑和電荷轉移電阻,進而增加了材料的倍率容量	過量的 Sr 摻雜導致了 $SrLi_2Ti_6O_{14}$ 雜質的出現,進而明顯降低了材料的放電容量
Al^{3+}	高溫固相	$Li_{3.9}Al_{0.1}Ti_5O_{12}$	Al 摻雜提高了 $Li_4Ti_5O_{12}$ 的電子電導率,進而提高了材料高倍率充放電時的循環穩定性	過量的 Al 摻雜引起了電極的極化,降低了離子電導率,進而降低了材料的高倍率容量
La^{3+}	高溫固相	$Li_4Ti_{4.95}La_{0.05}O_{12}$	La 摻雜提高了材料的電導率和可逆性,進而提高了材料高倍率時的過放電性能	過量的 La 摻雜降低了鋰離子擴散係數,進而降低了材料的容量
Sc^{3+}	溶膠-凝膠	$Li_4Ti_{4.95}Sc_{0.05}O_{12-\delta}$	Sc 摻雜的 $Li_4Ti_5O_{12}$ 材料具有小的電荷轉移電阻荷高的鋰離子遷移速率。Sc^{3+} 摻雜有利於鋰離子的可逆脫嵌,提高了材料的容量	合成的成本較高,合成路線複雜

續表

摻雜離子	合成方法	具有最佳電化學性能的樣品	摻雜對電化學性能的正影響	摻雜對電化學性能的負影響
Ru^{4+}	反相微乳液	$Li_4Ti_{4.95}Ru_{0.05}O_{12}$	Ru^{4+} 摻雜有效提高了 $Li_4Ti_5O_{12}$ 材料的電子電導率,進而提高了材料的倍率容量和循環穩定性	採用較為昂貴的 $RuCl_3$ 作為原材料,過量的 Ru 摻雜降低了材料的容量
Zr^{4+}	高溫固相	$Li_4Ti_{4.9}Zr_{0.1}O_{12}$	Zr 摻雜降低了材料的電荷轉移電阻,提高了的材料的鋰離子嵌脫動力學,進而提高了材料的快速充放電性能	過量的 Zr 摻雜降低降低了材料在寬電位窗口的容量
Nb^{5+}	高溫固相	$Li_4Ti_{4.95}Nb_{0.05}O_{12}$	適量 Nb 摻雜有利於提高了鋰離子的可逆脫嵌,進而提高了材料的電導率	Nb 摻雜導致材料具有較高的不可逆容量,過量的 Nb 摻雜減小了材料的放電容量
V^{5+}	高溫固相	$Li_4Ti_{4.95}V_{0.05}O_{12}$($1.0\sim2.0V$ 之間循環) $Li_4Ti_{4.9}V_{0.1}O_{12}$($0\sim2.0V$ 之間循環)	放電至 0V 時,適量 V 摻雜有利於提高材料的可逆容量、結構穩定性以及循環性能	隨着 V 摻雜量的增加,$Li_4Ti_5O_{12}$ 在不同電位區間的容量減少
W^{6+}	溶膠-凝膠	$Li_4Ti_{4.9}W_{0.1}O_{12}$	W 摻雜的 $Li_4Ti_5O_{12}$ 材料具有高的電子電導率和優異的倍率容量	W 摻雜降低了材料的低倍率容量（3C 以下）
Mo^{6+}	高溫固相	$Li_4Ti_{4.85}Mo_{0.15}O_{12}$	Mo 摻雜的 $Li_4Ti_5O_{12}$ 材料展示了大的鋰離子擴散係數,低的電荷轉移電阻,高的倍率容量以及優異的可逆性	過量的 Mo 摻雜導致了雜質的出現,進而降低了材料的循環穩定性
Br^-	高溫固相	$Li_4Ti_5O_{11.8}Br_{0.2}$	Br 摻雜顯著提高了 $Li_4Ti_5O_{12}$ 材料的比容量和高倍率容量	過量的 Br 摻雜降低了材料的電子電導率,進而降低了材料的比容量
F^-	高溫固相	$Li_4Ti_5O_{11.7}F_{0.3}$	F 摻雜顯著降低了材料的電荷轉移電阻,提高了材料的鋰離子遷移能力,進而提高了 $Li_4Ti_5O_{12}$ 的倍率容量和循環穩定性	過量的 F 摻雜降低了材料在 $0.01\sim2.5V$ 之間放電比容量
N^{3-}	水熱合成	—	N 摻雜加速了電荷轉移的反應,提高了材料的電導率,展示了優異的倍率容量	難以控製 N 的精確摻雜量,合成成本較高

通過表 8-1 可以看出，離子摻雜提高 $Li_4Ti_5O_{12}$ 材料性能的主要原因是適量的摻雜提高了材料的離子和電子電導率。例如，Chen 等以 $LiOH \cdot H_2O$、TiO_2、$Mg(OH)_2$ 為原料通過高溫固相法製備出 $Li_{4-x}Mg_xTi_5O_{12}$（$x=0$，0.1，

0.25，0.5，1.0）。實驗中採用四點探針法，測得 $Ti_{4-x}Mg_xTi_5O_{12}$ 的電導率保持在 $10^{-2}S \cdot cm^{-1}$ 左右，未摻雜樣品 $Li_4Ti_5O_{12}$（$x=0$）的電導率約為 $10^{-10}S \cdot cm^{-1}$，前者比後者提高了約 11 個數量級，導電能力明顯增強。並且少量 Mg^{2+}（$x=0.25$，0.5）摻雜樣品的比容量高於未摻雜樣品，尤其是 $Li_{3.75}Mg_{0.25}Ti_5O_{12}$，在 17C 時的比容量仍然很穩定。$Mg^{2+}$ 摻雜 $Li_4Ti_5O_{12}$ 使得材料的電化學性能得到了很大的改善。Zhao 等在氫氣氛圍下高溫固相反應製得了 $Li_{4-x}Al_xTi_5O_{12}$（$x=0$，0.05，0.1，0.2），結果表明：Al^{3+} 的摻入明顯改善了材料在大倍率下充放電的循環穩定性，却降低了循環過程中的可逆比容量。在 Li 位摻 Al^{3+} 後，為了保持晶胞電中性，Ti^{4+}/Ti^{3+} 自由電子對增加，提高了 $Li_4Ti_5O_{12}$ 的電子電導率，但鋰離子在晶格中的擴散活性降低。相對來說，樣品 $Li_{3.9}Al_{0.1}Ti_5O_{12}$ 具有較好的導電性和高倍率性能以及良好的循環性能。Wolfenstine 研究了在不同加熱氣氛下合成 Ta^{5+} 摻雜對純樣 $Li_4Ti_5O_{12}$ 導電性的影響，結果發現，在氧化氣氛下合成的純樣 $Li_4Ti_5O_{12}$ 和 $Li_4Ti_{4.95}Ta_{0.05}O_{12}$ 具有相近的離子電導率；在還原氣氛下的電子電導率分別為 $3 \times 10^{-5}S \cdot cm^{-1}$、$1 \times 10^{-3}S \cdot cm^{-1}$，摻雜後的電導率明顯提高。

除了上述的一元摻雜之外，多元摻雜同樣有利於提高 $Li_4Ti_5O_{12}$ 材料的電化學性能。Shenouda 等以 Li_2CO_3、$MgCO_3$、銳鈦礦 TiO_2 和 NH_4VO_3 為原料，採用高溫固相法合成了摻雜材料 $Li_{4-x}Mg_xTi_{5-x}V_xO_{12}$（$0 \leqslant x \leqslant 1$）。結果發現，低價態 Mg^{2+} 和高價態 V^{5+} 的共摻雜可以提高材料的電導率，當 $x=0.75$ 時，材料的電導率較高，其首次放電比容量約為 $198mA \cdot h \cdot g^{-1}$，25 次循環後仍有 $187mA \cdot h \cdot g^{-1}$，明顯改善了純樣 $Li_4Ti_5O_{12}$ 的導電性和循環穩定性。Huang 等製備了 Mg^{2+}、Al^{3+} 共摻雜 $Li_4Ti_5O_{12}$ 的 $Li_{3.9}Mg_{0.1}Al_{0.15}Ti_{4.85}O_{12}$ 材料，在研究對 $Li_4Ti_5O_{12}$ 電化學特性的影響中發現，Mg^{2+}、Al^{3+} 共摻雜後，材料 $Li_{3.9}Mg_{0.1}Al_{0.15}Ti_{4.85}O_{12}$ 的可逆比容量與未摻雜材料 $Li_4Ti_5O_{12}$ 相比有所降低。Al^{3+}、F^-（$Li_4Al_xTi_{5-x}F_yO_{12-y}$）共摻雜表明，合成樣品的電化學性能較純樣 $Li_4Ti_5O_{12}$ 有所提高，總的來說優於 F^- 單獨摻雜，但不如 Al^{3+} 單獨摻雜的效果好。

8.5　$Li_4Ti_5O_{12}$ 材料的表面改性

8.5.1　$Li_4Ti_5O_{12}$ 複合材料

鋰鑭鈦氧化合物具有很多的 A 空位，因而鋰離子較容易在其中移動。鈣鈦

礦型 $Li_{3x}La_{2/3-x}TiO_3$ 在室溫下表現出良好的離子遷移率。最新研究認為鈣鈦礦型固溶體鋰離子傳導的機理是由於離子空位引起的，即通過 A 位互相作用，在被 La^{3+} 占據的位置周圍產生通道，使 Li 離子通過 A 空位傳導。這類多晶電解質材料在室溫下晶粒鋰離子電導率高達 $10^{-3} \sim 10^{-4} S \cdot cm^{-1}$。此外，室溫下 $x = 0.11$ 時，其電導率達到 $10^{-3} S \cdot cm^{-1}$，而 $Li_4Ti_5O_{12}$ 的電子電導率只有 $10^{-9} S \cdot cm^{-1}$。因此，利用 $Li_{0.33}La_{0.56}TiO_3$ 的優點，製備的 $Li_4Ti_5O_{12}$-$Li_{0.33}La_{0.56}TiO_3$ 的複合物具有較好的電化學性能。圖 8-7 為 $Li_4Ti_5O_{12}$-$Li_{0.33}La_{0.56}TiO_3$ 的複合物的結構模型。

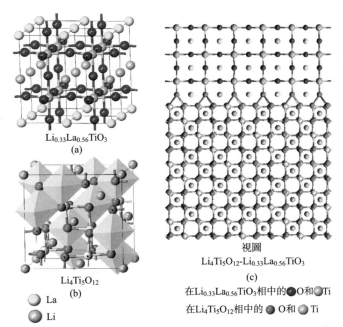

$Li_{0.33}La_{0.56}TiO_3$
(a)

$Li_4Ti_5O_{12}$
(b)

視圖
$Li_4Ti_5O_{12}$-$Li_{0.33}La_{0.56}TiO_3$
(c)
在 $Li_{0.33}La_{0.56}TiO_3$ 相中的 ●O 和 ○Ti
在 $Li_4Ti_5O_{12}$ 相中的 ● O 和 ○ Ti

○ La
○ Li

圖 8-7　$Li_{0.33}La_{0.56}TiO_3$ 的結構圖（a），　$Li_4Ti_5O_{12}$ 的結構圖（b）
和 $Li_4Ti_5O_{12}$-$Li_{0.33}La_{0.56}TiO_3$ 的複合物的結構模型（c）

　　研究結果表明，$Li_4Ti_5O_{12}$-$Li_{0.33}La_{0.56}TiO_3$ 複合物具有比 $Li_4Ti_5O_{12}$ 更大的晶格常數，這是可能是因為合成過程中部分 La^{3+} 進入了材料的晶格，從而拓寬了鋰離子的遷移通道。充放電測試表明，由於 LLTO 固體電解質本身具有較高的離子傳導率，用適量的 $Li_{0.33}La_{0.56}TiO_3$ 對 $Li_4Ti_5O_{12}$ 進行包覆可以使其放電比容量和容量保持率均顯著提高，$Li_{0.33}La_{0.56}TiO_3$ 質量含量為 5％時表現出的電化學性能最好。CV 曲線和 EIS 測試表明，$Li_4Ti_5O_{12}$-$Li_{0.33}La_{0.56}TiO_3$ 複合物的氧化還原電勢差 $\Delta\varphi_p$ 和電荷轉移阻抗減小，電極的極化程度減小，電子電導率提高，在動力學上有利於鋰離子的可逆脫嵌。

眾所周知，TiO_2 作為負極材料容量不高（根據其晶型的不同，理論容量最高為 $335mA \cdot h \cdot g^{-1}$），但其首次不可逆容量低，在脫嵌鋰過程中體積變化小、結構穩定、循環性能好，在高倍率和較高溫度下正常工作。其脫嵌鋰電壓高，增強了電池的安全性，能夠避免 SEI 膜的形成。TiO_2 還具有儲量豐富、成本低廉、自放電低等優點，是一種非常具有應用前景的負極材料。另外，金紅石型的 TiO_2 在 c 軸方向具有較高的鋰離子擴散係數，高達 $10^{-6} cm^2 \cdot s^{-1}$，遠遠高於 $Li_4Ti_5O_{12}$。因此，$Li_4Ti_5O_{12}$-TiO_2 複合物通常具有較高的容量和循環穩定性。Yi 等採用溶劑熱法製備了 $Li_4Ti_5O_{12}$-TiO_2 奈米片奈米管複合物，如圖 8-8 和圖 8-9 所示。所有的充放電曲線在 1.55V 附近都有扁的放電平臺。放電曲線在 $1 \sim 2V$ 範圍內的 1.55V 左右的放電平臺表明所合成的 $Li_4Ti_5O_{12}$ 材料具有完美的尖晶石結構。在 2.0V 出現的跳躍是金紅石型 TiO_2 嵌鋰所致。此外，$Li_4Ti_5O_{12}$-TiO_2 奈米具有比 $Li_4Ti_5O_{12}$ 更高的可逆容量。

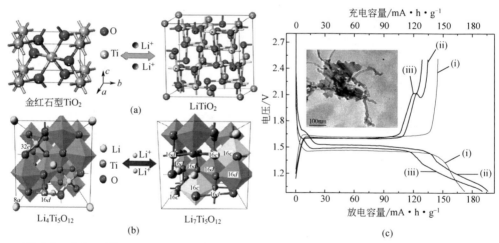

圖 8-8 金紅石型 TiO_2 和 $LiTiO_2$ 在充放電過程中的結構轉化模型（a），$Li_4Ti_5O_{12}$ 和 $Li_7Ti_5O_{12}$ 在充放電過程中的結構轉化模型（b），$Li_4Ti_5O_{12}$ 以及 $Li_4Ti_5O_{12}$-TiO_2 奈米片奈米管複合物的首次充放電曲線（c）（ⅰ），（ⅱ）$Li_4Ti_5O_{12}$-TiO_2；（ⅲ）$Li_4Ti_5O_{12}$（插圖為複合物的 TEM 圖）

CeO_2 具有較好的電導率，CeO_2 在氧化物之間可以產生較好的電子接觸，有利於電荷在 CeO_2 和其他支持氧化物之間轉移，因此，可以期望 $Li_4Ti_5O_{12}$-CeO_2 複合物具有較好的電化學性能。Yi 等採用高溫固相法法製備了 $Li_4Ti_5O_{12}$-CeO_2 複合物負極材料，結構模型如圖 8-9(b) 所示。研究結果表明，在 $Li_4Ti_5O_{12}$-CeO_2 複合物中，部分 Ce^{4+} 進入晶格結構內部，而不

改變材料結構。$Li_4Ti_5O_{12}$-CeO_2 複合物具有更好的鋰離子可逆性。在不同倍率下充放電時，$Li_4Ti_5O_{12}$-CeO_2 具有較好的循環穩定性和倍率量。

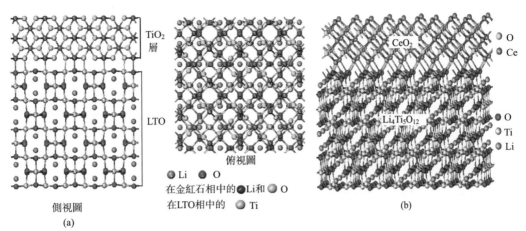

圖 8-9　$Li_4Ti_5O_{12}$-TiO_2 奈米複合物的結構模型（a），
$Li_4Ti_5O_{12}$-CeO_2 複合物的結構模型（b）

　　$LiAlO_2$ 是一種鋰快離子導體，具有高的鋰離子電導率，可用於提高材料導電性以及離子的擴散速率。Yi 等採用高溫固相法製備了 $Li_4Ti_5O_{12}$-$LiAlO_2$ 複合物負極材料，結構模型如圖 8-10 所示。研究結果表明，$LiAlO_2$ 改性並未改變材料的尖晶石結構，部分 Al^{3+} 進入晶格結構內部，Al^{3+} 的摻雜以及 $LiAlO_2$ 的原位改性減小了電極的極化和電荷轉移電阻，提高了鋰離子脫嵌的可逆性以及鋰離子擴散係數，改善了 $Li_4Ti_5O_{12}$ 顆粒之間的電子傳輸特性和離子傳輸特性。$Li_4Ti_5O_{12}$-$LiAlO_2$〔5％（質量分數）〕材料展示了最高的倍率容量和循環穩定性。

　　總的來說，鋰離子是在多晶材料的晶界相或者是電解液中固/液界面處發生反應。通過以上的合成方法以及可以看出 $Li_{0.33}La_{0.56}TiO_3$、TiO_2、CeO_2、$LiAlO_2$ 都是原位生長在 $Li_4Ti_5O_{12}$ 顆粒表面，能夠與 $Li_4Ti_5O_{12}$ 顆粒緊密結合在一起，形成了較多的 $Li_4Ti_5O_{12}$/M（M＝$Li_{0.33}La_{0.56}TiO_3$，TiO_2，CeO_2，$LiAlO_2$）界面。這些界面可以儲存更多的電解液，提供更多的位置用於鋰離子的嵌入/脫出反應，進而提高了 $Li_4Ti_5O_{12}$ 的反應動力學，進而降低充放電過程中的電極極化。這就是 $Li_4Ti_5O_{12}$/M 複合物具有較高倍率容量和循環穩定性的重要原因。相同的策略可以用於提高其他電極材料的電化學性能，進而發展所期望的鋰離子電池先進電極材料。

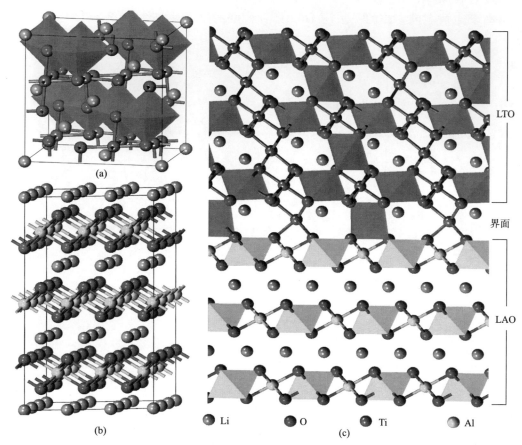

圖 8-10　$Li_4Ti_5O_{12}$ 的結構模型（a），　$LiAlO_2$ 的結構模型（b），
$Li_4Ti_5O_{12}$-$LiAlO_2$ 的複合物的結構模型（c）

8.5.2　$Li_4Ti_5O_{12}$ 的表面改性

　　$Li_4Ti_5O_{12}$ 具有較低的電子電導率，因此電子從 $Li_4Ti_5O_{12}$ 顆粒轉移到外電路比較困難，導致在充放電過程中特別是高倍率充放電時具有較大的極化電阻。因此，在 $Li_4Ti_5O_{12}$ 表面包覆一層鋰離子可以透過的導電材料不但有助於提高其電子電導率，還能抑製電解液的分解，影響材料的相結構。圖 8-11 給出了表面包覆對 $Li_4Ti_5O_{12}$ 材料的影響示意圖。因此，在 $Li_4Ti_5O_{12}$ 材料表面包覆一層導電性優良且在電解液以及在充放電過程保持穩定的物質，用以改善顆粒間的電子傳導性能，可以提高 $Li_4Ti_5O_{12}$ 材料的循環性能。

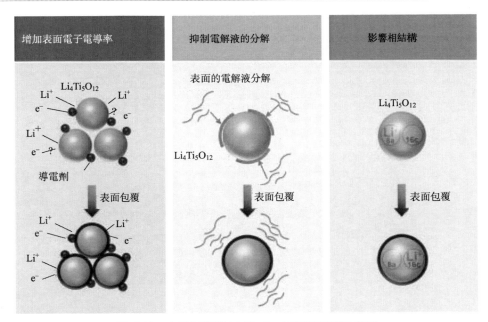

圖 8-11　表面包覆對 $Li_4Ti_5O_{12}$ 材料的影響示意圖

8.5.2.1　**碳改性**

　　相對於其他包覆材料，碳材料是一種好的電子導體。碳包覆結合奈米技術通常可以提供高的導電性、快速的鋰離子遷移，從而提高了電極材料的倍率容量。因此，碳包覆不但可以用於提高 $Li_4Ti_5O_{12}$ 材料的電子電導率，還可以避免 $Li_4Ti_5O_{12}$ 材料直接與電解液接觸，進而抑製氣脹問題。通常，可以將碳前驅體（葡萄糖、蔗糖、瀝青等）加入 $Li_4Ti_5O_{12}$ 前驅體中，混合均勻，然後在惰性氣氛中高溫燒結，即可得到碳包覆的 $Li_4Ti_5O_{12}$ 材料。Chen 等採用一種新的碳預包覆技術製備了碳包覆的 $Li_4Ti_5O_{12}$ 奈米棒材料，如圖 8-12 所示。在前驅體 TiO_2 到立方的 $Li_4Ti_5O_{12}$ 轉化過程中，碳層以及奈米棒的形貌得到了很好的保持。碳層的厚度大約有 5nm，碳包覆的 $Li_4Ti_5O_{12}$ 奈米棒材料展示了優異的倍率性能和循環穩定性。

　　Luo 等以蔗糖為碳源，利用水熱法製備了碳包覆的 $Li_4Ti_5O_{12}$ 材料，如圖 8-13 所示，所製備的材料粒徑在 10～100nm 之間，$Li_4Ti_5O_{12}$ 奈米棒的表面覆蓋了一層 1～3nm 厚的薄碳殼。圖 8-14 給出了 $Li_4Ti_5O_{12}$ 奈米顆粒和碳包覆的 $Li_4Ti_5O_{12}$ 奈米棒的電化學性能，碳包覆 $Li_4Ti_5O_{12}$ 材料在任意倍率循環時，明顯具有比 $Li_4Ti_5O_{12}$ 奈米顆粒更高的可逆容量。

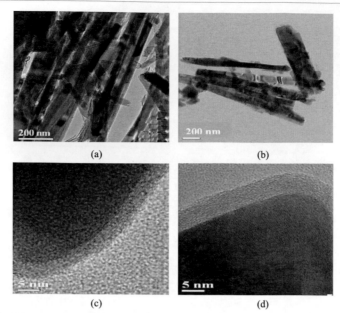

圖 8-12　碳包覆的 TiO_2 棒前驅體 TEM 圖（a），碳包覆的 $Li_4Ti_5O_{12}$ 奈米棒 TEM 圖（b），
碳包覆的 TiO_2 的 HRTEM 圖（c），碳包覆的 $Li_4Ti_5O_{12}$ 的 HRTEM 圖（d）

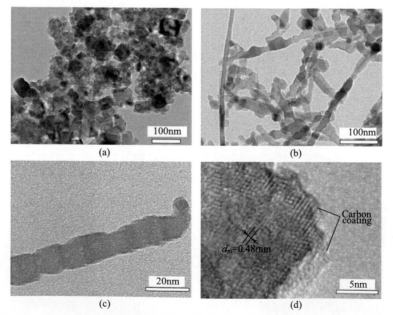

圖 8-13　$Li_4Ti_5O_{12}$ 奈米顆粒的 TEM 圖（a），碳包覆的 $Li_4Ti_5O_{12}$ 奈米棒的
TEM 圖（b）、（c），碳包覆的 $Li_4Ti_5O_{12}$ 奈米棒 HRTEM 圖（d）

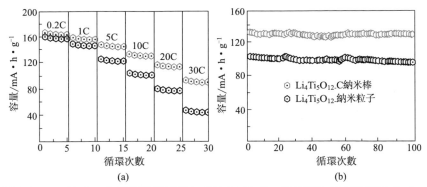

圖 8-14　Li₄Ti₅O₁₂ 奈米顆粒以及碳包覆的 Li₄Ti₅O₁₂ 奈米棒的倍率性能圖（a），
Li₄Ti₅O₁₂ 奈米顆粒以及碳包覆的 Li₄Ti₅O₁₂ 奈米棒在 10C 倍率下的循環性能圖（b）

　　Cheng 等採用 CVD 法在 Li₄Ti₅O₁₂ 表面包覆了一層石墨化炭，在其研究過程中，炭主要起提高電導率的作用。包覆過程為 Li₄Ti₅O₁₂ 粉末製備好後，轉移到反應管內，由 N₂ 帶入甲苯熱蒸氣，在 800℃ 下反應 2h，得到包覆均勻的 LTO/C 複合材料。所得樣品比容量為 155mA · h · g⁻¹，略低於本微態的 Li₄Ti₅O₁₂，24C 大電流放電時，LTO/C 的比容量保持 8C 時的 50%，遠遠優於純 Li₄Ti₅O₁₂ 的 29%。表 8-2 給出了不同碳源包覆對 Li₄Ti₅O₁₂ 電化學性能的影響。

　　Fang 等通過固相反應法製備出 Li₄Ti₅O₁₂/AB/MWCNTs 複合材料。其中，AB 是乙炔黑，MWCNTs 為多壁碳奈米管，它們都是作為碳源。首先，多壁碳奈米管和乙炔黑混合，形成均勻的漿料，然後將 TiO₂ 和 Li₂CO₃（n_{Li} : n_{Ti} = 4.32 : 5）加入漿料中，在 80℃ 乾燥，最後將得到的粉末置於管式爐中，在氫氣氣氛中 800℃ 下燒結 10h 得到 Li₄Ti₅O₁₂/AB/MWCNTs 複合材料。與純 Li₄Ti₅O₁₂ 相比，具有體積更小、顆粒均勻的複合材料表現出優異的高倍率性能和循環性能。通過混合 AB 和 MWCNTs 的 Li₄Ti₅O₁₂ 的電化學性能和電子電導率都得到了較大的提高。該複合材料在 30C 充放電倍率下可提供 102mA · h · g⁻¹ 的放電比容量，在 2C 時，循環 1000 次後，放電比容量仍能維持 163mA · h · g⁻¹。

　　Liu 等採用流變相法製備了 Li₄Ti₅O₁₂/C 複合材料。以碳酸鋰和二氧化鈦為原料，混勻後加入 PVB/乙醇溶液中，其中 PVB 為碳源，得到固-液磁混合物流變。將混合物磁力攪拌 4h 後，於 80℃ 乾燥 6h 除去乙醇，將前驅體在氫氣氣氛中、800℃ 下煅燒 15h，得到 Li₄Ti₅O₁₂/C 複合材料。該材料的平均粒徑為 211nm，粒徑分布較窄。研究結果表明，與原始的鈦酸鋰負極相比，複合負極的表面上的導電性得到了顯著地提高，這是由於在鈦酸鋰表面上形成了碳塗層。該材料在 0.1C 倍率下的放電比容量為 173.94mA · h · g⁻¹，而純鈦酸鋰只有

$165.78 \text{mA} \cdot \text{h} \cdot \text{g}^{-1}$；在 3C 倍率下的放電比容量為 $126.68 \text{mA} \cdot \text{h} \cdot \text{g}^{-1}$，而純 $\text{Li}_4\text{Ti}_5\text{O}_{12}$ 只有 $107.93 \text{mA} \cdot \text{h} \cdot \text{g}^{-1}$；0.5C 時，循環 100 次後的放電比容量衰減為 $165.94 \text{mA} \cdot \text{h} \cdot \text{g}^{-1}$，而純樣只有 $143.06 \text{mA} \cdot \text{h} \cdot \text{g}^{-1}$。

表 8-2　不同碳源包覆對 $\text{Li}_4\text{Ti}_5\text{O}_{12}$ 電化學性能的影響

碳源	含量	厚度	合成方法	電壓區間/V	電化學性能
醋酸鹽熱水解	—	約 4～6nm	高溫固相	1.0～2.0	$155.0 \text{mA} \cdot \text{h} \cdot \text{g}^{-1}$($20\text{mA} \cdot \text{g}^{-1}$)
				0.5～2.0	$158.2 \text{mA} \cdot \text{h} \cdot \text{g}^{-1}$($20\text{mA} \cdot \text{g}^{-1}$)
				0～2.0	$220.2 \text{mA} \cdot \text{h} \cdot \text{g}^{-1}$($20\text{mA} \cdot \text{g}^{-1}$)
檸檬酸	2％,3.5％,5.5％(質量分數)	約 2～10nm	溶膠-凝膠	1.0～3.0	碳包覆量過高會降低電導率。$\text{Li}_4\text{Ti}_5\text{O}_{12}$@C(3.5％,質量分數)具有最高的容量,1C、50 次循環後容量為 $133.5 \text{mA} \cdot \text{h} \cdot \text{g}^{-1}$
PAN (聚丙烯腈)	5％,10％,15％(質量分數)	約 1～10nm	高溫固相	1.0～2.5	$\text{Li}_4\text{Ti}_5\text{O}_{12}$@C(10％,質量分數)具有最高的初始容量($158\text{mA} \cdot \text{h} \cdot \text{g}^{-1}$,0.2C),而未包覆的 $\text{Li}_4\text{Ti}_5\text{O}_{12}$ 僅為 $110\text{mA} \cdot \text{h} \cdot \text{g}^{-1}$
PVP(聚乙烯吡咯烷酮)	PVP 含量為 1％,3％(質量分數)	—	噴霧乾燥	1.0～2.5	隨着 PVP 的增加避免了燒結過程中形貌的塌陷,但是粒徑較大的材料容量衰減較大。PVP 含量為 3％(質量分數)樣品在 10C 倍率下可逆容量為 $107.2 \text{mA} \cdot \text{h} \cdot \text{g}^{-1}$
蔗糖	—	—	高溫固相	1.0～2.5	0.1C 倍率時,$\text{Li}_4\text{Ti}_5\text{O}_{12}$@C 和 $\text{Li}_4\text{Ti}_5\text{O}_{12}$ 的可逆容量分別為 $155.7 \text{mA} \cdot \text{h} \cdot \text{g}^{-1}$ 和 $103.6 \text{mA} \cdot \text{h} \cdot \text{g}^{-1}$

石墨烯作為一種新型二維碳材料，具有優良的導電性和機械性能，是奈米複合電極理想載體。石墨烯不僅可以提供連續的電子導電網路，減少循環過程中的阻抗增加，而且保證了電極材料快速有效的電子通道。因此，將石墨烯與電極材料複合以獲得容量高、循環穩定性好、倍率性能好的新型鋰離子電池 $\text{Li}_4\text{Ti}_5\text{O}_{12}$ 材料的重要方法。Shi 等直接以 $\text{Li}_4\text{Ti}_5\text{O}_{12}$ 顆粒與石墨烯為原材料，以 NMP 為分散劑，高能球磨製備了 $\text{Li}_4\text{Ti}_5\text{O}_{12}$/石墨烯複合材料，該材料在 30C 充放電時可逆比容量可達 $122\text{mA} \cdot \text{h} \cdot \text{g}^{-1}$，20C 倍率下循環 300 次後，容量損失僅為 6％，這是因為石墨烯優越的電子導電性加快了鋰離子在材料中的傳輸速度。但是，由於合成的 $\text{Li}_4\text{Ti}_5\text{O}_{12}$ 多以三維顆粒狀存在，在複合時與

石墨烯等二維材料無法充分接觸，限製了其性能的進一步提高。若合成的 $Li_4Ti_5O_{12}$ 為奈米片狀結構，有利於離子及電子在材料內部的快速傳導的同時，還能夠與同為片狀結構的石墨烯充分利用同維結構材料結合緊密的特點實現更加充分地接觸，這將有望大幅提高 $Li_4Ti_5O_{12}$ 材料的電子電導率和離子電導率，使其成為具有優異的高倍率充放電性能的電極材料。賀艷兵等採用溶劑熱法製備得到高結晶度片狀結構 $Li_4Ti_5O_{12}$/石墨烯複合電極材料（NMP-LTO/G），其中作為模板劑的氧化石墨烯和作為溶劑的 N-甲基吡咯烷酮（NMP）發揮協同作用，可以得到高結晶度片狀結構鈦酸鋰/石墨烯複合電極材料，有利於提高複合材料的體積比容量。

不少文獻將碳奈米管加入到其他嵌鋰材料中，形成複合材料作為鋰離子電池的負極，表現出了良好的電化學性能。碳奈米管在複合材料中的作用主要體現在兩個方面：一是利用碳奈米管具有中空結構、比表面積大、導電性良好等優點將其作為載體改善材料的物理性能，從而製成結構獨特的新型一維奈米複合材料；二是綜合碳奈米管及與之複合材料的性能，起到協同作用，從而提高材料的導電性和結構穩定性等。Ni 等通過液相沉積法用鈦酸四丁酯的水解控製將 50nm 的 $Li_4Ti_5O_{12}$ 均勻地沉積在多壁碳奈米管（MWCNTs）上，製備出 $Li_4Ti_5O_{12}$/MWCNTs 複合材料作為鋰離子電池的負極；電化學測試表明，該複合材料在 1C 倍率下的放電容量為 $171mA \cdot h \cdot g^{-1}$，在 20C 倍率下的放電容量為 $112mA \cdot h \cdot g^{-1}$，倍率性能良好。優異的電化學性能歸因於 $Li_4Ti_5O_{12}$/MWCNTs 奈米複合材料的獨特性能，該奈米複合材料縮短了鋰離子的擴散路徑，並加快了電子電導率。舒杰等利用碳奈米管構建了一種具有超級導電網路的 $Li_4Ti_5O_{12}$/CNTs 材料，如圖 8-15 所示。$Li_4Ti_5O_{12}$/CNTs 材料比未包覆的 $Li_4Ti_5O_{12}$ 材料在任意倍率下都具有高的可逆容量。

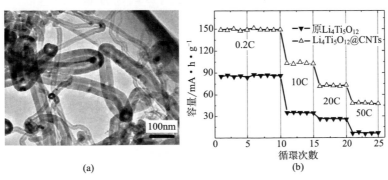

(a)　　　　　　　　　(b)

圖 8-15　$Li_4Ti_5O_{12}$/CNTs 複合材料的 TEM 圖（a）以及倍率性能圖（b）

8.5.2.2 金屬包覆

由於金屬的導電性非常好，因此通過將導電性好的金屬顆粒與 $Li_4Ti_5O_{12}$ 材料進行複合製備奈米複合材料，可以提高 $Li_4Ti_5O_{12}$ 活性材料的電子電導率，使其結構更加穩定，再提高 $Li_4Ti_5O_{12}$ 的電化學性能。

Huang 等通過高溫固相法合成了 $Li_4Ti_5O_{12}/Ag$ 複合物，用硝酸銀、二氧化鈦和碳酸鋰作為原料，按化學計量比混勻後煅燒得到樣品。研究結果表明，該複合材料在 4C 充放電時，10 次循環後放電比容量為 156.2mA·h·g^{-1}，容量損失僅為 0.32%，對純 $Li_4Ti_5O_{12}$ 來說，10 次循環後容量僅為 117.3mA·h·g^{-1}，容量保持率為 88.2%。Huang 等還研究了不同的 Ag 包覆量對於 $Li_4Ti_5O_{12}$ 電化學性能的影響。結果表明，隨着 Ag 添加量的增加，明顯提高了 $Li_4Ti_5O_{12}$ 材料的電子電導率，材料的倍率性能也隨之增加。其中，添加 5%（質量分數）的 Ag 的複合材料具有最高的首次放電比容量。

Wang 等通過水熱法合成了 $Li_4Ti_5O_{12}/Au$ 複合物。稱取適量的採用高溫固相法製備純淨的 $Li_4Ti_5O_{12}$ 奈米棒聚合體，加入乙二醇和 PVP 的混合溶液中，將溶液加熱並保持在 170℃，隨後逐滴加入適量的 Au^{3+} 溶液，將混合物攪拌 4h，接着將沉澱物通過離心收穫並用去離子水和乙醇洗滌三次，將得到的產物乾燥後在 550℃下焙燒 4h，得到 $Li_4Ti_5O_{12}/Au$ 複合物，其中 Au 包覆在 $Li_4Ti_5O_{12}$ 奈米棒的表面上。研究結果表明，單個奈米棒的直徑估計為 10～20nm，所得 $Li_4Ti_5O_{12}/Au$ 複合物的鋰離子擴散係數為 $7.32×10^{-10}cm^2·s^{-1}$，並且其穩定的可逆容量為 169mA·h·g^{-1}，該材料 5C 充放電循環 100 次後的容量保持率為 91.1%，庫侖效率都在 93.3% 之上，除了第一個循環。另外，該複合材料也顯示出優異的速率性能和循環性能，可以歸因於其獨特的奈米棒的特性，結構穩定和 Au 構成的均勻的奈米塗層對該電極的離子和電子傳導速率的改善。

由於 Ag 價格較貴，於是用比較便宜且導電性好的金屬 Cu 作為替代，Huang 等通過化學鍍法，在鹼性條件下讓 HCHO 與 Cu^{2+} 反應沉積出銅，直接在鈦酸鋰顆粒表面均勻覆蓋一層含量為 10% 的銅，可將純 $Li_4Ti_5O_{12}$ 的電導率提高 2 個數量級，所得產物在 1C 和 10C 首次放電比容量分別為 209mA·h·g^{-1} 和 142mA·h·g^{-1}。Huang 等還以硝酸銅和鈦酸鋰為原料混勻後，通過熱沉積方法，將其在氫氣和氮氣混合氣氛製得 $Li_4Ti_5O_{12}$-CuO 和 $Li_4Ti_5O_{12}$-Cu 複合材料。該複合材料在 10C 充放電倍率時，100 次循環後的放電比容量為 137.6mA·h·g^{-1}，容量保持率達到 94.44%。

Cai 等通過纖維素輔助燃燒法成功製備出了 $Li_4Ti_5O_{12}/Sn$ 複合材料，以 $LiNO_3$ 為鋰源，Ti $(C_4H_9O)_4$ 為鈦源，經用纖維素輔助燃燒技術先製備出鈦酸鋰粉末，然後採用浸漬法將鈦酸鋰粉末加入到氯化亞錫溶液中，加入 NH_4OH

直到 pH 值達到 10 以誘導沉澱，得到的漿料用去離子水洗滌和乾燥，將固體前驅體轉移到氧化鋁坩堝中，在 $400\sim700℃$ 下煅燒 3h，得到 $Li_4Ti_5O_{12}/Sn$ 複合材料。研究結果表明，在 $500℃$ 下煅燒的 $Li_4Ti_5O_{12}/Sn$ 複合材料表現出最優良的電化學性能，這是由於鈦酸鋰的空間位阻效應和 $Li_4Ti_5O_{12}$ 與錫氧化物的化學相互作用，錫晶粒的生長在 $500℃$ 煅燒 $Li_4Ti_5O_{12}$ 材料時受到了抑製。在 $100mA\cdot g^{-1}$ 的電流密度下循環 50 次後的容量為 $224mA\cdot h\cdot g^{-1}$，高於純鈦酸鋰在相同充放電循環條件下的 $195mA\cdot h\cdot g^{-1}$ 放電容量。它表明 $Li_4Ti_5O_{12}/Sn$ 複合材料可以通過優化合成過程作為鋰離子電池的陽極。

8.5.2.3　氧化物包覆

Xiong 等以 $SnCl_4$、CH_3COOLi、$Ti[CH_3(CH_2)_3O]_4$ 和 $NH_3\cdot H_2O$ 作為原料，採用溶膠-凝膠法製得 $Li_4Ti_5O_{12}/SnO_2$ 複合材料。測試結果表明，通過溶膠-凝膠技術合成的 $Li_4Ti_5O_{12}/SnO_2$ 複合材料是具有核殼結構的奈米複合材料，並且無定形鈦酸鋰的表面上塗覆了一層厚度為 $20\sim40nm$ 的 SnO_2 顆粒。在複合材料中的無定形鈦酸鋰可以容納 SnO_2 電極的體積變化，並防止小型和活性的 Sn 粒子在有效循環過程中聚集成較大的和不活動的 Sn 集群，從而增強了 SnO_2 電極的循環穩定性。電化學測試表明，$Li_4Ti_5O_{12}/SnO_2$ 複合材料在 0.1C 充放電倍率下提供的可逆容量為 $688.7mA\cdot h\cdot g^{-1}$，在 0.2C 時，循環 60 次後，容量保持率仍有 93.4%。

NiO_x 是通過空穴導電，屬於 p 型半導體，在 $Li_4Ti_5O_{12}$ 電極表面包覆一層 NiO_x 可以減少不可逆的鋰離子損失，提高材料的電化學性能。Jo 等研究表明，在 $0.01\sim$ 3V 之間循環，0.1C 倍率時，純 $Li_4Ti_5O_{12}$ 與 NiO_x 包覆的 $Li_4Ti_5O_{12}$ 具有相似的放電（嵌鋰）容量，當提高至 5C 倍率放電時，NiO_x 包覆的 $Li_4Ti_5O_{12}$ 比純 $Li_4Ti_5O_{12}$ 的嵌鋰容量高 $30mA\cdot h\cdot g^{-1}$。其他的氧化物包覆，例如 Fe_2O_3 以及 CuO 等，都可以提高 $Li_4Ti_5O_{12}$ 的電化學性能。Wang 等利用簡單的水解法製備了 Fe_2O_3 包覆的 $Li_4Ti_5O_{12}$ 材料，10C 倍率時，其放電容量為 $109.4mA\cdot h\cdot g^{-1}$，展示了優異的倍率性能。Hu 等利用兩步燃燒法合成了 TMO（Fe_2O_3 和 CuO）包覆的 $Li_4Ti_5O_{12}$ 材料，兩種包覆材料在 100 次循環後均展示了 $172mA\cdot h\cdot g^{-1}$ 的可逆容量，其中 Fe_2O_3 包覆的 $Li_4Ti_5O_{12}$ 在 20C 倍率時仍具有 $106mA\cdot h\cdot g^{-1}$ 的可逆容量。

8.5.2.4　TiN 包覆

鈦的氮化物 TiN 具有很好的導電性能，$20℃$ 時電導率為 $8.7\mu S\cdot m^{-1}$。在 $Li_4Ti_5O_{12}$ 材料表面生成一層 TiN 膜，有望提高其電化學性能。

M. Q. Snyder 等採用原子層沉澱法，用 TiN 材料對 $Li_4Ti_5O_{12}$ 進行包覆，合

成 $Li_4Ti_5O_{12}/TiN$ 複合材料。TiN 是一種堅硬、耐火的金屬型導體。用原子層沉澱法，將由 $TiCl_4$ 和 NH_3 製得的 TiN 包覆在 $Li_4Ti_5O_{12}$ 顆粒的表面。紐扣電池的測試結果表明，TiN 薄膜沉積在 $Li_4Ti_5O_{12}$ 表面上增強了 $Li_4Ti_5O_{12}$ 電極的性能，可能是通過由電解質除去表面各種碳酸鹽和防止陽極分解的緣故。無論充電還是放電，原子層沉澱法改性的 $Li_4Ti_5O_{12}$ 粉末會產生一個恒定的電壓並迅速地終止變化的電位。循環測試結果表明，$Li_4Ti_5O_{12}/TiN$ 複合材料在不同的循環速率下能夠保持一個恒定的充電容量，接近其理論容量。如果對電極的組成和適當的黏結劑的選擇進行優化甚至可以進一步提高其性能。

周曉玲等採用溶膠-凝膠法，以 $CH_3COCH_2COCH_3$ 為螯合劑、HO$(CH_2CH_2O)_nH$ 為分散劑合成了 $Li_4Ti_5O_{12}/TiN$ 複合材料。該複合材料為結晶良好的亞微米純相尖晶石型鈦酸鋰。電化學性能測試表明，該材料的首次放電比容量為 $173.0mA \cdot h \cdot g^{-1}$，並且具有良好的循環性能，$Li_4Ti_5O_{12}/TiN$ 在 0.2C、1C、2C 和 5C 倍率放電，10 次循環後比容量分別為 $170.6mA \cdot h \cdot g^{-1}$、$147.6mA \cdot h \cdot g^{-1}$、$135.6mA \cdot h \cdot g^{-1}$ 和 $111.0mA \cdot h \cdot g^{-1}$，較之表面無 TiN 膜的鈦酸鋰材料表現出更好的倍率特性。所以，TiN 膜改善了尖晶石型 $Li_4Ti_5O_{12}$ 鋰離子電池負極材料的電化學性能。

Park 等發現通過在氨氣中熱處理 $Li_4Ti_5O_{12}$，進行結構表面修飾，可以改變鋰離子的嵌入/脱出行為，同時產生 Ti 和 N 表面之間的化學鍵。為了驗證這一説法，Park 等引入混合化學鍵中間相，$Li_{4+\delta}Ti_5O_{12}$ 和表面導電層 TiN，提高了電池的性能。實驗者在 700℃ 下含有 NH_3 的氣氛下進行熱氮化。製得的活性材料體現出令人印象深刻的循環性能，$TiN/Li_4Ti_5O_{12}$ 核殼結構在電化學反應中保持了強健的結構。經證實氨氣使得 $Li_4Ti_5O_{12}$ 分解為 TiN 和 Li_2CO_3，並且晶格常數沒有明顯變化，在高電流密度下提高了 TiN 層包覆的 $Li_{4+\delta}Ti_5O_{12}$ 的電化學性能。

8.5.2.5　其他包覆

採用其他導電層，例如 AlF_3、多並苯（PAS）、聚［3,4-亞乙基二氧噻吩（PEDOT）］、TiN/TiO_xN_y 以及 $Li_{3x}La_{(2/3)-x}TiO_3$（LLTO）等，對 $Li_4Ti_5O_{12}$ 進行包覆也可以提高其倍率性能。表 8-3 給出了 $Li_4Ti_5O_{12}$ 及其包覆化合物的合成方法及電化學性能。

表 8-3　$Li_4Ti_5O_{12}$ 及其包覆化合物的合成方法及電化學性能

包覆的化合物	合成方法以及包覆量	合成條件	對性能的正影響	對性能的負影響
AlF_3	高溫固相[2%（質量分數）]	400℃ 在 Ar 中燒結 5h	AlF_3 包覆層提高了 $Li_4Ti_5O_{12}$ 的高倍率性能，抑製了氣脹	部分 Al^{3+} 和 F^- 進入了 $Li_4Ti_5O_{12}$ 的晶格，導致有 TiO_2 雜質峰產生

續表

包覆的化合物	合成方法以及包覆量	合成條件	對性能的正影響	對性能的負影響
PAS(多並苯)	噴霧乾燥[6％(質量分數)]	800℃在 N_2 中燒結 12h	PAS 包覆提高了 $Li_4Ti_5O_{12}$ 的電子電導率,進而提高了材料的循環性能和倍率容量	$Li_4Ti_5O_{12}$/PAS 合成路線複雜
PEDOT[聚(3,4-亞乙基二氧噻吩)]	高溫固相[10％(質量分數)]	600℃燒結 2h	1D 的形貌以及均一的 PEDOT 聚合物層縮短了鋰離子遷移路徑,提高 $Li_4Ti_5O_{12}$ 的倍率容量($135.2mA \cdot h \cdot g^{-1}$,10C)	原材料以及合成成本較高
TiN/TiO_xN_y	靜電紡絲	700℃在 NH_3 中煅燒 $5\sim 10min$,然後冷卻至室溫	在 10C 倍率時,氮化的 $Li_4Ti_5O_{12}$ 的容量是純樣的 1.35 倍	難以控製 TiN 的含量,合成成本較高,合成路線複雜
LLTO($Li_{3x}La_{2/3-x}TiO_3$)	高溫固相結合水熱合成[3％,5％,10％(質量分數)]	高溫固相合成 $Li_4Ti_5O_{12}$,然後水熱合成 LLTO 包覆的材料,並 600℃煅燒 6h	LLTO 改性提高了 $Li_4Ti_5O_{12}$ 材料的電化學可逆性、鋰離子遷移能力、電子電導率,進而提高了材料的高倍率容量、循環穩定性以及快速充放電性能	在 $Li_4Ti_5O_{12}$ 顆粒表面很難包覆均一的 LLTO 層

8.6　$Li_4Ti_5O_{12}$ 材料的氣脹

　　盡管 $Li_4Ti_5O_{12}$ 材料作為鋰離子電池負極具有很多的優點,但是迄今為止,電池仍未實現成熟的產業化發展。主要原因是用該材料的電池在化成以及充放電過程中普遍存在產氣現象即電池內部不斷析出氣體,該電池一旦氣脹,正、負極間的接觸距離增大,而電解液仍是原來的加入量,使得電池的阻抗顯著增加,電池的容量、功率及循環性能將急劇下降;無論電池外殼是鋼殼還是鋁殼,電池氣脹還會引起電池的安全閥排氣,進一步降低電液量,這使得鈦酸鋰材料在實際商業化應用中受到了很大限製,尤其是在動力電池領域。

8.6.1　$Li_4Ti_5O_{12}$ 材料的產氣機理

　　鈦酸鋰的產氣問題相對於通常使用的石墨負極材料比較特殊。一般的電極材料通常都是在化成過程中產氣,通過切除鋁塑外殼的氣袋就可以將氣體排除而不影響使用。鈦酸鋰作負極的電池在化成過程中產氣比較明顯,而且在後續循環過

程中也有氣體生成。這個問題在圓柱電池上並不明顯，因為圓柱電池使用不銹鋼殼體，而在軟包電池上可以看到電池鼓包現象，這說明氣脹現象與 $Li_4Ti_5O_{12}$ 材料的自身特性及其與電解液的界面特性與氣體的產生密切相關。賀艷兵等研究表明，$Li_4Ti_5O_{12}$ 產氣的氣體主要的成分為 H_2、CO_2 和 CO 等，其中 H_2 是最主要成分。$Li_4Ti_5O_{12}$ 材料自身並不含有氫元素，所以產氣並非是 $Li_4Ti_5O_{12}$ 自身分解導致。進一步研究發現，$Li_4Ti_5O_{12}$ 在溶劑 DEC 中浸泡後，最表面的（111）晶面轉換為（222）晶面且最外層伴隨有銳鈦礦 TiO_2 的生成。（222）晶面中僅含有 $[Li_{1/3}Ti_{5/3}]$ 層，而（111）晶面則含有 Li^+、O^{2-} 及 $[Li_{1/3}Ti_{5/3}]$ 層，$Li_4Ti_5O_{12}$ 和 DEC 的反應使得 $Li_4Ti_5O_{12}$ 最外層的 Li^+ 及 O^{2-} 消失，最外層表面由 Li 原子轉換成富 Ti 的界面。說明 $Li_4Ti_5O_{12}$ 的（111）晶面在與溶劑的反應中有最高的反應活性。賀艷兵等將 $Li_4Ti_5O_{12}$ 極片分別於溶劑、電解液中浸泡，檢測了 $Li_4Ti_5O_{12}/LiNi_{1/3}Co_{1/3}Mn_{1/3}O_2$ 全電池儲存及循環中氣體成分、體積，認為溶劑在 $Li_4Ti_5O_{12}$（111）晶面上發生了脫羧基、脫羰基及脫氫反應，進而產生 H_2、CO_2 和 CO 等是氣脹的主要原因，主要反應機理如圖 8-16 所示。$Li_4Ti_5O_{12}$ 中的 Ti—O 鍵是催化電解液在負極表面分解的主要原因，有機溶劑在 Ti^{4+} 的催化下脫羧基反應產生 CO_2；烷基碳酸鹽中的烷氧基在 $Li_4Ti_5O_{12}$ 的催化作用下發生脫氫反應生成 H_2；溶劑脫氫反應的中間產物也可以接受電子和 Li^+ 進行脫羰反應生成 CO，其中，CO_2 也可被還原成 CO。

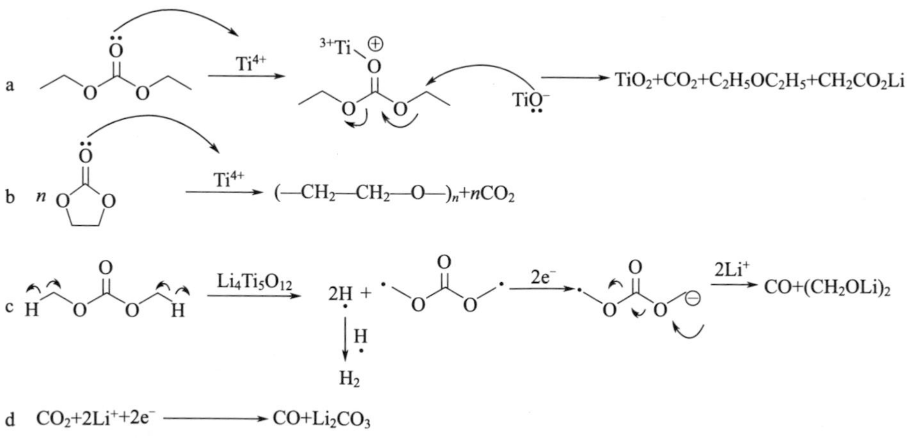

圖 8-16　$Li_4Ti_5O_{12}$ 產氣原理

$Li_4Ti_5O_{12}$ 氣脹的另一個原因是 $Li_4Ti_5O_{12}$ 顆粒細小極易吸水，並且為了提高 $Li_4Ti_5O_{12}$ 的電子電導率，很多商業化應用的 $Li_4Ti_5O_{12}$ 都是碳包覆的，而無定形碳本身也很容易吸水，因此電極材料中的微量水分是鈦酸鋰產氣原因之一。

另外，還有報導表明 $Li_4Ti_5O_{12}$ 中含有雜質 TiO_2 也會對電池的氣脹產生重要影響。

8.6.2　抑製 $Li_4Ti_5O_{12}$ 材料氣脹的方法

抑製 $Li_4Ti_5O_{12}$ 材料氣脹的方法通常包括電解液除水、採用包覆、摻雜改性等手段，避免鈦酸鋰表面與電解液直接接觸或改變接觸界面性質等。賀艷兵等研究表明，在 $Li_4Ti_5O_{12}$ 材料的表面構建一層穩定而均勻的碳層，在隨後的充放電過程中可在 $Li_4Ti_5O_{12}$ 表面形成穩定的 SEI 膜，改善固液界面特性，減少電解液在 $Li_4Ti_5O_{12}$ 表面的脫羧基、脫羰基及脫氫反應，既緩解了電池的氣脹，又提高了 $Li_4Ti_5O_{12}$ 電極的高溫、倍率充放電特性。

黃東海等研究發現 $LiNi_{1/4}Co_{1/2}Mn_{1/4}O_2/Li_4Ti_5O_{12}$ 電池在高溫 60℃下、儲存 7 天後，容量保持率和恢復率都出現不同程度的衰減，內阻和厚度有所增加。這是由於電池在滿電高溫儲存時，電解液容易被 $Li_4Ti_5O_{12}$ 電極表層（111）面的 Ti^{4+} 催化，發生脫羧基、脫羰基分解反應，產生 CO_2、CO 和 C_2H_6 等氣體，同時生成 Li_2CO_3、LiF 等無機鹽，導致 $Li_4Ti_5O_{12}$ 電極的 SEI 膜變厚，引起內阻增大，造成放電容量衰減。加入 0.5%LiBOB 的電池，高溫儲存後的容量保持率提高至 91.4%，容量恢復率提高至 96.5%，內阻變化率降低至 13.5%，厚度膨脹率降低至 8.3%，說明添加的 LiBOB 起到了抑製氣脹的效果，提高了電池的高溫儲存性能。

參考文獻

[1]　Yi T F, Yang S Y, Xie Y. Recent advances of $Li_4Ti_5O_{12}$ as promising next generation anode material for high power lithium-ion batteries. J Mater Chem A, 2015, 3（11）: 5750-5777.

[2]　Zhao B, Ran R, Liu M, Shao Z. A comprehensive review of $Li_4Ti_5O_{12}$-based electrodes for lithium-ion batteries: The latest advancements and future perspectives. Mater Sci Eng, R, 2015, 98: 1-71.

[3]　張永龍, 胡學步, 徐雲蘭, 丁明亮. 不同形貌結構 $Li_4Ti_5O_{12}$ 負極材料的最新進展. 化學學報, 2013, 71: 1341-1353.

[4]　楊立, 陳繼章, 唐宇峰, 房少華. 鋰離子電池負極材料 $Li_4Ti_5O_{12}$. 化學進展, 2011, 23（2-3）: 310-317.

[5]　Cheng L, Yan J, Zhu G N, Luo J Y,

Wang C X, Xia Y Y. General synthesis of carbon-coated nanostructure $Li_4Ti_5O_{12}$ as a high rate electrode material for Li-ion intercalation. J Mater Chem, 2010, 20: 595-602.

[6] Luo H J, Shen L F, Rui K, Li H, Zhang X G. Carbon coated $Li_4Ti_5O_{12}$ nanorods as superior anode material for high rate lithium ion batteries. J Alloys Compd, 2013, 572: 37-42.

[7] 張明, 張寶, 吳燕妮. 石墨烯/鈦酸鋰複合材料製備研究. 稀有金屬材料與工程, 2015, 44（8）: 1990-1993.

[8] 董海勇, 賀艷兵, 李寶華, 康飛宇. 高結晶度片狀鈦酸鋰/石墨烯複合材料的可控製備及其電化學性能. 新型炭材料, 2016, 31（2）: 115-120.

[9] Wang W, Guo Y Y, Liu L X, Wang S X, Yang X J, Guo H. Gold coating for a high performance $Li_4Ti_5O_{12}$ nanorod aggregates anode in lithium-ion batteries. J Power Sources, 2014, 245: 624-629.

[10] Huang S H, Wen Z Y, Zhang J C, Gu Z H, Xu X H. $Li_4Ti_5O_{12}$/Ag Composite as electrode materials for lithium-ion battery. Solid State Ionics, 2006, 177（9-10）: 851-855.

[11] Huang S H, Wen Z Y, Lin B, Han J D, Xu X G. The high-rate performance of the newly designed $Li_4Ti_5O_{12}$/Cu composite anode for lithium ion batteries. J Alloys Compd, 2008, 457: 400-403.

[12] Cai R, Yu X, Liu X Q, Shao Z P. $Li_4Ti_5O_{12}$/Sn composite anodes for lithium-ion batteries: Synthesis and electrochemical performance. J Power Sources, 2010, 195: 8244-8250.

[13] Jo M R, Lee G H, Kang Y M. Controlling Solid-Electrolyte-Interphase Layer by Coating P-Type Semiconductor NiO$_x$ on $Li_4Ti_5O_{12}$ for High-Energy-Density lithium-ion Batteries. ACS Appl Mater Interfaces, 2015, 7: 27934-27939.

[14] Wang B F, Cao J, Liu Y, Zeng T. Improved capacity and rate capability of Fe_2O_3 modified $Li_4Ti_5O_{12}$ anode material. J Alloys Compd, 2014, 587: 21-25.

[15] Hu M J, Jiang Y Z, Yan M. High rate $Li_4Ti_5O_{12}$-Fe_2O_3 and $Li_4Ti_5O_{12}$-CuO composite anodes for advanced lithium ion batteries. J Alloys Compd, 2014, 603: 202-206.

[16] Liu J, Li X F, Cai M, Li R Y, Sun X L. Ultrathin atomic layer deposited ZrO_2 coating to enhance the electrochemical performance of $Li_4Ti_5O_{12}$ as an anode material. Electrochim Acta, 2013, 93: 195-201.

[17] Snyder M Q, Trebukhova S A, Ravdel B, Wheeler M C, DiCarlo J, Tripp C P, DeSisto W J. Synthesis and characterization of atomic layer deposited titanium nitride thin films on lithium titanate spinel powder as a lithium-ion battery anode. J Power Sources, 2007, 165: 379-385.

[18] 周曉玲, 黃瑞安, 吳肇聰, 楊斌, 戴永年. 高倍率尖晶石型 $Li_4Ti_5O_{12}$/TiN 鋰離子電池負極材料的合成及其電化學性能. 物理化學學報, 2010, 26（12）: 3187-3192.

[19] Park K S, Benayad A, Kang D J, Doo S G. Nitridation-driven conductive $Li_4Ti_5O_{12}$ for lithium ion batteries. J Am Chem Soc, 2008, 130（45）: 14930-14931.

[20] Li W, Li X, Chen M Z, Xie Z W, Zhang J X, Dong S Q, Qu M Z. AlF$_3$ modification to suppress the gas generation of $Li_4Ti_5O_{12}$ anode battery. Electrochim Acta, 2014, 139: 104-110.

[21] Yu H Y, Zhang X F, Jalbout A F, Yan X D, Pan X M, Xie H M, Wang R S.

High-rate characteristics of novel anode $Li_4Ti_5O_{12}$/polyacene materials for Li-ion secondary batteries. Electrochim Acta, 2008, 53（12）: 4200-4204.

[22] Wang X Y, Shen L F, Li H S, Wang J, Dou H, Zhang X G. PEDOT coated $Li_4Ti_5O_{12}$ nanorods: Soft chemistry approach synthesis and their lithium storage properties. Electrochim Acta, 2014, 129: 283-289.

[23] Park H, Song T, Han H, Paik U. TiN/TiO_xN_y layer as an anode material for high power Li-ion batteries. J Power Sources, 2013, 244: 726-730.

[24] Yi T F, Yang S Y, Tao M, Xie Y, Zhu Y R, Zhu R S. Synthesis and application of a novel $Li_4Ti_5O_{12}$ composite as anode material with enhanced fast charge-discharge performance for lithium-ion battery. Electrochim Acta, 2014, 134: 377-383.

[25] He Y B, Li B, Liu M, Zhang C, Lv W, Yang C, Li J, Du H, Zhang B, Yang Q H, Kim J K, Kang F. Gassing in $Li_4Ti_5O_{12}$-based batteries and its remedy. Scientific Reports, 2012, 2: 913.

[26] 王倩，張競擇，婁豫皖，夏保佳. 鈦酸鋰基鋰離子電池的析氣特性. 化學進展, 2014, 26（11）: 1772-1780.

[27] 黃東海，劉建生，周邵雲. 二草酸硼酸鋰對鈦酸鋰負極電池高溫性能的影響. 電池, 2014, 44（2）: 80-83.

[28] Zhu Y R, Yuan J, Zhu M, Hao G, Yi T F, Xie Y. Improved electrochemical properties of $Li_4Ti_5O_{12}$-$Li_{0.33}La_{0.56}TiO_3$ composite anodes prepared by a solid-state synthesis, J Alloys Compd, 2015, 646, 612-619.

[29] Yang S Y, Yuan J, Zhu Y R, Yi T F, Xie Y, Structure and electrochemical properties of Sc^{3+}-doped $Li_4Ti_5O_{12}$ as anode materials for lithium-ion battery, Ceram Int, 2015, 41: 7073-7079.

[30] Yi T F, Fang Z K, Xie Y, Zhu Y R, Yang S Y, Rapid charge-discharge property of $Li_4Ti_5O_{12}$-TiO_2 nanosheet and nanotube composites as anode material for power lithium-ion batteries. ACS Appl Mater Interfaces, 2014, 6（22）: 20205-20213.

[31] Yi T F, Xie Y, Zhu Y R, Zhu R S, Shen H. Structural and thermodynamic stability of $Li_4Ti_5O_{12}$ anode material for lithium-ion battery. J Power Sources, 2013, 222: 448-454.

[32] Yi T F, Chen B, Shen H Y, Zhu R S, Zhou A N, Qiao H B, Spinel $Li_4Ti_{5-x}Zr_xO_{12}$（$0 \leqslant x \leqslant 0.25$）materials as high-performance anode materials for lithium-ion batteries. J Alloys Compd, 2013, 558: 11-17.

[33] Zhu Y R, Yin L C, Yi T F, Liu H, Xie Y, Zhu R S, Electrochemical performance and lithium-ion intercalation kinetics of submicron-sized $Li_4Ti_5O_{12}$ anode material.J Alloys Compd, 2013, 547: 107-112.

[34] Yi T F, Liu H, Zhu Y R, Jiang L J, Xie Y, Zhu R S. Improving the high rate performance of $Li_4Ti_5O_{12}$ through divalent zinc substitution. J Power Sources, 2012, 215: 258-265.

[35] Yi T F, Xie Y, Wu Q, Liu H, Jiang L, Ye M, Zhu R. High rate cycling performance of lanthanum-modified $Li_4Ti_5O_{12}$ anode materials for lithium-ion batteries. J Power Sources, 2012, 214: 220-226.

[36] Yi T F, Xie Y, Jiang L J, Shu J, Yue C B, Zhou A N, Ye M F. Advanced electrochemical properties of Mo-doped

$Li_4Ti_5O_{12}$ anode material for power lithium ion battery. RSC Adv, 2012, 2 (8): 3541-3547.

[37] Yi T F, Xie Y, Shu J, Wang Z, Yue C B, Zhu R S, Qiao H B. Structure and electrochemical performance of niobium-substituted spinel lithium titanium oxide synthesized by solid-state method. J Electrochem Soc, 2011, 158 (3): A266-A274.

[38] Yi T F, Shu J, Zhu Y R, Zhu X D, Zhu R S, Zhou A N. Advanced electrochemical performance of $Li_4Ti_{4.95}V_{0.05}O_{12}$ as a reversible anode material down to 0V. J Power Sources, 2010, 195 (1): 285-288.

[39] Yi T F, Jiang L J, Shu J, Yue C B, Zhu R S, Qiao H B. Recent development and application of $Li_4Ti_5O_{12}$ as anode material of lithium ion battery. J Phys Chem Solids, 2010, 71 (9): 1236-1242.

[40] Yi T F, Shu J, Zhu Y R, Zhu X D, Yue C B, Zhou A N, Zhu R S. High-performance $Li_4Ti_{5-x}V_xO_{12}$ ($0 \leqslant x \leqslant 0.3$) as an anode material for secondary lithium-ion battery. Electrochim Acta, 2009, 54 (28): 7464-7470.

[41] Zhu Y R, Yi T F, Ma H T, Ma Y Q, Jiang L J, Zhu R S, Improved electrochemical performance of Ag modified $Li_4Ti_5O_{12}$ anode material in a broad voltage window, J Chem Sci, 2014, 126 (1): 17-23.

[42] Yi T F, Yang S Y, Li X Y, Yao J H, Zhu Y R, Zhu R S. Sub-micrometric $Li_{4-x}Na_xTi_5O_{12}$ ($0 \leqslant x \leqslant 0.2$) spinel as anode material exhibiting high rate capability. J Power Sources, 2014, 246: 505-511.

[43] Yi T F, Fang Z K, Deng L, Wang L, Xie Y, Zhu Y R, Yao J H, Dai C, Enhanced electrochemical performance of a novel $Li_4Ti_5O_{12}$ composite as anode material for lithium-ion battery in a broad voltage window. Ceram Int, 2015, 41: 2336-2341.

[44] Zhu Y R, Wang P, Yi T F, Deng L, XieY, Improved high-rate performance of $Li_4Ti_5O_{12}$/carbon nanotube nanocomposite anode for lithium-ion batteries. Solid State Ionics, 2015, 276: 84-89.

[45] Fang Z K, Zhu Y R, Yi T F, Xie Y. $Li_4Ti_5O_{12}$-$LiAlO_2$ composite as high performance anode material for lithium-ion battery. ACS Sustain Chem Eng, 2016, 4 (4): 1994-2003.

第9章

鈦基負極材料

傳統的化石能源正面臨短缺甚至枯竭的危機，並給環保帶來巨大壓力，循環經濟、低碳經濟的新型工業化發展方向將推動新能源汽車產業的快速發展。鋰離子動力電池作為新一代環保、高能電池，已成為目前新能源汽車用動力電池主流產品。雖然鋰離子電池的保護電路已經比較成熟，但對於動力電池而言，要真正保證安全，負極材料的選擇十分關鍵。目前商用鋰離子電池的負極材料大多為嵌鋰型碳材料，而碳材料的氧化還原電位接近金屬鋰，當電池過充電時，金屬鋰可能在碳負極表面產生枝晶，從而刺穿隔膜導致電池短路和熱失控。鈦酸鹽基材料具有較高的嵌鋰電位可以有效避免金屬鋰的析出，且在高溫下具有一定的吸氧功能，因而具有明顯的安全性特徵，被認為是代替石墨作為鋰離子電池負極材料的理想選擇。常見鈦酸鹽除了上一章介紹的 $Li_4Ti_5O_{12}$ 之外，還包括 $LiTi_2O_4$、$Li_2Ti_3O_7$、$Li_2Ti_6O_{13}$ 等鋰鈦氧化合物，$MLi_2Ti_6O_{14}$（M＝2Na，Sr，Ba）等含鈉的鈦酸鹽以及含鉻的鈦酸鹽。

9.1 Li-Ti-O 化合物

9.1.1 LiTi₂O₄

$LiTi_2O_4$ 是首例發現臨界溫度 $T_c>10K$ 的超導體，具有尖晶石和斜方錳礦兩種同質異形體，前者在溫度低於 875℃ 時穩定，後者在溫度高於 925℃ 時穩定。$LiTi_2O_4$ 理論上能嵌入 1mol Li^+ 生成 $Li_2Ti_2O_4$，理論比容量約為 160mA・h・g^{-1}。尖晶石結構的 $LiTi_2O_4$ 空間群為 Fd-3m，氧離子（O^{2-}）立方密堆構成面心立方（FCC）點陣，占據 32e 位；鋰離子占據 8a 位，Ti^{4+}/Ti^{3+} 占據 16d 位，$LiTi_2O_4$ 的結構式可以表示為 $[Li]_{8a}[Ti_2]_{16d}[O_4]_{32e}$，晶格常數為 0.8405nm。圖 9-1 為 $Li_{1+x}Ti_2O_4$ 的晶體結構。當 $LiTi_2O_4$ 嵌鋰時，8a 位遷移到 16c 位，結構式為 $Li_{1+x}Ti_2O_4$，當 16c 位完全被鋰離子占據後，結構式為 $Li_2Ti_2O_4$。尖晶石結構 $LiTi_2O_4$ 的嵌鋰電位為 0.94～1.50V（vs. Li/Li^+），實驗可逆比容量為 120～140mA・h・g^{-1}；斜方錳礦結構 $LiTi_2O_4$ 的嵌鋰電位為 1.33～1.40V

$(vs.\ Li/Li^+)$，實驗可逆比容量為 $100mA \cdot h \cdot g^{-1}$。

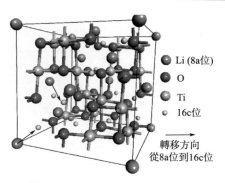

圖 9-1　$Li_{1+x}Ti_2O_4$ 的晶體結構

一定溫度和壓力下由穩定態單質生成 1mol 某化合物 $B(\beta)$ 的熱效應，稱為該化合物 B 的「摩爾生成焓」，以 $\Delta_f H_m(B, \beta)$ 表示。若 $\Delta_f H_m > 0$，說明產物的能量大於反應物的能量，這樣的反應是吸熱反應，需要外界提供能量；若 $\Delta_f H_m < 0$，說明產物的能量小於反應物的能量，這樣的反應是放熱反應。若 $\Delta_f H_m < 0$，且 $\Delta_f H_m$ 的絕對值越大，說明產物（化合物）的能量較之反應物（最穩定單質）的能量有很大程度的降低，這樣產物 B 就越穩定。若 $LiTi_2O_4$ 可通過 Li、Ti、O 的單質化合而成，則反應方程式如下：

$$Li(s) + 2TiO_2(s,金紅石) \!=\!\!=\!\!= LiTi_2O_4(s) \qquad (9\text{-}1)$$

則該反應的摩爾反應焓（$\Delta_r H_m$）為：

$$\Delta_r H_m = \Delta_f H_m(LiTi_2O_4) - \Delta_f H_m(Li) - 2\Delta_f H_m[TiO_2(金紅石)]$$
$$= E(LiTi_2O_4) - E(Li) - 2E[TiO_2(金紅石)] \qquad (9\text{-}2)$$

式中，$E(Li)$、$E[TiO_2(金紅石)]$ 和 $E(LiTi_2O_4)$ 分別代表相關體系的總能，其大小為 $-190.18902954715eV$、$-2483.2406419855eV$、$-5158.56640998375eV$。另外，根據文獻報導，$\Delta_f H_m(TiO_2,\ s，金紅石)$ 的數值為 $-944.0kJ \cdot mol^{-1} \pm 0.8$ $kJ \cdot mol^{-1}$。利用 DFT 計算法則可以得到該反應的 $\Delta_r H_m$ 的大小為 -182.723 $kJ \cdot mol^{-1}$。根據公式（9-2）可以得到：

$$\Delta_f H_m(LiTi_2O_4) = \Delta_r H_m + \Delta_f H_m(Li) + 2\Delta_f H_m(TiO_2,s,金紅石) \quad (9\text{-}3)$$

通過計算可以得到 $LiTi_2O_4$ 的摩爾生成焓為 $-2070.723kJ \cdot mol^{-1} \pm 1.6$ $kJ \cdot mol^{-1}$，遠遠低於 $LiCoO_2（-142.54kJ \cdot mol^{-1} \pm 1.69kJ \cdot mol^{-1}$）、$LiNiO_2$ （$-56.21kJ \cdot mol^{-1} \pm 1.53kJ \cdot mol^{-1}$）以及 $LiMn_2O_4（-1380.9kJ \cdot mol^{-1} \pm$ $2.2kJ \cdot mol^{-1}$）。因此，可以推斷，作為鋰離子電池電極材料，$LiTi_2O_4$ 熱力學穩定性遠遠高於 $LiCoO_2$、$LiNiO_2$ 以及 $LiMn_2O_4$。利用同樣的方法，可以計算

出嵌鋰後的 $Li_2Ti_2O_4$ 的摩爾生成焓為 $-2155.08kJ \cdot mol^{-1} \pm 1.6kJ \cdot mol^{-1}$。因此，嵌鋰的材料具有更好的熱力學穩定性。

9.1.2　$Li_2Ti_3O_7$

$Li_2Ti_3O_7$ 具有斜方錳礦結構（Pnma）和三鈦鈦酸鈉型層狀結構（P21/m）兩種同質異形體。斜方錳礦結構 $Li_2Ti_3O_7$ 由共邊和共角的（Ti，Li）O_6 八面體構成 c 軸向一維開放性通道骨架，部分 Li^+ 位於通道中的氧四面體間隙，嵌入 Li^+ 占據骨架通道中空的氧四面體間隙，如圖 9-2 所示。其室溫電導率為 $4.05 \times 10^{-7}S \cdot cm^{-1}$，理論嵌鋰量為 2.28mol，比容量為 $235mA \cdot h \cdot g^{-1}$，嵌鋰電位曲線呈現 3 個不同梯度的斜坡，表明嵌鋰過程出現 2 個連續的固溶體和 1 個兩相平衡區域，平均嵌鋰電位約 $1.4V(vs. Li/Li^+)$，但因毗鄰的氧四面體間隙間距較小，導致 Li—Li 庫侖斥力較大，實驗比容量僅約 $150mA \cdot h \cdot g^{-1}$。層狀結構的 $Li_2Ti_3O_7$ 由 3 個強烈扭曲的 TiO_6 八面體構成 $[Ti_3O_7]^{2-}$ 基本骨架，鋰離子位於層間氧四面體間隙中，Li^+ 嵌入時占據層間剩餘的氧四面體間隙，其脫嵌鋰電位和實驗比容量與斜方錳礦相類似。斜方錳礦結構 $Li_2Ti_3O_7$ 的合成方法有固相法和溶膠-凝膠法。層狀結構 $Li_2Ti_3O_7$ 可採用熔鹽離子交換法製備。

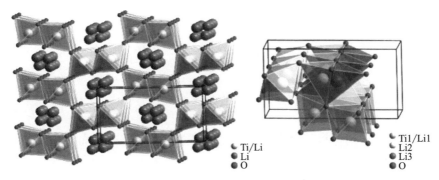

圖 9-2　斜方錳礦結構的 $Li_2Ti_3O_7$ 晶體結構圖（左）以及通道細節（右）

9.1.3　$Li_2Ti_6O_{13}$

$Li_2Ti_6O_{13}$ 屬於單斜晶系，其空間群為 C2/m，由 3 個共邊扭曲的 TiO_6 八面體交錯排列構成 $[Ti_6O_{13}]^{2-}$ 基本骨架，在 b 軸向具有一維開放性間隙通道，Li^+ 占據通道中 4i 位偏離 4 個氧組成的扭曲二維平面中心，如圖 9-3 所示。其晶格常數為 $a=1.53065(4)nm$，$b=0.374739(8)nm$，$c=0.91404(2)nm$，$\beta=99.379(2)°$。第一

性原理和原位 XRD 研究表明，$Li_2Ti_6O_{13}$ 的能隙值約為 3.0eV，電子電導率約 $4.19×10^{-7}S·cm^{-1}$；$Li_2Ti_6O_{13}$ 在低於 600℃時能穩定存在，在 700℃左右分解生成尖晶石型 $Li_4Ti_5O_{12}$ 和金紅石型 TiO_2。$Li_2Ti_6O_{13}$ 理論上能嵌入 6mol Li^+，使 Ti^{4+} 完全還原為 Ti^{3+}，其理論比容量高達 320mA·h·g^{-1}，平均嵌鋰電位為 1.50V(vs. Li/Li^+)。然而，實驗條件下其最大嵌鋰量低於 5.5mol Li^+，且首次放電存在不可逆相變，使初始放電比容量損失達 30%～50%，後續可逆循環容量為 90～170mA·h·g^{-1}，平均嵌鋰電位為 1.7V(vs. Li/Li^+)。

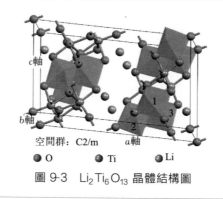

空間群：C2/m

● O　● Ti　● Li

圖 9-3　$Li_2Ti_6O_{13}$ 晶體結構圖

9.2　$MLi_2Ti_6O_{14}$（M＝2Na, Sr, Ba）

$MLi_2Ti_6O_{14}$（M＝2Na，Sr，Ba）系列負極材具有同 $Li_4Ti_5O_{12}$ 一樣的安全性及結構穩定性的優點，但是嵌鋰電位比 $Li_4Ti_5O_{12}$ 略低，作為鋰離子電池負極組成全電池時，可以提高電池的電壓和能量密度。低廉的價格和優異的安全性使 $MLi_2Ti_6O_{14}$ 材料特別適用於動力電池材料，從而使基於 $MLi_2Ti_6O_{14}$ 材料的鋰離子電池成為更有競爭力的動力電池。

9.2.1　$MLi_2Ti_6O_{14}$（M＝2Na, Sr, Ba）的結構

圖 9-4 為 $MLi_2Ti_6O_{14}$（M＝2Na，Sr，Ba）晶體結構示意圖，該晶胞是由中心的 Ti 原子和邊緣的 O 原子構成正八面體的 TiO_6 網狀結構。所以，$SrLi_2Ti_6O_{14}$ 和 $BaLi_2Ti_6O_{14}$ 為 Cmca 空間群，而 $Na_2Li_2Ti_6O_{14}$ 則因為兩個 Na 原子替代一個二價金屬原子使得 11 位置被填滿，此時結構有更高的對稱性，為 Fmmm 空間群。在 $MLi_2Ti_6O_{14}$ 結構中有 6 個 Ti^{4+} 離子，理論上全部可以轉變

為 Ti^{3+}，從而提供約 $240\sim280\text{mA}\cdot\text{h}\cdot\text{g}^{-1}$ 的理論容量，實際充放電過程中可能比理論值相對小一些。

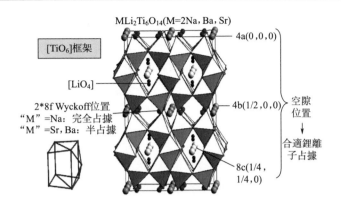

圖 9-4　$MLi_2Ti_6O_{14}$（M = Sr，Ba，2Na）晶體結構示意圖

$Na_2Li_2Ti_6O_{14}$ 理論上可以嵌入 6 個 Li^+，從而提供 $281\text{mA}\cdot\text{h}\cdot\text{g}^{-1}$ 的容量。通過圖 9-5(a) 可以看出，原始 $Na_2Li_2Ti_6O_{14}$ 可以提供三類嵌鋰空位，分別是 8e、4b 和 4a，對應的理論嵌鋰量分別為 3、1.5、1.5。對應於圖 9-5(b) 的放電過程的第一個平臺，理論嵌入 3 個 Li，第二部分在 1V 以下可以大概均分成 2 個小平臺，分別對應 4b 和 4a 位置嵌入的 1.5 個 Li。圖 9-5(b) 為顯材料的原位 XRD 圖譜，隨着鋰離子嵌入結構，晶格參數發生微小變化，$Na_2Li_2Ti_6O_{14}$ 的特徵峰普遍向低角度偏移；而在之後的反向充電過程中，嵌入結構的 Li 離子脫出，對應的 XRD 圖譜也偏轉回原來的位置，證明了該脫嵌鋰過程具有較強的可逆性。因此，$Na_2Li_2Ti_6O_{14}$ 作為一種新的鋰離子電池負極材料，已經顯示了極高的潛力，有望取代 $Li_4Ti_5O_{12}$ 而被廣泛研究，從而成為高性能陽極材料。

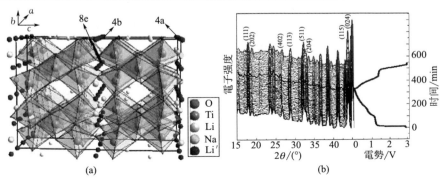

圖 9-5　$Na_2Li_2Ti_6O_{14}$ 在嵌鋰之後的晶體結構圖（a）和原位 XRD 譜圖（b）

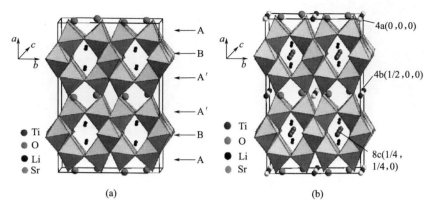

圖 9-6　$SrLi_2Ti_6O_{14}$ 在嵌鋰之前（a）和嵌鋰之後（b）的晶體結構圖

　　$MLi_2Ti_6O_{14}$（M＝Sr，Ba）的結構與嵌鋰機製類似，以 $SrLi_2Ti_6O_{14}$ 為例，它的理論比容量高達 $262mA \cdot h \cdot g^{-1}$ 屬於正交晶系，Cmca（64）空間點群（圖 9-6）。晶體結構中共邊共頂點的扭曲 TiO_6 八面體形成了平行於（100）面的層狀結構，連續的層狀結構之間由沿 a 軸方向的 $[TiO_6]$ 八面體的共用頂點相連，構建了 $SrLi_2Ti_6O_{14}$ 的穩定晶體結構。但鈦原子周圍的環境較為複雜，它占據了 4 種不同的晶格位，這 4 種鈦原子均與周圍的 6 個氧原子協同構成八面體。鋰原子占據 $[TiO_6]$ 八面體形成的空隙中，構成 $[LiO_4]$ 四面體。鍶原子位於兩個連續的 $[TiO_6]$ 構成的 ABA' 型「三明治」結構的鏡面上，與周圍 11 個氧原子協同構成 $[SrO_{11}]$ 多面體。$SrLi_2Ti_6O_{14}$ 獨特的晶體結構形成了一定數量理想的鋰離子嵌入位置——8c、4b 和 4a 空位，並且 8c 空位的數目是 4b 和 4a 空位數目的 2 倍。此外，晶格中間隙空位之間相互連接形成了沿 b 軸方向的離子通道，使得 Li^+ 可以可逆地「嵌入、脫嵌」，且主體晶格的骨架結構在 Li^+「嵌入、脫嵌」反應過程中保持穩定。因此 $SrLi_2Ti_6O_{14}$ 作為一種新型鋰離子電池負極材料，在鋰電領域展現出了良好的應用前景。

　　由於此系列材料的分子量較大，導致其具有更高的振實密度和體積能量密度。而且它們的充放電電壓平臺也不盡相同，都比 $Li_4Ti_5O_{12}$ 的電位平臺稍微低些。$SrLi_2Ti_6O_{14}$、$BaLi_2Ti_6O_{14}$ 和 $PbLi_2Ti_6O_{14}$ 在 1.4 ～ 1.5V 左右，$Na_2Li_2Ti_6O_{14}$ 的則相對低些，在 1.3V 左右。綜合來說，新型材料 $MLi_2Ti_6O_{14}$ 在作為鋰離子電池負極材料來講可能比 $Li_4Ti_5O_{12}$ 具備更好的性能，所以對該系列材料的研究也就變得很有吸引力。

9.2.2　MLi$_2$Ti$_6$O$_{14}$（M＝2Na, Sr, Ba）的合成方法

9.2.2.1　高溫固相法

高溫固相法是目前用於製備 MLi$_2$Ti$_6$O$_{14}$ 負極材料的最常用方法，以 Na$_2$Li$_2$Ti$_6$O$_{14}$ 及其摻雜材料為例常用合成步驟如圖 9-7 所示。將 TiO$_2$、CH$_3$COOLi・2H$_2$O、CH$_3$COONa・3H$_2$O 及 H$_2$C$_2$O$_4$・H$_2$O 按照既定比例稱取一定量置於球磨罐中，加入少量乙醇球磨 12h，然後放入烘箱 60～80℃ 烘乾，得到未燒結的前驅體，取出部分烘乾的產物搗碎放於瓷舟，在 800℃ 煅燒，冷卻至室溫得到 Na$_2$Li$_2$Ti$_6$O$_{14}$ 材料。

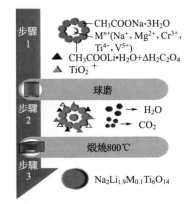

圖 9-7　Na$_2$Li$_2$Ti$_6$O$_{14}$ 及其摻雜材料高溫固相法的合成步驟

舒杰等採用高溫固相法在不同溫度下成功製備了 Na$_2$Li$_2$Ti$_6$O$_{14}$ 負極材料，充放電測試表明：800℃ 下製備的 Na$_2$Li$_2$Ti$_6$O$_{14}$ 負極具有最好的電化學性能，在 1～3V 之間循環，充放電電流密度分別為 100mA・g^{-1}、200mA・g^{-1}、300mA・g^{-1}、400mA・g^{-1}、500mA・g^{-1} 時，其可逆容量分別為 89.9mA・h・g^{-1}、81.3mA・h・g^{-1}、75.2mA・h・g^{-1}、69.6mA・h・g^{-1}、65.5mA・h・g^{-1}。Li 等採用高溫固相法在 900℃ 下成功製備了 Na$_2$Li$_2$Ti$_6$O$_{14}$ 負極材料，其粒徑分佈在 200～400nm 之間，100mA・g^{-1} 的電流密度循環時，可逆容量在 74mA・h・g^{-1}，50 次循環後，容量保持率超過 98％。Liu 等採用高溫固相法製備了 SrLi$_2$Ti$_6$O$_{14}$ 負極材料，並利用非原位 XRD 證明了在 950℃ 下製備的材料具有最好的電化學性能，1C 倍率循環 1000 個循環，其容量保持率仍然超過 90％。Lin 等採用高溫固相法在 950℃ 下成功製備了 SrLi$_2$Ti$_6$O$_{14}$ 負極材料，50mA・g^{-1} 的電流密度循環時，首次容量在 170.3mA・h・g^{-1}，50 次循環後，容量保持率超過 91％，顯示了優秀的電化學性能。Liu 等採用高溫固相法製備了 SrLi$_2$Ti$_6$O$_{14}$ 材料，並採用原位 XRD 和原位 EIS 技術研究了其嵌/脫鋰動力學，原位 XRD 結果表明：SrLi$_2$Ti$_6$O$_{14}$/Li 電池放電至 0.5V 時，其晶胞體積膨脹了大約 2.74％；原位 EIS 結果表明：SrLi$_2$Ti$_6$O$_{14}$ 材料在脫鋰的時候其電荷轉移電阻小於嵌鋰時，在 1.3～2.5V 之間循環時，電荷轉移電阻變化最小，且具有最好的循環性能。高溫固相法設備和工藝簡單，便於工業化生產，但該法的製備週期較長、產物顆粒較大、粒度分布較寬。

9.2.2.2　其他方法

MLi$_2$Ti$_6$O$_{14}$（M＝Sr，Ba）負極材料的溶膠-凝膠法製備鮮有報導，這可能與鍶鹽和鋇鹽難於溶於有機溶劑有關。Na$_2$Li$_2$Ti$_6$O$_{14}$ 材料的溶膠-凝膠法製備是將鈦酸四丁酯在攪拌條件下溶於無水乙醇和檸檬酸的混合溶液，然後將CH$_3$COOLi・2H$_2$O 和 CH$_3$COONa・3H$_2$O 溶於乙醇的水溶液；將上述溶液混合，形成穩定的溶膠體系，通過乾燥將溶質聚合成凝膠，在空氣中煅燒分解凝膠得到 Na$_2$Li$_2$Ti$_6$O$_{14}$。舒杰等分別採用高溫固相法和溶膠-凝膠法製備了Na$_2$Li$_2$Ti$_6$O$_{14}$ 負極材料，結果表明：採用溶膠-凝膠法製備的材料具有更好的電化學性能和可逆容量，其原因在於溶膠-凝膠法製備的材料具有更小的粒徑和更大的表面積，進而減小了電化學阻抗，提高了材料的電化學性能。溶膠-凝膠法可以保證鋰離子和其他金屬離子在原子級水平均勻混合，從而降低離子在晶格重組時遷移所需的活化能，有利於降低反應溫度和縮短反應時間，但是溶膠-凝膠法工藝複雜、成本較高、工業化生產難度較大。

熔鹽合成法主要是應用具有低熔點的鹼金屬鹽類作為反應介質，反應物在液相中能實現原子尺度的混合，能使合成反應在較短的時間內和較低的溫度下完成，合成產物各組分配比準確、成分均勻，形成純度較高的反應產物。Yin 等以NaCl 和 KCl 為反應介質利用熔鹽合成法在製備了 Na$_2$Li$_2$Ti$_6$O$_{14}$ 負極材料，研究結果表明在 700℃合成的材料具有最好的電化學性能，在 1～3V 之間循環，充放電電流密度為 100mA・g^{-1} 時，500 次循環後，容量仍可達 62mA・h・g^{-1}。

靜電紡絲技術生產方式簡單、成本低且原料來源廣泛，製備的纖維比表面積大、孔隙率高、孔徑小、長徑比大，是製備一維奈米材料的最常用技術，它具有操作簡單、可連續生產的優點。Li 等採用靜電紡絲技術製備了超長 SrLi$_2$Ti$_6$O$_{14}$奈米線，如圖 9-8 所示。研究結果表明：在 0.5～2.0V 之間循環時，SrLi$_2$Ti$_6$O$_{14}$奈米線具有較高的可逆容量，0.1C 倍率的可逆容量為 171.4mA・h・g^{-1}，20C 倍率時，其可逆容量仍高達為 96.2mA・h・g^{-1}。10C 倍率充放電時，1000 個循環後的容量仍穩定在 101mA・h・g^{-1}，平均每個循環容量的衰減僅為 0.0086％，其優異的電化學性能來源於獨特的含有納米顆粒的一維奈米線結構提高了材料的動力學性能。此外，Dambournet 等以介孔的板鈦礦型 TiO$_2$ 作為模板和反應物，採用模板輔助法製備了 SrLi$_2$Ti$_6$O$_{14}$ 材料，製備的材料粒徑保存了前驅體圓形形狀，因此具有高的分散性和堆積密度。以 SrLi$_2$Ti$_6$O$_{14}$ 為負極材料、LiMn$_2$O$_4$ 正極材料組成2.7V 全電池，展示了較好的循環穩定性和較高的倍率容量。Liu 等以 SrLi$_2$Ti$_6$O$_{14}$ 為負極材料組裝了 LiCoO$_2$/SrLi$_2$Ti$_6$O$_{14}$ 全電池，研究結果表明：LiCoO$_2$/SrLi$_2$Ti$_6$O$_{14}$全電池具有比 LiCoO$_2$/Li$_4$Ti$_5$O$_{12}$ 全電池更高的工作電壓，進而具有大的能量密度，50％DOD（放電深度）時，LiCoO$_2$/SrLi$_2$Ti$_6$O$_{14}$ 全電池展示了優異的比充電功率密

度，高達 $3973W \cdot kg^{-1}$。

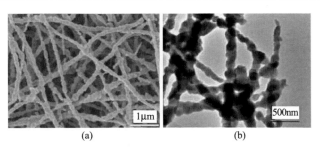

圖 9-8　利用靜電紡絲法製備的超長 $SrLi_2Ti_6O_{14}$ 奈米線

（a）SEM 圖；（b）TEM 圖

　　總之，人們通過優化反應條件及改進合成方法等途徑來改善 $Na_2Li_2Ti_6O_{14}$ 材料的性能取得了一定成效，但並不能從根本上解決 $Na_2Li_2Ti_6O_{14}$ 電化學性能差的問題。要提高其電化學性能單獨開展該方面的工作有一定局限性。

9.2.3　$MLi_2Ti_6O_{14}$（M = 2Na, Sr, Ba）的摻雜改性

　　與 $Li_4Ti_5O_{12}$ 一樣，鈦酸鹽系列負極材料普遍具有較低的電子電導率和離子電導率。因此，$MLi_2Ti_6O_{14}$ 的電子電導率遠低於商業化碳材料，這會導致材料在充放電時發生極化現象，所以材料電化學活性較低。事實上電子與離子的傳導率低的問題，在鋰離子電池電極材料的設計中可以通過摻雜或者包覆提高電極材料的電子電導率和離子電導率。因此，可以通過摻雜金屬離子或者表面包覆形成複合材料等方式來提高 $MLi_2Ti_6O_{14}$ 電導率。

　　伊廷鋒等採用高溫固相法製備了 Li 位摻雜的 $Na_2Li_{1.9}M_{0.1}Ti_6O_{14}$（$M^{n+}$ = Na^+，Mg^{2+}，Cr^{3+}，Ti^{4+}，V^{5+}）材料，其循環性能如圖 9-9 所示，電流密度是 $100mA \cdot g^{-1}$，電位區間是 $0 \sim 3V$。結果表明，$Na_2Li_{1.9}Cr_{0.1}Ti_6O_{14}$ 顯示了最高的初始可逆容量 $262.2mA \cdot h \cdot g^{-1}$，而原始 $Na_2Li_2Ti_6O_{14}$ 的初始可逆容量僅為 $229.9mA \cdot h \cdot g^{-1}$。此外，$Na^+$、$Mg^{2+}$、$Ti^{4+}$ 和 V^{5+} 摻雜後的樣品顯示的初始可逆容量分別是 $246.2mA \cdot h \cdot g^{-1}$、$253.4mA \cdot h \cdot g^{-1}$、$218.8mA \cdot h \cdot g^{-1}$ 和 $188.6mA \cdot h \cdot g^{-1}$。50 周循環後，$Na_2Li_{1.9}Cr_{0.1}Ti_6O_{14}$ 依然維持着最高的容量 $239.2mA \cdot h \cdot g^{-1}$，容量保持率為 91.3％。另外五個樣品的容量則分別是 $Na_2Li_2Ti_6O_{14}$ 為 $177.5mA \cdot h \cdot g^{-1}$，$Na_{2.1}Li_{1.9}Ti_6O_{14}$ 為 $187.2mA \cdot h \cdot g^{-1}$，$Na_2Li_{1.9}Mg_{0.1}Ti_6O_{14}$ 為 $212.1mA \cdot h \cdot g^{-1}$，$Na_2Li_{1.9}Ti_{6.1}O_{14}$ 為 $152.7mA \cdot h \cdot g^{-1}$ 以及 $Na_2Li_{1.9}V_{0.1}Ti_6O_{14}$ 為 $135.1mA \cdot h \cdot g^{-1}$。因此，這些結果表明

Na^+、Mg^{2+} 和 Cr^{3+} 摻雜都會提高 $Na_2Li_2Ti_6O_{14}$ 的容量,同時可以發現 $Na_2Li_{1.9}Cr_{0.1}Ti_6O_{14}$ 顯示了最好的容量性能。

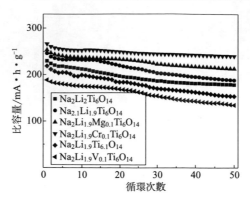

圖 9-9　$Na_2Li_2Ti_6O_{14}$ 和 $Na_2Li_{1.9}M_{0.1}Ti_6O_{14}$ 的循環性能

　　為了進一步研究 $Na_2Li_{1.9}Cr_{0.1}Ti_6O_{14}$ 的整體結構變化,根據原位 XRD 精修得到的脫嵌鋰過程中的晶格參數 a、b、c 和晶胞體積 V 的變化列於圖 9-10,充放電的區間是 0~3V,圖中橫坐標 x 表示充放電過程中的嵌鋰量變化。由圖 9-10(a) 可以看到晶胞參數 a 由 16.4307Å 逐漸減小到 16.3357Å,伴隨着 4.8 個單位的 Li 嵌入到晶胞內。在脫鋰過程中,晶胞參數 a 又逐漸增加到 16.4247Å,同時有 4.7 個 Li 從結構中脫出。從圖 9-10(b)~(d) 中,可以清楚地看到 b、c 和 V 的初始值分別是 5.7222Å、11.1969Å 和 1052.7298Å^3,然後迅速在嵌鋰過程中增加到 5.7475Å、11.2817Å 和 1059.49Å^3,在反向充電過程中,又逐漸減小到 5.723Å、11.2026Å 和 1053.0283Å^3 至脫鋰結束。在脫嵌鋰過程中,$Na_2Li_{1.9}Cr_{0.1}Ti_6O_{14}$ 晶胞的體積變化僅為 0.64%,進一步證明了該材料在脫嵌鋰過程中是「零應變」材料。此外,整體來看該材料的晶胞參數在脫嵌鋰過程中是完整的鏡面變化,表明在電化學反應過程中具有高度的可逆性。因此,$Na_2Li_{1.9}Cr_{0.1}Ti_6O_{14}$ 是一種結構穩定的儲鋰材料。

　　伊廷鋒等還採用高溫固相法製備了 Ti 位摻雜的 $Li_2Na_2Ti_{5.9}M_{0.1}O_{14}$ (M＝Al,Zr,V) 負極材料,研究表明金屬離子摻雜可以有效提高 $Na_2Li_2Ti_6O_{14}$ 的電子電導率和離子擴散係數,尤其是 $Na_2Li_2Ti_{5.9}Al_{0.1}O_{14}$,具有最高的電子電導率 ($1.02×10^{-9}S\cdot cm^{-1}$) 和離子擴散係數 ($8.38×10^{-15}cm^2\cdot s^{-1}$)。最終導致 $Na_2Li_2Ti_{5.9}Al_{0.1}O_{14}$ 具有最好的電化學性能。在 0~3V 之間循環時,$1000mA\cdot g^{-1}$ 的電流密度下仍然可以提供 $180.7mA\cdot h\cdot g^{-1}$ 的可逆容量。為了進一步研究 $Na_2Li_2Ti_{5.9}Al_{0.1}O_{14}$ 在可逆脫嵌鋰過程中的穩定性,圖 9-11 給出

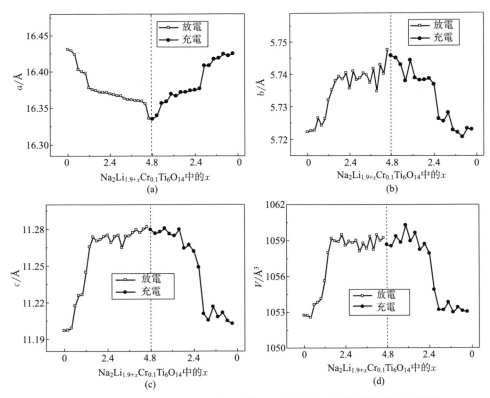

圖 9-10　$Na_2Li_{1.9}Cr_{0.1}Ti_6O_{14}$ 在脫嵌鋰過程的晶胞參數及晶胞體積的變化

了 $Na_2Li_2Ti_{5.9}Al_{0.1}O_{14}$ 的首個充放電循環週期原位 XRD 譜圖，測試的電壓區間 $0\sim3.0V$。在放電過程中，可以發現所有的衍射峰向低角度偏移，同時伴隨着 5.76 個單位的 Li 的潛入。完全嵌鋰後，最終導致布拉格點的位置在 $18.76°$、$26.54°$、$28.81°$、$32.18°$、$33.49°$、$43.84°$ 和 $45.13°$ 的 XRD 衍射峰偏移到 $16.37°$、$26.37°$、$28.61°$、$31.96°$、$33.01°$、$43.21°$ 和 $44.81°$。在反向充電過程中，所有衍射峰的位置沿着放電過程路徑相反的方向偏移。這些結果表明 $Na_2Li_2Ti_{5.9}Al_{0.1}O_{14}$ 在嵌鋰和脫鋰過程中是一個可逆過程。因此，$Na_2Li_2Ti_{5.9}Al_{0.1}O_{14}$ 擁有穩定可逆的儲鋰結構，是一種很有潛質的負極材料。

　　舒杰等進一步研究了 Al 的摻雜量對 $Na_2Li_2Ti_6O_{14}$ 電化學性能的影響，研究表明 Al 在 Li 位的摻雜輕微影響了 $Na_2Li_2Ti_6O_{14}$ 的粒徑，$Li_{1.95}Al_{0.05}Na_2Ti_6O_{14}$ 展示了最好的電化學性能，在 $0\sim3V$ 之間循環，充放電電流密度分別為 $200mA\cdot g^{-1}$、$300mA\cdot g^{-1}$、$400mA\cdot g^{-1}$ 時，其可逆容量分別為 $224.8mA\cdot h\cdot g^{-1}$、$204.7mA\cdot h\cdot g^{-1}$、$192.4mA\cdot h\cdot g^{-1}$。原位 XRD 的結果表明其穩定的倍率性能來源於其循環過程中的結構穩定性。Wu 等研究了

Na 摻雜的 $Na_x Li_{4-x} Ti_6 O_{14}$（$0 \leqslant x \leqslant 4$）材料的電化學性能，結果發現 $x=2$ 和 $x=4$ 為單一項化合物，其他為混合相。$Li_4 Ti_6 O_{14}$（$Li_4 Ti_5 O_{12} / TiO_2$）具有最好的電化學性能。

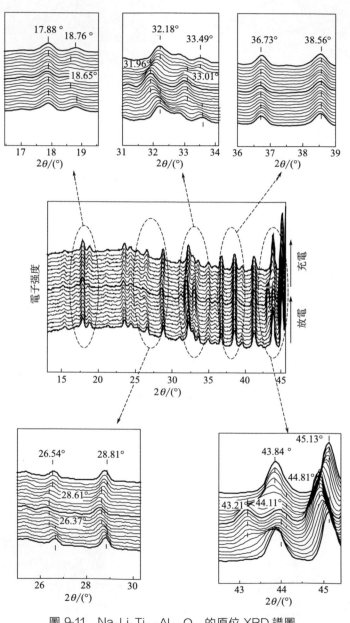

圖 9-11　$Na_2 Li_2 Ti_{5.9} Al_{0.1} O_{14}$ 的原位 XRD 譜圖

為了進一步研究摻雜元素以及摻雜位置對 $Na_2Li_2Ti_6O_{14}$ 性能的影響，伊廷鋒等採用高溫固相法製備了 Na 位摻雜的 $Na_{1.9}M_{0.1}Li_2Ti_6O_{14}$（$M = Li^+$，$Cu^{2+}$，$Y^{3+}$，$Ce^{4+}$，$Nb^{5+}$）負極材料，並通過非原位 XPS、非原位 TEM、原位 XRD 和精修對其儲鋰機理進行詳細分析。圖 9-12 給出了 $Na_2Li_2Ti_6O_{14}$ 和 $Na_{1.9}M_{0.1}Li_2Ti_6O_{14}$（$M = Li^+$，$Cu^{2+}$，$Y^{3+}$，$Ce^{4+}$，$Nb^{5+}$）的循環性能，測試電位區間是 0～3V，電流密度為 100mA·g^{-1}。很明顯，$Na_{1.9}Nb_{0.1}Li_2Ti_6O_{14}$ 顯示了比其他樣品更高的可逆比容量，$Na_{1.9}Nb_{0.1}Li_2Ti_6O_{14}$ 的初始容量為 259.4mA·h·g^{-1}。相比之下，原樣和 Li^+、Cu^{2+}、Y^{3+}、Ce^{4+} 摻雜的樣品的初始容量分別是 216.2mA·h·g^{-1}、213.7mA·h·g^{-1}、233.2mA·h·g^{-1}、248.6mA·h·g^{-1} 和 223.2mA·h·g^{-1}。50 周循環過後，$Na_{1.9}Nb_{0.1}Li_2Ti_6O_{14}$ 的容量依舊可以維持在 245.7mA·h·g^{-1}，另外幾個樣品的容量則分別是：$Na_2Li_2Ti_6O_{14}$ 為 189.2mA·h·g^{-1}、$Na_{1.9}Li_{2.1}Ti_6O_{14}$ 為 198.4mA·h·g^{-1}、$Na_{1.9}Cu_{0.1}Li_2Ti_6O_{14}$ 為 217.7mA·h·g^{-1}、$Na_{1.9}Y_{0.1}Li_2Ti_6O_{14}$ 為 233.8mA·h·g^{-1} 和 $Na_{1.9}Ce_{0.1}Li_2Ti_6O_{14}$ 為 206.6mA·h·g^{-1}。上述結果表明，Na 位被 Li^+、Cu^{2+}、Y^{3+}、Ce^{4+} 或 Nb^{5+} 取代的產物均能提高其容量性能，尤其是 Nb^{5+} 摻雜是最有效的提高其電化學性能的方式。

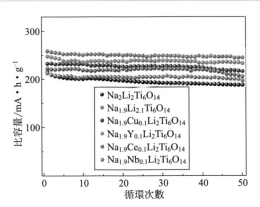

圖 9-12　$Na_2Li_2Ti_6O_{14}$ 和 $Na_{1.9}M_{0.1}Li_2Ti_6O_{14}$ 的循環性能

圖 9-13 為 $Na_{1.9}Nb_{0.1}Li_2Ti_6O_{14}$ 的非原位 TEM，從圖 9-14(a)、(d)、(g) 可以看出 $Na_{1.9}Nb_{0.1}Li_2Ti_6O_{14}$ 的粒徑在 100～300nm。

圖 9-13(b) 的選區電子衍射（SAED）的晶格間距 1.427Å、2.001Å、3.075Å 和圖 9-13(c) 的晶格條紋中的間距 4.8846Å 分別對應於 XRD 中的（040）晶面、（024）晶面、（113）晶面和（111）晶面。在完全嵌鋰至 0V 後，從圖 9-13(e)、(f) 可以看出隨着鋰離子的嵌入晶格間距分別增加到 1.474Å、2.046Å、3.108Å 和

4.9706Å。這意味着鋰離子的嵌入引起了晶格體積的擴張。在反向充電到 3V 以後，條紋間距又縮小至 1.433Å、2.006Å、3.078Å 和 4.9215Å，如圖 9-13(h)、(i) 中 SAED 和 HRTEM 所示。結果表明 $Na_{1.9}Nb_{0.1}Li_2Ti_6O_{14}$ 在脫嵌鋰過程中晶格條紋間距的變化是可逆的，該材料是一種結構穩定的陽極儲鋰材料。

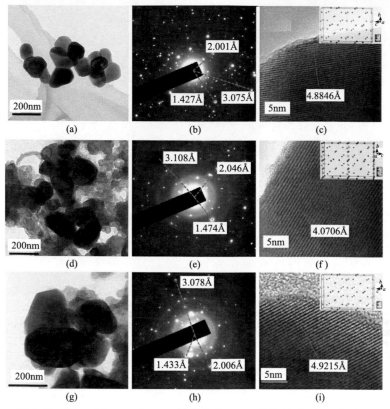

圖 9-13　$Na_{1.9}Nb_{0.1}Li_2Ti_6O_{14}$ 的非原位 TEM 放電前（a）~（c），放電到 0V（d）~（f）和重新充電回 3V（g）~（i）

　　為了研究 $Na_{1.9}Nb_{0.1}Li_2Ti_6O_{14}$ 在充放電過程中的氧化還原反應的進行，圖 9-14 中的非原位 XPS 用來檢測其化合價的變化。圖 9-14(a)、(b) 為原樣的 Ti 和 Nb 元素的 XPS 峰譜，可以看出 $Ti_{2p_{3/2}}$ 和 $Ti_{2p_{1/2}}$ 自旋軌道的結合能在能級為 458.6eV 和 464.3eV 分別被觀測到，表明 Ti^{4+} 存在於 $Na_{1.9}Nb_{0.1}Li_2Ti_6O_{14}$ 中。而在 207.0eV 和 209.8eV 兩個結合能能級被觀測到的峰可以歸結為 $Nb_{3d_{5/2}}$ 和 $Nb_{3d_{3/2}}$ 的自旋軌道，它是 Nb^{5+} 的特徵峰。此外，在 459.7eV 有一個微弱的峰是由於部分 Na^+ 被 Nb^{5+} 取代引起電位差，最終導致微量 Ti^{4+} 變為 Ti^{3+}，這也是

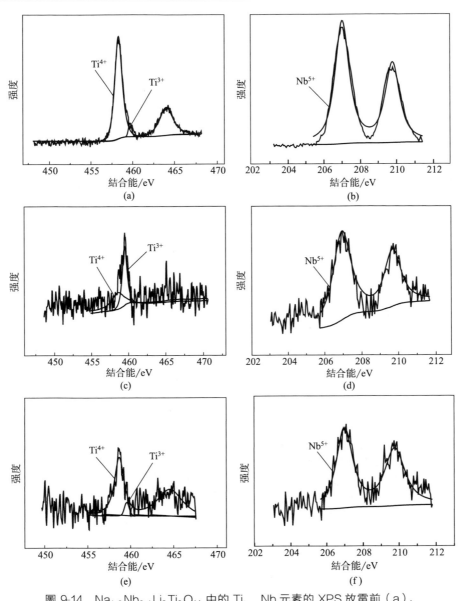

圖 9-14　$Na_{1.9}Nb_{0.1}Li_2Ti_6O_{14}$ 中的 Ti、 Nb 元素的 XPS 放電前（a）、
（b），放電到 0V（c）、（d）和重新充電回 3V（e）、（f）

其電化學性能優於其他化合物的原因。此外，能譜追踪 Ti^{4+} 變為 Ti^{3+} 的過程也
顯示出相應的嵌鋰量為 5.6 單位左右的 Li，略低於 6 單位 Li 的最大理論嵌鋰量，
與循環過程中的嵌鋰量一致。當 $Na_{1.9}Nb_{0.1}Li_2Ti_6O_{14}$ 被放電到 0V 以後，Ti^{4+}

的峰逐漸變弱，Ti^{3+} 的峰逐漸增強，是由於 Li^+ 的嵌入導致了鈦化合價的變化，如圖 9-14(c)，(d) 所示。在重新充電回 3V 以後，可以看到 Ti^{3+} 又逐漸演變回 Ti^{4+}。同時，沒有發現 Nb^{5+} 的化合價在脫/嵌鋰過程中的變化。結果最終表明 $Na_{1.9}Nb_{0.1}Li_2Ti_6O_{14}$ 在脫/嵌鋰過程中的變化是可逆的，且結構是穩定的，與非原位 TEM 的結果相一致。

為了研究充放電過程中的詳細儲鋰機製，圖 9-15 給出了 $Na_{1.9}Nb_{0.1}Li_2Ti_6O_{14}$ 在 0~3V 之間的原位 XRD 圖譜。如圖 9-15(a)~(h) 所示，XRD 衍射峰相對強度的變化和布拉格點的變化顯示了在嵌鋰過程中衍射峰的位置逐漸向低角度偏移，

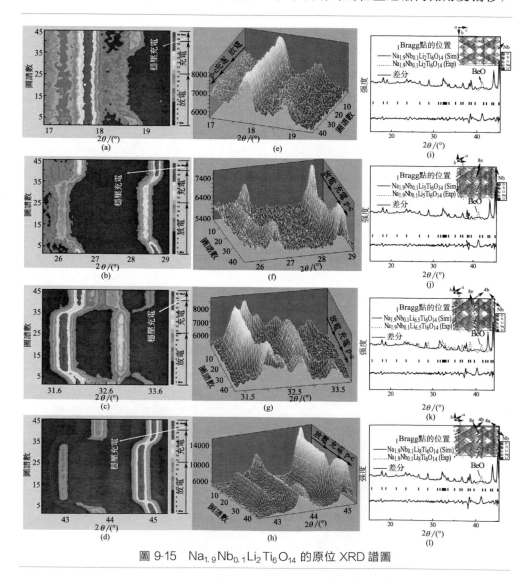

圖 9-15　$Na_{1.9}Nb_{0.1}Li_2Ti_6O_{14}$ 的原位 XRD 譜圖

而在反向脫鋰過程又沿相反的路徑返回原來的位置。這些結果進一步表明，$Na_{1.9}Nb_{0.1}Li_2Ti_6O_{14}$ 有穩定的結構供鋰離子可逆脫嵌。

圖 9-15(i)～(l) 是 $Na_{1.9}Nb_{0.1}Li_2Ti_6O_{14}$ 不同脫嵌鋰狀態下的 Rietveld 精修圖及晶體結構圖。從圖中可以看出，衍射峰 38.4°和 41.25°位置的雜峰可以歸因於 BeO（產生於 X 射線穿過後的電化學氧化過程）的雜質峰。就未脫嵌鋰態的原始 XRD 而言，精修結果表明 $Na_{1.9}Nb_{0.1}Li_2Ti_6O_{14}$ 由 TiO_6 正八面體、LiO_4 正四面體和 NaO_{11}（NbO_{11}）多面體的三維網路組成，其中存在 8e、4a 和 4b 的空位可供鋰離子的脫嵌。當樣品放電到 1.0V 時，嵌入的鋰離子可以完全地占據 8e 空位，然後形成新的 LiO_4 正四面體，對應着 3 個 Li 嵌入到結構中形成 $Na_{1.9}Nb_{0.1}Li_2Ti_6O_{14}$。當從 1.0V 放電到 0.5V 時，另外 1.5 個 Li 嵌入到 4b 空位中並形成新的 Li-O 正四面體，晶體由 $Na_{1.9}Nb_{0.1}Li_2Ti_6O_{14}$ 相變為 $Na_{1.9}Nb_{0.1}Li_{6.5}Ti_6O_{14}$。最後放電到 0V，為完整嵌鋰態，放電過程的小斜坡歸因於最後的 1.5 個 Li 進入到結構中形成 $Na_{1.9}Nb_{0.1}Li_8Ti_6O_{14}$。反向脫鋰到 3.0V 的過程與嵌鋰過程正好相反，最終形成 $Na_{1.9}Nb_{0.1}Li_2Ti_6O_{14}$，整個過程為可逆過程，且由 XRD 強度變化的大小可以判斷出該材料為零應變材料。

9.2.4 $MLi_2Ti_6O_{14}$（M＝2Na, Sr, Ba）的包覆改性

舒杰等研究了不同的碳材料包覆對 $Na_2Li_2Ti_6O_{14}$ 材料性能的影響，結果表明：採用碳奈米管包覆的 $Na_2Li_2Ti_6O_{14}$/CNT 材料具有最好的電化學性能，在 1～3V 之間循環，充放電電流密度分別為 $100mA \cdot g^{-1}$、$200mA \cdot g^{-1}$、$300mA \cdot g^{-1}$、$400mA \cdot g^{-1}$ 時，其可逆容量分別為 $111.4mA \cdot h \cdot g^{-1}$、$110mA \cdot h \cdot g^{-1}$、$103.9mA \cdot h \cdot g^{-1}$、$98.9mA \cdot h \cdot g^{-1}$，其倍率性能遠高於炭黑（CB）、石墨烯（GN）及 CB/GN/CNT 混合包覆的 $Na_2Li_2Ti_6O_{14}$ 材料。

舒杰等研究了不同含量的 Ag 包覆對 $BaLi_2Ti_6O_{14}$ 材料性能的影響，結果顯示質量分數為 6％的 Ag 包覆的 $BaLi_2Ti_6O_{14}$ 材料展示了最好的充放電性能，在 0.5～2V 之間循環，充放電電流密度分別為 $100mA \cdot g^{-1}$、$200mA \cdot g^{-1}$、$300mA \cdot g^{-1}$、$400mA \cdot g^{-1}$、$500mA \cdot g^{-1}$ 時，其可逆容量分別為 $149.1mA \cdot h \cdot g^{-1}$、$147.5mA \cdot h \cdot g^{-1}$、$139.7mA \cdot h \cdot g^{-1}$、$132.6mA \cdot h \cdot g^{-1}$、$126.7mA \cdot h \cdot g^{-1}$，其優異的倍率性能來源於高導電性的奈米 Ag 粒徑提高了 $BaLi_2Ti_6O_{14}$ 材料的導電性，進而減小了充放電過程中的電化學極化。

9.3 $Li_2MTi_3O_8$（M = Zn, Cu, Mn）

　　具有「零應變」效應的 $Li_4Ti_5O_{12}$ 作為一種很有前景的負極材料，已經成功的應用到的鋰離子電池中，並展示出了優異的循環性能和熱穩定性。但 $Li_4Ti_5O_{12}$ 較低的理論容量（$175mA \cdot h \cdot g^{-1}$）和較高的放電平臺電壓（1.5V）在一定程度上限製了其在高容量和高能量密度儲能材料領域的大規模應用。近期，研究人員已成功將新型複合物 $Li_2MM'_3O_8$（$MM' = ZnTi$, CoTi, NiGe, MgTi, CoGe, ZnGe）應用於鋰離子電極負極材料並展現出了高的放電比容量和優秀的循環穩定性。其中複合物 $Li_2ZnTi_3O_8$ 具有 $227mA \cdot h \cdot g^{-1}$ 的理論容量和 0.5V 的放電平臺電壓，它在 0.02～3V 夠完全可逆嵌入和脫出 Li^+，經研究表現出了可以與 $Li_4Ti_5O_{12}$ 相媲美的循環穩定性和優秀的倍率性能。

9.3.1 $Li_2ZnTi_3O_8$

　　尖晶石型材料 $Li_2ZnTi_3O_8$，被認為是兩個二元氧化物 $Li_4Ti_5O_{12}$ 和 $Zn_2Ti_2O_4$ 的中間產物，屬於簡單立方結構，$P4_332$ 空間群。其晶體結構如圖 9-16 所示。其中一半的 Li^+ 和全部的 Zn^{2+} 占據了四面體間隙位置，剩下的 Li^+ 和 Ti^{4+} 以陽離子無序的形式按 1：3 的比例占據八面體位置，因此 $Li_2ZnTi_3O_8$ 也可以表示為 $(Li_{0.5}Zn_{0.5})^{tet}[(Li_{0.5})Ti_{1.5}]^{oct}O_4$（tet 表示四面體，oct 表示八面體），在這樣一個形成的三位網狀結構中，Li^+ 和 Zn^{2+} 占據四面體位置則為 Li^+ 的擴散形成通道。如圖 9-16 所示，$(Li_{0.5}Zn_{0.5})^{tet}[(Li_{0.5})Ti_{1.5}]^{oct}O_4$ 在嵌脫鋰的過程中可以提供由 TiO_6 和 LiO_6 八面體組成的穩定的框架，其中 12d 和 4b 的八面體位置由 Li/Ti 離子比 1：3 的占據。作為結果，三維的軌道在這個結構中形成，而在這個三維的軌道結構中，Li 和 Zn 原子按照 1：1 的比例隨機地分享 8c 的四面體位置。因此，作為鋰離子電池負極材料這樣的三維軌道為鋰離子可逆地嵌入/脫出尖晶石材料提供了

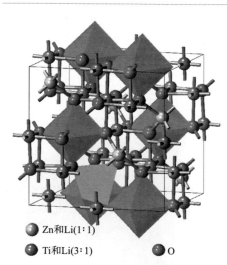

● Zn和Li(1：1)
● Ti和Li(3：1)　　　　● O

圖 9-16　$Li_2ZnTi_3O_8$ 的晶體結構示意圖

擴散的路徑。

9.3.1.1 $Li_2ZnTi_3O_8$ 的合成方法

$Li_2ZnTi_3O_8$ 的合成方法主要有高溫固相法和溶膠-凝膠法，新型的合成方法還有靜電紡絲法和微波化學法等。

高溫固相法製備 $Li_2ZnTi_3O_8$ 負極材料，通常是以鋰鹽、鋅鹽和 TiO_2 為原料，按化學計量比稱量並混合均勻，然後置於馬弗爐中進行煅燒即得目標產物。Chen 等以 Li_2CO_3、$Zn(CH_3COO)_2 \cdot 2H_2O$ 和 TiO_2 為原料，以 $400r/min$ 轉速球磨 $12h$ 後在 $750℃$ 煅燒 $5h$，即製得了 $Li_2ZnTi_3O_8$ 負極材料。在電流密度為 $100mA \cdot g^{-1}$ 條件下，循環 20 次仍保持着 $190mA \cdot h \cdot g^{-1}$ 的穩定可逆容量，循環 50 次後，可逆容量降為 $140mA \cdot h \cdot g^{-1}$。材料開始時展現出優秀的循環穩定性是因為前 20 個循環八面體結構相對穩定，並且四面體中的 3D 網狀結構為鋰的脫嵌提供通道，隨着循環次數的增加，鋰離子的嵌入量過多，破壞了晶體結構的穩定性，導致了後期容量的迅速下降。

楊猛等採用溶膠-凝膠結合固相法製備 $Li_2ZnTi_3O_8$ 負極材料，測試結果進一步證明了 $Li_2ZnTi_3O_8$ 負極材料的尖晶石結構特徵；材料在 $0.02\sim3V$ 區間充放電，能夠完全可逆脫嵌鋰；電流密度為 $30mA \cdot g^{-1}$ 時，可逆充電比容量為 $219.9mA \cdot h \cdot g^{-1}$，達到理論容量的 96%；當電流密度為 $240mA \cdot g^{-1}$ 時，其可逆比容量仍可達到 $150mA \cdot h \cdot g^{-1}$。充放電時鋰離子的嵌入和脫出導致晶體結構的變化都是可逆的，因此首次循環之後 $Li_2ZnTi_3O_8$ 材料表現出了良好的循環穩定性。

Wang 等採用靜電紡絲技術製得 $Zn(CH_3COO)_2/CH_3COOLi/TBT$（鈦酸四丁酯）$/PVP$（聚乙烯吡咯烷酮）纖維，然後熱處理得到直徑大約 $200nm$ 的 $Li_2ZnTi_3O_8$ 纖維。測試結果表明，0.1C 循環 10 次以後，放電比容量為 $223.7mA \cdot h \cdot g^{-1}$，1C 倍率時容量減至 $190.2mA \cdot h \cdot g^{-1}$，2C 倍率時容量減至 $172.7mA \cdot h \cdot g^{-1}$。$Li_2ZnTi_3O_8$ 纖維材料展示了較好的循環穩定性和倍率容量。

9.3.1.2 $Li_2ZnTi_3O_8$ 的表面包覆

雖然 $Li_2ZnTi_3O_8$ 具有較高的理論容量和低的放電平臺，但是與 $Li_4Ti_5O_{12}$ 相似的是 $Li_2ZnTi_3O_8$ 的電子電導率也比較低，大倍率放電時的性能較差。我們可以採用與鈦酸鋰相似的改性方式：表面包覆和離子摻雜，對 $Li_2ZnTi_3O_8$ 進行改性研究以提高材料的電子電導率，降低材料電阻，改善其倍率性能。

Tang 等選擇碳包覆對 $Li_2ZnTi_3O_8$ 進行改性研究。實驗原材料為：Li_2CO_3、$Zn(CH_3COO)_2 \cdot 2H_2O$ 和銳鈦礦 TiO_2，分別選擇蔗糖、檸檬酸、草酸為碳源，

探究不同碳源對 $Li_2ZnTi_3O_8$ 材料充放電性能的影響。實驗結果顯示，所有製備的樣品都顯示相當穩定的循環穩定性，而蔗糖包覆的 $Li_2ZnTi_3O_8$ 的複合材料則呈現出更好的電化學性能，在 $0.1A \cdot g^{-1}$、$0.5A \cdot g^{-1}$、$1.0A \cdot g^{-1}$、$2.0A \cdot g^{-1}$ 電流密度，電壓區間為 $0.05 \sim 3V$ 時放電比容量分別為：$286.5mA \cdot h \cdot g^{-1}$、$214.9mA \cdot h \cdot g^{-1}$、$177.8mA \cdot h \cdot g^{-1}$、$112.5mA \cdot h \cdot g^{-1}$，明顯高於 $Li_2ZnTi_3O_8$ 純樣和檸檬酸、草酸包覆的樣品。其原因可能是蔗糖包覆的樣品顆粒表面形成的一層網狀結構的無定形碳層（「導電橋」），可以減少粒徑，避免電極和電解質接觸面間的副反應，提高電子傳導性。該研究表明，蔗糖包覆的 $Li_2ZnTi_3O_8$ 材料因其卓越的倍率性能是一種很有前景的鋰離子負極材料。Tang 等還用高溫固相法製備 $LiCoO_2$ 包覆的 $Li_2ZnTi_3O_8$ 複合材料。實驗證明，$LiCoO_2$ 在 $Li_2ZnTi_3O_8$ 顆粒表面形成 $2nm$ 的包覆層。經充放電測試 $LiCoO_2$ 包覆的材料，在 $3.0A \cdot g^{-1}$ 電流密度下循環 100 次，放電比容量為 $108mA \cdot h \cdot g^{-1}$，容量保持率可達 71.4%，明顯高於未經包覆的樣品。另外，$2.0A \cdot g^{-1}$ 電流密度下循環 1000 次後，包覆樣品的放電比容量仍有 $64.3mA \cdot h \cdot g^{-1}$，較純樣的 $37.9mA \cdot h \cdot g^{-1}$ 高出很多。此結果足以證明 $LiCoO_2$ 包覆的材料在高倍率下具有更好的、更高的放電比容量和循環穩定性，並較純樣有更長的使用壽命。

Xu 等以 $Zn(CH_3COO)_2 \cdot 2H_2O$、$Li_2CO_3$ 和異丙氧基鈦為原料用溶膠-凝膠法製備了碳包覆的 $Li_2ZnTi_3O_8/C$ 奈米級複合材料，顆粒粒徑可達 $20 \sim 30nm$。複合材料展現了較高的可逆充放電容量，優秀的循環穩定性和高倍率性能，在電流密度為 $0.2A \cdot g^{-1}$ 時，循環 200 次後，容量仍保持在 $284mA \cdot h \cdot g^{-1}$。

Wang 等以金紅石-TiO_2、$LiOH \cdot H_2O$、$LiNO_3$ 和金屬有機框架材料 ZIF-8 [$Zn(MeIM)_2$；MeIM＝2-甲基咪唑] 為原料，分散均勻後在 $250℃$ 氮氣中預燒 3h，然後在 $600℃$ 氮氣氣氛中裂解 4h，最後分別在 $650℃$、$700℃$ 和 $750℃$ 燒結 3h，得到奈米結構的氮摻雜碳包覆的 $Li_2ZnTi_3O_8$ 材料，在空氣中裂解即可得到奈米結構的 $Li_2ZnTi_3O_8$ 材料，合成路線如圖 9-17 所示。

電化學性能的測試結果表明，$Li_2ZnTi_3O_8$@C-N 材料在任意倍率循環時，均比 $Li_2ZnTi_3O_8$ 具有更高的容量。其中，$700℃$ 合成的 $Li_2ZnTi_3O_8$@C-N 材料展示了較好的電化學性能，在電流密度為 $1A \cdot g^{-1}$、$2A \cdot g^{-1}$、$3A \cdot g^{-1}$ 時，最大容量分別為 $194.1mA \cdot h \cdot g^{-1}$、$176.7mA \cdot h \cdot g^{-1}$、$173.4mA \cdot h \cdot g^{-1}$，而且保持了最好的循環性能，其原因是 $Li_2ZnTi_3O_8$@C-N 材料具有更高的電子電導率。

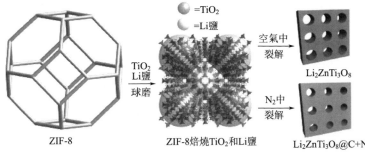

$$\text{ZIF-8+TiO}_2\text{+LiNO}_3\text{+LiOH} \cdot \text{H}_2\text{O+O}_2 \xrightarrow[\text{裂解}]{\text{裂解}} \text{Li}_2\text{ZnTi}_3\text{O}_8\text{+H}_2\text{O+CO}_x\text{+NO}_y$$

$$\text{ZIF-8+TiO}_2\text{+LiNO}_3\text{+LiOH} \cdot \text{H}_2\text{O+N}_2 \xrightarrow[\text{裂解}]{\text{裂解}} \text{Li}_2\text{ZnTi}_3\text{O}_8\text{@C+N+H}_2\text{O+CO}_x\text{+NO}_y$$

圖 9-17　奈米結構的 $\text{Li}_2\text{ZnTi}_3\text{O}_8$ 和 $\text{Li}_2\text{ZnTi}_3\text{O}_8$@C-N 材料的合成路線

9.3.1.3　$\text{Li}_2\text{ZnTi}_3\text{O}_8$ 的離子摻雜

　　Tang 等利用高溫固相法製備了 Al^{3+} 摻雜的 $\text{Li}_2\text{ZnTi}_{2.9}\text{Al}_{0.1}\text{O}_8$ 複合材料。經充放電測試 $\text{Li}_2\text{ZnTi}_{2.9}\text{Al}_{0.1}\text{O}_8$ 材料在 $0.5\text{A} \cdot \text{g}^{-1}$、$1.0\text{A} \cdot \text{g}^{-1}$、$2.0\text{A} \cdot \text{g}^{-1}$ 和 $3.0\text{A} \cdot \text{g}^{-1}$ 下，充電 100 循環後可逆容量分別為 $173.2\text{mA} \cdot \text{h} \cdot \text{g}^{-1}$、$136.7\text{mA} \cdot \text{h} \cdot \text{g}^{-1}$、$108.6\text{mA} \cdot \text{h} \cdot \text{g}^{-1}$ 和 $61.4\text{mA} \cdot \text{h} \cdot \text{g}^{-1}$，與純 $\text{Li}_2\text{ZnTi}_3\text{O}_8$ 相比分別提高了 $21.5\text{mA} \cdot \text{h} \cdot \text{g}^{-1}$、$54.4\text{mA} \cdot \text{h} \cdot \text{g}^{-1}$、$59.0\text{mA} \cdot \text{h} \cdot \text{g}^{-1}$ 和 $31.8\text{mA} \cdot \text{h} \cdot \text{g}^{-1}$。除此之外，$\text{Li}_2\text{ZnTi}_{2.9}\text{Al}_{0.1}\text{O}_8$ 材料的循環穩定性也比純樣好。這說明了 Al^{3+} 的摻雜有利於提高 $\text{Li}_2\text{ZnTi}_3\text{O}_8$ 材料的放電比容量和循環穩定性能。Tang 等還用高能球磨輔助固相法製得 Ag^+ 摻雜的材料 $\text{Li}_2\text{ZnAg}_x\text{Ti}_{3-x}\text{O}_8$（$x=0$，$0.05$，$0.1$，$0.15$，$0.2$），並用不同的物理及電化學方法對其進行表徵。結果顯示一部分的銀離子摻入了 $\text{Li}_2\text{ZnTi}_3\text{O}_8$ 晶格中，剩下的附着在 $\text{Li}_2\text{ZnTi}_3\text{O}_8$ 顆粒表面，摻雜樣品中 $\text{Li}_2\text{ZnAg}_{0.15}\text{Ti}_{2.85}\text{O}_8$ 具有最好的結晶度，在 $0.1\text{A} \cdot \text{g}^{-1}$ 下，具有最高的首次放電容量 $214\text{mA} \cdot \text{h} \cdot \text{g}^{-1}$。$\text{Li}_2\text{ZnAg}_{0.15}\text{Ti}_{2.85}\text{O}_8$ 材料在 $1\text{A} \cdot \text{g}^{-1}$、$2.0\text{A} \cdot \text{g}^{-1}$ 高倍率條件下循環 100 次後，放電比容量分別為 $127\text{mA} \cdot \text{h} \cdot \text{g}^{-1}$ 和 $77.1\text{mA} \cdot \text{h} \cdot \text{g}^{-1}$，而純樣的只保持在 $82.3\text{mA} \cdot \text{h} \cdot \text{g}^{-1}$ 和 $49.6\text{mA} \cdot \text{h} \cdot \text{g}^{-1}$。高倍率性能方面的顯著提高表明了 Ag^+ 摻雜的 $\text{Li}_2\text{ZnAg}_x\text{Ti}_{3-x}$（$x=0.15$）材料是一種很有前景的鋰離子電池負極材料。

　　伊廷鋒等採用高溫固相法製備 V^{5+} 摻雜的 $\text{Li}_{2-x}\text{V}_x\text{ZnTi}_3\text{O}_8$（$x=0$，$0.05$，$0.1$，$0.15$）材料，XRD 測試結果表明，$\text{V}^{5+}$ 能够成功摻入晶格內部，占據了四面體位置，而且 V^{5+} 的摻入減小了晶格常數。隨着摻雜量增大（$x \geqslant 0.1$ 時），

圖中開始出現微弱的 TiO_2 雜質峰，說明有部分 V^{5+} 沒有摻入晶格中。從 Raman 測試看出摻雜後沒有改變原材料的主要晶體結構。V^{5+} 摻入可以增強陽離子和氧之間鍵的振動，導致藍移。所有樣品顆粒粒徑分布較窄，都在 $0.5\sim1\mu m$ 之間。$Li_2ZnTi_3O_8$ 純樣團聚現象較為明顯，摻雜 V^{5+} 後，團聚現象減輕，顆粒分散性明顯提高，良好的分散性有利於鋰離子的傳輸，從而提高材料的循環性能。充放電測試發現，V^{5+} 的摻入減緩了極化現象，能量密度增加，放電平臺保持力提高。由不同倍率的充放電性能曲線圖可以看出，V^{5+} 的摻入提高了材料的循環性能，其中 5C 電流密度下，摻雜樣品的放電比容量均高於純樣，說明其大倍率性能得到一定改善。在摻雜樣品中 $Li_{1.95}V_{0.05}ZnTi_3O_8$ 表現出了最高的比容量和優秀的循環穩定性，0.1C 時，更有 $287.7mA \cdot h \cdot g^{-1}$ 的首次放電比容量。

9.3.2　$Li_2MnTi_3O_8$

$Li_2MnTi_3O_8$ 的結構與 $Li_2ZnTi_3O_8$ 類似，但是受合成方法的影響，合成的 $Li_2MnTi_3O_8$ 材料可能存在一定的缺陷。Chen 等採用高溫固相法合成了 $Li_2MnTi_3O_8$ 材料，採用 Rietveld 方法對 XRD 精修發現，由於高溫煅燒的工藝步驟，在 4b 和 8c 位置存在一定的鋰空位。在這種結構中，八面體是由 Li、Mn、Ti 原子構成，它提供了使材料在嵌脫鋰過程中保持穩定的框架結構。這也是 Ti 基材料具備良好循環性能的原因。而且，由於在四面體位置的 Li、Mn 分享了 8c 位置，由四面體組成的一個三維網路提供了鋰離子移動的通道。因此，晶胞可以被描述為 $(Li_{0.505}Mn_{0.495})^{tet}(Li_{0.495}Mn_{0.005})^{oct}Ti^{oct}O_4$。電化學原位 XRD 測試結果說明，通過該簡易固相法生成的 $Li_2MnTi_3O_8$ 在嵌脫鋰過程中的結構變化是一個準可逆的過程。

圖 9-18 為 $Li_2MnTi_3O_8$ 在不同嵌鋰態的晶體結構圖，基於 Ti^{4+}/Ti^{3+} 的氧化還原電對，$Li_2MnTi_3O_8$ 理論上最多可以嵌入 3 個鋰離子。如圖 9-18 所示，$Li_2MnTi_3O_8$ 中八面體的特殊位置 4b 和四面體的一般位置 8c 被陽離子占滿。因此，在嵌鋰過程中，嵌入的鋰離子將會占據新的位置，而 4a 是一個理想的空位置。如圖 9-18(b) 所示，當鋰離子占據 4a 位置，新的 Li-O 八面體在初始結構的間隙處生成。鋰離子嵌入 4a 位置的過程在隨後的循環中是部分不可逆的，這也是造成容量衰減的主要原因。當放電電壓繼續從 1.70V 降到 0.40V 時，在 4a 和 4b 位置上的鋰離子會持續不斷的遷移到 8c 位置上。與此同時，新嵌入的鋰離子會占據 4a 和 4b 位置。如圖 9-18(c) 所示，當鋰離子占據 8c 位置，新的 Li-O 四面體在初始結構的間隙處生成。鋰離子可逆的嵌入/脫出 8c 位置確保了尖晶石 $Li_2MnTi_3O_8$ 作為鋰離子電池負極材料的良好循環性能。

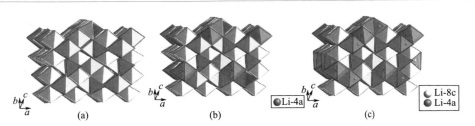

圖 9-18　$Li_2MnTi_3O_8$ 在不同嵌鋰態的晶體結構

（a）$Li_2MnTi_3O_8$；（b）$Li_3MnTi_3O_8$；（c）$Li_5MnTi_3O_8$

　　Chen 等還採用溶膠-凝膠法製備了 $Li_2MnTi_3O_8$ 材料，圖 9-19 為 $Li_2MnTi_3O_8$ 材料的化學性能圖。如圖 9-19（a）所示，在第一掃描時，位於 1.28V、0.51V、0.03V 處分別存在 3 個陰極峰，在 1.68V 和 0.23V 處存在 2 個陽極峰。但是第二次掃描時，在 1.32V 和 0.02V 出現了 2 個陰極峰，在 1.70V 和 0.30V

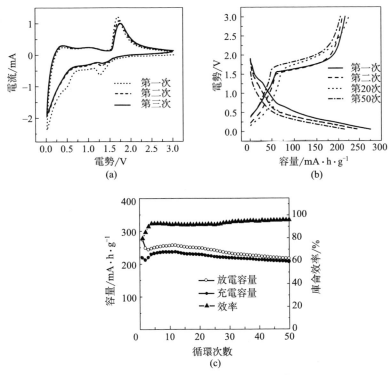

圖 9-19　$Li_2MnTi_3O_8$ 材料的化學性能圖

（a）循環伏安曲線；（b）充放電曲線；（c）循環性能以及庫侖效率圖

出現了 2 個陽極峰，在 0.51V 處的陰極峰幾乎消失，説明此處可能是不可逆的電化學過程，包括電解質的分解和 SEI 膜的形成等，這與 $Li_4Ti_5O_{12}$ 負極材料非常相似。兩個可逆的氧化還原電對 1.70V/1.32V 和 0.30V/0.02V 是由於在充放電的過程中 Ti^{4+}/Ti^{3+} 的變化造成的，這也和之前的 Ti 基鋰離子負極材料的性能相一致，説明了鋰離子嵌入和脱出該電極材料是高度可逆的。圖 9-19(b) 為 $Li_2MnTi_3O_8$ 材料的充放電曲線，在電壓範圍 0～0.5V 和 0.5～1.0V 有 2 個嵌鋰的斜坡。$Li_2MnTi_3O_8$ 材料表現出了較好的可逆容量，其初始的放電容量為 273.5mA·h·g^{-1}，50 次循環後其可逆容量保持 206.1mA·h·g^{-1}，相當於初始充電容量的 94.5％，而且循環庫侖效率的平均值也在 95％ 以上 ［圖 9-19(c)］。

9.3.3　$Li_2CuTi_3O_8$

　　盡管與 $Li_2MnTi_3O_8$ 和 $Li_2ZnTi_3O_8$ 的結構類似，但是 $Li_2CuTi_3O_8$ 的嵌鋰機製與上述兩種材料略有差異。Chen 等以化學計量比的 Li_2CO_3、CuO 和 TiO_2 為原料，採用高溫固相法合成了 $Li_2CuTi_3O_8$ 材料。利用 Rietveld 精修 XRD 可發現，$Li_2CuTi_3O_8$ 可以用 $(Li_{1.4}Cu_{0.6})^{tet}(Li_{0.6}Cu_{0.4}Ti_3)^{oct}O_8$ 的擴展形式來表示，電化學原位 XRD 測試結果表明，$Li_2CuTi_3O_8$ 的晶胞參數在嵌鋰和脱鋰過程中幾乎是鏡面對稱，這説明 $Li_2CuTi_3O_8$ 的充放電是一個準可逆的電化學反應過程。圖 9-20 為 $Li_2CuTi_3O_8$ 材料的嵌鋰結構模型。

　　如圖 9-20(a) 所示，在尖晶石結構框架中，O 原子占據 32e 位置，Li、Cu、Ti 原子占據 16d 位置形成了 $(Li_{0.6}Cu_{0.4}Ti_3)^{oct}O_8$ 框架結構，它可以保持在嵌脱鋰過程中的結構穩定。如圖 9-20(b) 所示，在電位較高時 (1.47V)，在四面體 8a 位的鋰離子下移向不規則準八面體位置 32e 位，使得間隙四面體變為準八面體。但是放電過程後 32e 並不是八面體的中心。如圖 9-20(c) 所示，在深度的嵌鋰過程，在不規則準八面體 32e 位置上的鋰離子在低電位下 (0.67V) 遷移到規則八面體 16c 位置上。其中 16c 位置是八面體的中心。但是與 $Li_2MnTi_3O_8$ 和 $Li_2ZnTi_3O_8$ 不同的是，在四面體 8a 位置上的銅離子也是會隨着嵌鋰過程中鋰離子的移動而移動。如圖 9-20(d) 所示，隨着鋰離子從 8a 位置遷移到 32e 位置上，銅離子也會發生遷移來到 32e 位置。在滿鋰狀態下鋰離子遷移到 16c 位置，在 32e 的銅離子返回 8a 位置。原位 XPS 也證明，當電位將至 0.75V 時，Cu^{2+} 還原為 Cu^+，這驗證了 Cu 離子在 8a 和 32e 位置之間的遷移，也説明了 $Li_2CuTi_3O_8$ 材料儲鋰容量部分來自於可逆轉化的 Cu^{2+}/Cu^+ 的氧化還原電對。

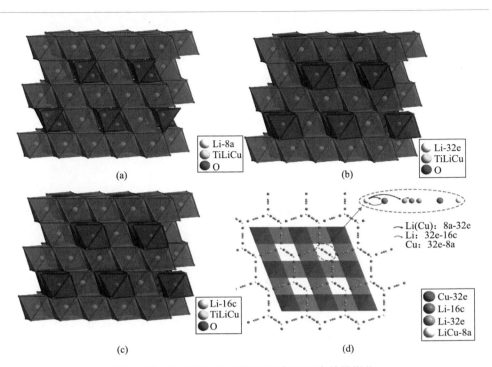

圖 9-20　$Li_2CuTi_3O_8$ 材料在嵌鋰過程中結構變化

（a）鋰離子在 8a 位置；（b）鋰離子在 32e 位置；（c）鋰離子
在 16c 位置；（d）鋰離子和銅離子在放電階段的遷移路徑

9.4　Li -Cr -Ti -O

9.4.1　LiCrTiO₄

　　$LiCrTiO_4$ 負極材料屬於尖晶石結構，空間點群為 Fd-3m，晶格參數為 $a =$ 8.313(2)Å，過渡金屬 Cr 和 Ti 是以 1：1 的比例結合併占據了八面體的 16d 位，氧緊密地排列在八面體的 32e 位點，鋰離子則占據了四面體的 8a 位點。$LiCrTiO_4$ 的理論比容量 157mA · h · g^{-1}，穩定的充放電平臺跟 $Li_4Ti_5O_{12}$ 類似，在 1.55V 左右，電化學性能穩定，電化學反應如下：

$$LiCrTiO_4 + xLi^+ + xe^- \Longrightarrow Li_{1+x}CrTiO_4 \, (0 \leqslant x \leqslant 1) \tag{9-4}$$

　　更重要的是，$LiCrTiO_4$ 的電子電導率和鋰離子擴散係數高達 4×10^{-6}S ·

cm^{-1}、$10^{-9} cm^2 \cdot s^{-1}$，遠遠高於 $Li_4Ti_5O_{12}$ 的 $10^{-13} \sim 10^{-8} cm^2 \cdot s^{-1}$。Barker 等發現，$LiCrTiO_4/Li$ 電池的嵌鋰電壓降至 0V 左右時，$LiCrTiO_4$ 可以嵌入 3 個鋰，電化學反應如下：

$$LiCr^{3+}Ti^{4+}O_4 + 3Li^+ + 3e^- \Longleftrightarrow Li_4Cr^{2+}Ti^{2+}O_4 \qquad (9-5)$$

此時全鋰態的 $LiCrTiO_4$ 的理論比容量可高達 $471 mA \cdot h \cdot g^{-1}$。當放電電壓達到 0.05V 時，鋰離子占滿 16c 位後，將占據四面體位的 8a、8b 或 48f 位。但是占據的 8b 或 48f 位的鋰離子不能可逆脫出，進而導致了材料首次不可逆容量損失，這與 $Li_4Ti_5O_{12}$ 非常類似。

Wang 等利用溶膠-凝膠化學結合電紡絲技術製備了 $LiCrTiO_4$ 纖維，並研究其在 $0.05 \sim 3V$ 之間寬電位窗口的電化學性能，如圖 9-21 所示。在初始的放電過程中，電壓平臺在 1.51V，隨着電流密度的增加，電壓平臺逐漸降低。$LiCrTiO_4$ 纖維的首次放電（嵌鋰）容量高達 $523.3 mA \cdot h \cdot g^{-1}$，不可逆容量損失高達 $211.8 mA \cdot h \cdot g^{-1}$，這與低電位下 SEI 膜的生成以及上述的 8b 或 48f 位的鋰離子不能可逆脫出有關。在電流密度為 $100 mA \cdot g^{-1}$ 時，50 次循環後 $LiCrTiO_4$ 纖維的放電容量為 $290 mA \cdot h \cdot g^{-1}$，高於 $Li_4Ti_5O_{12}$ 放電至 0V 的容量（$225 mA \cdot h \cdot g^{-1}$，$0.078 mA \cdot cm^{-2}$）；即使是在電流密度為 $2000 mA \cdot g^{-1}$ 時，$LiCrTiO_4$ 纖維的放電容量仍達 $259 mA \cdot h \cdot g^{-1}$，表現出了優異的倍率性能。

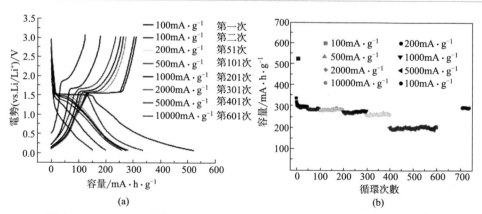

圖 9-21　$LiCrTiO_4$ 纖維在 $0.05 \sim 3V$ 之間不同電流密度的電化學性能曲線
（a）充放電曲線；（b）倍率性能。

為了提高 $LiCrTiO_4$ 在 1V 以上的電化學性能，Yang 等採用高溫固相合成法製備了碳包覆的 $LiCrTiO_4$ 材料，電化學性能測試表明，0.1C、0.5C、1C、2C 倍率放電時，$LiCrTiO_4$-C 材料的可逆容量分別為 $147 mA \cdot h \cdot g^{-1}$、$141 mA \cdot h \cdot g^{-1}$、$131 mA \cdot h \cdot g^{-1}$、$119 mA \cdot h \cdot g^{-1}$；即使是在 12C 倍率放電時，其容量仍等

達到 0.1 倍率容量的 50%，但是電壓平臺從 1.5V 降至 1.31V。

9.4.2　$Li_5Cr_7Ti_6O_{25}$

相對於 $Li_4Ti_5O_{12}$ 而言，Yi 等最早報導 $Li_5Cr_7Ti_6O_{25}$ 可以作為一種新型的鈦酸鹽負極材料，含鋰量少，性能可以與 $Li_4Ti_5O_{12}$ 媲美，有一定的成本優勢。放電至 1V 時（vs. Li^+/Li），$Li_5Cr_7Ti_6O_{25}$ 的理論比容量 $147mA \cdot h \cdot g^{-1}$，穩定的充放電平臺跟 $Li_4Ti_5O_{12}$ 類似，在 1.55V 左右，電化學性能穩定，電化學反應如下：

$$Li_5Cr_7Ti_6O_{25} + 6e^- + 6Li^+ \rightleftharpoons Li_{11}Cr_7Ti_6O_{25} \tag{9-6}$$

當 $Li_5Cr_7Ti_6O_{25}/Li$ 電池的嵌鋰電壓降至 0V 左右時，$Li_5Cr_7Ti_6O_{25}$ 可以嵌入 13 個鋰，理論容量為 $323mA \cdot h \cdot g^{-1}$，遠高於 $Li_4Ti_5O_{12}$ 的 $293mA \cdot h \cdot g^{-1}$，電化學反應如下：

$$Li_5Cr_7Ti_6O_{25} + 13e^- + 13Li^+ \rightleftharpoons Li_{18}Cr_7Ti_6O_{25} \tag{9-7}$$

$Li_5Cr_7Ti_6O_{25}$、$Li_{11}Cr_7Ti_6O_{25}$、$Li_{18}Cr_7Ti_6O_{25}$ 可以進一步地表示為 $[Li_{2.4}Ti_{0.6}]_{8a}[\quad]_{16c}[Cr_{3.36}Ti_{2.28}]_{16d}[O_{12}]_{32e}$（$Li_{2.4}Cr_{3.36}Ti_{2.88}O_{12}$）、$[Ti_{0.6}]_{8a}[Li_{5.28}]_{16c}[Cr_{3.36}Ti_{2.28}]_{16d}[O_{12}]_{32e}$（$Li_{5.28}Cr_{3.36}Ti_{2.88}O_{12}$）、$[Li_xTi_{0.6}]_{8a}[Li_y]_{8b}[Li_{5.28}]_{16c}[Li_{3.36-x-y}]_{48f}[Cr_{3.36}Ti_{2.28}]_{16d}[O_{12}]_{32e}$。

圖 9-22(a) 是溶膠-凝膠法製備的 $Li_5Cr_7Ti_6O_{25}$ 在 0~2.5V 之間的首次充放電曲線。與 $Li_4Ti_5O_{12}$ 類似，1V 以上的電壓平臺在 1.5V 左右，對應一個可逆的兩相反應；1V 以下的斜線與新的電化學嵌入反應有關。1V 以上的容量來自於 Ti^{4+}/Ti^{3+} 的氧化還原，1V 以上的容量主要來自於 Cr^{3+}/Cr^{2+} 的氧化還原。$Li_5Cr_7Ti_6O_{25}/Li$ 電池的前兩次放電容量分別為 $297mA \cdot h \cdot g^{-1}$、$195mA \cdot h \cdot g^{-1}$，具有較高的首次不可逆容量。其原因如下：電池的導電劑炭黑的理論容量為 $372mA \cdot h \cdot g^{-1}$（$LiC_{12}$），電極中 10% 的炭黑理論上最大可以傳遞 $46mA \cdot h \cdot g^{-1}$ 的容量，實際上的容量一般在 $20mA \cdot h \cdot g^{-1}$ 左右。此外，低電位時 SEI 膜的生成和電解液的分解也會導致一定的不可逆容量損失。最後，占據 8b 或 48f 位的鋰離子不能可逆脫出，也是導致了材料首次不可逆容量損失的重要原因。圖 9-22(b) 是溶膠-凝膠法製備的 $Li_5Cr_7Ti_6O_{25}$ 在 0~3V 之間的循環伏安曲線。從放大的 CV 圖上可以看出，相對於首次的 CV 曲線，在 0.75V 處有一個明顯的不可逆峰，這說明首次循環時，在 1V 以下，鈍化膜開始生成。考慮到這種電化學行為，在首次嵌鋰過程中，SEI 膜大約在 0.7V 時開始形成。因此，在 1~2.5V 之間循環時，與 $Li_4Ti_5O_{12}$ 類似，$Li_5Cr_7Ti_6O_{25}$ 也是一種免 SEI 膜材料。

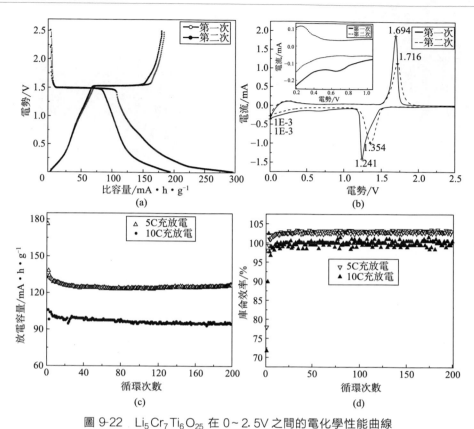

圖 9-22　$Li_5Cr_7Ti_6O_{25}$ 在 0～2.5V 之間的電化學性能曲線

（a）首次充放電曲線（0.2C）；（b）循環伏安曲線；（c）不同倍率
的循環性能曲線；（d）不同倍率的庫侖效率曲線

圖 9-22(c) 是溶膠-凝膠法製備的 $Li_5Cr_7Ti_6O_{25}$ 在 0～2.5V 之間的循環性能曲線，在 5C 和 10C 倍率充放電時，$Li_5Cr_7Ti_6O_{25}$ 的放電容量分別為 176mA・h・g^{-1}、132mA・h・g^{-1}，200 次循環後容量保持率分別為 91.5%、89.4%（相對於第二次放電容量），這說明即使是放電至 0V，$Li_5Cr_7Ti_6O_{25}$ 仍具有優異的快速充放電性能。從庫侖效率圖［圖 9-22(d)］可以看出，$Li_5Cr_7Ti_6O_{25}$ 的首次庫侖效率不高，在 5C 和 10C 倍率充放電時，首次循環的庫侖效率分別為 78% 和 72%，這與低電位 SEI 膜的形成有關。但是，$Li_5Cr_7Ti_6O_{25}$ 的首次庫侖效率明顯地高於硬炭負極（約 60%）以及一些新型的負極材料，例如 ZnO/Ni/C 中空微球（61.4%）、Fe_3O_4 正八面體（68%）等。經過幾次循環後，$Li_5Cr_7Ti_6O_{25}$ 的庫侖效率幾乎接近 100%。

為了提高 $Li_5Cr_7Ti_6O_{25}$ 在 1V 以上的電化學性能，Yan 等以蔗糖為碳源，採用溶膠-凝膠法製備了碳包覆的 $Li_5Cr_7Ti_6O_{25}$ 材料，如圖 9-23 所示。

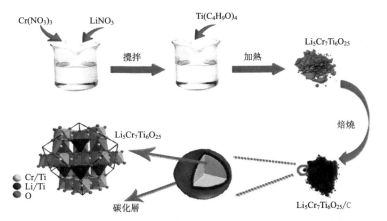

圖 9-23　碳包覆的 $Li_5Cr_7Ti_6O_{25}$ 材料溶膠-凝膠法合成路線

電化學性能測試表明，$Li_5Cr_7Ti_6O_{25}/C$ 比未包覆的 $Li_5Cr_7Ti_6O_{25}$ 的材料具有更好的循環性能和可逆容量。$500mA \cdot g^{-1}$ 循環時，200 次循環後 $Li_5Cr_7Ti_6O_{25}/C$ 的可逆容量為 $111.6mA \cdot h \cdot g^{-1}$，容量損失為 13%；而 $Li_5Cr_7Ti_6O_{25}$ 的可逆容量僅為 $93.6mA \cdot h \cdot g^{-1}$，容量損失為 19%。$Li_5Cr_7Ti_6O_{25}/C$ 優異的電化學性能來源於非晶碳層的包覆，碳層有利於鋰離子和電子的傳輸。圖 9-24 為 $Li_5Cr_7Ti_6O_{25}/C$ 材料首次充放電循環的原位 XRD 圖及對應的晶胞參數和晶胞體積的變化圖。

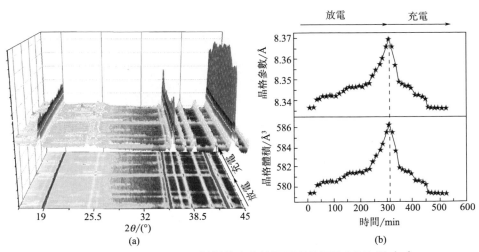

圖 9-24　$Li_5Cr_7Ti_6O_{25}/C$ 材料首次充放電循環的原位 XRD 圖（a）

及對應的晶胞參數和晶胞體積的變化（b）

從圖 9-24 中可以看出，布拉格點的位置在 18.2°、35.7°、37.4°、43.4°處分別對應着 （111） 峰、（311） 峰、（222） 峰和 （400） 峰，在嵌鋰過程中向低角度偏移。充電時 （脫鋰），所有的衍射峰又回到原來的位置。此外，在鋰化過程中，（111） 峰和 （311） 峰的強度逐漸減弱，（400） 峰的強度逐漸增加，而脫鋰時，各峰的強度又回到原來的位置。另外，$Li_5Cr_7Ti_6O_{25}$/C 材料的晶胞參數和晶胞體積在嵌鋰脫鋰過程中幾乎呈鏡面對稱，這説明，$Li_5Cr_7Ti_6O_{25}$/C 具有較好的結構穩定性和儲鋰的可逆性。

另外，伊廷鋒等利用高溫固相法製備了 $Li_5Cr_7Ti_6O_{25}$@CeO_2 複合物，$Li_5Cr_7Ti_6O_{25}$@CeO_2 ［3％（質量分數）］ 在不同倍率下展示最高的嵌鋰和脫鋰容量，5C 倍率充放電時，100 次循環後的脫鋰容量仍有 $107.5mA \cdot h \cdot g^{-1}$。根據 HRTEM 測試及 $Li_5Cr_7Ti_6O_{25}$@CeO_2 的界面模型圖 （圖 9-25），$Li_5Cr_7Ti_6O_{25}$ 和 CeO_2 之間可以形成良好的界面。根據晶體對稱性和兩種化合物的晶格參數，沿着 ［001］ 方向，在 $Li_5Cr_7Ti_6O_{25}$ 和 CeO_2 之間可以形成良好的界面匹配。$Li_5Cr_7Ti_6O_{25}$ 的表面向量減小為 $\frac{\sqrt{2}}{2}a$、$\frac{\sqrt{2}}{2}b$ 和 $\frac{\sqrt{2}}{2}c$ （$a=b=c=$ 8.3140Å），而 CeO_2 的晶格參數為 5.41Å。因此 $Li_5Cr_7Ti_6O_{25}$ 和 CeO_2 之間的不匹配度只有 8％。這進一步證明了在 $Li_5Cr_7Ti_6O_{25}$ 和 CeO_2 之間可以形成一個穩定的固相界面，進而可以儲存更多的電解液進行電化學反應。在 CeO_2 表面的離子內吸附可以導致空間電荷效應，提高了 CeO_2 表面的正離子空位濃度，進而在 $Li_5Cr_7Ti_6O_{25}$ 和 CeO_2 之間形成良好的界面導電層。$Li_5Cr_7Ti_6O_{25}$ 和 CeO_2 之間良好的電子接觸提高了鋰離子和電子的傳輸效率，因此在電化學反應過程中，鋰離子遷移能力、電化學活性、鋰離子嵌脫可逆性均得到了提高，而電化學極化相應地減弱，進而導致了 $Li_5Cr_7Ti_6O_{25}$@CeO_2 複合物具有優異的電化學性能。

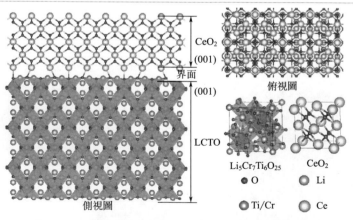

圖 9-25　$Li_5Cr_7Ti_6O_{25}$（LCTO）和 CeO_2 的界面模型

9.5 TiO₂ 負極材料

TiO₂ 是自然界儲量較大的材料，所以不必擔心其來源的不足，而且因其具有多變的晶體結構，得到了廣泛的研究。二氧化鈦的存在方式主要有三種：金紅石型（四方晶系，$P4_2/mmm$ 空間群）、銳鈦礦型（四方晶系，$I4_1/amd$ 空間群）和板鈦礦型（正交晶系，Pbca 空間群）。圖 9-26 為銳鈦礦型 TiO₂ 及其嵌鋰後的結構圖。

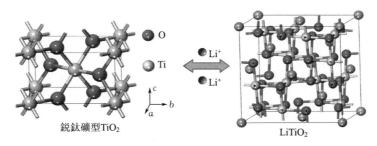

圖 9-26　銳鈦礦型 TiO₂ 及其嵌鋰後的結構圖

TiO₂ 的製備方法主要有溶膠-凝膠法、模板法、水熱法和電化學陽極氧化法。Lou 等通過液相法製備出各種奈米形貌的 TiO₂ 及其複合材料，並具有良好的電化學性能。Dambournet 等通過對分佈函數的計算得到了板鈦礦型 TiO₂ 脫嵌鋰過程中的儲鋰量，結果是 1mol TiO₂ 中只能嵌入 0.75mol 的 Li 而形成 Li₀.₇₅TiO₂。這 0.75 個 Li 占據扭曲八面體結構中的 8c 空位。根據不同倍率下 TiO₂ 的容量性能，可以發現二氧化鈦在高倍率下容量衰減很大，所以不太適用於大功率的設備使用。

參考文獻

[1] Wang Q, Yu H, Xie Y, Li M, Yi T F, Guo C, Song Q, Lou M, Fan S. Struc- tural stabilities, surface morphologies and electronic properties of spinel Li-

Ti_2O_4 as anode materials for lithium-ion battery: A first-principles investigation. J Power Sources, 2016, 319: 185-194.

[2] 楊建文，顏波，葉璟，李雪. 鋰鈦氧嵌鋰負極材料的研究進展. 稀有金屬材料與工程，2015, 44 (1)：255-260.

[3] Cho W, Park M, Kim J, Kim Y. Interfacial reaction between electrode and electrolyte for a ramsdellite type $Li_{2+x}Ti_3O_7$ anode material during lithium insertion. Electrochim. Acta, 2012, 63: 263-268

[4] Dambournet D, Belharouak I, Amine K. $MLi_2Ti_6O_{14}$ (M = Sr, Ba, 2Na) Lithium Insertion Titante Materials: A Comparative Study. Inorg Chem, 2010, 49: 2822-2826.

[5] Wang P, Li P, Yi T, Lin X, Yu H, Zhu Y, Qian S, Shui M, Shu J. Enhanced lithium storage capability of sodium lithium titanate via lithium-site doping. J Power Sources, 2015, 297: 283-294.

[6] Li H, Shen L, Ding B, Pang G, Dou H, Zhang X. Ultralong $SrLi_2Ti_6O_{14}$ nanowires composed of single-crystalline nanoparticles: Promising candidates for high-power lithium ions batteries. Nano Energy, 2015, 13: 18-27.

[7] Shu J, Wu K, Wang P, Li P, Lin X, Shao L, Shui M, Long N, Wang D. Lithiation and delithiation behavior of sodium lithium titanate anode. Electrochim. Acta, 2015, 173: 595-606.

[8] Li P, Wu K, Wang P, Lin X, Yu H, Shui M, Zheng X, Long N, Shu J. Preparation, electrochemical characterization and in-situ kinetic observation of $Na_2Li_2Ti_6O_{14}$ as anode material for lithium ion batteries. Ceram Int, 2015, 41: 14508-14516.

[9] Liu J, Li Y, Wang X, Gao Y, Wu N, Wu B. Synthesis process investigation and electrochemical performance characterization of $SrLi_2Ti_6O_{14}$ by ex situ XRD. J Alloys Compd, 2013, 581: 236-240.

[10] Lin X, Li P, Wang P, Yu H, Qian S, Shui M, Zheng X, Long N, Shu J. $SrLi_2Ti_6O_{14}$: A probable host material for high performance lithium storage. Electrochim Acta, 2015, 180: 831-844.

[11] Liu J, Wu B, Wang X, Wang S, Gao Y, Wu N, Yang N, Chen Z. Study of the Li^+ intercalation/de-intercalation behavior of $SrLi_2Ti_6O_{14}$ by in-situ techniques. J. Power Sources, 2016, 301: 362-368.

[12] Yin S, Feng C, Wu S, Liu H, Ke B, Zhang K, Chen D. Molten salt synthesis of sodium lithium titanium oxide anode material for lithium ion batteries. J Alloys Compd, 2015, 642: 1-6.

[13] Dambournet D, Belharouak I, Ma J, Amine K. Template-assisted synthesis of high packing density $SrLi_2Ti_6O_{14}$ for use as anode in 2. 7V lithium-ion battery. J Power Sources, 2011, 196: 2871-2874.

[14] Liu J, Sun X, Li Y, Wang X, Gao Y, Wu K, Wu N, Wu B. Electrochemical performance of $LiCoO_2/SrLi_2Ti_6O_{14}$ batteries for high-power applications. J Power Sources, 2014, 245: 371-376.

[15] Lao M, Li P, Wang P, Zheng X, Wu W, M S, Lin X, Long N, Shu J. Advanced deectrochemical performance of $Li_{1.95}Al_{0.05}Na_2Ti_6O_{14}$ anode material for lithium ion batteries. Electrochim Acta, 2015, 176: 694-704.

[16] Wu K, Shu J, Lin X, Shao L, Li P,

Shui M, Lao M, Long N, Wang D. Phase composition and electrochemical performance of sodium lithium titanates as anode materials for lithium rechargeable batteries. J Power Sources, 2015, 275: 419-428.

[17] Wang W, Gu L, Qian H, Zhao M, Ding X, Peng X, Sha J, Wang Y. Carbon-coated silicon nanotube arrays on carbon cloth as a hybrid anode for lithium-ion batteries. J Power Sources, 2016, 307: 410-415.

[18] Wu K, Shu J, Lin X, Shao L, Lao M, Shui M, Li P, Long N, Wang D. Enhanced electrochemical performance of sodium lithium titanate by coating various carbons. J Power Sources, 2014, 272: 283-290.

[19] Lin X, Wang P, Li P, Yu H, Qian S, Shui M, Wang D, Long N, Shu J. Improved the lithium storage capability of $BaLi_2Ti_6O_{14}$ by electroless silver coating. Electrochim Acta, 2015, 186: 24-33.

[20] Kawai H, Tabuchi M, Nagata M, Tukamoto H, West A R.Crystal chemistry and physical properties of complex lithium spinels $Li_2MM'_3O_8$ (M = Mg, Co, Ni, Zn; M' = Ti, Ge). J Mater Chem, 1998, 8 (5): 1273-1280.

[21] Wang L, Wu L, Li Z, Lei G, Zhang P. Synthesis and electro-chemical properties of $Li_2ZnTi_3O_8$ fibers as an anode material for lithium-ion batteries. Electrochim Acta, 2011, 56 (15): 5343-5346.

[22] Chen W, Liang H, Ren W, Shao L, Shu J, Wang Z. Complex spinel titanate as an advanced anode material for rechargeable lithium-ion batteries. J Alloys Compd, 2014, 611: 65-73.

[23] 楊猛，卞亞娟，趙相玉，馮曉叁，汪敏，馬立群，沈曉冬. Li^+ 在尖晶石鈦酸鹽 $Li_2ZnTi_3O_8$ 中的電化學行為. 南京工業大學學報（自然科學版），2012, 34（6）: 18-21.

[24] Wang L, Wu L, Li Z, Lei G, Xiao Q, Zhang P. Synthesis and electrochemical properties of $Li_2ZnTi_3O_8$ fibers as an anode material for lithium-ion batteries. Electrochim Acta, 2011, 56 (15): 5343-5346.

[25] Tang H, Tang Z. Effect of different carbon sources on electrochemical properties of $Li_2ZnTi_3O_8$/C anode material in lithium-ion batteries. J Alloys Compd, 2014, 613: 267-274.

[26] Tang H, Zhu J, Ma C, Tang Z. Lithium cobalt oxide coated lithium zinc titanate anode material with an enhanced high rate capability and long lifespan for lithium-ion batteries. Electrochim Acta, 2014, 144: 76-84.

[27] Xu Y, Hong Z, Xia L, Yang J, Wei M. One step sol-gel synthesis of $Li_2ZnTi_3O_8$/C nanocomposite with enhanced lithium-ion storage properties. Electrochim Acta, 2013, 88: 74-78.

[28] Tang H, Zhu J, Tang Z, Ma C. Al-doped $Li_2ZnTi_3O_8$ as an effective anode material for lithium-ion batteries with good rate capabilities. J Electroanal Chem, 2014, 731: 60-66.

[29] Tang H, Tang Z, Du C, Qie F, Zhu J. Ag-doped $Li_2ZnTi_3O_8$ as a high rate anode material for rechargeable lithium-ion batteries. Electrochim Acta, 2014, 120: 187-192.

[30] Wang X, Wang L, Chen B, Yao J, Zeng H. MOFs as reactant: In situ syn-

thesis of $Li_2ZnTi_3O_8$ @ C-N nanocomposites as high performance anodes for lithium-ion batteries. J Electroanal Chem, 2016, 775: 311-319.

[31] Yi T F, Wu J, Yuan J, Zhu Y, Wang P. Rapid lithiation and delithiation property of V^- Doped $Li_2ZnTi_3O_8$ as anode material for lithium-ion battery. ACS Sustainable Chem Eng, 2015, 3 (12): 3062-3069.

[32] Chen W, Liang H, Qi Z, Shao L, Shu J, Wang Z. Enhanced electrochemical properties of lithium cobalt titanate via lithium-site substitution with sodium. Electrochim Acta, 2015, 174: 1202-1215.

[33] Chen W, Zhou Z, Liang H, Shao L, Shu J, Wang Z. Lithium storage mechanism in cubic lithium copper titanate anode material upon lithiation/delithiation process. J Power Sources, 2015, 281: 56-68

[34] Chen W, Liang H, Shao L, Shu J, Wang Z. Observation of the structural changes of sol-gel formed $Li_2MnTi_3O_8$ during electrochemical reaction by in-situ and ex-situ studies. Electrochim Acta, 2015, 152: 187-194

[35] Wang L, Xiao Q, Wu L, Lei G, Li Z. Spinel $LiCrTiO_4$ fibers as an advanced anode material in high performance, lithium ion batteries. Solid State Ionics, 2013, 236: 43-47

[36] Yang J, Yan B, Ye J, Li X, Liu Y, You H. Carbon-coated $LiCrTiO_4$ electrode material promoting phase transition to reduce asymmetric polarization for lithium-ion batteries. Phys Chem Chem Phys, 2014, 16: 2882-2891

[37] Yi T F, Mei J, Zhu Y, Fang Z. $Li_5Cr_7Ti_6O_{25}$ as a novel negative electrode material for lithium-ion batteries. Chem Commun, 2015, 51 (74): 14050-14053.

[38] Yan L, Qian S, Yu H, Li P, Lan H, Long N, Zhang Ruifeng, Miao Shui, Jie Shu. Carbon-enhanced electrochemical performance for spinel $Li_5Cr_7Ti_6O_{25}$ as a lithium host material. ACS Sustainable Chem Eng, 2017, 5: 957-964.

[39] Wiedemann D, Nakhal S, Franz A, Lerch M. Lithium diffusion pathways in metastable ramsdellite-like $Li_2Ti_3O_7$ from high-temperature neutron diffraction. Solid State Ionics, 2016, 293: 37-43.

[40] Wang Z, Lou X. TiO_2 Nanocages: Fast Synthesis, Interior functionalization and improved lithium storage properties. Adv Mater, 2012, 24: 4124-4129.

[41] Yan L, Yu H, Qian S, Li P, Lin X, Long N, Zhang R, Shui M, Shu J. Enhanced lithium storage performance of $Li_5Cr_9Ti_4O_{24}$ anode by nitrogen and sulfur dual-doped carbon coating. Electrochimi Acta, 2016, 213: 217-224.

[42] Yan L, Yu H, Qian S, Li P, Lin X, Wu Y, Long N, Shui M, Shu J. Novel spinel $Li_5Cr_9Ti_4O_{24}$ anode: Its electrochemical property and lithium storage process. Electrochimi Acta, 2016, 209: 17-24.

[43] Lin C, Deng S, Shen H, Wang G, Li Y, Yu L, Lin S, Li J, Lu L. $Li_5Cr_9Ti_4O_{24}$: A new anode material for lithium-ion batteries. J Alloys Compd, 2015, 650: 616-621.

[44] Mei J, Yi T F, Li X Y, Zhu Y R, Xie Y, Zhang C F.Robust strategy for craf-

ting $Li_5Cr_7Ti_6O_{25}$@CeO_2 composites as high-performance anode material for lithium-ion battery. ACS Appl Mater Interfaces, 2017, 9 (28) : 23662-23671.

[45] Yi T F, Wu J Z, Yuan J, Zhu Y R, Wang P F.Rapid lithiation and delithiation property of V^- Doped $Li_2ZnTi_3O_8$ as anode material for lithium-ion battery. ACS Sustain Chem Eng, 2015, 3 (12) : 3062-3069.

第10章

其他新型負極材料

10.1 過渡金屬氧化物負極材料

自從 Poizot 等的開創性工作報導了過渡金屬氧化物（TMOs）後，由於其較高的理論容量，過渡金屬氧化物被認為是高性能鋰離子電池的極好的潛在負極材料。與傳統的石墨負極相比，過渡金屬氧化物擁有高的理論容量和首次充放電容量。它不同於傳統碳材料的原子層間插入機理，也不同於錫基、矽基材料的合金化機理，而是基於如下可逆轉化反應：

$$M_xO_y + 2y\,Li \Longleftrightarrow x\,M + y\,Li_2O \tag{10-1}$$

首次嵌鋰（放電）時，M_xO_y 顆粒表面發生電解液分解的副反應，形成一層有機固態電解質（SEI）膜，將顆粒包裹起來。進一步放電時，M_xO_y 被完全分解，生成高活性奈米過渡金屬 M（2～8nm）以及分散這些奈米金屬的非晶態 Li_2O 基質。之後的脫鋰（充電）過程是一逆反應過程，放電時產生的奈米過渡金屬 M 同 Li_2O 反應，生成奈米過渡金屬氧化物 M_xO_y，同時伴有 SEI 膜的部分分解。這個逆反應過程的發生歸因於放電時產生的過渡金屬奈米粒子的高反應活性。

過渡金屬氧化物負極材料的缺點主要體現在首次充放電不可逆容量損失大和循環穩定性差這兩個方面。M_xO_y 首次不可逆容量損失主要源於兩點：一是過渡金屬氧化物與電解液在接觸界面上發生反應，形成 SEI 膜，這一反應會不可逆地消耗一定的 Li；二是由於首次放電結束後生成的過渡金屬 M 和 Li_2O 在首次充電過程中並不能完全轉化成 M_xO_y，還會存在少量未反應的金屬 M 和 Li_2O。M_xO_y 循環穩定性差的原因有三點：一是 M_xO_y 的導電性差，電子或離子的擴散係數不大，直接降低了電極反應的可逆性，充放電循環時容量衰減快；二是 M_xO_y 反復與 Li 反應後發生粉化，活性顆粒之間、活性顆粒與集流體之間會失去電接觸，這些喪失電接觸的顆粒不能再參與電極反應，從而導致容量衰減；三是 M_xO_y 與 Li 反應生成的金屬奈米顆粒在多次充放電循環後嚴重團聚，能參與電極反應的活性物質減少，容量不斷衰減。

10.1.1　四氧化三鈷

　　四氧化三鈷（Co_3O_4）容量高達約為 $890mA \cdot h \cdot g^{-1}$，比碳材料高兩到三倍。然而，$Co_3O_4$ 通常導電性較差，並且在電池放電時會引起巨大的體積膨脹，這便導致了其循環穩定性和倍率性能較差。這些問題也阻礙了其在鋰離子電池中的實際應用。一個有效的解決方案是開發 Co_3O_4 與其他材料的複合材料，例如導電性能良好的碳材料。另一個解決方案是合成不同形貌的奈米 Co_3O_4，如奈米片、奈米帶、奈米線及奈米膜等。

　　Ge 等合成並研究了多孔 Co_3O_4 中空奈米球，如圖 10-1 所示。最初形成自組裝聚集體（CDSA）前驅體，隨後進行煅燒處理後得到多孔中空 Co_3O_4 奈米球，其中大部分 Co_3O_4 奈米球是相互分散的。當 Co_3O_4 奈米球用作儲鋰的負極材料時，顯示出優異的庫侖效率，高的儲鋰能力和優異的循環穩定性。考慮到多孔中空 Co_3O_4 奈米球易於合成的特點及其優異的電化學性能，特殊多孔中空框架的方案可以進一步擴展到其他金屬氧化物負極材料的合成，並且可以預期將會提高那些循環過程中體積變化較大的負極材料的電化學性能。

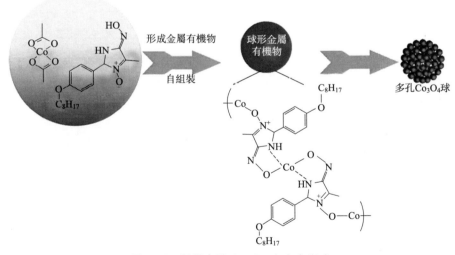

圖 10-1　製備多孔 Co_3O_4 中空奈米球

　　Jin 等採用水熱法結合煅燒製備了不同形態（葉，片和立方體型）的 Co_3O_4 材料，並研究了其電化學性能。結果表明，葉狀 Co_3O_4 擁有最高的容量（$1245mA \cdot h \cdot g^{-1}$，在 0.1C 下 40 個循環）和良好的倍率性能（0.1C，0.2C，

0.5C，1C，2C 下可逆容量分別為 $1028mA \cdot h \cdot g^{-1}$，$1085mA \cdot h \cdot g^{-1}$，$1095mA \cdot h \cdot g^{-1}$，$1038mA \cdot h \cdot g^{-1}$ 和 $820mA \cdot h \cdot g^{-1}$），這説明了形貌結構對 Co_3O_4 材料電化學性能是極其重要的。Li 等用模板法合成了不同形貌 Co_3O_4 奈米結構，包括奈米管、奈米釘和奈米顆粒，研究發現不同形貌的 Co_3O_4 材料的儲鋰性能有很大差別，Co_3O_4 奈米管要好於奈米釘的儲鋰性能，而奈米 Co_3O_4 顆粒最差。

石墨烯（graphene）是一種由碳原子緊密堆積而成，具有單層二維結構的碳薄膜新材料，具有較高的比表面積、良好的導電導熱性能、超高的機械強度和化學穩定性。Wu 等合成了 Co_3O_4/石墨烯奈米複合物，如圖 10-2 所示。首先採用化學法將石墨烯分散在異丙醇的水溶液中，然後在氫氣氣氛下轉移到三口燒瓶中。隨後加入適量的 $Co(NO_3)_2 \cdot 6H_2O$ 和 $NH_3 \cdot H_2O$，反應後生成 $Co(OH)_2$/石墨烯奈米複合物前驅體，最後在 450℃ 空氣氣氛中煅燒 2h 得到 Co_3O_4/石墨烯複合物。如圖 10-2 所示，Co_3O_4/石墨烯展示了比 Co_3O_4 更高的可逆容量和更好的循環穩定性，具有優異的倍率性能。金屬氧化物 M_xO_y 奈米粒子與石墨烯複合後具有更好的電化學性能的原因是：第一，奈米粒子均勻地分散在石墨烯上，緩解了充放電過程中奈米粒子的體積變化；第二，石墨烯導電性好，富有彈性，比表面積大，增大了電極/電解液接觸面積，縮短了鋰離子傳輸路徑；第三，石墨烯和金屬氧化物奈米粒子都貢獻了充放電容量。

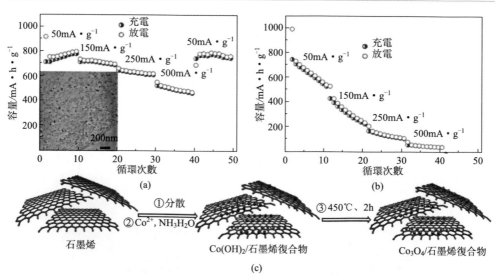

圖 10-2　Co_3O_4/石墨烯（a）和 Co_3O_4（b）的倍率性能，
Co_3O_4/石墨烯複合物的製備流程示意圖（c）

　　另外，Hang 等發現奈米粒子複合到管狀碳奈米纖維，小片狀奈米纖維等 1D 結構上的循環可逆容量大於負載在乙炔黑、石墨等其他碳基材料上的容量，是因為 1D 奈米線、碳奈米纖維（CNF）、碳奈米管（CNT）在電極中形成導電網格的能力遠強於顆粒狀碳粉。將活性材料複合在 1D 奈米結構導電網格中形成 1D 雜化網格結構，這種結構材料具有很高的倍率性能和循環性能。Yang 等將碳奈米纖維與鈷氧化物複合製備了 CNF-Co_3O_4 複合物。在 $0.01\sim3V$ 之間循環時，以 $100mA \cdot g^{-1}$ 的電流密度充放電，CNF-Co_3O_4 複合物在循環 50 次後容量約 $900mA \cdot h \cdot g^{-1}$，循環 100 次後容量為 $776.3mA \cdot h \cdot g^{-1}$，而循環 35 次後 Co_3O_4 奈米粒子的容量只有 $515mA \cdot h \cdot g^{-1}$。

10.1.2　氧化鎳

　　氧化鎳（NiO）結構穩定，價格便宜，有較高的理論容量，已廣泛應用於鋰離子電池負極。但目前使用的氧化鎳負極導電性能差，充放電過程不可逆，容量損失嚴重，倍率放電性能也不佳，以致限製了它的應用。為了提高 NiO 負極材料的電化學性能，目前，人們合成了各種結構的奈米 NiO，包括奈米粒子、奈米線、奈米棒、奈米片、奈米棒、中空球和多孔固體等。近年來其硝酸鹽的熱分解、水熱法等用於合成奈米結構的 NiO 已經被廣泛報導。

　　Cho 等通過靜電紡絲法製備了中空奈米球組成的 NiO 奈米纖維和多孔結構的 NiO 奈米纖維，如圖 10-3 所示。充放電結果表明，分別在 300℃、500℃ 和 700℃ 氫氬混合氣下還原製備的中空奈米球組成的 NiO 奈米纖維 $1A \cdot g^{-1}$ 的電流密度循環 250 次後的放電容量分別為 $707mA \cdot h \cdot g^{-1}$，$655mA \cdot h \cdot g^{-1}$ 和 $261mA \cdot h \cdot g^{-1}$，展示了較好的循環穩定性和結構穩定性。

　　Wang 等通過溶劑熱法製備了一種新穎的三維（3D）層狀多孔石墨烯@NiO@碳複合材料，其中石墨烯片被多孔 NiO@碳奈米片均勻包裹，如圖 10-4 所示。實驗使用了二茂鎳作為 NiO 和無定形碳的前驅體，氧化石墨烯被用作二維奈米結構和導電石墨烯骨架的模板。所得複合材料具有高表面積（$196m^2 \cdot g^{-1}$）和較大的孔體積（$0.46cm^3 \cdot g^{-1}$）。所獲得的石墨烯@NiO@碳複合材料在 $200mA \cdot g^{-1}$ 的電流密度下有 $1042mA \cdot h \cdot g^{-1}$ 的高可逆容量，凸顯了其優異的倍率性能和較長的循環壽命。Lu 等用電紡絲方法合成出 NiO-SWNT 纖維交叉重疊的三維網格結構，NiO-SWNT 纖維表面光滑，表面直徑相當均勻，合成的纖維為 NiO，均勻填充在 SWNT 管內部形成同軸結構。與純 NiO 纖維相比，NiO-SWNT 纖維的穩定性要好。1C 倍率下，NiO-SWNT 纖維首次放電比容量為 $877mA \cdot h \cdot g^{-1}$，而純 NiO 纖維為 $857mA \cdot h \cdot g^{-1}$。30 個循環週期後 NiO 纖維放電比容量衰減到 $178mA \cdot h \cdot g^{-1}$，平均每個週期衰減 5.1%，NiO-SWNT 纖維僅衰減 3.1%。

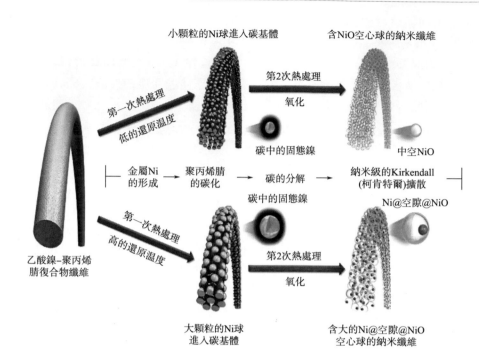

第一次熱處理 低的還原溫度

小顆粒的Ni球進入碳基體

第2次熱處理 氧化

含NiO空心球的納米纖維

碳中的固態鎳

中空NiO

金屬Ni 的形成 → 聚丙烯腈 的碳化 → 碳的分解 → 納米級的Kirkendall (柯肯特爾)擴散

碳中的固態鎳

Ni@空隙@NiO

乙酸鎳–聚丙烯 腈復合物纖維

第一次熱處理 高的還原溫度

第2次熱處理 氧化

大顆粒的Ni球 進入碳基體

含大的Ni@空隙@NiO 空心球的納米纖維

圖 10-3　中空奈米球組成的 NiO 奈米纖維和多孔結構的 NiO 奈米纖維製備流程圖

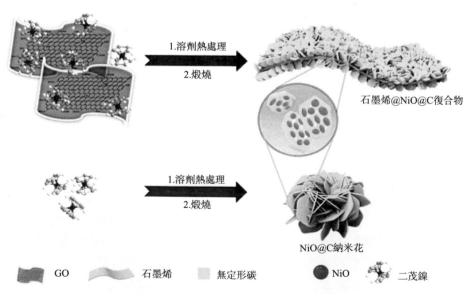

1.溶劑熱處理
2.煅燒

石墨烯@NiO@C復合物

1.溶劑熱處理
2.煅燒

NiO@C納米花

GO　　　石墨烯　　　無定形碳　　　NiO　　　二茂鎳

圖 10-4　石墨烯@NiO@C 複合材料和 NiO@C 奈米花結構的形成機理的示意圖

30 次循環週期後 NiO 纖維結構發生坍塌，造成容量衰減，而 NiO-SWNT 纖維結構由於 NiO 纖維與 SWNT 之間的黏着力可以使 NiO 體積變化過程中產生的應力轉移到 SWNT 內表面，避免破壞 NiO 纖維，從而結構得到保持且穩定性好，2C 倍率下，20 次循環週期後依然具有 $337mA \cdot h \cdot g^{-1}$ 的可逆比容量。

10.1.3 二氧化錳

二氧化錳（MnO_2）負極材料具有較高的理論比容量，高達 $1232mA \cdot h \cdot g^{-1}$，高於許多過渡金屬氧化物的理論比容量（如：$Fe_2O_3$，$1007mA \cdot h \cdot g^{-1}$；$Fe_3O_4$，$924mA \cdot h \cdot g^{-1}$；$Co_3O_4$，$890mA \cdot h \cdot g^{-1}$；$CuO$，$673mA \cdot h \cdot g^{-1}$ 等），放電平臺約為 $0.40V$，明顯低於其他過渡金屬氧化物負極材料的電壓平臺（如 Fe_2O_3，$0.7 \sim 0.9V$；Co_3O_4，約 $0.6V$；CuO，約 $0.9V$）。MnO_2 具有多樣的晶體結構可供選擇（如 α 相、β 相、γ 相等），還具有豐富的自然儲量、低廉的價格、環境污染較小等許多優點，這使得 MnO_2 在鋰離子電池負極材料應用上具有巨大的潛力。但是 MnO_2 作為鋰離子電池的負極材料，也面臨着其他過渡金屬氧化物負極材料類似的問題。

總的來說，γ-MnO_2 最適合作為鋰離子電池負極材料，層狀結構有利於鋰離子的擴散。β-MnO_2 的結構最不利於鋰離子的傳輸。2D 的奈米片或者超薄片可以提供足夠的用於離子占位活性位點和離子的傳輸通道，因此 2DMnO_2 奈米材料被廣泛合成，並用於鋰離子電池負極材料。圖 10-5 展示了 2DMnO_2 奈米材料

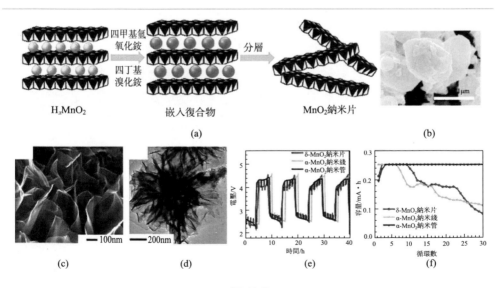

圖 10-5

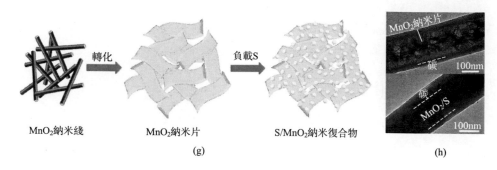

MnO₂ 納米線 → 轉化 → MnO₂ 納米片 → 負載S → S/MnO₂ 納米複合物

(g)

(h)

圖 10-5　從層狀的水鈉錳礦 MnO₂ 剝落製備 MnO₂ 奈米片的示意圖（a）；

$H_{0.13}MnO_2 \cdot 0.7H_2O$ 的 SEM 圖（b）；利用 SiO_2 為固態模板製備的超細 MnO₂

奈米片的 SEM 圖（c）；利用微波輔助水熱法製備的奈米片自組裝而成的花狀

δ-MnO₂ 的 TEM 圖（d），花狀 δ-MnO₂ 首次循環的時間-電壓曲線圖（e）；

δ-MnO₂ 奈米片循環性能曲線圖（f）；在碳纖維內部製備 S/MnO₂ 複合物示意圖

（g）；中空碳纖維內部填充了 S/MnO₂ 複合物和 MnO₂ 奈米片的 TEM 圖（h）

的傳統合成及應用。另外，將 MnO_2 與碳奈米管、石墨烯等具有優秀導電性能的材料複合，也可以提高電荷輸運性能，進而提高其電化學性能。Ajayan 等將碳奈米管引入到 MnO_2 奈米材料中，採用模板法成功地製備出以碳奈米管為核、MnO_2 為殼層的一維奈米結構。與單獨的 MnO_2 和碳奈米管相比，一維核殼奈米結構具有較好的循環穩定性能，在 $50mA \cdot g^{-1}$ 的電流密度下循環 15 圈後，其可逆比容量為 $500mA \cdot h \cdot g^{-1}$。Chen 等通過超濾的方法，逐層累積（layer-by-layer）從而構建了石墨烯與 MnO_2 奈米管交替分佈的薄膜。該薄膜與單純的 MnO_2 奈米管相比，表現出明顯提昇的電化學性能，其循環 70 圈後還能保持 $500mA \cdot h \cdot g^{-1}$ 的比容量。

10.1.4　雙金屬氧化物

　　二元金屬氧化物近年來越來越受到研究人員的關注，有些用二元金屬氧化物及其相關複合材料所做的電極顯現出的性能相當優良。在不同的二元金屬氧化物中，鈷酸鎳（$NiCo_2O_4$）是一種非常有希望的電極材料，因為它具有較高的理論容量（$890mA \cdot h \cdot g^{-1}$）。更重要的是，據報導，$NiCo_2O_4$ 比鎳氧化物和氧化鈷有更高的電導率和電化學性能，同時其較好的導電性能有利於電子傳導。$NiCo_2O_4$ 採用尖晶石結構，其中所有的鎳陽離子占據八面體間隙，而鈷離子分

佈在四面體和八面體間隙中，如圖 10-6 所示。

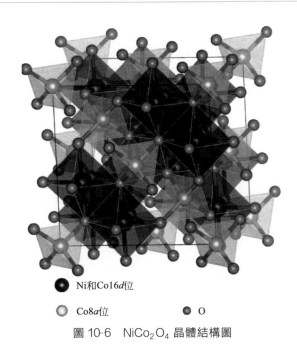

● Ni和Co16d位

○ Co8a位　　　　　　● O

圖 10-6　$NiCo_2O_4$ 晶體結構圖

　　另外，據報導，鈷酸鎳的氧化態分佈是不確定的；因此，其通式可以表示為 $Co_{1-x}^{2+} Co_x^{3+} [Co^{3+} Ni_x^{2+} Ni_{1-x}^{3+}] O_4$，$0 \leqslant x \leqslant 1$。「$x$」可以是 0，0.1，0.2，0.65，1 等。$NiCo_2O_4$ 材料結構由氧原子緊密堆積成尖晶石結構，Ni^{2+} 和 Ni^{3+} 占據在八面體位置上，而 Co^{2+} 和 Co^{3+} 占據在四面體和八面體的位置上。

　　Li 等通過溶劑熱法先製備了 $Ni_{0.33}Co_{0.67}CO_3$ 前驅體然後熱解得到了微球結構的 $NiCo_2O_4$，由於互相接觸的 $NiCo_2O_4$ 奈米晶體組成獨特的微/奈米結構，具有較大的電解質擴散和電極-電解質接觸面積，同時減少了嵌脫鋰過程的體積變化，進而具有較好的電化學性能。在 $200mA \cdot g^{-1}$ 的電流密度下，$NiCo_2O_4$ 微球 30 次循環後的放電容量可以達到 $1198mA \cdot h \cdot g^{-1}$。當電流密度提高到 $800mA \cdot g^{-1}$ 時，在 500 次循環後仍有 $705mA \cdot h \cdot g^{-1}$ 的可逆容量。Chen 等合成了 $NiCo_2O_4$ 奈米片-還原石墨烯（$NiCo_2O_4$-RGO）複合材料，與純 $NiCo_2O_4$ 奈米片相比，其倍率性能和循環穩定性均得到提高。奈米複合材料解決了在循環時過渡金屬氧化物結構破壞的問題，石墨烯不僅可以作為基底為活性物質晶粒提供空間，而且還可用作導電網路便於電子傳遞，間接提高了 $NiCo_2O_4$ 的電導率。

　　對於鈷鎳氧化物，研究較多的是 $NiCo_2O_4$，而對於 $NiCoO_2$ 研究得較少。Liu 等通過水熱法合成了層狀結構的 $NiCoO_2$，以 $0.1A \cdot g^{-1}$ 的電流密度充放電時，50 次循環後的可逆容量為 $449.3mA \cdot h \cdot g^{-1}$，顯示出良好的循環穩定性和倍率性能。Liang 等製備了海膽狀的 $NiCoO_2@C$ 複合結構，這種獨特的結構設計不僅保留了中空結構的所有優點，而且還增加了活性材料的堆積密度。將其奈米複合材料應用在鋰離子電池和超級電容器中，結果顯示出在比容量、循環性能和倍率性能等方面表現優異。在電流密度為 $0.4A \cdot g^{-1}$ 下，200 次充電/放電循環後的放電容量仍然高達 $913mA \cdot h \cdot g^{-1}$，為第二次容量（$1201mA \cdot h \cdot g^{-1}$）的 76%。Xu 等以聚合物奈米管（PNT）為模板和碳源，合成了 1DNiCoO_2（NSs）奈米片@無定形 CNT 複合材料，如圖 10-7 所示。由於具有奈米片結構和無定形 CNT 的協同效應，在 $400mA \cdot g^{-1}$ 的電流密度循環時，300 次循環後 $NiCoO_2@CNT$ 複合材料的放電容量仍高達 $1309mA \cdot h \cdot g^{-1}$。

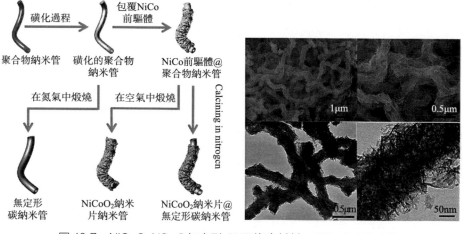

圖 10-7　$NiCoO_2$NSs@無定形 CNT 複合材料，$NiCoO_2$NSsNTs（奈米管）和無定形碳奈米管（CNTs）的合成示意圖，$NiCoO_2$NSs@無定形 CNT 複合材料的 SEM 圖和 TEM 圖

　　此外，鐵基雙金屬氧化物（MFe_2O_4，M＝Zn，Co，Ni，Cu，Mg，Mn 等）因為具有價格低廉、無毒、理論比容量高、環境友好等優點，也被認為是一種極具應用前景的新型鋰離子電池負極材料。與其他金屬氧化物一樣，鐵基雙金屬氧化物也存在導電性差、充放電過程中易發生材料的粉化和團聚、首次充放電效率低、低電位下電解液還原等缺點。

10.2　鈮基負極材料

10.2.1　鈮基氧化物負極材料

鈮基氧化物的嵌脫鋰電位比較高（1～2V），在用作鋰離子電池的負極材料時，由於自身的多價態特性具有更高的比容量，可以有效地改善 $Li_4Ti_5O_{12}$ 低比能量的劣勢，提高電池體系的能量密度。鈮能夠形成的氧化物有 Nb_2O_5、NbO_2、Nb_2O_3 和較為罕見的 NbO，其中最穩定、最常見的是 Nb_2O_5。目前被用作電極材料進行研究的主要是 Nb_2O_5。Nb_2O_5 有多種晶型，包括 $H\text{-}Nb_2O_5$、$O\text{-}Nb_2O_5$、$T\text{-}Nb_2O_5$ 及 $M\text{-}Nb_2O_5$，其晶體結構如圖 10-8 所示。

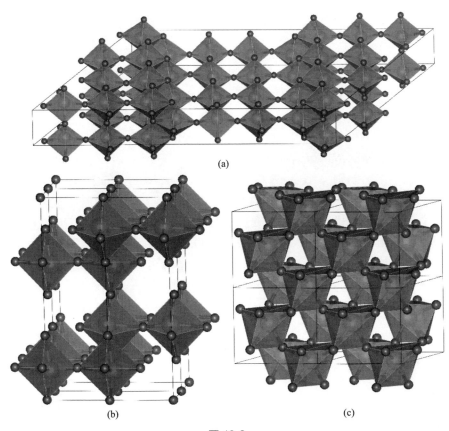

(a)

(b)　　　　　(c)

圖 10-8

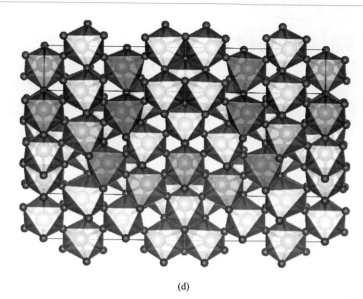

(d)

圖 10-8　M-Nb$_2$O$_5$（a），H-Nb$_2$O$_5$（b），O-Nb$_2$O$_5$（b），T-Nb$_2$O$_5$（b）晶體結構

　　M-Nb$_2$O$_5$ 屬於熱力學最穩定相；相反，H-Nb$_2$O$_5$ 是最不穩定的，適當加熱就極易轉化為 M-Nb$_2$O$_5$。Nb$_2$O$_5$ 嵌脫鋰過程中的電化學反應可以用下面的反應方程式表示：

$$Nb_2O_5 + xLi^+ + xe^- \rightleftharpoons Li_xNb_2O_5 \,(0 \leqslant x \leqslant 2) \tag{10-2}$$

　　雖然四種晶型的 Nb$_2$O$_5$ 都可以進行鋰離子的可逆嵌脫，但是它們的電化學行為卻存在一定的差別。Kodama 等研究發現，O-Nb$_2$O$_5$ 和 T-Nb$_2$O$_5$ 在嵌脫鋰過程中晶型結構保持不變，晶格參數及晶胞體積略有變化（晶胞體積膨脹不超過1%），具有良好的結構穩定性。但是，T-Nb$_2$O$_5$ 的層狀結構比 O-Nb$_2$O$_5$ 的三維結構更適合鋰離子的可逆嵌入，從而 T-Nb$_2$O$_5$ 的電化學性能相對較好。Nb$_2$O$_5$ 具有較大的禁帶寬度導致材料的導電性很差（電導率 $\sigma \approx 3 \times 10^{-6}$ S·cm^{-1}，近乎是絕緣體），因此在充放電過程中會引起較大的極化，從而影響其嵌脫鋰性能。通常提高其電化學性能方法有碳包覆、摻雜、製造空位缺陷、奈米化等手段。

10.2.2　鈦鈮氧化物（Ti-Nb-O）

　　鈦鈮氧化物一般是由不同比例的鈦氧化物和鈮氧化物化合製得，由於鈦和鈮原子半徑相近且具有相似的化學特性。因此有許多類型的 Ti-Nb-O 複合物，例如 TiNb$_2$O$_7$、Ti$_2$Nb$_2$O$_9$ 和 Ti$_2$Nb$_{10}$O$_{29}$ 等。由於 Ti-Nb-O 複合物的儲鋰容量高並具有安全的鋰化電位區間（1.0～1.7V）正逐漸成為鋰離子電池負極材料的替

代品。

$TiNb_2O_7$ 屬於單斜晶體，空間群 C2/m，單個晶胞參數 $a=20.351Å$、$b=3.801Å$、$c=1.882Å$、$\beta=120.19°$。在這種單斜晶體結構中，NbO_6 和 TiO_6 八面體共享邊和角，並且 Ti 原子和 Nb 原子坐落在八面體的中心位置，並且隨意排布，而在單斜晶系中的層狀 2D 間隙中，每個 Nb 原子能發生 5 個電子的轉移，對應的氧化還原電對為 Ti^{4+}/Ti^{3+}、Nb^{5+}/Nb^{4+} 和 Nb^{4+}/Nb^{3+}，理論容量為 $387.6 mA \cdot h \cdot g^{-1}$。但是，$TiNb_2O_7$ 具有低的離子和電子電導率，所以材料電化學活性較低。事實上電子與離子的傳導率低的問題，在高性能電極材料的設計中已經不是難題，可以通過體相摻雜來減小禁帶寬度，或者表面修飾導電材料及奈米化，進而提高材料的電導率或者鋰離子擴散係數。如圖 10-9 所示，在嵌鋰時，鋰離子從電解液進入 4i(1) 位和 4i(2) 位，然後形成 $Li_{0.88}TiNb_2O_7$。當 4i(1) 位和 4i(2) 位被鋰離子完全占據以後，開始發生兩相的轉換反應。在這一步，鋰離子從 4i(1) 位轉移到 4i(3) 位和 4i(4) 位，隨後嵌入的鋰離子通過 4i(1) 位占據 4i(3) 位和 4i(4) 位，最後再占據 4i(1) 位。第三步，4i(1) 和 4i(2) 位的鋰離子同時轉移的 4i(5) 位，隨後嵌入的鋰離子再繼續占據 4i(1) 位和 4i(2) 位，同時 4i(3) 位的鋰離子轉移到 8j 位。完全鋰化之後，形成 $Li_4TiNb_2O_7$。

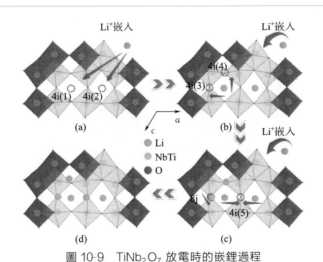

圖 10-9　$TiNb_2O_7$ 放電時的嵌鋰過程

（a）$TiNb_2O_7$；（b）$Li_{0.88}TiNb_2O_7$；（c）$Li_{2.67}TiNb_2O_7$；（d）$Li_4TiNb_2O_7$

有序的介孔結構不僅可以提供高的表面積，同樣能提供額外的鋰離子擴散通道。Jo 等採用嵌段共聚物輔助自組裝法合成了介孔 $TiNb_2O_7$ 負極材料，如圖 10-10 所示。$TiNb_2O_7$ 材料的孔徑大約 40nm，縮短了鋰離子的擴散距離，有

利於電解液的快速補充。0.1C 倍率時，1～3V 之間循環時，介孔 $TiNb_2O_7$ 的可逆容量為 $289mA \cdot h \cdot g^{-1}$，20C 倍率時可逆容量為 $162mA \cdot h \cdot g^{-1}$，50C 倍率時可逆容量為 $116mA \cdot h \cdot g^{-1}$，展示了優異的倍率性能。

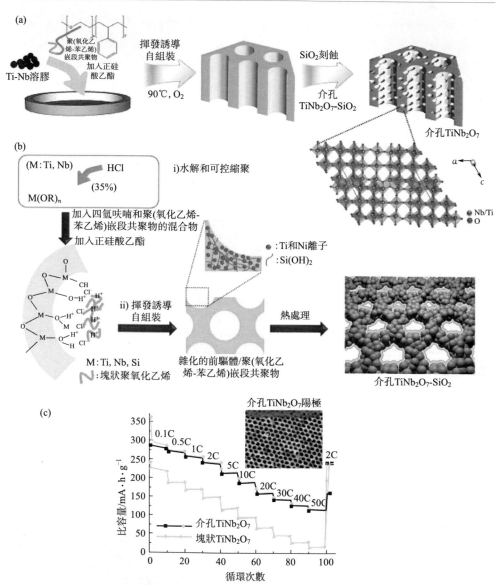

圖 10-10　嵌段共聚物輔助自組裝法合成介孔 $TiNb_2O_7$ 材料的示意圖（a），有序介孔 $TiNb_2O_7$ 材料合成機製（b），介孔 $TiNb_2O_7$ 材料的倍率性能（c）

Guo 等用 F127 作為模板得到了多孔結構的 $TiNb_2O_7$，在 5C 倍率時可逆容

量為 $200mA \cdot h \cdot g^{-1}$，1000 次循環後容量保持率 84%。Qian 等同樣用 P123 作為模板製備了 $TiNb_2O_7$ 多孔奈米球。但是，採用模板法如嵌段共聚物（F127，P123 等）和製備多級結構的 $TiNb_2O_7$，會增加其生產成本，並使生產過程變得複雜化。為了簡化製備工藝，降低生產成本，Li 等通過一步簡單低成本的溶劑熱方法合成出具備多級分層結構的 $TiNb_2O_7$ 微米球，如圖 10-11 所示。採用溶劑熱法合成的 $TiNb_2O_7$ 多孔奈米球由奈米顆粒組成，粒徑分佈均勻，直徑大約 $2\sim3\mu m$，展示了優異的快速充放電性能。10C 倍率時，$TiNb_2O_7$ 多孔奈米球的可逆容量為 $115.2mA \cdot h \cdot g^{-1}$，500 次循環後容量幾乎不變，庫侖效率接近 100%，顯示了優異的循環穩定性和高倍率性能。

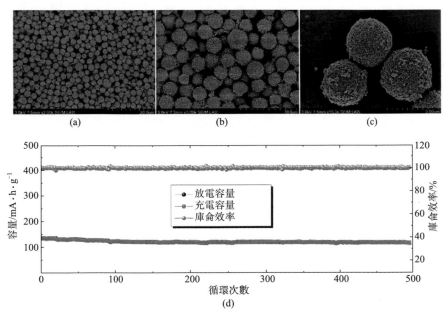

圖 10-11　多級分層結構的 $TiNb_2O_7$ 微米球的 SEM 圖（a），（b），（c）及循環性能圖（d）

　　Madhavi 等通過靜電紡絲裝置製備一維尺寸結構的 $TiNb_2O_7$ 負極材料，經過靜電紡絲處理後未煅燒和煅燒後的 $TiNb_2O_7$ 材料是高度相互交叉網狀結構的纖維。纖維的直徑範圍為 $100\sim300nm$ 之間。1000℃煅燒後可以看到在沿着奈米線方向上生長着不規則形狀的顆粒，形成一維奈米線結構。充放電測試表明，在 $1\sim3V$ 之間循環，電流密度為 $150mA \cdot g^{-1}$ 時，首次脫鋰容量為 $278.0mA \cdot h \cdot g^{-1}$，庫侖效率高達 99.5%，100 次循環後容量保持率為 82.0%。
　　Lou 等採用溶膠-凝膠法合成一維 $TiNb_2O_7$ 奈米棒結構，具有優異的倍率性能。測試倍率從 1C 到 50C 然後恢復到 1C，每 5 次的平均脫鋰容量為 $226.0mA \cdot h \cdot g^{-1}$、

$207.4\text{mA} \cdot \text{h} \cdot \text{g}^{-1}$、$183.3\text{mA} \cdot \text{h} \cdot \text{g}^{-1}$、$166.2\text{mA} \cdot \text{h} \cdot \text{g}^{-1}$、$140.4\text{mA} \cdot \text{h} \cdot \text{g}^{-1}$ 和 $83.9\text{mA} \cdot \text{h} \cdot \text{g}^{-1}$，分別對應的充放電倍率是 1C、2C、5C、10C、20C 和 50C。當倍率重新回到 1C 時，脫鋰容量恢復到 $225.8\text{mA} \cdot \text{h} \cdot \text{g}^{-1}$，説明 $TiNb_2O_7$ 電極有良好的電化學可逆性。

Maier 等採用靜電紡絲法製備了直徑為 100nm 左右的 $TiNb_2O_7$ 奈米纖維，0.1C 倍率下首次可逆容量為 $284\text{mA} \cdot \text{h} \cdot \text{g}^{-1}$，1C 倍率下首次可逆容量為 $260\text{mA} \cdot \text{h} \cdot \text{g}^{-1}$，50 次循環後容量保持率約為 96%。當充放電倍率分別為 2C 和 5C 時，$TiNb_2O_7$ 奈米纖維的可逆容量分別為 $198\text{mA} \cdot \text{h} \cdot \text{g}^{-1}$ 和 $137\text{mA} \cdot \text{h} \cdot \text{g}^{-1}$，展示了優異的倍率性能。

另外，對 $TiNb_2O_7$ 進行元素摻雜，碳材料包覆也是提高其導電性和電化學性能的常用方法。例如，Ru 摻雜得到的 $Ru_{0.01}Ti_{0.99}Nb_2O_7$、N 摻雜的 $TiNb_2O_7$、石墨烯或者碳纖維包覆的 $TiNb_2O_7$ 具有較高鋰離子擴散係數和電子導電性，明顯提高了其電化學性能。

10.2.3　其他鈮基氧化物

Son 首次研究了多晶 $LiNbO_3$ 的嵌脫鋰性能，發現其在第一次充放電過程中存在較大的不可逆容量損失，他們認為這是由於金屬氧化物的分解和熱穩定性良好的 Li_2O 的形成所致。Pralong 等以 $CuNbO_3$ 為原料，採用拓撲化學法製備了 $LiNbO_3$。結構研究表明 $LiNbO_3$ 是沿着 c 軸方向排列的層狀結構，由無數個 Nb_4O_{16} 單元組成，Nb_4O_{16} 則是由 4 個邊共享的 NbO_6 八面體組成。嵌脫鋰過程中存在兩相的轉變反應，與 $Li_4Ti_5O_{12}$ 的嵌脫鋰機製相似，其在 1～3V 以 0.1C 倍率充放電時 20 次循環可逆容量約為 $110\text{mA} \cdot \text{h} \cdot \text{g}^{-1}$，相當於每個 $LiNbO_3$ 單元可逆地存儲 1 個鋰離子。鋰鈮氧化物作為負極材料時主要靠 Nb^{5+}/Nb^{4+} 與 Nb^{4+}/Nb^{3+} 兩個氧化還原電對參與電化學反應，理論容量略低於鈦鈮氧化物。

Fuente 等最早研究了鈮鎢氧化物（$W_3Nb_{14}O_{44}$）的嵌鋰電化學特性，發現在鋰離子嵌入過程中材料只是晶胞體積有一定程度的膨脹和收縮，屬於固溶反應的範疇，且在 1～3V 內共存在四個固溶反應區域。但並不是所有鈮鎢氧化物體系的氧化物的嵌脫鋰都是固溶反應，Montemayor 等研究發現 $Nb_8W_7O_{49}$ 在嵌脫鋰過程中存在相變反應和固溶反應的混合，對應着充放電曲線上的平臺區和傾斜區。鈮鎢氧化物體系的氧化物種類較多，大部分都可以可逆地嵌脫鋰。Pralong 等系統地研究了 $WNb_{12}O_{33}$ 的電化學嵌脫鋰性能，發現採用溶膠-凝膠法製備的奈米級材料有着更好的電化學性能，1C 倍率下首次可逆容量為 $226\text{mA} \cdot \text{h} \cdot \text{g}^{-1}$，20 次循環後容量大約 $190\text{mA} \cdot \text{h} \cdot \text{g}^{-1}$，10C 和 20C 倍率下可逆容量分別為 $160\text{mA} \cdot \text{h} \cdot$

g^{-1} 和 $140mA \cdot h \cdot g^{-1}$，相對於鈦酸鋰有着顯著的優勢，應用前景突出。舒杰等利用電化學原位 XRD 研究發現，如圖 10-12 所示。XRD 的特徵峰在嵌鋰的過程中發生持續的偏移，在嵌鋰的過程會沿相同的路徑返回，這也說明了 $WNb_{12}O_{33}$ 充放電狀態下發生的結構變化是一個準可逆的過程，也證實了所合成的 $WNb_{12}O_{33}$ 有一個穩定的嵌鋰結構；通過衍射峰的變化，可以推斷 $WNb_{12}O_{33}$ 的嵌脫鋰過程包含一個固溶體和兩相反應。通過其結構演化的結果可以看出，嵌鋰時，晶格參數 a 值從 22.2387Å 降至 21.9474Å，晶格參數 c 值從 17.7237Å 降至 17.6150Å，但是晶格參數 b 值從 3.8465Å 增加至 3.9800Å。在嵌鋰過程中，晶胞體積從 1268.31Å^3 增加到 1287.95Å^3，體積變化僅為 1.55%。這說明，

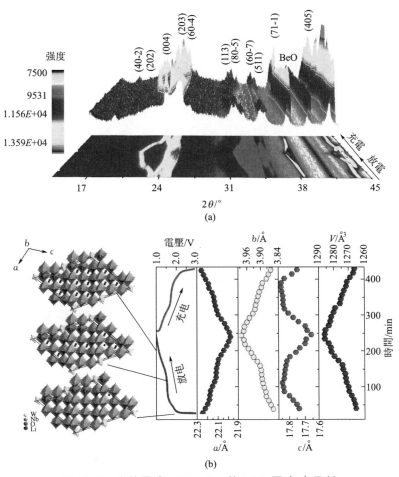

圖 10-12　充放電時 $WNb_{12}O_{33}$ 的 XRD 圖（a）及其
對應的晶格參數變化（a，b，c，V）（b）

$WNb_{12}O_{33}$ 在嵌脫鋰時具有較好的結構穩定性，進而具有較高的電化學可逆性，適合作為鋰離子電池負極材料。

10.3　磷化物和氮化物負極材料

　　單質磷有黑磷、紅磷、白磷等多種同素異形體。磷在離子電池中嵌鋰機理為：$P \rightarrow Li_x P \rightarrow LiP \rightarrow Li_2 P \rightarrow Li_3 P$。其中，斜方晶系的黑磷是磷單質最穩定的存在形式，具有類似石墨的層狀網路結構及較好的導電性，因而展現出特殊的物理化學性質。黑磷作鋰離子電池負極材料時比容量可達 $1300 mA \cdot h \cdot g^{-1}$。黑磷可以由其同素異形體在高溫高壓條件下轉化形成。根據文獻報導，由白磷轉化的黑磷首次放、充電比容量分別是 $2505 mA \cdot h \cdot g^{-1}$ 和 $1354 mA \cdot h \cdot g^{-1}$，由紅磷轉化的黑磷首次放、充電比容量分別為 $2649 mA \cdot h \cdot g^{-1}$ 和 $1452 mA \cdot h \cdot g^{-1}$。黑磷雖有着類似石墨的導電性能，卻因在鋰化過程中形成導電性較差的 $Li_3 P$，致使其庫侖效率較低，而且磷在嵌入/脫出鋰時體積膨脹約 291%，不利於電池的循環穩定。目前提高磷負極材料電化學性能的主要方法是減小活性物質磷顆粒的粒徑（即非晶化處理）。雖由小粒徑磷顆粒堆積產生的空隙能夠為材料體積膨脹預留空間，降低其粉化剝離的程度，但仍沒從本質上解決問題。正是磷單質的這些弱點，奠定了金屬磷化物負極材料發展的新方向。金屬磷化物嵌入/脫出鋰時具有較低的氧化還原電勢，因而能提供更高的比容量和更佳的循環穩定性。因此大量的金屬磷化物被研發。除了較早的 Mn-P，還有 Ti-P、Co-P、Ni-P、Cu-P、Zn-P、Sb-P、Fe-P、Sn-P 等。Sn、Fe 元素含量豐富，成本較低，能提供較高的可逆比容量及良好的導電性，但磷合金複合電極材料在循環過程中仍存在體積膨脹大、容量衰減較快、穩定性較差等問題。因此，無定形包覆和非晶化處理也是改善磷合金電極材料循環穩定性能的重要手段。

　　過渡金屬氮化物因其低而平的充放電電位平臺、高度可逆的反應特性與容量大等特點，已經成為鋰離子電池的有力備選負極材料。鋰過渡金屬氮化物的化學式主要有 $Li_3 N$ 結構 $Li_{3-x} M_x N$（M＝Mn，Cu，Ni，Co，Fe）和類螢石結構 $Li_{2n-1} MN_n$（M＝Sc，Ti，V，Cr，Mn，Fe）。三元鋰過渡金屬氮化物，例如 $LiMnN_2$、$Li_{3-x} M_x N$（M＝Co，Ni）、$Li_{2.7} Fe_{0.3} N$ 和 $Li_{2.6} Co_{0.4} N$，已經發展成一系列有前景的負極材料，其可逆容量可達到 $400 \sim 760 mA \cdot h \cdot g^{-1}$。此外，過渡金屬氮化物的高熔點和卓越的電化學惰性，有利於其作為電極材料在潮濕和腐蝕性的環境中穩定工作。與過渡金屬氧化物相似，大多數過渡金屬氮化物在充放電過程中具有較大的體積變化，從而導致活性成分隨着循環的進行發生團聚、粉化、開裂和剝落，從而大大降低鋰離子電池的性能。過渡金屬氮化物的合成通常

分為物理合成法和化學合成法。物理合成法主要包括球磨法、物理氣相沉積法和激光濺射法等。但是，這些方法只能用於合成某幾種過渡金屬氮化物，例如 Li_7MnN_4、TiN 和 CrN 等。化學合成法則是相應的金屬氧化物或其他合適的金屬前驅體與氮源（如 NH_3 或 N_2）在高溫（800～2000℃）下反應。這些方法已廣泛應用於氮化物的合成。

10.4　硫化物負極材料

　　許多二硫化物具有類似於石墨的層狀結構，層間以凡得瓦力等分子間力作用，而層板上的原子以強烈的共價鍵相互作用而形成，被稱為插層化合物。MoS_2、WS_2、VS_2 及 SnS_2 等二硫化物也是一種插層化合物，具有石墨烯特有的體積效應、表面效應、量子隧道效應和量子尺寸效應。與石墨烯類似，層狀二硫化物有比較大的層間距，有利於鋰離子的嵌入與脫出，特別是複合高導電性的碳複合材料，具有優異的儲鋰性能。

　　SnS_2 材料具有多種晶體結構，最常見的是具有層狀六方結構的 CdI_2 型 SnS_2 化合物。該結構的空間群為 P-3m1，每層的 Sn 原子通過較強的 Sn—S 共價鍵與上下兩層緊密堆疊的 S 原子相連接，而不同層之間的 S 原子則是通過較弱的凡得瓦力相連接，如圖 10-13 所示。正是由於存在這種較弱的層間力，使得鋰離子很容易插入到 SnS_2 的基體中參與電化學反應，從而使其具有儲鋰活性，理論容量為 645mA·h·g^{-1}。

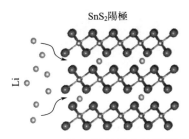

圖 10-13　SnS_2 的晶體結構及其儲鋰示意圖

　　一般認為，SnS_2 的電化學反應機理與 SnO_2 相似，電化學反應方程式如下所示：

$$SnS_2 + 4Li^+ + 4e^- \rule[0.5ex]{1.5em}{0.5pt} Sn + 2Li_2S \tag{10-3}$$

$$Sn + xLi^+ + xe^- \rule[0.5ex]{1.5em}{0.5pt} Li_xSn(0 \leqslant x \leqslant 4.4) \tag{10-4}$$

SnS_2 在首次嵌鋰反應過程中與 Li 反應生成單質 Sn 及 Li_2S，電壓平臺位於 1.2V 左右，之後單質 Sn 進一步與 Li 反應生成 Li_xSn 合金（0～0.7V 之間），在隨後的充放電過程中 Sn 單質與 Li 進行可逆的脫/嵌鋰反應，而原位生成的 Li_2S 在其中起到緩衝體積變化的作用。但是首次嵌鋰形成 Li_2S 反應的 Li^+ 不能可逆脫出，產生較大的不可逆容量，造成首次庫侖效率的明顯偏低。此外，SnS_2 在脫嵌鋰過程中發生較大的體積變化（約 200％），容易造成極片的粉化、脫落，導致循環性能下降。另外，SnS_2 是 n 型半導體材料，電導率較低，倍率性能較差。與氧化物負極材料一樣，提高其電化學性能的方法主要有：控製奈米微觀形貌、製備 SnS_2/C 複合材料、與氧化物複合、離子摻雜、製備一體化電極等方法。

　　MoS_2 是一種二維層狀過渡金屬硫化物，是通過六方晶系中的單層或者多層 MoS_2 構成的。每個 MoS_2 分子層又可分成三原子層，中間的一層是 Mo 原子，排布在上、下兩層的原子是 S 原子層，如圖 10-14 所示。層和層之間是由凡得瓦力相互支撐的，層內則是通過共價鍵相互作用的。通常單層 MoS_2 有兩個相，分別是 2H 相和 1T 相。在 2H 相的單層 MoS_2 結構中，上層 S 原子在下層 S 原子的正上方，每個 Mo 原子同時被六個 S 原子包圍，分佈在三稜柱體各頂端，只有 S 暴露在 MoS_2 分子層的表面。在 1T 相單層 MoS_2 結構中，上下兩層的 S 原子是相互偏離的，上面每個 S 原子排布在下面相鄰的兩個 S 原子中間部位，每個 Mo 原子排在六個 S 原子包圍的中間位置，分子層表面只暴露 S 原子。由於 $2H\text{-}MoS_2$ 的層狀結構使得鋰離子可以嵌入/脫出分子層間隙，有利於鋰離子在電極體系中快速擴散，在

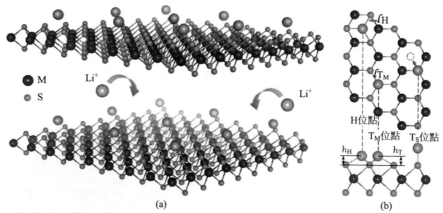

圖 10-14　單層 MS_2（M＝Mo，W）的原子結構示意圖（a）及 3 個典型的儲鋰
　　　　　位置（H，TMo，TS）的俯視圖（上）和側視圖（下）（b）

脫嵌鋰的過程中材料的體積膨脹小。因此層狀 MoS_2 是一種性能優異的高能量密度電池電極材料的插層主體，理論容量高達 $670mA \cdot h \cdot g^{-1}$。

MoS_2 電化學反應方程式如下所示：

$$MoS_2 + xLi^+ + xe^- \Longrightarrow Li_xMoS_2(0 < x \leq 1) \tag{10-5}$$

$$Li_xMoS_2 + (4-x)Li^+ + (4-x)e^- \Longrightarrow Mo + 2Li_2S(0 < x \leq 1) \tag{10-6}$$

$$S + 2Li^+ + 2e^- \Longrightarrow Li_2S \tag{10-7}$$

當嵌鋰電位在 3～1.1V 之間時，MoS_2 發生式(10-5) 的電化學反應，鋰離子插入 MoS_2 層範德華間隙，占據 Mo^{4+} 六方晶格中六配位空間結構的空位，形成八配位結構，並在 MoS_2 層間隙中迅速擴散，此時所對應的理論電容量為 $167mA \cdot h \cdot g^{-1}$。當嵌鋰電位在 0～1.1V 之間時，硫離子與鋰離子會發生一系列的複雜反應，有些機理尚不清楚或有爭議。普遍認為 Li_xMoS_2 與 Li^+ 反應生成 Mo 與 Li_2S。按照反應式(10-6) 計算，單個 MoS_2 單元可以結合 4 個 Li^+，MoS_2 理論比電容量為 $670mA \cdot h \cdot g^{-1}$。但此比容量不能解釋某些實驗中 MoS_2 體系負電極比容量大於 $700mA \cdot h \cdot g^{-1}$ 的現象。為此，有人忽略 Mo 原子質量將嵌、脫硫體系的理論活性成分硫單獨計算［即反應式(10-7)］，所得理論容量為 $1675mA \cdot h \cdot g^{-1}$；有人認為在嵌鋰過程中 Mo 也會物理性吸附一定數量的 Li^+；也有人認為表面缺陷、碳相對體系比容量也有一定程度的貢獻。

與 SnS_2 類似，MoS_2 存在電導率低、嵌鋰後體積變化大、循環性能差的問題。製備三維多級奈米結構、與碳材料複合和增加層間距等方式是提昇 MoS_2 負極材料性能的有效途徑。三維多級奈米結構不僅具有良好的結構穩定性，且兼具了微米結構與奈米結構的優勢，可為電極與電解質之間提供更高的接觸面積，又可為鋰離子提供必要的傳輸通道。Sen 等利用 $(NH_4)_2MoS_4$ 的熱分解製備了菜花狀的 MoS_2，如圖 10-15 所示。首先 $(NH_4)_2MoS_4$ 分解為 MoS_2 奈米片，然後在特定的反應介質中利用凡得瓦力自組裝為奈米牆，形成菜花狀的 MoS_2。電化學測試表明，電流密度為 $100mA \cdot g^{-1}$ 時，可逆容量為 $880mA \cdot h \cdot g^{-1}$，50 次循環後容量幾乎未衰減。電流密度為 $1000mA \cdot g^{-1}$ 時，可逆容量為 $676mA \cdot h \cdot g^{-1}$，展示了優異的倍率性能和循環穩定性。

其他硫化物，例如 FeS、FeS_2 和 CuS 等其他硫化物也可以作為儲鋰負極材料，這類硫化物在嵌鋰過程中發生兩步反應，第一步生成中間相的 Li_xM（M＝Fe, $Cu)_{1-x}S$，然後發生轉換反應生成單質 M 和 Li_2S。但是反應中生成的 Li_2S 會導致一些副反應，造成循環性能差。

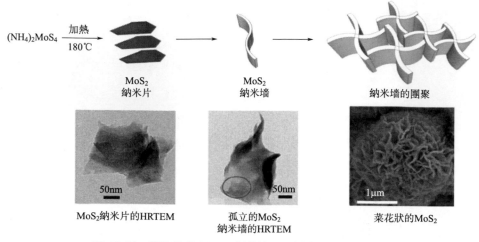

圖 10-15　菜花狀的 MoS_2 製備流程及其生長機理示意圖

10.5 硝酸鹽負極材料

2014 年舒杰等最早報導了部分硝酸鹽具有可逆儲鋰/脫鋰的性能，而且展示高的可逆容量，可以作為鋰離子電池負極材料。目前已經報導的具有儲鋰功能的硝酸鹽主要有：$Pb(NO_3)_2$、$Cu(NO_3)_2 \cdot 2.5H_2O$、$Sr(NO_3)_2$、$Co(NO_3)_2 \cdot 6H_2O$、$(NH_4)_2Ce(NO_3)_5 \cdot 4H_2O$、$[Bi_6O_4](OH)_4(NO_3)_6 \cdot 4H_2O$ 以及 $[Bi_6O_4](OH)_4(NO_3)_6 \cdot H_2O$。

舒杰等採用結晶法製備了 $Pb(NO_3)_2/C$ 負極材料，將商品化的 $Pb(NO_3)_2$ 粉末與炭黑分散到乙醇溶液，並持續攪拌 5h。然後在 50℃下真空乾燥，待乙醇完全揮發後即可得到 $Pb(NO_3)_2/C$ 負極材料。如圖 10-16 所示，非原位 XRD 和非原位 TEM 研究表明，在充放電過程中，Li 與 $Pb(NO_3)_2$ 之間的反應將不可逆的生成 $LiNO_3$、Li_3N、NO_2、O_2 和 Pb。然後，金屬 Pb 與 Li 反應生成 LiPb 和 $Li_{10}Pb_3$，最後生成 Li_8Pb_3 和 $Li_{22}Pb_5$。其可逆過程是 Li_8Pb_3 和 $Li_{22}Pb_5$ 的去合金化反應，主要生成 LiPb 和 $Li_{10}Pb_3$，最後生成 Pb。但是，$Pb(NO_3)_2$ 的再生是不可逆的。因此，$Pb(NO_3)_2$ 的可逆儲鋰容量主要來自 Li/Pb 和 Li_xPb 可逆轉換反應。$50mA \cdot g^{-1}$ 的電流密度充放電時，50 次循環後 $Pb(NO_3)_2$ 負極的可逆容量僅為 $55.9mA \cdot h \cdot g^{-1}$，僅為初始容量的 12.9%。但是，50 次循環後 $Pb(NO_3)_2$ 負極的可逆容量仍為 $241.5mA \cdot h \cdot g^{-1}$，為初始容量的 48.8%。

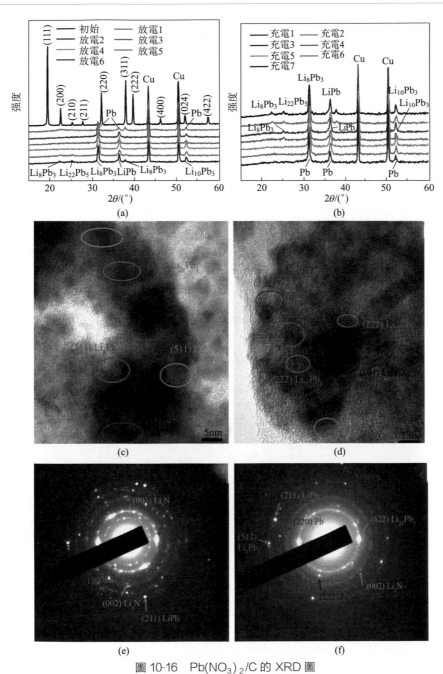

圖 10-16　Pb(NO₃)₂/C 的 XRD 圖

（a）首次放電過程的鋰化態；（b）首次充電過程的脫鋰態；（c），（d）放電
至 0V 的 HRTEM 圖；（e），（f）對應的 SAED 圖

舒杰等將分析純的 $Cu(NO_3)_2 \cdot 2.5H_2O$ 作為負極材料，研究了其嵌鋰機理，首次充放電過程如下：

$$Cu(NO_3)_2 \cdot 2.5H_2O + (18-8x)Li^+ + (18-8x)e^-$$
$$\xrightarrow{\text{放電}} Cu + xLiNO_3 + (2-x)Li_3N + (6-3x)Li_2O + 2.5H_2O \qquad (10\text{-}8)$$

$$yLi^+ + ye^- + 電解質 \xrightarrow{\text{放電}} SEI 膜 \qquad (10\text{-}9)$$

$$Cu + xLiNO_3 + (2-x)Li_3N + (6-3x)Li_2O$$
$$\xrightarrow{\text{充電}} Cu(NO_3)_2 + (18-8x)Li^+ + (18-8x)e^- \qquad (10\text{-}10)$$

上述方程式說明，$Cu(NO_3)_2 \cdot 2.5H_2O/Li$ 半電池放電（嵌鋰）時，放電曲線上所對應的鋰化平臺及斜線（圖 10-17）對應着 Cu、Li_3N、$LiNO_3$ 和 Li_2O 的生成。首次充電曲線上對應的 2.82V 左右的脫鋰平臺來自於 $Cu(NO_3)_2$ 的生成。此外，充電至 3.4V 後，痕量的其他 Cu 基化合物（CuO 和 Cu_3N_2）被發現，説明部分 Li_2O 和 Li_3N 轉化成了 CuO 和 Cu_3N_2，反應方程式如下所示：

$$Li_2O + Cu \xrightleftharpoons{\text{充電}} CuO + 2Li^+ + 2e^- \qquad (10\text{-}11)$$

$$2Li_3N + 3Cu \xrightleftharpoons{\text{放電}} Cu_3N_2 + 6Li^+ + 6e^- \qquad (10\text{-}12)$$

因此，$Cu(NO_3)_2 \cdot 2.5H_2O$ 和 Li 之間存在準可逆的轉化反應，首次脫鋰容量高達 $1632.1mA \cdot h \cdot g^{-1}$，嵌鋰容量高達 $2285mA \cdot h \cdot g^{-1}$。

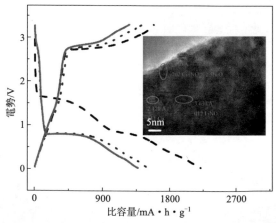

圖 10-17　$Cu(NO_3)_2 \cdot 2.5H_2O/Li$ 半電池的首次放電曲線，插圖為放電至 0V 的 HRTEM 圖

舒杰等還將分析純的 $Sr(NO_3)_2$ 作為負極材料，研究了其電化學性能。0～3V 之間循環，$50mA \cdot g^{-1}$ 電流密度下，$Sr(NO_3)_2$ 的首次脫鋰容量為 $239.6mA \cdot h \cdot g^{-1}$，50 次循環後的容量為 $237.3mA \cdot h \cdot g^{-1}$，容量保持率高

達 99.04%。$500mA \cdot g^{-1}$ 電流密度充放電時，$Sr(NO_3)_2$ 的首次脫鋰容量為 $103mA \cdot h \cdot g^{-1}$，500 次循環後的容量為 $100.9mA \cdot h \cdot g^{-1}$，展示了較高的可逆容量和循環穩定性。

舒杰等將 1g 分析純的 $Bi(NO_3)_3 \cdot 5H_2O$ 和 200mg 炭黑溶於乙醇中，並攪拌 10h，在 60℃ 下真空乾燥得到 $Bi(NO_3)_3 \cdot 5H_2O/C$ 複合物。然後將 $Bi(NO_3)_3 \cdot 5H_2O/C$ 複合物在 120℃ 下真空乾燥 24h，得到 $Bi(NO_3)_3 \cdot 5H_2O/C$-120。為了便於比較，將分析純的 $Bi(NO_3)_3 \cdot 5H_2O$ 在 120℃ 下真空乾燥 24h，得到 $Bi(NO_3)_3 \cdot 5H_2O$-120A。將分析純的 $Bi(NO_3)_3 \cdot 5H_2O$ 溶於乙醇中，並攪拌 10h，在 60℃ 下真空乾燥去除溶劑，隨後在 120℃ 下真空乾燥 24h，得到 $Bi(NO_3)_3 \cdot 5H_2O$-120B。熱重及 XRD 分析表明，在真空條件下乾燥處理時，$Bi(NO_3)_3 \cdot 5H_2O$ 轉化為了 $[Bi_6O_4](OH)_4(NO_3)_6 \cdot 4H_2O$。因此，$Bi(NO_3)_3 \cdot 5H_2O$-120A、$Bi(NO_3)_3 \cdot 5H_2O$-120B 及 $Bi(NO_3)_3 \cdot 5H_2O/C$-120 可以分別記作 $[Bi_6O_4](OH)_4(NO_3)_6 \cdot 4H_2O$、$[Bi_6O_4](OH)_4(NO_3)_6 \cdot H_2O$ 和 $[Bi_6O_4](OH)_4(NO_3)_6 \cdot H_2O/C$。通過非原位 FTIR、非原位 XRD、原位 XRD、非原位 HRTEM 以及非原位 SAED 的研究表明，$[Bi_6O_4](OH)_4(NO_3)_6 \cdot H_2O$ 的充放電過程如下：

$$[Bi_6O_4](OH)_4(NO_3)_6 \cdot H_2O + 18Li^+ + 18e^- \Longrightarrow$$
$$6Bi + 4Li_2O + 4LiOH + 6LiNO_3 + H_2O \qquad (10\text{-}13)$$

$$Bi + Li^+ + e^- \Longrightarrow LiBi \qquad (10\text{-}14)$$

$$LiBi + Li^+ + e^- \Longrightarrow Li_2Bi \qquad (10\text{-}15)$$

$$Li_2Bi + Li^+ + e^- \Longrightarrow Li_3Bi \qquad (10\text{-}16)$$

$[Bi_6O_4](OH)_4(NO_3)_6 \cdot 4H_2O$ 的儲鋰機製與 $[Bi_6O_4](OH)_4(NO_3)_6 \cdot H_2O$ 類似。在嵌鋰的電化學反應中 $[Bi_6O_4](OH)_4(NO_3)_6 \cdot H_2O$〔或者 $[Bi_6O_4](OH)_4(NO_3)_6 \cdot 4H_2O$〕將生成 Bi、$LiNO_3$、LiOH、$Li_2O$ 以及 H_2O，然後再生成 Li-Bi 合金。充電（脫鋰）時，Li-Bi 合金脫鋰。在隨後循環中，可逆的儲鋰容量來自 Bi 的嵌鋰和 Li-Bi 合金的脫鋰。電化學測試結果表明，$[Bi_6O_4](OH)_4(NO_3)_6 \cdot 4H_2O$ 的首次放電（嵌鋰）容量為 $2792.9mA \cdot h \cdot g^{-1}$，高於 $[Bi_6O_4](OH)_4(NO_3)_6 \cdot H_2O(832.2mA \cdot h \cdot g^{-1})$ 和 $[Bi_6O_4](OH)_4(NO_3)_6 \cdot H_2O/C(1169.3mA \cdot h \cdot g^{-1})$；但是 30 次循環後，$[Bi_6O_4](OH)_4(NO_3)_6 \cdot H_2O/C$ 具有最高的容量保持率。

舒杰等將 $Co(NO_3)_2 \cdot 6H_2O$ 和 CNTs 溶於無水乙醇，超聲 8min 後攪拌 1h，然後轉移至反應釜 50℃ 反應 12h，隨後 50℃ 乾燥 24h，得到納微結構的 $Co(NO_3)_2 \cdot 6H_2O@CNTs$ 複合材料，如圖 10-18 所示。電化學測試結果表明，$50mA \cdot g^{-1}$ 電流密度下，100 次循環後，$Co(NO_3)_2 \cdot 6H_2O@CNTs$ 的可

逆容量為 $1460mA \cdot h \cdot g^{-1}$。即是在 $1000mA \cdot g^{-1}$ 電流密度充放電時，1000 次循環後的容量仍高達 $1089mA \cdot h \cdot g^{-1}$，展示了較高的可逆容量和循環穩定性。

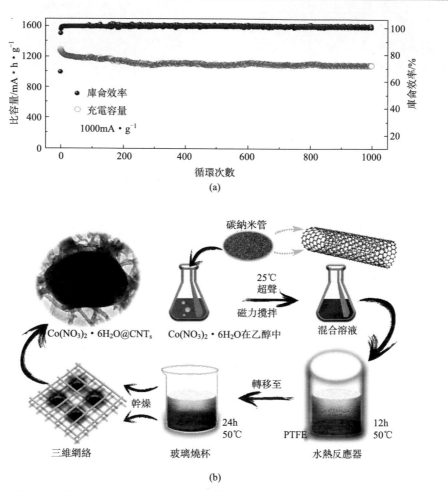

圖 10-18　Co（NO₃）₂ · 6H₂O@CNTs 複合材料的循環性能圖（a）及合成示意圖（b）

舒杰等將 $(NH_4)_2Ce(NO_3)_5 \cdot 4H_2O$ 溶於無水乙醇，然後分別加入炭黑（CB）、碳奈米管（CNT），在 60℃ 攪拌下去除溶劑，隨後 120℃ 乾燥 24h，分別得到 $(NH_4)_2Ce(NO_3)_5 \cdot 4H_2O$、$(NH_4)_2Ce(NO_3)_5 \cdot 4H_2O/CB$、$(NH_4)_2Ce(NO_3)_5 \cdot 4H_2O/CNT$ 負極材料。$(NH_4)_2Ce(NO_3)_5 \cdot 4H_2O$ 可能的嵌脫鋰機製如下式所示：

$$(NH_4)_2Ce(NO_3)_5 \cdot 4H_2O + 5Li^+ + 3e^- \Longrightarrow Ce + 5LiNO_3 + 2NH_4^+ + 4H_2O$$

$$(10\text{-}17)$$

$$LiNO_3 + 8Li^+ + 8e^- \Longrightarrow Li_3N + 3Li_2O \qquad (10\text{-}18)$$

$$Ce + Li_3N - 3e^- \Longrightarrow CeN + 3Li^+ \qquad (10\text{-}19)$$

$$Ce + 2Li_2O - 4e^- \Longrightarrow CeO_2 + 4Li^+ \qquad (10\text{-}20)$$

$(NH_4)_2Ce(NO_3)_5 \cdot 4H_2O$ 首次嵌鋰時，生成 Ce、$LiNO_3$、NH_4^+ 和 H_2O，然後 $LiNO_3$ 進一步嵌鋰生成 Li_2O 和 Li_3N。隨後的脫鋰過程中，Ce 分別與 Li_2O 和 Li_3N 反應生成 CeO_2 和 CeN。$(NH_4)_2Ce(NO_3)_5 \cdot 4H_2O$ 嵌鋰反應的理論容量為 $2161mA \cdot h \cdot g^{-1}$，但是 $LiNO_3$ 的電化學分解是部分可逆的，致使實際的儲鋰容量低於理論容量，並導致了首次不可逆容量損失較大，如圖 10-19 所示。另外，$(NH_4)_2Ce(NO_3)_5 \cdot 4H_2O$ 首次嵌鋰生成的 H_2O 也逐漸降低了材料的循環穩定性。但是，CNT 包覆的材料具有更好的電化學性能。0～3V 之間循環，$50mA \cdot g^{-1}$ 電流密度下，$(NH_4)_2Ce(NO_3)_5 \cdot 4H_2O/CNT$ 在 30 次循環後的可逆脫鋰容量為 $818.5mA \cdot h \cdot g^{-1}$，容量保持率為 90.74%，平均庫侖效率為 96.58%，遠遠高於 $(NH_4)_2Ce(NO_3)_5 \cdot 4H_2O$（$50.6mA \cdot h \cdot g^{-1}$，4.82%，74.07%）和 $(NH_4)_2Ce(NO_3)_5 \cdot 4H_2O/CB$（$208.8mA \cdot h \cdot g^{-1}$，28.4%，85.45%）。

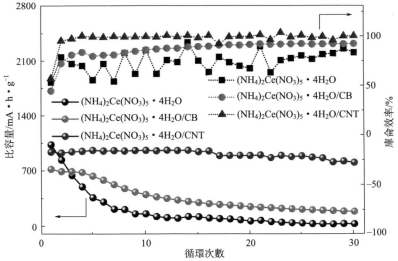

圖 10-19 $(NH_4)_2Ce(NO_3)_5 \cdot 4H_2O$、$(NH_4)_2Ce(NO_3)_5 \cdot 4H_2O/CB$、$(NH_4)_2Ce(NO_3)_5 \cdot 4H_2O/CNT$ 材料的循環性能及庫侖效率

參考文獻

［1］ Cabana J, Monconduit L, Larcher D, Palac'ın M R. Beyond intercalation-based Li-ion batteries: The state of the art and challenges of electrode materials reacting through conversion reactions. Adv Mater, 2010, 22: 170-192.

［2］ 陳欣，張乃慶，孫克寧. 鋰離子電池 3d 過渡金屬氧化物負極微/奈米材料. 化學進展，2011, 23（10）: 2045-2054.

［3］ Jin L, Li X, Ming H, Wang H, Jia Z, Fu Y, Adkins J, Zhou Q, Zheng J. Hydrothermal synthesis of Co_3O_4 with different morphologies towards efficient Li-ion storage. RSC Adv, 2014, 4: 6083-6089.

［4］ Wu X, Wang B, Li S, Liu J, Yu M Electrophoretic deposition of hierarchical Co_3O_4@graphene hybrid films as binder-free anodes for high-performance lithium-ion batteries. RSC Adv, 2015, 5: 33438-33444.

［5］ Li W, Xu L, Chen J. Co_3O_4 nanomaterials in lithium-ion batteries and gas sensors. Adv Funct Mater, 2005, 15: 851-857.

［6］ Wu Z, Ren W, Wen L, Gao L, Zhao J, Chen Z, Zhou G, Li F, Cheng H. Graphene Anchored with Co_3O_4 Nanoparticles as Anode of Lithium Ion Batteries with Enhanced Reversible Capacity and Cyclic Performance. ACS Nano, 2010, 4（6）: 3187-3194.

［7］ Cho J, Lee S, Ju H, Kang Y. Synthesis of NiO nanofibers composed of hollow nanospheres with controlled sizes by the nanoscale kirkendall diffusion process and their electrochemical properties. ACS Appl Mater Interfaces, 2015, 7: 25641-25647.

［8］ Wang X, Zhang L, Zhang Z, Yu A, Wu P. Growth of 3D hierarchical porous NiO@carbon nanoflakes on graphene sheets forhigh-performance lithium-ion batteries. Phys Chem Chem Phys, 2016, 18: 3893-3899.

［9］ Mei J, Liao T, Kou L, Sun Z. Two-dimensional metal oxide nanomaterials for next-generation rechargeable batteries. Adv Mater, 2017, 29: 170-176.

［10］ 顧鑫，徐化雲，楊劍，錢逸泰. 二氧化錳奈米材料在鋰離子電池負極材料中的應用. 科學通報，2013, 58（31）: 3108-3114.

［11］ Xu X. Dong B, Ding S, Xiao C, Yu D Hierarchical $NiCoO_2$ nanosheets supported on amorphous carbon nanotubes for high-capacity lithium-ion btteries with a long cycle life. J Mater Chem A, 2014, 2: 13069-13074.

［12］ 曾艷，王利媛，朱婷，王維，徐志偉. 離子電池中磷基負極材料的研究進展. 功能材料. 2017, 48（2）: 02033-02040.

［13］ 陳汝文，涂新滿，陳德志. 過渡金屬氮化物在鋰離子電池中的應用. 化學進展，2015, 27（4）: 416-423.

［14］ 婁帥鋒，程新群，馬玉林，杜春雨，高雲智，尹鴿平. 鋰離子電池鈮基氧化物負極材料. 化學進展，2015, 27（2/3）:

297-309.

[15] Yu H, Lan H, Yan L, Qian S, Cheng X, Zhu H, Long N, Shui M, Shu J. $TiNb_2O_7$ hollow nanofiber anode with superior electrochemical performance in rechargeable lithium ion batteries. Nano Energy, 2017, 38: 109-117.

[16] Jayaraman S, Aravindan V, Suresh Kumar P, Ling W, Ramakrishna S, Madhavi S. Exceptional Performance of $TiNb_2O_7$ Anode in All One-Dimensional Architecture by Electrospinning. ACS Appl Mater Interfaces, 2014, 6（11）: 8660-8666.

[17] Lou S, Ma Y, Cheng X, Gao J, Gao Y, Zuo P, Du C, Yin G. Facile synthesis of nanostructured $TiNb_2O_7$ anode materials with superior performance for high-rate lithium ion batteries. Chem Commun, 2015, 51, 17293-17296.

[18] Li H, Shen L, Pang G, Fang S, Luo H, Yang K, Zhang X. $TiNb_2O_7$ nanoparticles assembled into hierarchical microspheres as high-rate capability and long-cycle-life anode materials for lithium ion batteries. Nanoscale, 2015, 7, 619-624.

[19] Yan L, Lan H, Yu H, Qian S, Cheng X, Long N, Zhang R, Shui M, Shu J. Electrospun $WNb_{12}O_{33}$ nanowires: superior lithium storage capability and their working mechanism. J Mater Chem A, 2017, 5, 8972-8980

[20] Wang D, Wu K, Shao L, Shui M, Ma R, Lin X, Long N, Ren Y, Shu J. Facile fabrication of Pb（NO_3）$_2$/C as advanced anode materialand its lithium storage mechanism. Electrochimi Acta, 2014, 120: 110-121.

[21] 劉欣, 趙海雷, 解晶瑩, 王可, 呂鵬鵬, 高春輝. 鋰離子電池 SnS_2 基負極材料. 化

學進展, 2014, 26（9）: 1586-1595.

[22] Wang D, Liu L, Zhao S, Hu Z, Liu H. Potential application of metal dichalcogenides double-layered heterostructures as anode materials for Li-ion batteries. J Phys Chem C, 2016, 120（9）: 4779-4788.

[23] Sen U K, Mitra S. High-rate and high-energy-density lithium-ion battery anode containing 2D MoS_2 nanowall and cellulose binder. ACS Appl Mater Interfaces, 2013, 5（4）: 1240-1247.

[24] 馬曉軒, 郝健, 李垚, 趙九蓬. 類石墨烯二硫化鉬在鋰離子電池負極材料中的研究進展. 材料導報, 2014, 28（6）: 1-9.

[25] Wu K, Shao L, Jiang X, Shui M, Ma R, Lao M, Lin X, Wang D, Long N, Ren Y, Shu J. Facile preparation of [Bi_6O_4]（OH）$_4$（NO_3）$_6$ · $4H_2O$, [Bi_6O_4]（OH）$_4$（NO_3）$_6$ · H_2O and [Bi_6O_4]（OH）$_4$（NO_3）$_6$ · H_2O/C as novel high capacity anode materials for rechargeable lithium-ion batteries. J Power Sources, 2014, 254: 88-97.

[26] Shu J, Wu K, Shao L, Lin X, Li P, Shui M, Wang D, Long N, Ren Y. Nano/micro structure ammonium cerium nitrate tetrahydrate/carbon nanotube as high performance lithium storage material. J Power Sources, 2015, 275: 458-467.

[27] Li P, Lan H, Yan L, Yu H, Qian S, Cheng X, Long N, Shui M, Shu J. Micro-/nano-structured Co（NO_3）$_2$ · $6H_2O$@CNTs as novel anode material with superior lithium storage performance. J Electroanal Chem, 2017, 791: 29-35.

[28] Jiang X, Wu K, Shao L, Shui M, Lin X, Lao M, Long N, Ren Y, Shu J. Lithium storage mechanism in su-

perior high capacity copper nitrate hydrate anode material. J Power Sources, 2014, 260: 218-224.

[29] Yang K, Lan H, Li P, Yu H, Qian S, Yan L, Long N, Shui M, Shu J. Strontium nitrate as a stable and potential anode material for lithium ion batteries. Ceram Int, 2017, 43: 10515-10520.

[30] Jo C, Kim Y, Hwang J, Shim J, Chun J, Lee J. Block Copolymer Directed Ordered Mesostructured $TiNb_2O_7$ Multimetallic Oxide Constructed of Nanocrystals as High Power Li-ion Battery Anodes, Chem Mater, 2014, 26 (11): 3508-3514.

鋰離子電池材料的理論設計及其電化學性能的預測

在過去二十多年裏，鋰離子電池因其能量密度高和倍率性能良好等諸多優點成為了現代社會生活中不可或缺的一類能量存儲和轉換裝置。雖然鋰離子電池目前已經成功地應用於各種便携式設備中，並且它們作為動力電池在電動汽車領域也有非常廣闊的前景，但是其仍難以滿足當代社會和經濟發展的需求，安全性和更高的能量密度將是今後很長一段時間內人們所追求的目標。因此，新的電極材料的開發和探索將具有重要的意義。然而在傳統的電極材料的研發過程中，新材料的合成、結構表徵和性能測試通常要經歷一個摸索過程，往往會遵循嘗試-修正-再嘗試的模式，這不僅延長了開發週期，而且增加了資源的損耗。這些問題的產生主要源於人們對材料的微觀結構與電化學性能之間的內在關係沒有足够清晰的認識，以功能和性能為導向的材料設計變得比較困難。而第一性原理計算的應用，以及材料的理論設計等理念的引入，將大大減輕新電極材料研發過程中的工作量。因此以第一性原理計算為基礎，系統地研究鋰離子電池的電極材料的結構穩定性、電子結構、摻雜效應、表/界面效應和擴散動力學等問題，並揭示它們的結構和電化學性能之間的關係，將為新型電池材料的設計和性能調控提供重要的理論依據。

11.1 鋰離子電池材料的熱力學穩定性

在鋰離子電池中，「搖椅理論」是被人們廣泛接受的一種機理：鋰離子在充放電過程中可以可逆地在電極材料的晶格結構中嵌入或脫出，而電極材料中的過渡金屬則發生變價從而實現電荷的補償。在整個循環的過程中，電極材料骨架的結構穩定性無疑至關重要，因為它決定了材料的循環性能和安全性。例如，傳統的 $LiCoO_2$ 正極材料在深度脫鋰的條件下會發生結構相變並導致其性能迅速衰退，其實際比容量僅為 $145mA \cdot h \cdot g^{-1}$，即僅有 0.5 個鋰可以可逆地參與到電化學反應中；而最近與錳基富鋰材料有關的研究進展則表明：它們普遍存在着首圈不可逆容量損失大、容量和電壓會在循環過程中持續衰退。這些問題的產生與

富鋰材料在高電位條件下（＞4.5V）充電時晶格氧的不可逆損失密切有關，進而導致安全性問題。因此，採用第一性原理方法對電極材料的結構穩定性進行評價，並從微觀電子結構的角度分析和闡明結構穩定性及失穩現象的本源，將為設計高穩定性和高循環壽命的電極材料提供重要的理論依據。

11.1.1　電池材料相對於元素相的熱力學穩定性

為了評估電池材料的熱力學穩定性，最常用的物理量就是採用材料的摩爾生成焓（$\Delta_f H_m$）或者摩爾生成吉布斯自由能（$\Delta_f G_m$）。以 $LiFePO_4$ 正極材料為例，它的生成反應可表示如下：

$$Li(s, Im-3m) + FePO_4(s, P3121) \Longrightarrow LiFePO_4(s, Pnma) \tag{11-1}$$

該化學反應的吉布斯自由能的變化值（$\Delta_r G_m$）可用下述公式進行計算：

$$\Delta_r G_m[式(11\text{-}1)] = G(LiFePO_4) - G(Li) - G(FePO_4) \tag{11-2}$$

對於固體材料，體積效應和熵變對吉布斯自由能（$G = U + PV - TS$）的貢獻很小，因此在實際應用中往往可以將它們忽略不計。在此近似下，固體材料的吉布斯自由能可近似地用其總能替代，公式(11-2) 可改寫成：

$$\Delta_r G_m[式(11\text{-}1)] = E(LiFePO_4) - E(Li) - E(FePO_4) \tag{11-3}$$

此外，化學反應（11-1）在整個過程中所吸收或釋放的能量也可以通過各物質的摩爾生成吉布斯自由能（$\Delta_f G_m$）來計算：

$$\Delta_r G_m[式(11\text{-}1)] = \Delta_f G_m(LiFePO_4) - \Delta_f G_m(Li) - \Delta_f G_m(FePO_4) \tag{11-4}$$

將公式(11-3) 和式(11-4) 合併可得到下式：

$$\Delta_f G_m(LiFePO_4) = E(LiFePO_4) - E(Li) - E(FePO_4) + \Delta_f G_m(Li) + \Delta_f G_m(FePO_4) \tag{11-5}$$

根據純物質的熱力學數據手冊，可以獲得磷酸鐵 $[\Delta_f G_m(FePO_4)]$ 和金屬鋰晶體 $[\Delta_f G_m(Li)]$ 在標準壓力和不同溫度下的最穩定結構的摩爾生成吉布斯自由能的實驗值，而根據第一性原理計算則可以確定不同材料的基態總能量。因此，最終可通過第一性原理計算確定 $LiFePO_4$ 的摩爾生成吉布斯自由能。由於材料的摩爾生成焓或摩爾生成吉布斯自由能是強度性質，並不依賴於反應的路徑，因此上述計算方法不僅適用於研究磷酸鐵鋰正極材料的熱力學穩定性，對於其他正極、負極材料也同樣適用。

表 11-1　幾種正極材料的摩爾生成焓和摩爾生成吉布斯自由能的計算值

物質	$\Delta_f H_{m,el.} / kJ \cdot mol^{-1}$	$\Delta_f G_{m,el.}[1] / kJ \cdot mol^{-1}$	$\Delta E[2]$	$\Delta_f G_{m,ox.}[3] / kJ \cdot mol^{-1}$
$LiFePO_4$	-1682.36	-1569.47		-287.51
$FePO_4$	-1343.13	-1230.24	339.23	$-242.68(206.89)[4]$
$LiMnPO_4$	-1835.11	-1722.21	—	-297.79

續表

物質	$\Delta_f H_{m,el.}$ /kJ·mol^{-1}	$\Delta_f G_{m,el.}$ [①]/kJ·mol^{-1}	ΔE [②]	$\Delta_r G_{m,ox.}$ [③]/kJ·mol^{-1}
$MnPO_4$	-1446.58	-1333.69	388.53	-203.67(152.34)[④]
$LiCoO_2$	-670.90(-679.40)[⑤]	-628.79	—	-133.54(-142.54)[⑤]
CoO_2	-262.28	-238.44	390.35	-24.24
$LiNiO_2$	-587.91(-593.00)[⑤]	-541.35	—	-48.76(-56.21)[⑤]
NiO_2	-186.28	-158.02	383.33	53.52
$LiMn_2O_4$	-1380.77(-1380.90)[⑤]	-1268.62	—	-81.87(-82.47)[⑤]
Mn_2O_4	-1118.70	-1008.92	249.6	-78.64

①生成吉布斯自由能（元素相的能量作為參考零點）。
②鋰離子脫嵌過程中吉布斯自由能的變化值。
③生成吉布斯自由能（氧化物的能量作為參考零點），該值的絕對值表示物質發生分解反應並形成相應的氧化物所需要的能量。
④分解反應（$MPO_4^- > 0.5M_2P_2O_7 + 0.25O_2$）的吉布斯自由能的變化值。
⑤摩爾生成焓（$\Delta_f H_m$）的實驗值。

　　表 11-1 列出了幾種典型的正極材料的摩爾生成焓和摩爾生成吉布斯自由能的理論計算值。需要指出的是物質的生成吉布斯自由能是指在一定溫度和壓力下，由最穩定的單質生成 1mol 該物質時的吉布斯自由能的變化，其所參考的能量零點是最穩定單質（元素相）的吉布斯自由能，如圖 11-1 所示。對於 $LiFePO_4$ 和 $LiMnPO_4$，它們相對於元素相的生成吉布斯自由能分別為 $-1569.47kJ·mol^{-1}$ 和 $-1722.21kJ·mol^{-1}$，而 $LiMn_2O_4$ 的數值則為 $-1268.62kJ·mol^{-1}$；傳統的正極材料 $LiCoO_2$ 和 $LiNiO_2$ 相對於元素相的生成吉布斯自由能則大得多，它們的數值分別為 $-670.90kJ·mol^{-1}$ 和 $-587.91kJ·mol^{-1}$。上述計算結果似乎表明 $LiFePO_4$、$LiMnPO_4$ 和 $LiMn_2O_4$ 要比 $LiCoO_2$ 和 $LiNiO_2$ 穩定得多。但由於它們均是電極材料，均會在充放電過程中發生嵌/脫鋰反應，從而導致化學計量比發生變化。因此在實際應用中還需要進一步考慮電極材料的不同嵌鋰態的熱力學

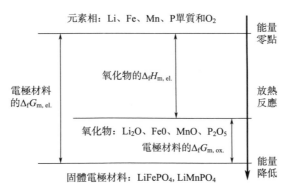

圖 11-1　電極材料相對於元素相和氧化物的生成吉布斯自由能的計算方法

穩定性。Ceder 等提出了一種研究全熱力學相圖的理論計算方法，並且他們指出電極材料相對於元素相即使具有很負的生成能也不足以判斷電極材料是否是熱力學穩定的，主要原因在於電極材料在嵌脫鋰過程中很有可能會發生相變而轉變為其他結構的穩定氧化物。

11.1.2　電池材料相對於氧化物的熱力學穩定性

與其他材料不同，具有不同化學計量比的電極材料能否發生相變，這個問題對於研究和分析電極材料的可逆性和循環性能都是非常重要的。在這種情況下，計算電極材料相對於氧化物的生成吉布斯自由能可能更加合理。電極材料相對於氧化物的生成吉布斯自由能可定義為：以穩定的氧化物作為反應物，通過化學反應生成相應的電極材料時，反應的吉布斯自由能的變化數值。以 $LiFePO_4$ 和 $LiMnPO_4$ 為例，相應的反應式可以表示如下：

$$Li_2O(s,Fm-3m)+2FeO(s,Fm-3m)+P_2O_5(s,Pnma)=\!=\!=2LiFePO_4(s,Pnma)$$
$$(11-6)$$

$$Li_2O(s,Fm-3m)+2MnO(s,Fm-3m)+P_2O_5(s,Pnma)=\!=\!=2LiMnPO_4(s,Pnma)$$
$$(11-7)$$

電極材料相對於元素相和氧化物的生成吉布斯自由能的區別如圖 11-1 所示。需要注意的是反應式(11-6) 和反應式(11-7) 的逆反應的吉布斯自由能的變化值實際上也反映了電極材料在工作過程中分解成相應氧化物的難易程度。表 11-1 的計算結果表明 $LiFePO_4$ 和 $LiMnPO_4$ 相對於氧化物的摩爾生成吉布斯自由能的數值分別為 $-287.51kJ \cdot mol^{-1}$ 和 $-297.79kJ \cdot mol^{-1}$。儘管這些數值比電極材料相對於元素相的摩爾生成吉布斯自由能小得多，但是它們仍然是很負的，這說明電極材料在嵌/脫鋰過程中將具有很好的熱力學穩定性。對於 $LiCoO_2$、$LiNiO_2$ 和 $LiMn_2O_4$，它們相應的計算值分別為 $-133.54kJ \cdot mol^{-1}$、$-48.76kJ \cdot mol^{-1}$ 和 $-81.87kJ \cdot mol^{-1}$。雖然 $LiMn_2O_4$ 相對於元素相的摩爾生成吉布斯自由能要比 $LiCoO_2$ 的數值低得多，但是它在嵌/脫鋰過程中要比 $LiCoO_2$ 更容易分解成相應的氧化物。

正極材料中的鋰離子將在充電過程中從晶格脫嵌，晶格體積和化學計量比的變化將導致電池材料的微觀成鍵結構發生變化，從而對它們的熱力學穩定性產生影響。根據類似的算法同樣可以計算出 $FePO_4$(Pnma) 和 $MnPO_4$(Pnma) 脫鋰態相對於元素相的生成吉布斯自由能的數值分別為 $-1230.24kJ \cdot mol^{-1}$ 和 $-1333.69kJ \cdot mol^{-1}$。與嵌鋰態相比，由於鋰離子的脫嵌，上述材料的吉布斯自由能分別昇高了 $339.23kJ \cdot mol^{-1}$ 和 $388.52kJ \cdot mol^{-1}$。這個差別在 $LiCoO_2$、$LiNiO_2$ 和 $LiMn_2O_4$ 材料中也是存在的，並且其主要是源於 Li 和 O 離

子對之間的化學鍵的作用。根據 Li_2O 離子化合物的標準生成吉布斯自由能（$-562.104kJ \cdot mol^{-1}$）可知一個純的 $Li-O$ 離子鍵的鍵能約為 $-281.052kJ \cdot mol^{-1}$。在 $LiMPO_4$ 材料中，鋰和六個氧配位並構成 LiO_6 八面體，而在 Li_2O 結構中鋰和四個氧配位形成 LiO_4 四面體。因此，鋰和氧在 $LiMPO_4$ 材料中的相互作用要稍強於 Li_2O 離子化合物中的 $Li-O$ 離子鍵，且鋰在 $LiMPO_4$ 中應主要以純離子的形式存在於晶格中。

表 11-1 的數據還表明當鋰從正極材料的骨架中脫嵌之後，各種材料相對於氧化物的生成吉布斯自由能也明顯昇高。相對於完全嵌鋰態（$LiMPO_4$），$FePO_4$（Pnma）和 $MnPO_4$（Pnma）的計算值分別提高了 $145.46kJ \cdot mol^{-1}$ 和 $194.38kJ \cdot mol^{-1}$，但是這些值仍為負值，這表明 $FePO_4$（Pnma）和 $MnPO_4$（Pnma）相對於相應的氧化物（FeO、MnO 和 P_2O_5）仍是具有較高的熱力學穩定性的。但是這種情況在 CoO_2 和 NiO_2 材料中卻是不同的，CoO_2（R-3m）相對於氧化物的生成吉布斯自由能非常接近零（$-24.24kJ \cdot mol^{-1}$），而 NiO_2（R-3m）的數值（$53.52kJ \cdot mol^{-1}$）已經轉變為正值。這個結果表明 CoO_2（R-3m）的熱力學穩定性相對於氧化物而言是比較差的，而 NiO_2（R-3m）將自發地分解成氧化鎳（NiO，Fm-3m），因此氧氣的釋放在這兩種材料中是可以預期的，這也與實驗的觀測結果一致。

目前，實驗的研究結果已經證實 $LiFePO_4$ 和 $FePO_4$ 具有很高的熱力學穩定性，而且它們也具有優良的循環性能，文獻曾報導 $FePO_4$ 在昇溫至 $500\sim600℃$ 時仍能保持穩定的結構，且不會存在氧釋放的問題。但是對於 $MnPO_4$ 的熱力學穩定性，目前仍存在一些爭議。人們一度認為 $MnPO_4$ 與 $FePO_4$ 一樣，兩者的熱力學穩定性應該是相當的。但最近的實驗研究結果證實：$MnPO_4$ 在 $120\sim210℃$ 時會分解並形成 $Mn_2P_2O_7$，同時伴隨着氧氣的釋放，這將使 $LiMnPO_4$ 面臨着嚴峻的安全性挑戰並極大地限製了其應用。Martha 等採用微分掃描量熱法（DSC）、熱重質譜耦合分析（TGA-MS）、X 射線衍射（XRD）和高分辨掃描電鏡（HRSEM）對 $LiMPO_4$（M = Fe、Mn、$Mn_{0.8}Fe_{0.2}$）、$LiCoO_2$ 和 $LiNi_{0.8}Co_{0.15}Al_{0.05}O_2$ 以及它們的電化學脫鋰態在 $400℃$ 加熱前後的結構進行了比較研究，他們沒有發現 $LiFePO_4$ 和 $LiMnPO_4$ 以及它們的脫鋰態的熱力學性質存在顯著差異的證據；他們認為不管是嵌鋰態還是脫鋰態，$LiMnPO_4$ 正極材料的熱力學穩定性應該與 $LiFePO_4$ 相近，沒有證據證明 $MnPO_4$ 或者 $[MnFe]PO_4$ 的熱力學穩定性要比 $FePO_4$ 差。

雖然第一性原理的計算結果與 Martha 等的實驗結果吻合，即 MPO_4（M = Fe、Mn）相對於氧化物的生成吉布斯自由能比較接近且都是負值，但是實驗確實觀測到了 $MnPO_4$ 相變的發生。為了闡明這個問題，還需要進一步計算下述分

解反應的吉布斯自由能的變化值：

$$2MPO_4 \Longrightarrow M_2P_2O_7 + 0.5O_2 \tag{11-8}$$

表 11-1 中的計算結果表明：$MnPO_4$ 向 $Mn_2P_2O_7$ 轉變時反應是吸熱的，所需的能量約為 $152.34kJ \cdot mol^{-1}$；而 $FePO_4$ 分解成類似的產物則更為困難，所需要的能量約為 $206.89kJ \cdot mol^{-1}$，這與 $LiFePO_4$ 具有優良的可逆性的實驗結果是一致的。需要指出的是除了熱力學的原因之外，還有其他幾種可能可以導致材料發生結構相變的機製：例如按軟模理論所描述的不穩定的晶格振動可以導致相變的發生；在外部應力作用下材料的力學失穩也可能引發相變。對於鋰離子電池而言，鋰離子在電極材料的晶格中反復地嵌入和脫嵌將導致晶體顆粒的內部產生局部應力和應變。良好的可逆性不僅要求電極材料在應變產生時能夠保持穩定的結構，而且材料在應力作用下仍應保持良好的力學穩定性，不應發生力學失穩的現象。為了探索 $MnPO_4$ 相變的本質及其根源，仍需要展開相關的理論研究。

11.2 電極材料的力學穩定性及失穩機製

11.2.1 Li_xMPO_4（M＝Fe、Mn; x＝0、1）材料的力學性質

電極材料對應力場的力學響應與材料本身固有的彈性性質密切相關。當電極材料在形變的作用下發生力學失穩的現象時，相變將會發生並導致電池性能的衰退。因此可以預期在充放電過程中電極材料的力學穩定性和材料的循環性能之間應該存在着重要的聯繫。為了研究這個問題，首先需要計算材料的彈性剛度（C_{ij}）和彈性柔度（S_{ij}），相關的計算方法如下：

$$
\begin{pmatrix} \sigma_{xx} \\ \sigma_{yy} \\ \sigma_{zz} \\ \tau_{yz} \\ \tau_{zx} \\ \tau_{xy} \end{pmatrix} =
\begin{pmatrix}
C_{11} & C_{12} & C_{13} & 0 & 0 & 0 \\
C_{21} & C_{22} & C_{23} & 0 & 0 & 0 \\
C_{31} & C_{32} & C_{33} & 0 & 0 & 0 \\
0 & 0 & 0 & C_{44} & 0 & 0 \\
0 & 0 & 0 & 0 & C_{55} & 0 \\
0 & 0 & 0 & 0 & 0 & C_{66}
\end{pmatrix}
\begin{pmatrix} \varepsilon_{xx} \\ \varepsilon_{yy} \\ \varepsilon_{zz} \\ \gamma_{yz} \\ \gamma_{zx} \\ \gamma_{xy} \end{pmatrix} \tag{11-9}
$$

式中，σ、τ、ε 和 γ 分別是拉張應力、剪應應力、拉伸應變和剪應應變。C_{ij} 是彈性常數矩陣元，它們可以通過公式 $S = C^{-1}$ 與彈性柔度矩陣元（S_{ij}）聯繫起來。

Born 和黃昆在系統地研究了七大晶系的力學響應問題的基礎上，確定了各

個晶系的力學穩定性判據,他們指出一個晶格要保持力穩狀態就要求彈性能量密度應該是應變的正定二次函數。對於正交晶系,相應的力學穩定性判據如下:

$$C_{11}+C_{22}+C_{33}+2C_{12}+2C_{13}+2C_{23}>0, C_{11}+C_{33}-2C_{13}>0,$$
$$C_{11}+C_{22}-2C_{12}>0, C_{22}+C_{33}-2C_{23}>0, C_{ij}(i=j)>0 \qquad (11\text{-}10)$$

表 11-2 Li_xMPO_4 (M=Fe、Mn;$x=0$、1)正極材料的彈性常數的計算值

單位:GPa

物質	C_{11}	C_{12}	C_{13}	C_{22}	C_{23}	C_{33}	C_{44}	C_{55}	C_{66}
$LiFePO_4$	140.22	69.87	58.84	187.40	49.76	174.16	39.04	45.70	44.99
文獻[30]	138.90	72.80	52.50	198.00	45.80	173.00	36.80	50.60	47.60
$FePO_4$	182.38	27.62	66.65	115.53	13.34	131.60	31.49	48.26	44.15
文獻[30]	175.90	29.60	54.00	153.60	19.60	135.00	38.80	47.50	55.60
$LiMnPO_4$	127.49	68.87	48.24	156.73	42.60	151.16	32.82	37.24	39.52
$MnPO_4$	99.62	−36.09	21.19	166.07	−10.60	73.57	16.96	48.71	17.93

Li_xMPO_4 (M=Fe、Mn;$x=0$、1)正極材料的彈性常數的計算值如表 11-2 所列,計算結果表明 $LiFePO_4$ 和 $FePO_4$ 的彈性常數均滿足力學穩定性判據,因此它們在應力的作用下仍可以保持穩定的結構,不會出現力學失穩的狀態。上述結果與 Maxisch 等採用 GGA+U 的方法計算所得到的數值完全一致。一般來說,C_{11}、C_{22} 和 C_{33} 分別反映的是材料在 a、b 和 c 軸向抵抗線性壓縮的能力,而 C_{44}、C_{55} 和 C_{66} 則表示材料分別在 {001}、{010} 和 {001} 晶面上抵抗剪應形變的能力。表 11-2 的計算結果表明 $LiFePO_4$ 的 C_{11}、C_{22} 和 C_{33} 值要比 C_{44}、C_{55} 和 C_{66} 大得多,因此 $LiFePO_4$ 抵抗 a、b 和 c 方向單軸拉伸的能力是很強的,而剪應形變在該材料中則更容易產生。當鋰離子從晶格脫嵌之後,$FePO_4$ 的 C_{22}、C_{33}、C_{12} 和 C_{23} 值明顯減小,而 C_{11} 值反而增大了 42.16GPa。這種反常的現象已被 Maxisch 等發現,他們認為這是 a 軸向發生壓縮時,PO_4 四面體將發生旋轉並向附近的非占據鋰空位靠近所致。雖然 $LiMnPO_4$ 材料中每個 C_{ij} 的數值相對於 $LiFePO_4$ 都有很小的降低,但是這兩種材料的彈性常數均具有非常相似的特徵,這表明兩者的微觀成鍵特性應該是比較相近的。但是與 $FePO_4$ 不同,鋰離子從 $LiMnPO_4$ 的晶格脫嵌之後,系統的彈性常數發生了根本性的變化:除了 C_{22} 和 C_{55},$MnPO_4$ 的其他 C_{ij} 的數值都減小了;C_{12} 和 C_{23} 甚至已經轉變為負值。因此 $MnPO_4$ 在應力的作用下難以保持力穩狀態,系統將會發生相應的相變。這種反常的性質也說明 $MnPO_4$ 的成鍵特徵已經發生了改變。

除了彈性常數之外,還有其他一些量可以用於描述晶體的力學性能。一般來說,電極材料都是經過燒結得到,而燒結粉末往往都是由無序取向的單相單晶聚集形成的多晶樣品。這種情況下,計算多晶電極材料的模量比較重要。目前多晶模量的計算方法主要有 Voigt 法和 Reuss 法兩種。對於一個正交晶體,剪應模量

（G）和體模量（B）完全可以根據彈性常數近似地估算出來。

$$\frac{1}{G_R}=\frac{4}{15}(S_{11}+S_{22}+S_{33})-\frac{4}{15}(S_{12}+S_{13}+S_{23})+\frac{3}{15}(S_{44}+S_{55}+S_{66})$$

$$(11\text{-}11)$$

$$G_V=\frac{1}{15}(C_{11}+C_{22}+C_{33}-C_{12}-C_{13}-C_{23})+\frac{1}{5}(C_{44}+C_{55}+C_{66})$$

$$(11\text{-}12)$$

$$\frac{1}{B_R}=(S_{11}+S_{22}+S_{33})+2(S_{12}+S_{13}+S_{23}) \tag{11-13}$$

$$B_V=\frac{1}{9}(C_{11}+C_{22}+C_{33})+\frac{2}{9}(C_{12}+C_{13}+C_{23}) \tag{11-14}$$

實際上由 Voigt 法和 Reuss 法所計算得到的數值分別為上限和下限，因此兩者的算術平均值對於描述多晶的模量應該更加合理：

$$G=\frac{G_R+G_V}{2},B=\frac{B_R+B_V}{2} \tag{11-15}$$

表 11-3 為 $Li_x MPO_4$ 正極材料的體模量和剪應模量的計算值。體模量反映的是在外力作用下材料抵抗體積形變的能力，而剪應模量則表示材料抵抗剪應形變的能力。計算結果表明：$LiFePO_4$、$LiMnPO_4$ 和 $FePO_4$ 的體模量要比它們的剪應模量大得多，因此它們抵抗體積形變的能力更強；而 $MnPO_4$ 體模量的計算值（31.76GPa）比其剪應模量（34.47GPa）小。這種反常現象也是可以預期的，因為模量的導出是基於彈性常數的數值的。此外還需要注意的是 B/G 的比值是很重要的，因為它是表徵材料的塑性和彈性性質的一個尺度：高 B/G 的材料具有較好的韌性，而低 B/G 的材料具有脆性。區分這兩種行為 B/G 的臨界值約為 1.75。$LiFePO_4$ 和 $LiMnPO_4$ 的 B/G 值分別為 2.04 和 2.13，這說明它們均具有較好的韌性。當鋰離子從晶格中脫嵌之後，$FePO_4$ 的 B/G 值降低至 1.52，其具有較弱的脆性特徵。$MnPO_4$ 的 B/G 值為 0.92，該數值比臨界值低得多。可以預期在理論剪應力達到臨界值之前，裂紋尖端處的應力已經超過了理論拉伸應力，$MnPO_4$ 因而顯示出明顯的脆性特徵。

表 11-3 $Li_x MPO_4$（M＝Fe、Mn；x＝0，1）正極材料的體模量和剪應模量

物質	B_R/GPa	B_V/GPa	B/GPa	G_R/GPa	G_V/GPa	G/GPa	B/G
$LiFePO_4$	94.55	95.41	94.98	45.93	47.50	46.72	2.04
文獻[51]	93.00	94.70	93.90	47.20	49.60	48.40	1.92
$FePO_4$	64.85	71.64	68.25	43.36	46.24	44.80	1.52
文獻[51]	72.70	74.50	73.60	50.30	52.50	51.40	1.45
$LiMnPO_4$	83.36	83.87	83.62	38.78	40.30	39.54	2.13
$MnPO_4$	31.49	32.03	31.76	27.90	41.04	34.47	0.92

　　Ravindran 和 Tvergaard 等指出熱膨脹係數的各向異性和彈性各向異性可導致材料內部產生微觀裂紋。鋰離子在反復嵌入和脫嵌過程中，電極材料的彈性各向異性將會發生變化，從而導致微觀裂紋的出現，這對材料的可逆性和容量保持均有不利的影響。對於正交晶系的材料，彈性各向異性主要來源於剪應各向異性和線性體模量各向異性，而前者主要衡量的是處於晶面上的原子之間成鍵的各向異性。在<011>和<001>方向的 {100} 剪應面、在<101>和<001>方向的 {010} 剪應面，以及在<110>和<010>方向的 {001} 剪應面的剪應各向異性因子可分別定義如下：

$$A_1 = \frac{4C_{44}}{C_{11} + C_{33} - 2C_{13}} \tag{11-16}$$

$$A_2 = \frac{4C_{55}}{C_{22} + C_{33} - 2C_{23}} \tag{11-17}$$

$$A_3 = \frac{4C_{66}}{C_{11} + C_{22} - 2C_{12}} \tag{11-18}$$

　　對於各向同性的晶體，A_1、A_2 和 A_3 的數值均為 1，而任何偏離 1 的值則表示材料存在彈性各向異性。在 $LiFePO_4$ 正極材料中，A_2 和 A_3 的數值分別為 0.698 和 0.985，因此它的 {001} 晶面上的原子之間的成鍵具有各向同性的特徵，而 {010} 晶面上的原子間的成鍵具有各向異性特徵。當鋰離子從 $LiFePO_4$ 晶格脫嵌之後，材料的 A_1 和 A_3 值有所減小，而 A_2 值有所增大，這說明鋰離子的脫嵌確實對彈性各向異性產生了影響。表 11-3 的計算值還表明 $LiMnPO_4$ 材料的 A_1、A_2 和 A_3 值要比 $LiFePO_4$ 的數值更偏離約 1，因此 $LiMnPO_4$ 在 {100}、{010} 和 {001} 晶面上的成鍵將具有更明顯的各向異性特徵。$MnPO_4$ 脫鋰態的 A_1(0.519) 和 A_3(0.212) 值異常小，可以預期它的 {100} 和 {001} 晶面上原子間成鍵將會發生顯著變化，這個現象的起因仍需進一步分析。

　　為了研究線性體模量各向異性，需要計算材料沿着不同晶軸方向的體模量的數值，它們的定義如下：

$$B_a = a\frac{dP}{da}, B_b = b\frac{dP}{db}, B_c = c\frac{dP}{dc} \tag{11-19}$$

　　沿着 a 軸方向的體模量相對於 b 軸和 c 軸的各向異性可以分別用 $A_{a/b} = B_a/B_b$ 和 $A_{a/c} = B_a/B_c$ 表示。與剪應各向異性相似，任何偏離 1 的數值均表示系統存在各向異性。Li_xFePO_4 的 $A_{a/b}$ 和 $A_{a/c}$ 的數值在脫鋰後分別從 0.662 和 0.821 變成 3.278 和 2.502，這表明該正極材料存在線性體模量各向異性。由於 Li_xMnPO_4 的 $A_{a/b}$ 和 $A_{a/c}$ 的數值與 Li_xFePO_4 相比更接近 1，因此它的線性體模量各向異性較 Li_xFePO_4 弱。為了更清楚地表示各向異性的特徵，Chung 和 Buessem 提出了以百分比表示各向異性：

$$A_{\mathrm{B}}=\frac{B_{\mathrm{V}}-B_{\mathrm{R}}}{B_{\mathrm{V}}+B_{\mathrm{R}}}, A_{\mathrm{G}}=\frac{G_{\mathrm{V}}-G_{\mathrm{R}}}{G_{\mathrm{V}}+G_{\mathrm{R}}} \tag{11-20}$$

　　在此定義中，數值 0 表示各向同性，而數值 100％ 則表示系統具有最大的各向異性。表 11-3 中的計算結果表明對於 $LiFePO_4$ 和 $LiMnPO_4$，彈性各向異性主要來源於剪應分量，而不是線性彈性模量分量。當鋰離子脫嵌之後，$FePO_4$ 的 A_{B} 和 A_{G} 值均有明顯的提高，其 A_{G} 值甚至變得比 A_{B} 值大。這種情況在 $MnPO_4$ 材料中明顯不同：$MnPO_4$ 的 A_{B} 值僅為 0.85％，而 A_{G} 值已經高達 19.05％。因此 $MnPO_4$ 的彈性各向異性主要是由於材料中的剪應分量引起的。由於 $MnPO_4$ 具有很大的剪應各向異性，電極材料在充放電過程中將會很容易產生微觀裂紋及晶格位錯，從而導致電池材料的電化學性能發生明顯的衰退。需要指出的是 A_{G} 與 A_1 和 A_3（或 C_{44} 和 C_{66}）密切相關，更具體地說這種反常的行為應該與 $MnPO_4$ 材料在某個特定晶面上的各向異性的成鍵特徵密切相關。為了揭示宏觀力學性能與微觀成鍵特徵之間的關係，仍需要對 $LiMPO_4$ 材料在脫鋰前後的電子結構進行系統的研究。

11.2.2　Li_xMPO_4（M＝Fe、Mn; x＝0、1）材料的電子結構及力學失穩機製

　　在 MnO_6 八面體中，Mn 離子的高自旋排布結構將導致系統具有較大的 Jahn-Teller 效應。這個現象是很普遍的，且在一些錳基正極材料（$LiMn_2O_4$、Li_2MnSiO_4 和 $LiMnPO_4$）中已經被證實。通過比較和分析成鍵特徵的變化，可以發現 Li_xFePO_4 和 Li_xMnPO_4 兩種材料的電子結構確實存在明顯的差異。鋰離子的脫嵌將導致 $LiFePO_4$ 的 Fe—O（Ⅰ）鍵變短，而 Fe—O（Ⅱ）鍵則變長，這兩類化學鍵的鍵長逐漸趨於相等，如圖 11-2 和表 11-4 所示。這個結果表明

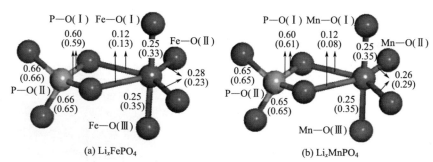

圖 11-2　Li_xFePO_4（a）和 Li_xMnPO_4（x＝0、1）（b）的 Mulliken 重疊布居

兩種球的數值分別表示嵌鋰態（$LiFePO_4$）和脫鋰態（$FePO_4$）的鍵級，Li—O 純離子鍵的鍵布居為 0.01

$FePO_4$ 脫鋰態中的 FeO_6 八面體的畸變將會減小。而 $Li_x MnPO_4$ 材料中的 Mn—O（Ⅰ）和 Mn—O（Ⅱ）鍵則表現出相反的變化趨勢，鋰離子脫嵌後兩類鍵長的比值從 1.067 增大至 1.166。因此 $MnPO_4$ 脫鋰態中 MnO_6 八面體的結構畸變顯著增大。由於結構上的變化，$MnPO_4$ 材料在空間中的電荷分佈將與 $FePO_4$ 完全不同。

表 11-4　$Li_x MPO_4$（M＝Fe、Mn；$x＝0$、1）材料的 M—O 鍵鍵長單位：Å

項目	M—O（Ⅰ）	M—O（Ⅱ）	M—O（Ⅲ）	M—O（Ⅰ）/M-O（Ⅱ）[②]
$LiFePO_4$	2.258	2.062	2.159	1.095
$FePO_4$	2.176	2.106	1.922	1.033
Δ(in%)[①]	−3.63	2.13	−10.98	—
$LiMnPO_4$	2.307	2.162	2.225	1.067
$MnPO_4$	2.365	2.028	1.923	1.166
Δ(in%)[①]	2.51	−6.19	−13.57	

①正值和負值分別表示鍵長增加和減小的百分比數值。
②衡量 MO_6 八面體赤道平面畸變度的一個指標。

圖 11-2 和表 11-4 的計算結果表明 M—O（Ⅰ）鍵比其他共價鍵弱。對於一個共價晶體，較弱的共價鍵可以導致兩個結果：化學鍵很容易發生斷裂，這與材料的脆性行為相關；而較弱的共價鍵也可激活晶體中的一些滑移系統，這使剪應形變在某些方向上更容易產生。這兩種行為相互協作和競爭，並最終決定了晶體材料的力學性質。為了確定材料的微觀化學成鍵與彈性常數之間的內在聯繫，需要對應力和應變間的關係以及材料在某些界面上的鍵強度進行估算。圖 11-3(a) 為 $Li_x MPO_4$ 投影到 xoz 平面之後各應力與應變之間的對應關係圖。當主軸應力（σ_{yy}）作用於 y 軸時，材料將沿着 [010] 方向產生主軸應變；同時 xoz 平面上產生的剪應力（τ_{yz} 和 τ_{yx}）將導致剪應形變的發生。剪應形變可以定義為材料內部兩個平行的交界區域之間的平行滑動。根據公式(11-9) 可知 C_{44} 可以通過 $\tau_{yz}＝C_{44}\gamma_{yz}$ 與剪應力 τ_{yz} 和剪應形變 γ_{yz} 相聯繫。因此當材料在應力作用下產生剪應應變時，最活躍的 (100) 界面應該是具有最弱化學成鍵的界面，並且與該界面相關的剪應形變的產生在能量上將更加有利。圖 11-3(a) 給出了三種可能的 (100) 界面，並且每個界面處的總鍵布居的計算值如表 11-5 所列。

表 11-5　$Li_x MPO_4$ 材料內部不同界面處的總鍵布居的計算值

項目	界面	化學鍵	$LiFePO_4$	$FePO_4$	$LiMnPO_4$	$MnPO_4$
C_{44}(100)	(1)	2P—O（Ⅱ）	1.32	1.32	1.30	1.30
	(2)	2P—O（Ⅰ）,2M—O（Ⅲ）	1.70	1.84	1.70	1.91
	(3)	4M—O（Ⅰ）,2M—O（Ⅲ）	0.98	1.18	0.98	1.02

續表

項目	界面	化學鍵	LiFePO$_4$	FePO$_4$	LiMnPO$_4$	MnPO$_4$
$C_{55}(010)$	(1)	4M—O(Ⅱ)	1.12	0.92	1.04	1.16
	(2)	2P—O(Ⅰ),2M—O(Ⅰ),2M—O(Ⅱ)	2.00	1.90	2.12	1.96
$C_{66}(001)$	(1)	2P—O(Ⅱ),2M—O(Ⅲ)4M—O(Ⅰ)	2.30	2.50	2.28	2.32
	(2)	1P—O(Ⅱ),2P—O(Ⅱ)2M—O(Ⅰ),2M—O(Ⅱ)1M—O(Ⅲ)	2.91	2.89	2.86	2.96
	(3)	4M—O(Ⅰ),2M—O(Ⅲ)	0.98	1.18	0.98	1.02

　　計算結果表明在 Li$_x$MPO$_4$ 材料的 xoz 平面內，界面（3）處界面上的化學鍵的強度明顯小於其他兩個界面。當鋰離子從晶格脫嵌之後，FePO$_4$ 在該界面處的總鍵布居有所增加，而 MnPO$_4$ 材料在該界面處的數值基本保持不變，這與表 11-4 的計算結果也是一致的，即 Mn—O(Ⅰ) 鍵的強度因鋰離子脫嵌從 0.12 降低至 0.08。因此，可以推斷 Li$_x$MPO$_4$ 材料中與 C_{44} 和（100）晶面有關的剪應形變主要是由最弱的 M—O(Ⅰ) 鍵決定。上述結果也很好地解釋了為什麼 MnPO$_4$ 中的 C_{44} 的數值相比其嵌鋰態明顯地減小了。類似地，表 11-5 中的計算結果也進一步證實了 C_{55} 的數值與 M—O(Ⅱ) 鍵相關，而 C_{66} 值仍然是與較弱的 M—O(Ⅰ) 鍵相關。

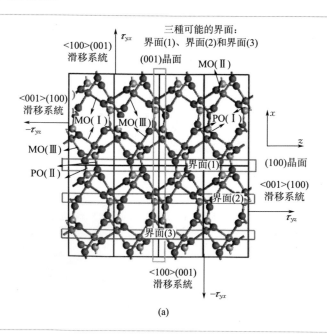

(a)

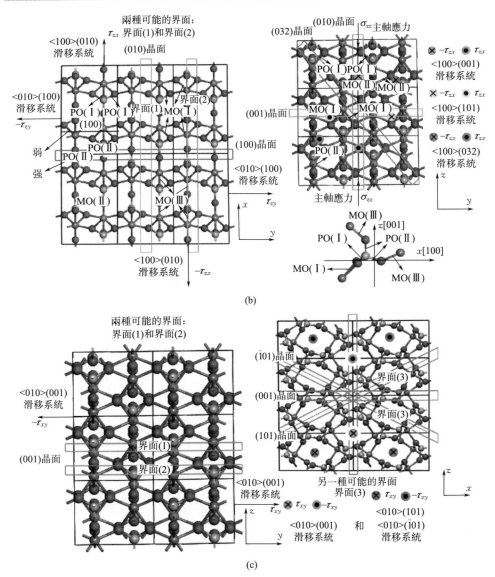

圖 11-3　與 τ_{zx} 剪應力（a）、τ_{zx} 剪應力（b）和 τ_{xy} 剪應力（c）相關的剪應形變示意圖

在 Li_xMnPO_4 系統中，M—O（Ⅰ）鍵的強度隨着鋰離子的脫嵌而減弱 33％。這種變化趨勢在 Li_xFePO_4 中剛好相反。同時需要注意的是剪應力 τ_{yz} 和 τ_{yx} 均是矢量，如果此時將晶體的取向也考慮進去，可以發現 Mn—O（Ⅰ）鍵主要近似地垂直分佈在 $\{101\}$ 和 $\{\overline{1}01\}$ 晶面簇上，如圖 11-4 所示。因此，在

$MnPO_4$ 材料中，與這兩個晶面簇相關的滑移系統（$<010>\{101\}$、$<10\bar{1}>$ $\{101\}$、$<010>\{\bar{1}01\}$ 和 $<101>\{\bar{1}01\}$）將變得非常活潑。這很好地解釋了為什麼 C_{55}（yy，48.71GPa）能夠保持較大的數值，而 C_{44}（xx，16.96GPa）和 C_{66}（zz，17.93GPa）則相對於 $LiMnPO_4$ 明顯減小。除此之外，$MnPO_4$ 中較弱的 $Mn—O(I)$ 鍵對於材料在 ［100］和 ［001］方向上線性壓縮也有重要的作用。表 11-2 中彈性常數的計算結果表明 $MnPO_4$ 的 C_{11} 和 C_{33} 值因鋰離子的脫嵌顯著減小，而它的 C_{12} 和 C_{23} 值甚至變為負值，這導致材料的體模量明顯降低，最終使材料展現出脆性的特徵。

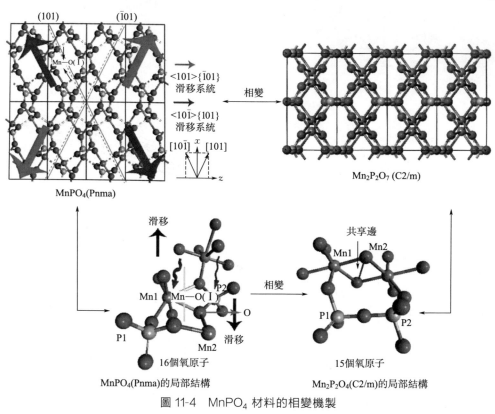

圖 11-4　$MnPO_4$ 材料的相變機製

注：其中 ［010］方向（y 軸向或 Voigt 表示中的 yy）垂直紙面

　　由於 $MnPO_4$ 脫鋰態中的滑移系統因鋰離子的脫嵌而被激活，剪應形變和晶格位錯將更容易產生。如圖 11-4 所示，沿着（101）和（$\bar{1}01$）晶面的滑移和位錯將使相鄰的兩個 MnO_6 形成一個共享邊，而最近鄰的兩個 PO_4 四面體則通過共享氧頂點連接在一起。每個 $Mn_2P_2O_8$ 單元的產生同時伴隨着一個多餘的 O 原

子的出現，氧將從界面上逃逸並最終導致氧釋放的問題。下述反應成為可能：

$$2\underset{\text{Pnma}}{MnPO_4} = \underset{\text{C2/m}}{Mn_2P_2O_7} + 0.5O_2 \qquad (11\text{-}21)$$

雖然從熱力學的角度考慮，該反應仍是吸熱的，但是計算結果表明較差的力學性能是導致 $MnPO_4$ 材料發生相變的一個重要原因，相變的發生將對電極材料的可逆性和循環產生重要影響，這與 Li_xFePO_4 材料完全不同。

11.3 $Li_{2-x}MO_3$ 電極材料的晶格釋氧問題及其氧化還原機理

11.3.1 $Li_{2-x}MO_3$ 電極材料的晶格釋氧問題

除了熱力學穩定性及力學穩定性之外，人們在研究 $Li_{2-x}MO_3$ 及錳基富鋰材料的過程中發現在高電位條件下充電時它們展現出一系列不可逆的現象，例如氧釋放、過渡金屬遷移、相變及表面副反應等。為了抑製這些不可逆現象，提高電極材料抵抗晶格氧釋放的能力至關重要。為了研究這個問題，需要考慮以下晶格氧空位的生成反應，

$$Li_{2-x}MO_3(s) = Li_{2-x}MO_{3-\delta}(s) + \frac{\delta}{2}O_2(g) \qquad (11\text{-}22)$$

在 δ 歸一化的條件下且引入 Ceder 等提出的校正因子對 O_2 分子的能量進行校正之後，該反應的反應焓（$\Delta_r H$）可以用 0K 時的 DFT＋U（density functional theory plus U）能量進行合理的估算，可用於表示氧空位生成所需的能量。由於上述反應中 δ 的數值較小，Li_xMO_3 和 $Li_xMO_{3-\delta}$ 材料中過渡金屬的價態基本保持不變，因此在計算中所採用的 U 值對計算的結果並沒有顯著的影響，不同 U 值條件下所得到的變化規律基本相同。

圖 11-5(a) 為 $Li_{2-x}MO_3$ 材料的理論計算模型。該物質屬於單斜晶系，空間群為 C2/m。根據 Wyckoff 表示，鋰離子分別占據 2b、2c 和 4h 位置，而氧則占據 4i 和 8j 位。總能的計算結果表明鋰離子占據 2b 位時系統的能量相對於鋰占據 2c 位和 4h 位更高。與 $Li[Li_{(1-2x)/3}Mn_{(2-x)/3}]O_2$ 材料有關的計算結果表明：鋰從過渡金屬層和 Li 層脫嵌時所對應的電位約為 3.20～3.27V 和 2.84～2.94V。實驗的觀察結果則表明鋰層中的鋰脫嵌之後所產生的空位將由過渡金屬層中鋰補充。

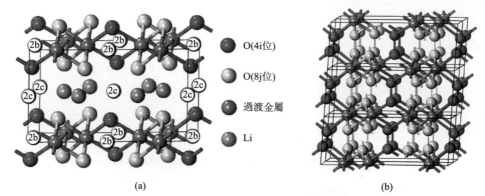

圖 11-5　$Li_{2-x}MO_3$ 電極材料的理論計算模型，其中未標示的鋰處於 4h 位（a）；M（3d）O_3 完全脫鋰態的穩定結構, 過渡金屬層沿着 a 軸方向發生滑移, 且 c 軸壓縮形成緊凑結構（b）。d^{n-x} 系統中的 n 表示過渡金屬 M^{4+} 的 d 電子層所剩餘的電子數, 而 x 則表示鋰脫嵌的數目

在確定了各種脫鋰態的最穩定結構之後，還需要進一步考慮晶格中氧的占位問題。由圖 11-5 可知，氧存在兩個獨立的位置，即 O_{4i} 和 O_{8j} 位。計算結果表明從 Li_2MO_3 晶格中的 O_{4i} 和 O_{8j} 位移除一個氧原子所需的能量是非常相近的，但通常情況下從 O_{8j} 位置移除一個氧原子所需的能量要稍小一些。Okamoto 等採用第一性原理的方法對 Li_2MnO_3 材料中的氧空位問題進行了研究，他們也發現 8j 位的氧空位的能量確實要比 4i 位低 0.10eV。而同步 XRD 和 Rietveld 分析結果則證實 Li_2MnO_3 材料中的 O_{8j} 位的占據數在金屬氫化物的作用下從 1.0 降低至 0.9649，而 O_{4i} 位的占據數基本保持不變。

圖 11-6(a) 為 $Li_{2-x}MO_3$ 材料的氧空位生成焓與鋰含量、過渡金屬 d 層電子數以及過渡金屬行之間的關係。計算結果表明氧從 Li_2MO_3 晶格中脫嵌時氧空位的生成反應是吸熱的，因此氧從 3d、4d 和 5d 金屬氧化物骨架中脫出是很困難的。基於第一性原理計算，幾個課題組獨立地研究了 Li_2MnO_3、Li_2RuO_3 和 $Li_{0.25}Ni_{0.25}Mn_{0.58}O_2$ 等電極材料的晶格氧空位問題，雖然所得到的數值依賴於所用的模型、氧空位的比率以及 O_2 分子能量的校正而有所不同，但是所有的計算結果均證實 Li_2MO_3 相是很穩定的。

圖 11-6(a) 的計算結果也表明由 3d、4d 和 5d 過渡金屬所構成的 Li_2MO_3 相，它們的氧空位生成焓曲線呈平行分佈；從 5d 系統向 4d 系統轉變時，每個 Li_2MO_3 單元的 $\Delta_r H$ 的數值平均降低了約 0.05eV，而從 4d 系統向 3d 系統轉變時，該數值繼續降低約 0.22eV。對於一個特定的週期，當 d 電子層的電子數從少（低 d^n 構型）逐漸增多（高 d^n 構型）時，$\Delta_r H$ 的數值逐漸減小，這說明氧從 Li_2MO_3 晶格中的脫嵌逐漸變得容易，或者說過渡金屬氧化物骨架的穩定性將

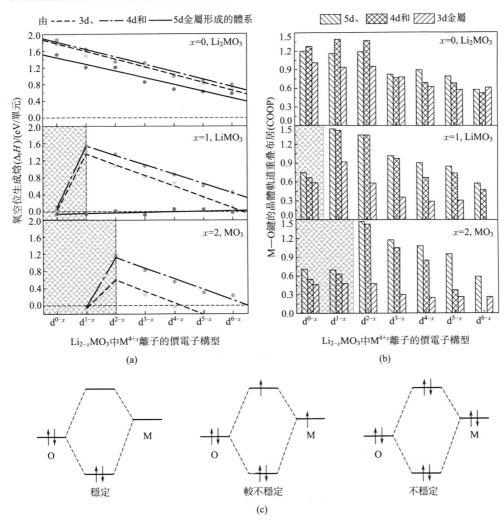

圖 11-6　$Li_{2-x}MO_3$ 電極材料的氧空位生成焓（eV/單元），其中氧空位的比率（δ）
為 1/12，實（空）心圓表示材料的層狀結構是（不）穩定的（a）；不同的電極材料及
不同的嵌鋰態中的 M—O 鍵的晶體軌道重疊布居圖（b）；
兩中心-n 電子體系的成鍵示意圖（c）

逐漸變差。由於反應式(11-22) 的能量變化與 M_d—O_{2p} 軌道之間的相互作用有
關，因此進行晶體軌道重疊布居（crystal orbital overlap population，COOP）分
析並揭示上述現象的本質是非常有意義的。晶體軌道重疊布居是指晶體中某個化
學鍵的重疊布居權重態密度，是描述化學鍵的一個工具。將 COOP 積分至費米
能級所得到的數值可以作為衡量一個化學鍵鍵級的指標。如圖 11-6(b) 所示，

除了 d^{6-x} 系統之外，在外層電子數均相同的條件下，M_{4d}—O 和 M_{5d}—O 鍵的強度均高於 M_{3d}—O 鍵。對於任意一個 d^n 構型，M_{4d}—O 和 M_{5d}—O 之間的共價性的提高對於穩定 Li_2MO_3 層狀結構均是非常有利的。而隨着 d 電子層中電子數的增加，M—O 鍵的鍵級逐漸減弱，這種現象則可以用 2 中心-n 電子圖像進行描述，如圖 11-6(c) 所示：當過渡金屬 d 軌道與 O_{2p} 軌道通過對稱性發生相互作用時，兩個相互作用的軌道中的電子數為 2 時系統最穩定；而當過渡金屬的 d 電子層的電子數增加時，反鍵態開始被填充，M—O 之間的相互作用因而逐漸減弱，這很好地解釋了為什麼隨着 d 電子層的電子數增加氧空位的生成逐漸變得容易。

當一個鋰從 Li_2MO_3 的晶格脫嵌之後，$\Delta_r H$ 的數值均明顯減小，因此 $LiMO_3$ 相的穩定性相對於 Li_2MO_3 稍差。對於 d^{0-x} 系統，過渡金屬（Ti^{4+}、Zr^{4+} 和 Hf^{4+}）的 d 帶並無多餘的電子，相應的 $LiMO_3$ 相的 $\Delta_r H$ 的數值已接近 0 或者已變為負值，因此在這些結構中氧空位的產生將成為近自發過程，它們的結構穩定性非常差。而對於其他的 d^{n-x}（$n>0$）系統，由 4d 和 5d 過渡金屬組成的 $LiMO_3$ 相的 $\Delta_r H$ 的數值雖然相對於 Li_2MO_3 相分別減小了約 0.38eV 和 0.18eV，但是它們仍為負值，$LiM_{4d}O_3$ 和 $LiM_{5d}O_3$ 仍能保持良好的結構穩定性。由 3d 過渡金屬組成的 $LiMO_3$ 相具有完全不同的行為，即它們 $\Delta_r H$ 的數值對 d 電子層的電子數並不敏感且基本為零，因此它們的結構穩定性也非常差。對於大部分 $LiM_{3d}O_3$ 相，幾何優化和晶格振動的計算結果也表明它們的過渡金屬層上的氧原子形成（O—O）二聚體的趨勢非常強。由於二聚體的形成，M_{3d}—O 的鍵級明顯降低〔圖 11-6(b)〕，$LiNiO_3$ 中的 O_{4i} 離子甚至已經從晶格中脫出，並形成自由 O_2 分子。

上述計算結果已經被實驗所證實。Bruce 等最近採用了質譜和同位素標記的方法對 $Li_{1.2}[Ni_{0.13}Co_{0.13}Mn_{0.54}]O_2$ 正極材料在充電過程中的電化學性質展開了深入的研究，他們明確地指出充電至 4.5V 以上時氧將從晶格中脫出，部分逃逸的氧將與電解質發生反應從而導致 CO_2 氣體的產生。而最近的一些理論研究也證實了在 $LiMnO_3$ 結構中氧缺陷的生成能非常接近 0 或者為負值（0.05eV、±0.05eV 和 -0.23eV），並且當 $x<1$ 時 $Li_x MnO_3$ 存在着氧釋放的問題且表現出了很差的熱力學穩定性。Meng 等採用理論計算和實驗相結合的方法研究了 $Li[Li_{1/6}Ni_{1/6}Co_{1/6}Mn_{1/2}]O_2$ 材料中的氧空位對過渡金屬離子的遷移動力學的影響，他們指出氧空位的產生將使 Ni 離子和 Mn 離子的遷移勢壘明顯降低，這將使材料由層狀結構向尖晶石相的轉變成為可能。這種行為最近也被從頭算分子動力學模擬（ab initio molecular dynamics，AIMD）所證實：在高電位條件下充電時 $Li_{2-x} MnO_3$ 電極材料中產生的氧空位將使 Mn 離子在晶格內發生遷移，這是後續循環過程中產生電壓衰退的前兆。

隨着鋰離子繼續從晶格中脫嵌並形成 MO_3 完全脫鋰態，$\Delta_r H$ 的數值會繼續減小。此時 d^{1-x} 系統所對應的 $Li_{2-x}MO_3$ 相（$x = 2$，$M = V^{5+}$、Nb^{5+} 和 Ta^{5+}）的氧空位生成焓變為負值，氧空位的形成成為自發過程。除了 d^{1-x} 系統之外，由 3d 過渡金屬組成的 MO_3 相仍是非常不穩定的，它們的層狀結構在轉變為緊湊結構 ［圖 11-5（b）］ 時每個單元的能量將降低 $0.96 \sim 1.81$eV。在 $M_{3d}O_3$ 的緊湊結構中，相鄰的兩個過渡金屬層將沿着 a 軸方向發生滑移，同時伴隨着 c 軸的壓縮過渡金屬層間形成鍵長約為 1.5Å 的 O—O 鍵。雖然 $M_{3d}O_3$ 的緊湊結構與它們對應的層狀結構相比能量較低，但是 O_2 的生成反應仍為自發過程。Oishi 等採用 O 的 K 邊 X 射線吸收光譜（X-ray absorption spectroscopy, XAS）研究了 Li_2MnO_3 純相的電化學性質，他們發現當鋰離子脫嵌之後晶格中形成的 $O^{2-} Mn^{4+} O^-$ 或 $O^- Mn^{4+} O^-$ 狀態要比 $O^{2-} Mn^{5+/6+} O^{2-}$ 更加穩定，這將導致近鄰的自由基陰離子 O^- 發生組合併形成 $(O_2)^{2-}$。

在所研究的 4d 和 5d 過渡金屬中，除了 RhO_3 和 PdO_3 兩相之外，由其餘過渡金屬組成的 MO_3 相的層狀結構都是較穩定的。雖然 RuO_3 相的 $\Delta_r H$ 的計算值（-0.04eV/單元）比文獻報導的值（0.12eV/單元）稍低，但是圖 11-6 的計算結果清楚地表明過渡金屬由 M_{3d} 向 M_{4d} 和 M_{5d} 變化時，M—O 間共價性的增強確實使氧空位的生成被抑制或推遲了，這明顯地提昇了富鋰層狀氧化物的結構穩定性。可以預期將 4d 和 5d 過渡金屬引入到 Li_2MnO_3 或 $LiMO_2$ 之後，富鋰層狀氧化物的結構穩定性和晶格氧損失的問題將有明顯的改善。

11.3.2 $Li_{2-x}MO_3$ 電極材料的氧化還原機理

目前，人們提出了陰離子氧化還原活性解釋富鋰層狀氧化物的額外容量。從實驗的角度考慮，這個過程通常被認為是可逆的，主要原因在於人們可以在若干個循環中持續觀察到與額外容量相關的氧的氧化還原活性，盡管此時晶格氧會持續損失。但從理論的角度考慮，即使是少量氧從晶格中釋放，電極材料也無法再回復到初始的狀態，因此相應的電化學反應仍應是不可逆的。富鋰層狀材料的費米能級附近存在純的 O_{2p} 能級是材料具有額外容量的原因，這個觀點似乎被大家所認可，但是對於反應過程中陰離子的氧化還原是否是完全可逆的這個問題目前仍存在爭議。實際上純的 O_{2p} 態的出現是由於對稱性所致，並與 O/M 的比率有關：從 $LiMO_2$ 結構向 Li_2MO_3 結構轉變時，O/M 比率的提高使得能與 O_{2p} 軌道發生相互作用 M_d 軌道的數目減少，這不可避免地使氧產生孤電子對。因此在 Li_2MO_3 材料的能帶結構圖中，O_{2p} 非鍵定域態將出現在以 O_{2p} 占主導的 MO 成鍵態以及 M_d 主導的 MO^* 反鍵態之間。由於這些 O_{2p} 定域態不會和過渡金屬的 d 軌道發生交疊，因此它們的化學勢主要依賴於其他離子所確定的靜電場以及

材料內的電荷分佈。因此，它們在富鋰層狀氧化物的能帶結構圖中的位置將受 M—O 共價性、材料中的鋰濃度以及 O^{2-}-Li^+ 的穩定化作用的影響。在這種情況下，O_{2p} 非鍵態相對於過渡金屬 d 帶所處的能量位置變得至關重要，因為這決定了它們能否參與到電化學反應中去。

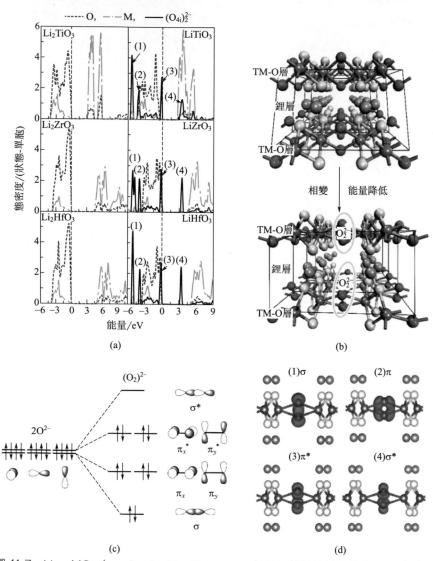

圖 11-7　$Li_{2-x}MO_3$（$x = 0$、1；$M = Ti$、Zr、Hf）電極材料的投影態密度圖（a）；（O—O）二聚體形成時 $LiMO_3$ 材料的結構轉變（b）；$(O_2)^{2-}$ 的分子軌道表示（c）；DOS 圖中標記 [(1)~(4)] 的電子態（d）

　　為了證實這些 O_{2p} 定域態能否參與到富鋰層狀氧化物的氧化還原反應過程，集中考慮 d^{0-x} 系統所對應的 Li_2MO_3 材料是很有幫助的。在這些材料中，過渡金屬的名義價態均為 +4 價，因此 Li_2MO_3 材料（M＝Ti、Zr 和 Hf）的電子結構都是由一個完全占據的低能滿帶（一般稱為 p 帶）和一個非占據的高能空帶（一般稱為 d 帶）構成，兩組能帶之間由一個較大的帶隙間隔開，如圖 11-7（a）所示。計算結果表明 Li_2TiO_3、Li_2ZrO_3 和 Li_2HfO_3 的帶隙分別為 3.1eV、4.4eV 和 4.9eV，三種材料的電子導電性都是非常差的。但假設這些材料均具有電化學活性，態密度（density of states，DOSs）的計算結果則進一步證實費米能級之下的純 O_{2p} 態將因鋰的脫嵌而產生空穴。這種體系是高度不穩定的，隨着過渡金屬層中的 O_{4i} 離子形成鍵長約為 1.5Å 的 $(O_2)^{2-}$ 過氧基團 ［圖 11-6（b）］，費米能級之下的 O_{2p} 非鍵態將發生明顯的分裂，同時每個 $LiTiO_3$、$LiZrO_3$ 和 $LiHfO_3$ 單元的能量分別降低 0.64eV、1.01eV 和 0.91eV。

　　與材料的幾何結構變化相對應，$LiMO_3$（M＝Ti、Zr 和 Hf）的電子結構中的 O_{8j2p} 態的位置僅發生了微小的變化，而 O_{4i2p} 態則分裂成（O—O）二聚體的幾個特徵峰：σ 和 π 成鍵態向低能位置方向發生明顯的移動，而 $σ^*$ 反鍵態則被清空並被推向費米之上，過氧基團的 $π^*$ 反鍵態成為新的價帶頂。由於 O_{4i} 離子從 -2 價被氧化成 -1 價，$LiMO_3$（M＝Ti、Zr 和 Hf）材料的電中性通過電荷的重新分佈 $\{Li^+M^{4+}(O_{8j})_2^{4-}[(O_{4i})_2^{2-}]_{1/2}\}$ 而得以保持。雖然 O_{4i} 離子形成過氧基團對於系統能量的降低是非常有利的，但是 O_{4i}—O_{4i} 之間相互作用的增強也導致了較長且較弱的 M—O_{4i} 鍵的形成。根據圖 11-6（b）的計算結果可知，$LiTiO_3$、$LiZrO_3$ 和 $LiHfO_3$ 中的 M—O_{4i} 鍵的 COOP 分別減小了 42%、47% 和 35%。因此 $(O_2)^{2-}$ 基團很容易從層狀氧化物的骨架中脫出，氧的氧化成為一個不可逆的過程，這也與氧空位生成焓 ［圖 11-6（a）］ 的計算結果相一致。另外，需要指出的是對於 d^{1-x}（$x=1$）和 d^{2-x}（$x=2$）系統，它們所對應的電極材料的電子結構應該與 Li_2MO_3（M＝Ti、Zr 和 Hf）類似。假如這些導電性差的 d^0（Li_2TiO_3 和 $LiVO_3$ 等）材料具有電化學活性，那麼它們在電化學脫鋰過程中也將展示出不可逆的陰離子氧化還原活性，並最終以 O_2 從晶格的脫出或者 Li_xMO_3 分解成 Li_xMO_2 和 MO_2 為終結。上述計算結果與 Thackeray 等和 Yabuuchi 等的研究結果相一致：Li_2TiO_3 和 Li_2ZrO_4 材料要麼沒有活性，要麼具有很強的不可逆性；$Li_{1.3-x}Nb_{0.3}Mn_{0.4}O_2$ 的 Nb 離子（Nb^{5+}，d^0）並無電化學活性，材料嵌脫鋰過程的電荷補償由氧離子和錳離子的氧化還原共同來實現。雖然 Nb_{4d}^{5+} 和 Mn_{3d}^{3+} 的組合由於 4d 金屬的引入提高了 M—O 的共價性並使材料的骨架的穩定性相對於純錳基材料有所改善，且部分占據的 3d 輕金屬減小了材料的帶隙，但 Nb/Mn 基富鋰材料在循環過程中仍存在着容量衰減的問題，這與

基於 3d 過渡金屬的富鋰材料在高充電倍率下具有不可逆的陰離子氧化還原活性的期望是完全一致的。

　　對於由 4d^n 和 5d^n （$n \geqslant 2$）過渡金屬組成的 Li$_2$MO$_3$ 材料，它們的電子結構中的 d/p 帶之間有明顯的交疊，O$_{2p}$ 定域態相對費米能級的位置對 M—O 的共價性、d 電子的相關作用以及 d 帶的填充數之間的微妙作用是很敏感的，因此計算中所採用的泛函對它的位置也有很大的影響。最近的實驗研究表明 Li$_2$MO$_3$（M＝Mo、Ru、Ir）電極材料在鋰脫嵌形成 MO$_3$ 時具有累積的陽離子（M^{4+}/M^{6+}）、陰離子 [O^{2-}/(O$_2$)$^{n-}$] 氧化還原活性。而結構弛豫的計算結果則證實上述材料在脫鋰過程中形成了鍵長為 2.3～2.5Å 的 O—O 鍵。與 3d 過渡金屬組成的富鋰材料不同，這些較弱的（O—O）二聚體並未與 4d 週期的 d^2～d^4 金屬離子（Mo^{4+}、Tc^{4+}、Ru^{4+}）和 5d 週期的 d^2～d^6 金屬離子（W^{4+}、Re^{4+}、Os^{4+}、Ir^{4+}，Pt^{4+}）發生失配，且它們比較難以從晶格中脫出，如圖 11-8 所示。這些在晶格內能夠保持較長的 O—O 鍵的材料與 Ru 基富鋰層狀氧化物的結構非常類似，而後者可以通過還原耦合機製（reductive coupling mechanism，RCM）使材料的幾何結構和電子結構在氧陰離子（O^{2-}）發生氧化還原的過程中發生可逆的轉變。RCM 機製的產生與 d 帶中的 MO* 反鍵態和 p 帶中的純 O$_{2p}$ 非鍵態均被釘扎

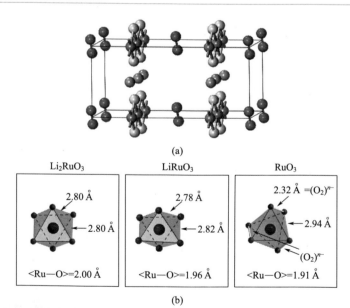

(a)

Li$_2$RuO$_3$　　　　LiRuO$_3$　　　　RuO$_3$

2.80 Å　　　　2.78 Å　　　　2.32 Å ＝(O$_2$)$^{n-}$

2.80 Å　　　　2.82 Å　　　　2.94 Å

　　　　　　　　　　　　　　　　(O$_2$)$^{n-}$

<Ru—O>＝2.00 Å　　<Ru—O>＝1.96 Å　　<Ru—O>＝1.91 Å

(b)

圖 11-8　LiNiO$_3$ 材料的低能結構，（O—O）二聚體的形成使其與過渡金屬 Ni 之間的作用明顯減弱，導致氧氣的釋放（a）；　Li$_{2-x}$RuO$_3$ 材料在脫鋰過程中的還原耦合機製，RuO$_3$ 脫鋰態因 M（d）—O$_2$（σ）鍵的產生而能保持良好的結構穩定性和可逆性（b）

在費米能級處有關，這些簡併的電子態將導致系統產生不穩定性，並且電子態的簡併度可以通過類似於 Jahn-Teller 畸變的效應，使 M—O 網路發生重組而降低。由於 4d 和 5d 過渡金屬可以與（O—O）類過氧基團形成很強的 $M(d)—O_2(\sigma)$ 鍵，因此材料的完全脫鋰態仍能保持較好的結構穩定性，氧釋放反應仍為非自發過程。

需要注意的是假如 p 帶中的 MO 成鍵態也參與到了電極的氧化過程中，那麼材料將不可避免地產生結構不穩定性，因為這些態是保持金屬氧化物結構完整性的基礎。在富鋰層狀氧化物中，純的 O_{2p} 態並未與過渡金屬的 d 軌道發生相互作用，因此電極材料在氧化的過程中 M—O 鍵並未產生去穩定化作用。這種電子結構特徵已被人們在高容量 Li_xMP_4 電極材料中觀察到，並且研究結果進一步證實大的 P/M 值使材料的費米能級處產生大量的 P_{3p} 非鍵態，這對於材料產生額外的容量有重要貢獻。對於「貧鋰」的 $LiMO_2$ 層狀氧化物而言，較低的 O/M 比使它們的能帶結構中並不存在純的 O_{2p} 非鍵態，因此它們在脫鋰氧化過程中無法產生還原耦合作用以穩定材料的骨架。$LiCoO_2$ 和 $LiNiO_2$ 正極材料在高電位條件下充電時將發生結構相變，同時伴隨着氧的釋放。此外需要進一步指出的是如果僅僅考慮氧的氧化活性，超富鋰氧化物 Li_3MO_4 結構中由於 O/M 比率的進一步提高，其費米能級處將產生更多的 O_{2p} 非鍵態。若 $Li_{3-x}MO_4$ 仍能保持住穩定的結構，那麼該材料相對於 $Li_{2-x}MO_3$ 將可以獲得更高的與陰離子氧化還原活性有關的額外容量。

由於過渡金屬的複雜性，不同的 $Li_{2-x}MO_3$ 材料可能具有不同的氧化還原機製，為了提供一個統一的圖像，需要藉助 Zaanen-Sawatzky-Allen 等提出的關於 Mott-Hubbard 絕緣體和 Charge Transfe 絕緣體的描述加以解釋。在 Zaanen-Sawatzky-Allen 的表示中，一個材料的能帶結構的特徵可以根據 U/Δ 比值來確定，其中 U 和 Δ 分別表示過渡金屬的庫侖排斥作用和電荷轉移項。如圖 11-9 所示，當 $U \ll \Delta$ 時，系統具有 Mott-Hubbard 特徵，即 d 帶中的 MO^* 反鍵態將出現在費米能級處，此時鋰離子的脫嵌將導致陽離子產生氧化活性；相反地，當 $U \gg \Delta$ 時，系統則具有 Charge-Transfer 特徵，即 p 帶中的 O_{2p} 態將出現在費米能級處，此時鋰離子的脫嵌將導致氧陰離子（O^{2-}）產生氧化活性。前面的理論計算結果及文獻報導均表明這種陰離子氧化還原活性是不可逆的，因為鋰離子的脫嵌將導致系統產生高度不穩定的氧空穴以及 O^- 自由基。鍵長小於 1.5Å 的 $(O—O)^{2-}$ 過氧基團的產生將使它們脫離過渡金屬的骨架，如圖 11-8(a) 所示，最終使電極材料在循環過程中發生分解反應，形成其他穩定的金屬氧化物。此外當 $U/2$ 與 Δ 相當的時候，電極材料中將出現一個很有意思的圖景，即 MO^* 反鍵態和 O_{2p} 非鍵態均位於費米能級處，鋰離子的脫嵌將導致系統產生部分占據的簡併電子態。這種簡併態也是不穩定的，且隨着局部對稱性的降低，電極材料

內部的結構畸變將使 MO^* 反鍵態和 O_{2p} 非鍵態產生相互作用，這導致了 M $(d)—O_2(\sigma)$ 共價鍵的生成，以及電荷在 M 和 O 之間發生重組。由於 MO^* 反鍵態和 O_{2p} 非鍵態在該過程均受到了影響，上述氧化還原機理實際上應該用陽離子和陰離子的混合氧化還原來進行描述。但實驗的觀測結果表明與該過程有關的幾何結構的變化以及電子結構的變化主要是發生在 O 的網路上，這是上述機理被看成是可逆的陰離子氧化還原機理的原因，這與 $U \gg \Delta$ 時的不可逆的陰離子氧化還原行為完全不同。

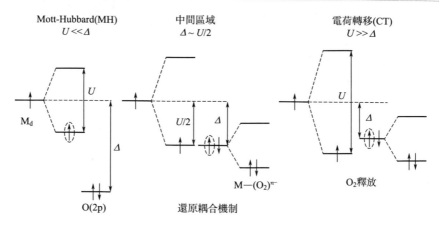

陽離子氧化還原/可逆的陰離子氧化還原/不可逆的陰離子氧化還原

圖 11-9　$Li_{2-x}MO_3$ 電極材料的氧化還原機製

Mott-Hubbard 和 Charge-Transfer 特徵將隨過渡金屬的氧化物中的 U/Δ 值變化而變化。虛線橢圓表示一個鋰從晶格脫嵌時，電子將從能帶結構中的某個軌道上被移除。當 $U/2$ 與 Δ 相當時，費米能級處的電子態將發生分裂以降低系統的簡併度，這導致 MO^* 反鍵態和純的 O_{2p} 非鍵態發生相互作用。

　　使用圖 11-9 所提出的標準將不同的 $Li_{2-x}MO_3$ 材料進行嚴格的分類是很吸引人，但也是非常危險的，因為 p 帶和 d 帶（與 U/Δ 有關）的相對位置對泛函的選擇有很強的依賴性。但上述的計算結果仍能給出一個普遍的趨勢。3d 過渡金屬具有較大的 U 值，且 $M_{3d}—O$ 之間的共價性相對於 $M_{4d}—O$ 和 $M_{5d}—O$ 更弱，因此基於 M_{3d} 過渡金屬的 Li_2MO_3 材料（M＝Ti、Mn、Fe、Co、Ni）均具有明顯的電荷轉移特徵，這與具有 d^0 結構且導電性很差的 Li_2ZrO_3 和 Li_2HfO_3 材料類似。這些電極材料在鋰離子的脫嵌過程中均顯示出了很大的結構不穩定性以及氧氣的釋放問題 [圖 11-6(a)]。而對於 4d 和 5d 過渡金屬，它們的 U 值較 3d 金屬明顯減小，可以預期從前 nd 結構（d^2）向後 nd 結構（d^6）變化時，相應的 Li_2MO_3 富鋰層狀氧化物的能帶結構將同時具有 Mott-Hubbard 和 Charge-Trnasfer 特徵，這與它們從 Li_2MO_3 向 $LiMO_3$ 轉變的過程中所展示出的良好的

結構穩定性［圖 11-6(a)］是完全一致。

上述的研究結果表明 $Li_{2-x}MO_3$ 電極材料所展現出來的不同的氧化還原機理與系統中的庫侖排斥作用（U 項）和 M—O 鍵的共價性（Δ 項）之間的微妙平衡密切相關，計算結果為調控富鋰層狀氧化物的能帶結構以激活所需的氧化還原機理提供了重要的理論依據，這對於設計高穩定性和高能量密度的鋰離子電池電極材料有重要的意義。

11.4 鋰離子電池材料的電化學性能的理論預測

11.4.1 電極材料的理論電壓及儲鋰機製

鋰離子電池材料相對於金屬鋰的電位是一個很重要的參數，因為它決定了所構築電池的輸出電壓及能量密度。以 $Na_2Li_2Ti_6O_{14}$ 為例，其在嵌/脫鋰過程中的電化學反應方程式可表示如下：

$$Na_2Li_2Ti_6O_{14} + xLi^+ + xe^- \rightleftharpoons Na_2Li_{2+x}Ti_6O_{14} \tag{11-23}$$

根據反應的吉布斯自由能，可以算出電極材料相對於金屬鋰負極（半電池）的電壓：

$$\overline{V}(x) = -\frac{\Delta G_r}{xF} \approx -\frac{[E(Na_2Li_{2+x}Ti_6O_{12}) - E(Na_2Li_2Ti_6O_{12})] - xE(Li)}{xF}$$

$$\tag{11-24}$$

類似於前面熱力學穩定性的計算，當固態材料的體積效應和熵變對吉布斯自由能（$G = U + pV - TS$）的貢獻被忽略之後，（半）電池的電壓可以用系統的總能進行估算。文獻報導在採用該近似的條件下，電壓計算值的誤差小於 0.1V。需要指出的是電極材料的吉布斯自由能或 DFT 總能不僅僅在研究材料的熱力學穩定性和理論電壓中有重要的作用，它們也是預測電極材料的相圖、表面穩定性和粒子形貌的基礎。除此之外，電極材料中鋰離子嵌入的數目及其占位情況也很重要，因為這決定了材料的比容量。對於儲鋰機製問題，可以採用原位 XRD 並結合 Rietveld 精修技術進行研究，也可以採用第一性原理方法通過計算鋰離子處於晶格中不同的空位處時系統的能量來確定。

圖 11-10 為 $Na_2Li_{2+x}Ti_6O_{14}$ 材料在嵌鋰過程中的結構示意圖，而材料結構優化之後各原子的原子坐標則列於表 11-6。根據晶體的 Wyckoff 表示及各原子的坐標可知 $Na_2Li_2Ti_6O_{14}$ 負極材料中的 Na、Li 和 Ti 原子將分別占據晶格中的 8i、8g 和 8f(16n) 位置，而 O 則占據 8i、16o、16n 和 16l 位。除了以上的位置以外，$Na_2Li_2Ti_6O_{14}$ 材

料的晶格中仍存在着許多空位可以用於容納外來的鋰離子。但是晶格中的 8c、8d、16j、16k 和 16m 等位置是無法容納鋰的，因為外來的鋰離子若處於這些位置，所得到的 Li—O 鍵的鍵長將小於 1.65Å，這個數值要遠遠低於 Li_2O 晶體（1.996Å）和 $LiTi_2O_4$ 晶體（2.009Å）中 Li—O 鍵的平衡鍵長。因此，Li 和 O 之間的短程排斥作用將變得非常強，這阻礙了鋰離子嵌入到這些位置中。

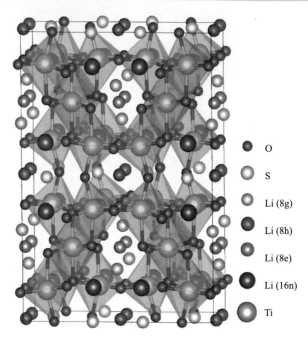

圖 11-10　$Na_2Li_{2+x}Ti_6O_{14}$ 負極材料的理論計算模型

表 11-6　結構優化後 $Na_2Li_2Ti_6O_{14}$ 晶格中各原子的坐標及可能的嵌鋰位置

項目	x	y	z	占據數	$D_{Li-O}/Å$
Na(8i)	0.000000	0.000000	0.369641	1	—
Li(8g)	0.316689	0.000000	0.000000	1	—
Ti(16n)	0.108995	0.000000	0.127145	1	—
Ti(8f)	0.250000	0.250000	0.250000	1	—
O(16l)	0.131580	0.250000	0.250000	1	—
O(16n)	0.235918	0.000000	0.134099	1	—
O(16o)	0.106307	0.223608	0.000000	1	—
O(8i)	0.000000	0.000000	0.165780	1	—
空位(16n)	0.118943	0.000000	0.375000	—	2.066
空位(8h)	0.000000	0.250000	0.000000	—	1.757
空位(8e)	0.250000	0.250000	0.000000	—	2.086
空位(8c)	0.000000	0.750000	0.250000	—	1.712
空位(4b)	0.000000	0.000000	0.500000	—	2.357
空位(4a)	0.000000	0.000000	0.000000	—	1.859

表 11-6 同時列出了一些最有可能的嵌鋰位置。對於大部分鋰離子嵌入材料，如 $LiMn_2O_4$、$Li_4Ti_5O_{12}$、$LiFePO_4$ 和 $LiCoO_2$ 等，Li—O 鍵的鍵長約為 2.0Å，此時氧和鋰之間的靜電吸引作用和短程排斥作用將達到一個微妙的平衡，因此系統的能量最低。根據表 11-6 中 Li—O 鍵鍵長的計算結果可以推斷鋰離子嵌入 8e 和 16n 位應該是能量上最為有利的。考慮到材料的化學計量比，每個 $Na_2Li_2Ti_6O_{14}$ 單元將可提供 2 個 8e 和 4 個 16n 空位用於容納外來的鋰離子，這與文獻的分析一致。

表 11-7　鋰嵌入過程中晶格常數、晶格體積及電壓的理論計算值

計量比	$a/Å$	$b/Å$	$c/Å$	體積/$Å^3$	電壓/V
$Na_2Li_2Ti_6O_{14}$	5.7098	11.2143	16.4625	1054.117	—
$Na_2Li_4Ti_6O_{14}$	5.7701	11.2905	16.5218	1076.351	1.253
$Na_2Li_6Ti_6O_{14}$	5.8694	11.5962	16.2718	1107.503	0.837
$Na_2Li_7Ti_6O_{14}$	6.0035	11.4952	16.2578	1121.974	0.224

為了定量地研究 $Na_2Li_2Ti_6O_{14}$ 材料的儲鋰機製，仍需要採用第一性原理的方法對嵌鋰過程中鋰離子的占位情況及電壓進行計算。嵌鋰過程中的晶格常數、晶格體積及電壓的變化值如表 11-7 所示。計算結果表明在第一個階段嵌鋰時，當外來的鋰離子分別占據 4a、4b、8c、8e、8h 和 16n 位置時，系統的相對能量分別為 0.554eV、2.635eV、0.574eV、0.000eV、0.354eV 和 0.219eV。因此外來的鋰離子占據 8e 位在能量上是最為有利的。表 11-7 的計算結果還表明，當所有的 8e 空位均被外來的鋰離子所占據時，電極材料相對於金屬鋰電極的電位約為 1.253V，此時的理論嵌鋰容量約為 93.87mA·h·g^{-1}。隨着鋰離子的嵌入，電極材料的電位繼續降低，此時鋰離子將優先占據能量次低的 16n 位置。對於 $Na_2Li_6Ti_6O_{14}$ 和 $Na_2Li_7Ti_6O_{14}$ 嵌鋰態，它們相對於金屬鋰電極的電位分別為 0.837V 和 0.224V，此時的理論嵌鋰容量分別為 187.73mA·h·g^{-1} 和 234.67mA·h·g^{-1}。當晶格中的嵌鋰數目達到 5.5 的時候，反應式(11-23) 的吉布斯生成能已經轉變為正值，相應的電化學反應轉變為非自發過程。第一性原理的計算結果表明 $Na_2Li_2Ti_6O_{14}$ 晶格大約可以容納 6 個外來的鋰離子，這與實驗的結果完全一致。

雖然理論上所有電極材料的電壓均可以通過第一性原理計算來確定，但是在計算的過程中人們仍需要細緻地考慮各種嵌/脫鋰態的幾何結構以及鋰離子的占位情況等問題。對於不具備扎實理論基礎的實驗研究人員，材料結構的多樣性及計算過程的複雜性使他們比較難以開展理論計算工作。為了解決這個問題並提供一種簡單的方法用於預測材料的電位，Doublet 等開展了一些相關的研究工作。她們改寫了電極材料的電位計算公式，並將其分解成 3 個部分，即 1 個與氧化還

原活性中心的化學勢及化學硬度相關的原位貢獻（on-site contribution）以及 2 個因外加電荷［A^+（A＝Li、Na）和 e^-］的引入而引起的位間貢獻（inter-site contribution）。對於強離子系統，上述 3 個部分的貢獻僅用 2 個 Madelung 勢進行表示即可，而 Madelung 勢則可以通過簡單的電荷計算即可確定。圖 11-11 的計算結果表明 Fe 基和 Co 基電極材料的形式電荷或 Bader 電荷與材料的電壓之間均有線性依賴關係。由於 Doublet 等提出的方法避免了分別計算嵌鋰態和脫鋰態的能量才能確定電極材料的理論電壓，且該方法對於不同的晶體結構、不同的鹼金屬、不同的計量比、不同的配體和不同的過渡金屬均是有效的，這為人們預測電極材料的電壓提供重要的依據，對電極材料的設計和優化也有重要的意義。

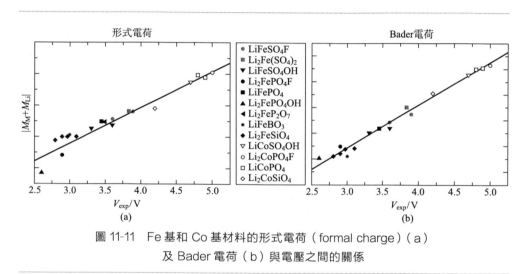

圖 11-11　Fe 基和 Co 基材料的形式電荷（formal charge）（a）
及 Bader 電荷（b）與電壓之間的關係

11.4.2　電極材料的表面形貌的預測及表面效應

由於鋰離子電池的電極材料主要以氧化物為主，較差的電子電導率及鋰離子擴散動力學使其倍率性能受到了極大的限製。目前奈米化是解決上述問題的一個非常有效的方法。為了評價和揭示奈米效應對電極材料的電化學性能的影響，有關電極材料的表面穩定性及電子結構的研究成為了人們關注的焦點。材料的表面穩定性一般可用表面能（或弛豫裂解能）來評價，其計算公式如下：

$$\gamma = \frac{E_{slab} - nE_{bulk}}{2A} = \frac{E_{slab}^{rel}(A) + E_{slab}^{rel}(B) - nE_{bulk}}{4A} \tag{11-25}$$

式中，E_{slab} 和 E_{bulk} 分別為材料的表面及體相的總能量，而 A 則為表面的面積。

圖 11-12 為 $LiTi_2O_4$ 負極材料的表面模型，不同晶面的弛豫裂解能如表 11-8

所示。計算結果表明 (111)-LiTiO$_4$ 和 (111)-Ti 互補面的裂解能最低 (0.77J·m^{-2})；(100)-Li 和 (100)-Ti$_2$O$_4$ 互補面的裂解能 (1.03J·m^{-2}) 相對較高，但是它們的數值仍明顯低於 (110)、(210) 和 (310) 等晶面；(111)-Li$_2$TiO$_8$ 和 (111)-Ti$_3$ 互補面的裂解能最高 (4.59J·m^{-2})，因此它們很難通過機械裂解的方法得到。

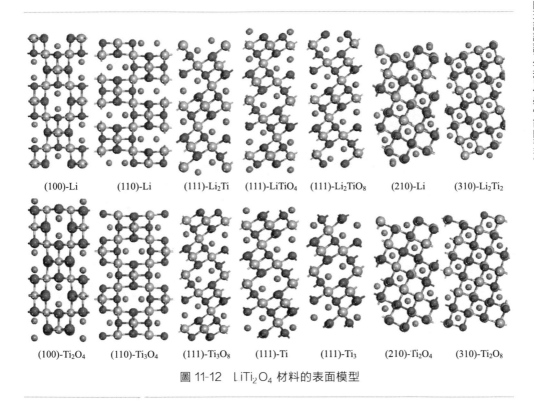

(100)-Li　　(110)-Li　　(111)-Li$_2$Ti　　(111)-LiTiO$_4$　　(111)-Li$_2$TiO$_8$　　(210)-Li　　(310)-Li$_2$Ti$_2$

(100)-Ti$_2$O$_4$　　(110)-Ti$_3$O$_4$　　(111)-Ti$_3$O$_8$　　(111)-Ti　　(111)-Ti$_3$　　(210)-Ti$_2$O$_4$　　(310)-Ti$_2$O$_8$

圖 11-12　LiTi$_2$O$_4$ 材料的表面模型

表 11-8　LiTi$_2$O$_4$ 材料不同表面的裂解能，SGP 常數及表面功函的計算值

項目	$E_{\text{cl}}^{\text{rel}}$/J·m^{-2}	φ/J·m^{-2}	表面功函/eV
(100)-Li	1.03	5.26	2.091
(100)-Ti$_2$O$_4$	1.03	-3.20	3.026
(110)-Li	1.28	4.25	2.967
(110)-Ti$_2$O$_4$	1.28	-1.67	3.519
(111)-Li$_2$Ti	1.65	11.38	2.726
(111)-Ti$_3$O$_8$	1.65	-8.07	5.886
(111)-LiTiO$_4$	0.77	0.82	2.985
(111)-Ti	0.77	0.72	1.534
(111)-Li$_2$TiO$_8$	4.59	7.71	5.872
(111)-Ti$_3$	4.59	2.21	2.877

續表

項目	$E_{cl}^{rel}/J \cdot m^{-2}$	$\varphi/J \cdot m^{-2}$	表面功函/eV
(210)-Li	1.11	3.03	2.237
(210)-Ti_2O_4	1.11	-0.80	3.009
(310)-Li_2Ti_2	1.13	3.86	2.037
(310)-Ti_2O_8	1.13	-0.72	3.813

在晶體的生長和沉積過程中，當表面和環境之間存在物種交換的情況下，一些特定的不穩定表面（如氧化物極化面）是可以通過實驗方法製備出來的。為了將環境的因素考慮進去，需要引入表面 grand 勢（surface grand potential，SGP）的概念：

$$\Omega = \frac{1}{2A}[E_{slab} - N_{Ti}\mu_{Ti} - N_{Li}\mu_{Li} - N_O\mu_O] = f(\mu_{Ti}, \mu_{Li}, \mu_O) \qquad (11\text{-}26)$$

上式中的 SGP(Ω) 是各物種的化學勢（μ）的函數，且計算過程中的體積效應和熵的貢獻也可以忽略不計。由於表面內部的各物種之間存在着化學平衡，因此公式(11-26) 可以簡化成化學勢的二元函數：

$$\Omega = \varphi + \frac{1}{2A}[(2N_{Li} - N_{Ti})\Delta\mu_{Ti} - (4N_{Li} - N_O)\Delta\mu_O] = f(\Delta\mu_{Ti}, \Delta\mu_O)$$

$$(11\text{-}27)$$

根據 $LiTi_2O_4$ 的生成吉布斯自由能，可以確定 $\Delta\mu_{Ti}$ 和 $\Delta\mu_O$ 的取值範圍分別為 [$-10.70eV$, $0.00eV$] 和 [$-5.35eV$, $0.00eV$]。公式(11-27) 中的 φ 值與各表面的化學計量比有關，其數值也一並列於表 11-8 中。

$LiTi_2O_4$ 負極材料各表面的相對穩定性如圖 11-13 所示。一般來說，富氧條件下（O-rich）的穩定表面其含氧量是超出 $LiTi_2O_4$ 計量比的，而鈦過量的表面則應該出現在富鈦（Ti-rich，$\Delta\mu_{Ti} \to 0eV$）區域。在富氧和富鈦（$\Delta\mu_O \to 0eV$，$\Delta\mu_{Ti} \to 0eV$）的條件下，電極材料的穩定表面的 TiO 含量將超出 $LiTi_2O_4$ 計量比。相反地，穩定的富鋰表面將出現在貧 Ti(Ti-poor，$\Delta\mu_{Ti} \to -10.70eV$) 和貧 O(O-poor，$\Delta\mu_O \to -5.35eV$) 的區域。根據表 11-8 可知：在富鋰和富鈦的條件下，富鋰表面的 SGP 常數比 0 大得多，例如 (100)-Li 表面的 φ 值高達 5.26J·m^{-2}，因此這些富鋰表面的表面 SGP 要比其他表面大很多，它們無法在富鋰和富鈦的條件下穩定下來。

圖 11-14(a) 為富氧（$\Delta\mu_O = 0.0eV$）條件下 (100)、(110) 和 (210) 表面的 SGP 與 $\Delta\mu_{Ti}$ 的關係圖。對於計量比互補的一對表面，如 (100)-Li 和 (100)-Ti_2O_4、(110)-Li 和 (110)-Ti_2O_4 以及 (210)-Li 和 (210)-Ti_2O_4，它們的 SGP 的平均值並不依賴於 Ti 的化學勢（$\Delta\mu_{Ti}$）且等價於它們的弛豫裂解能。當 $\Delta\mu_{Ti} < -9.33eV$ 時，(100)-Li 終結面的 SGP 均比其他五個表面要小，因此它將成為

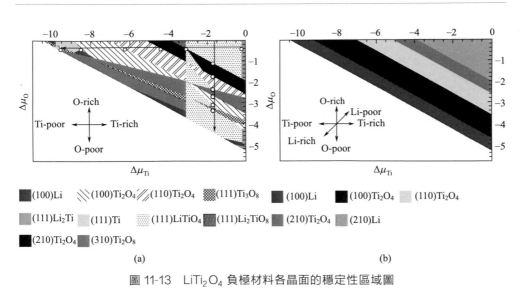

圖 11-13　$LiTi_2O_4$ 負極材料各晶面的穩定性區域圖

最穩定的表面，並且在圖 11-13（a）和圖 11-13（b）中出現相應的穩定性區域。隨着 $\Delta\mu_{Ti}$ 的數值逐漸增加，上述六個表面的 SGP 均發生了顯著的變化。當 $\Delta\mu_{Ti}$ 介於 ［－9.33eV，－7.05eV］區間時，最穩定的構型轉變為 (100)-Ti_2O_4 終結面。需要注意的是當 $\Delta\mu_{Ti}>-7.05eV$ 的時候，(100)-Ti_2O_4 表面的 SGP 值已經變為負值，這意味着 $LiTi_2O_4$ 晶體將發生解構，(100)-Ti_2O_4 表面的生成變成了一個自發的過程。這個推論是不合理的，因此還需要引入 SGP>0 的條件對這種可能出現的情況加以限製。(110)-Ti_2O_4 和 (210)-Ti_2O_4 表面將分別在 ［－7.05eV，－5.24eV］和 ［－5.24eV，－3.79eV］區間穩定下來。當 $\Delta\mu_{Ti}>-3.79eV$ 時，(210)－Li 表面似乎成為了所考慮的六個表面構型中最穩定的一個表面。但這與前面的推論是相互矛盾的：即富鋰表面應該在貧氧和貧鈦條件下才能穩定存在。實際上，(210)-Li 表面在富鋰和富鈦條件下的 SGP 值（3.03J·m^{-2}）仍是相當高的，此時若是考慮其他可能的表面構型，其穩定性區域將不復存在。計算結果表明圖 11-13(b) 中 (210)-Li 表面的穩定性區域並未在圖 11-13(a) 中出現，其已被 (111) 和 (310) 表面所取代。在 $\Delta\mu_O>-3.60eV$ 的條件下，(310)-Ti_2O_8 展示出了一個較大的穩定性區域，而 5 個 (111) 表面則依賴於它們的組成分別分佈在不同的穩定性區域中：(111)-$LiTiO_4$ 和 (111)-Ti 互補面在 $\Delta\mu_{Ti}>-3.13eV$ 的條件下占主要貢獻；(111)-Li_2TiO_8 表面在 $\Delta\mu_{Ti}<-3.13eV$ 的條件下存在一個很小的穩定性區域；而 (111)-Li_2Ti 終極面在富鋰條件下的穩定性區域基本上可以忽略不計。

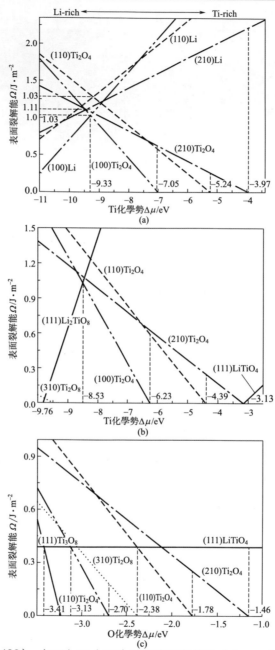

圖 11-14 （100）、（110）和（210）表面在富氧條件（ $\Delta\mu_O = 0.00\text{eV}$ ）下的
SGP 線（a），（111）、（110），（111）、（210）和（310）表面在 $\Delta\mu_O =$
-0.41eV（b）和 $\Delta\mu_{Ti} = -1.65\text{eV}$（c）條件下的 SGP 線

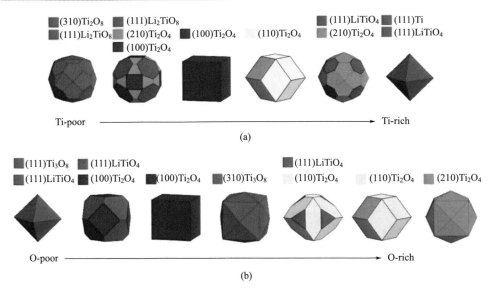

圖 11-15　$LiTi_2O_4$ 負極材料在 $\Delta\mu_{Ti}$（a）和 $\Delta\mu_O$（b）發生變化時平衡形貌的演變規律

　　雖然圖 11-13 給出了不同化學環境下最穩定的表面的穩定性區域，但在實際應用中材料粒子的平衡形貌並非完全由最穩定的表面來決定。根據 Gibbs-Wulff 理論，晶體將自動發生重組以使粒子總的表面自由能達到最小值。為了揭示材料的平衡形貌隨化學環境變化而演化的規律，我們沿圖 11-13(a) 中的空心圓所示的路徑構建了 $LiTi_2O_4$ 的 Gibbs-Wulff 形貌。圖 11-15（a）為 $\Delta\mu_O$ 固定（$-0.41eV$）而 $\Delta\mu_{Ti}$ 變化時，$LiTi_2O_4$ 負極材料的平衡形貌的演變規律；圖 11-15(b) 則為 $\Delta\mu_{Ti}$ 固定（$-1.65eV$）而 $\Delta\mu_O$ 變化時，$LiTi_2O_4$ 負極材料的平衡形貌的演變規律。計算結果清楚地表明化學勢的變化確實對材料的平衡形貌有很大的影響。當 $\Delta\mu_O$ 固定且 $\Delta\mu_{Ti}$ 從貧鈦向富鈦條件變化時，由貧鈦 (310)-Ti_2O_8 表面主導的粒子逐漸向由富鈦 (111)-Ti 表面主導的粒子發生轉變。除了主導表面之外，其他表面在負極材料的粒子中也是可以共存的，特別是在表面穩定性區域圖中的交界區域。例如在 $\Delta\mu_{Ti}=-8.53eV$ 和 $\Delta\mu_O=-0.41eV$ 的條件下，(110)-Ti_2O_4、(111)-Li_2TiO_8 和 (210)-Ti_2O_4 終結面的 SGP 值 [圖 11-14(b)] 是非常接近的，這導致材料的粒子將具有 3 個主導表面。此外，圖 11-13(a) 的計算結果還表明 (100)-Ti_2O_4 和 (110)-Ti_2O_4 表面在富鋰的條件下具有很大一塊穩定性區域，而圖 11-14(b) 則表明這兩個表面比其他表面穩定得多。因此具有單一晶面的 (100)-Ti_2O_4 立方體和 (110)-Ti_2O_4 截角 12 面體的粒子形貌是可以獲得的 [圖 11-15(a)]。若化學環境可以被精確地控製，則人們將可以製備出具有所需取向及特殊形貌的電極材料，這對於電極材料的設計及電化學性能的優化

將具有重要的指導作用。

　　圖 11-16 為 $LiTi_2O_4$ 負極材料不同表面的態密度圖。對於 $LiTi_2O_4$ 體相的能帶結構，文獻指出其價帶主要是由 O_{2p} 態構成，而其導帶則由分裂成兩個組態（t_{2g} 和 e_g）Ti_{3d} 態組成；並且由於 O_{2p} 和 Ti_{3d} 之間具有較強的軌道相互作用，$Ti—O$ 之間形成了強共價鍵，而鋰則主要以離子的形式存在於晶格中。另外由於 $LiTi_2O_4$ 負極材料中 Ti 的平均價態為 $+3.5$ 價，因此系統的費米能級將位於部分占據的 Ti_{3d} 態上，這與綴加平面波的計算結果也是一致。

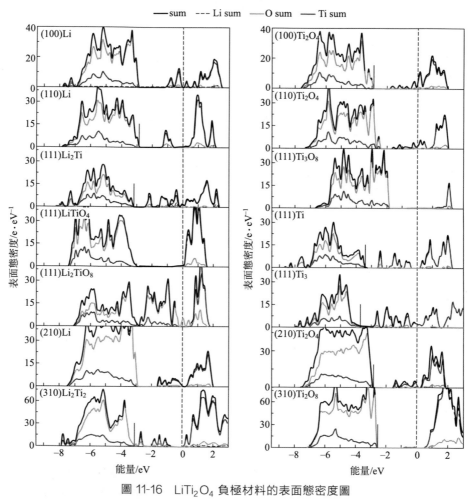

圖 11-16　$LiTi_2O_4$ 負極材料的表面態密度圖

　　當表面形成之後，由於表面配位數的降低以及表面組成的變化，表面的電子結構相對於體相發生了很大的變化，從而對電極材料的電化學性質產生影響。

圖 11-16 的計算結果表明 $LiTi_2O_4$ 負極材料的富鋰終結面［如 (110)-Li、(111)-Li_2Ti_2 等］的 O_{2p} 帶將處於更低的能量位置，而且價帶（valence band，VB）和導帶（conduction band，CB）之間出現了一些主要由鈦的軌道占主要貢獻的隙間態。由於費米能級作為參考的能量零點，即 $E-E_f=0.0eV$，O_{2p} 帶向低能方向移動說明費米能級的能量將有所昇高，這將導致表面的功函降低。上述分析與表 11-8 中不同表面的功函的計算結果是一致的。

最近，Wang 等以電極材料的表面功函作為一個指標去研究電解質/電極之間的界面反應，他們的研究結果證實 $Li_{3+x}Ti_{6-x}O_{12}$ 電極材料的表面功函因富鋰表面的存在而降低。雖然電子從富鋰表面更容易逃逸，但是富鋰態的出現使表面的化學勢逐漸接近或達到電解質的最低非占據軌道（lowest unoccupied molecular orbital，LUMO），這將導致電解質的分解以及氣體的產生。上述有關表面穩定性的計算結果表明富鋰表面只有在極端富鋰的條件下才能穩定存在，而這個條件對於全電池的負極材料在深度充電的條件下也可以達成的。這個現象已經被實驗所證實：$Li_4Ti_5O_{12}$ 電池在全充電狀態下可能會出現膨脹的問題。

除了富鋰表面以外，$LiTi_2O_4$ 負極材料的 (111)-Ti 和 (111)-Ti_3 表面的功函也很小，相應的數值分別為 1.534eV 和 2.877eV；與富鋰表面的電子結構類似，這兩個表面的 O_{2p} 帶也處於能量較低的位置，且它們的 CB 和 VB 間也出現了一些隙間態。(111)-Li_2TiO_8 終結面在貧鈦和富氧的條件下可以穩定存在，它的 O_{2p} 帶主要分佈在 ［-8.0eV，0.0eV］ 區間，其價帶頂處於能量較高的位置。因此電子從 (111)-Li_2TiO_8 終結面移除變得較為困難，該表面具有較大的功函。需要指出的是 Li、O 和 Ti 的化學勢是相互關聯的，富鋰和富鈦的條件實際上與貧氧條件是等價的。$Li_4Ti_5O_{12}$ 負極材料表面的功函隨表面組成的變化趨勢與實驗的研究結果完全一致，即電極材料的表面功函隨着表面氧空位的增加（貧氧條件）而逐漸減低。上述有關表面穩定性、電子結構和功函的討論為相應電極材料的表面結構控製和電化學性能的優化提供了理論依據。

11.4.3 鋰離子擴散動力學及倍率性能

鋰離子電池的倍率性能是一個重要的電化學指標，良好的倍率性能對於實際應用至關重要。電池材料的倍率性能不僅僅與材料的電子結構和電子導電性相關，它也與鋰離子在晶格中以及界面中的擴散動力學有關。採用理論計算方法研究鋰離子在晶格中的擴散路徑和擴散勢壘不僅可以深化人們對材料的結構和性能關係的認識，同時也為人們調控材料的結構以激活高速擴散通道提供了依據，這對於高倍率性能的電極材料的設計具有重要的指導作用。

鋰離子在晶格中的擴散動力學的第一性原理計算一般需要遵循以下的步驟：

①確定鋰離子的嵌鋰位置以及可能的遷移路徑。對鋰離子的占位情況,特別是電極材料處於不同的嵌鋰態的條件下,需要結合晶體的幾何結構、對稱性和 Wyckoff 位置等資訊,並通過總能的計算來確定。這部分計算與嵌鋰機製和電壓的預測類似,請參見本章的 11.4.1 部分。②在確定了擴散路徑的初始態和終止態的幾何構型的基礎上,利用線性插值方法在兩個狀態之間生成若干個鏡像。③利用微動彈性帶的方法(nudged elastic band,NEB)對整個路徑中所有鏡像的能量進行估算,並根據設置的標準對各鏡像的幾何結構進行調整和重新優化,最終確定鋰離子擴散時的最低能量路徑(minimum energy path,MEP)。

以尖晶石 $LiTi_2O_4$ 晶格為例,其幾何結構如圖 11-17(a) 所示,其中 Ti 和 O 分別處於 16d 和 32e 位,而 Li 則處於 8a 位。在鋰離子嵌入過程中,外來的鋰離子將優先占據 16c 位。根據晶體的結構和對稱性可知,鋰離子的擴散通道主要沿着 [110] 及其等價方向,該通道可用 8a-16c-8a 進行表示。由於該通道的起始態和終止態的鋰離子均處於 8a 位,因此兩個結構的能量相同。通過線性插值的方法,可以在起始態和終止態之間加入若干個鏡像,而 NEB 的優化結果則如圖 11-17(b) 所示。計算結果表明鋰離子在 $LiTi_2O_4$ 體相中的擴散勢壘為 0.56eV。需要注意的是鋰離子的擴散勢壘與電極材料的鋰含量有關,文獻報導 $Li_{1+x}Ti_2O_4$ 材料的鋰離子躍遷勢壘在不同的鋰含量的條件下分別為 0.46~0.56eV 和 0.38~0.52eV,這些數值比實驗值稍大。

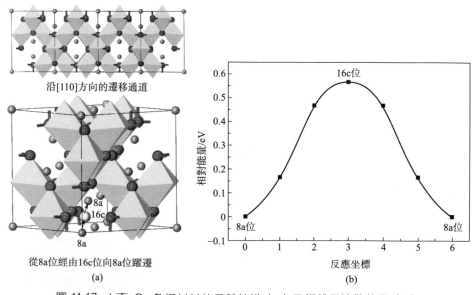

沿[110]方向的遷移通道

從8a位經由16c位向8a位躍遷

(a)

(b)

圖 11-17　$LiTi_2O_4$ 負極材料的晶體結構(a)及鋰離子擴散勢壘(b)

在確定了特定的擴散路徑的勢壘之後，可採用以下公式計算鋰離子的擴散係數：

$$D = a^2 v \cdot \exp\left(\frac{-E_a}{kT}\right) \tag{11-28}$$

式中，a、v 和 E_a 分別是躍遷距離、嘗試頻率和活化能。躍遷距離可以通過鋰離子擴散過程中的幾何坐標的變化來確定，而嘗試頻率一般採用 $10^{13}\,s^{-1}$ 或者也可以通過計算材料的聲子譜來確定。根據公式(11-28) 可以計算出鋰離子在 $LiTi_2O_4$ 晶格中的擴散係數約為 $4.62 \times 10^{-12}\,cm^2 \cdot s^{-1}$，這與其他文獻的計算值 [約 10^{-10} 和 $(3.6 \pm 1.1) \times 10^{-11}\,cm^2 \cdot s^{-1}$] 基本吻合。

需要注意的是 $LiTi_2O_4$ 及 $Li_4Ti_5O_{12}$ 尖晶石負極材料中鋰離子的擴散路徑均沿着 [110] 方向。由於晶體存在對稱性，[110] 方向與 [101]、[011]、[$\bar{1}$10]、[$\bar{1}$01] 和 [0$\bar{1}$1] 5 個方向是等價的，這 6 個方向的擴散通道相互連接並在晶體內部形成三維的擴散通道。在確定了上述通道的擴散勢壘和擴散係數之後，結合表面形貌的預測結果可以進一步討論奈米化及表面效應對電極材料倍率性能的影響。如圖 11-18 所示，當鋰離子從電極材料的內部經由 [110] 及其等價擴散通道向 (111) 表面擴散時，鋰離子的擴散距離是向 (110) 表面擴散的 1.22 倍。當鋰離子從電極材料內部分別向 (100)、(210) 和 (310) 表面擴散時，其擴散平均自由程將分別增加 1.41、1.58 和 2.24 倍。表面形貌和鋰離子擴散動力學的計算結果表明具有 (110) 單一晶面的奈米粒子是可以在適當的實驗條件下 [圖 11-15(a)，Ti-和 O-適中] 獲得的，該具有特定形貌的粒子將具有優良的倍率性能。

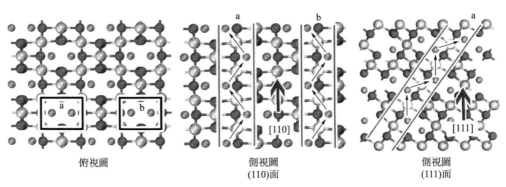

俯視圖　　　　　　側視圖 (110)面　　　　　　側視圖 (111)面

圖 11-18　鋰離子沿 [110] 通道從電極材料內部向 (110) 和 (111) 表面擴散示意圖

綜上所述，第一性原理計算目前已經被成功地應用到了電池材料的結構和性能的研究中，為電極材料的性能預測及其結構設計奠定了重要的理論依據。而理

論計算和實驗技術相結合也勢必成為本領域在未來發展中的一個重要趨勢，這將為新能源材料的設計和開發提供了重要的思路。

參考文獻

[1] Whittingham M S. Lithium batteries and cathode materials. Chem Rev, 2004, 104（10）: 4271-4302.

[2] Goodenough J B, Park K S. The Li-ion rechargeable battery: a perspective. J Am Chem Soc, 2013, 135（4）: 1167-1176.

[3] Choi J W, Aurbach D. Promise and reality of post-lithium-ion batteries with high energy densities. Nat Rev Mater, 2016, 1: 16013.

[4] Gao X, Yang H. Multi-electron reaction materials for high energy density batteries. Energy Environ Sci, 2010, 3（2）: 174-189.

[5] Meng Y S, Elena M.Arroyo-de Dompablo, First principles computational materials design for energy storage materials in lithium ion batteries. Energy Environ Sci, 2（6）: 589-609.

[6] Hy S, Liu H, Zhang M, Qian D, Hwang B J, Meng Y S. Performance and design considerations for lithium excess layered oxide positive electrode materials for lithium ion batteries. Energy Environ Sci, 2016, 9: 1931-1954.

[7] Reimers J N, Dahn J R. Electrochemical and In Situ X-Ray Diffraction Studies of Lithium Intercalation in LixCoO$_2$. J Electrochem Soc, 1992, 139（8）: 2091-2097.

[8] Thackeray M M, Johnson C S, Vaughey J T, Li N, Hackney S A. Advances in manganese-oxide ' composite ' electrodes for lithium-ion batteries. J Mater Chem, 2005, 15（23）: 2257-2267.

[9] Rozier P, Tarascon J M. Review-Li-rich layered oxide cathodes for next-generation Li-ion batteries: chances and challenges. J Electrochem Soc, 2015, 162（14）: A2490-A2499.

[10] Armstrong A R, Holzapfel M, Novák P, Johnson C S, Kang S H, Thackeray M M, Bruce P G. Demonstrating oxygen loss and associated structural reorganization in the lithium battery cathode Li[Ni$_{0.2}$Li$_{0.2}$Mn$_{0.6}$]O$_2$. J Am Chem Soc, 2006, 128（26）: 8694-8698.

[11] Luo K, Roberts M R, Hao R, Guerrini N, Pickup D M, Liu Y S, Edström K, Guo J, Chadwick A V, Duda L C, Bruce P G. Charge-compensation in 3d-transition-metal-oxide intercalation cathodes through the generation of localized electron holes on oxygen. Nat Chem, 2016, 8: 684-691.

[12] Saubanere M, McCalla E, Tarascon J

M, Doublet M L. The intriguing question of anionic redox in high-energy density cathodes for Li-ion batteries. Energy Environ Sci, 2016, 9 (3): 984-991.

[13] Xie Y, Saubanere M, Doublet M L. Requirements for reversible extra-capacity in Li-rich layered oxides for Li-ion batteries. Energy Environ Sci, 2017, 10 (1): 266-274.

[14] Xie Y, Yu H, Yi T, Zhu Y. Understanding the thermal and mechanical stabilities of olivine-type $LiMPO_4$ (M = Fe, Mn) as cathode materials for rechargeable lithium batteries from first principles. ACS Appl Mater Interfaces, 2014, 6 (6): 4033-4042.

[15] Aydinol M K, Kohan A F, Ceder G, Cho K, Joannopoulos J. An initio study of lithium intercalation in metal oxides and metal dichalcogenides. Phys Rev B, 1997, 56 (3): 1354-1365.

[16] Islam M S, Davies R A, Gale J D. Structural and electronic properties of the layered $LiNi_{0.5}Mn_{0.5}O_2$ lithium battery material. Chem Mater, 2003, 15 (22): 4280-4286.

[17] Barin I. Thermochemical data of pure substances (3rd edition). Weinheim W: VCH, 1989, 304 (334): 1117.

[18] Wang M, Navrotsky A. $LiMO_2$ (M = Mn, Fe, and Co): Energetics, polymorphism and phase transformation. J Solid State Chem, 2005, 178 (4): 1230-1240.

[19] Wang M, Navrotsky A. Enthalpy of formation of $LiNiO_2$, $LiCoO_2$ and their solid solution, $LiNi_{1-x}Co_xO_2$. Solid State Ionics, 2004, 166 (1): 167-173.

[20] Wang M, Navrotsky A. Thermochem-

istry of $Li_{1+x}Mn_{2-x}O_4$ ($0 \leqslant x \leqslant 1/3$) spinel. J Solid State Chem, 2005, 178 (4): 1182-1189.

[21] Ong S P, Mo Y, Richards W D, Miara L, Lee H S, Ceder G. Phase stability, electrochemical stability and ionic conductivity of the $Li_{10+/-1}MP_2X_{12}$ (M = Ge, Si, Sn, Al or P, and X = O, S or Se) family of superionic conductors Energy Environ Sci, 2013, 6 (1): 148-156.

[22] Ong S P, Wang L, Kang B, Ceder G. Li-Fe-P-O-2 phase diagram from first principles calculations. Chem Mater, 2008, 20 (5): 1798-1807.

[23] Fey G T K, Muralidharan P, Lu C Z, Cho Y D. Enhanced electrochemical performance and thermal stability of La_2O_3-coated $LiCoO_2$. Electrochim Acta, 2006, 51 (23): 4850-4858.

[24] Gong Z, Yang Y. Recent advances in the research of polyanion-type cathode materials for Li-ion batteries. Energy Environ Sci, 2011, 4 (9): 3223-3242.

[25] Delacourt C, Poizot P, Tarascon J M, Masquelier C. The existence of a temperature-driven solid solution in Li_xFePO_4 for $0 \leqslant x \leqslant 1$. Nat Mater, 2005, 4 (3): 254-260.

[26] Choi D, Xiao J, Choi Y J, Hardy J S, Vijayakumar M, Bhuvaneswari M S, Liu J, Xu W, Wang W, Yang Z, Graff G L, Zhang J G. Thermal stability and phase transformation of electrochemically charged/discharged $LiMnPO_4$ cathode for Li-ion batteries. Energy Environ Sci, 2011, 4 (11): 4560-4566.

[27] Martha S K, Haik O, Zinigrad E, Exnar I, Drezen T, Miners J H, Aurbach D. On the Thermal Stability of Olivine

Cathode Materials for Lithium-Ion Batteries. J Electrochem Soc, 2011, 158 (10): A1115-A1122.

[28] Xie Y, Yu H, Yi T, Wang Q, Song Q, Lou M, Zhu Y. Thermodynamic stability and transport properties of tavorite $LiFeSO_4F$ as a cathode material for lithium-ion batteries. J Mater Chem A, 2015, 3 (39): 19728-19737.

[29] Born M, Huang K, Lax M. Dynamical theory of crystal lattices. Am J Phys, 1955, 23 (7): 474-474.

[30] Maxisch T, Ceder G. Elastic properties of olivine Li_xFePO_4 from first principles. Phys Rev B, 2006, 73 (17): 174112.

[31] Hill R. The elastic behaviour of a crystalline aggregate. Proc Phys Soc London Sect A, 1952, 65 (5): 349-354.

[32] Pugh S F, XCII. Relations between the elastic moduli and the plastic properties of polycrystalline pure metals. The London, Edinburgh, and Dublin Philosophical Magazine and Journal of Science, 1954, 45 (367): 823-843.

[33] Ravindran P, Lars Fast, Korzhavyi P A, Johansson B. Density functional theory for calculation of elastic properties of orthorhombic crystals: application to $TiSi_2$. J Appl Phys, 1998, 84 (9): 4891-4904.

[34] Tvergaard V, Hutchinson J W. Microcracking in ceramics induced by thermal expansion or elastic anisotropy. J Am Ceram Soc, 1988, 71 (3): 157-166.

[35] Chung D H, Buessem W R. Anisotropy in single-crystal refractory compounds. Plenum: New York, 1968, 2: 217.

[36] Dong Y, Wang L, Zhang S, Zhao Y, Zhou J, Xie H, Goodenough J B.Two-

phase interface in $LiMnPO_4$ nanoplates. J Power Sources, 2012, 215: 116-121.

[37] Xu B, Qian D, Wang Z, Meng Y S. Recent progress in cathode materials research for advanced lithium ion batteries. Mater Sci Eng, R, 2012, 73 (5-6): 51-65.

[38] Yamada A, Tanaka M, Tanaka K, Sekai K. Jahn-Teller instability in spinel Li-Mn-O.J Power Sources, 1999, 81: 73-78.

[39] Qian D, Xu B, Chi M, Meng Y S. Uncovering the roles of oxygen vacancies in cation migration in lithium excess layered oxides. Phys. Chem Chem Phys, 2014, 16 (28): 14665-14668.

[40] Sathiya M, Abakumov A M, Foix D, Rousse G, Ramesha K, Saubanère M, Doublet M L, Vezin H, Laisa C P, Prakash A S, Gonbeau D, VanTendeloo G, Tarascon J M. Origin of voltage decay in high-capacity layered oxide electrodes. Nat Mater, 2015, 14 (2): 230-238.

[41] Koyama Y, Tanaka I, Nagao M, Kanno R. First-principles study on lithium removal from Li_2MnO_3. J Power Sources, 2009, 189 (1): 798-801.

[42] Yabuuchi N, Yoshii K, Myung S T, Nakai I, Komaba S. Detailed studies of a high-capacity electrode material for rechargeable batteries, Li_2MnO_3-Li-$Co_{1/3}Ni_{1/3}Mn_{1/3}O_2$. J Am Chem Soc, 2011, 133 (12): 4404-4419.

[43] Hong J, Lim H D, Lee M, Kim S W, Kim H, Oh S T, Chung G C, Kang K. Critical role of oxygen evolved from layered Li-excess metal oxides in lithium rechargeable batteries. Chem Mater,

2012, 24（14）: 2692-2697.

[44] Hy S, Felix F, Rick J, Su W N, Hwang B J. Direct in situ observation of Li_2O evolution on Li-rich high-capacity cathode material, Li [$Ni_xLi_{(1-2x)/3}Mn_{(2-x)/3}$] O_2 （0 ≤ x ≤ 0.5）. J Am Chem Soc, 2014, 136（3）: 999-1007.

[45] Wang L, Maxisch T, Ceder G. Oxidation energies of transition metal oxides within the GGA + U framework. Phys Rev B, 2006, 73（19）: 195107.

[46] Grey C P, Yoon W S, Reed J, Ceder G. Electrochemical Activity of Li in the Transition-Metal Sites of O_3Li [$Li_{(1-2x)/3}Mn_{(2-x)/3}Ni_x]O_2$, Electrochem Solid-State Lett, 2004, 7（9）: A290-A293.

[47] Thackeray M M, Kang S H, Johnson C S, Vaughey J T, Benedek R, Hackney S A. Li_2MnO_3-stabilized $LiMO_2$（M = Mn, Ni, Co）electrodes for lithium-ion batteries. J Mater Chem, 2007, 17（30）: 3112-3125.

[48] Okamoto Y. Ambivalent effect of oxygen vacancies on Li_2MnO_3: A first-principles study. J Electrochem Soc, 2011, 159（2）: A152-A157.

[49] Lim J M, Kim D, Lim Y G, Park M S, Kim Y J, Cho M, Cho K. Mechanism of oxygen vacancy on impeded phase transformation and electrochemical activation in inactive Li_2MnO_3. Chem Electro Chem, 2016, 3（6）: 943-949.

[50] Lee E, Persson K A. Structural and chemical evolution of the layered Li-excess $Li_x MnO_3$ as a function of Li content from first-principles calculations. Adv Energy Mater, 2014, 4（15）: 1400498.

[51] Xiao R, Li, Chen L. Density functional investigation on Li_2MnO_3. Chem Ma-

ter, 2012, 24（21）: 4242-4251.

[52] Li B, Shao R, Yan H, An L, Zhang B, Wei H, Ma J, Xia D, Han X. Understanding the stability for Li-rich layered oxide Li_2RuO_3 cathode. Adv Funct Mater, 2016, 26（9）: 1330-1337.

[53] Dronskowski R, Bloechl P E. Crystal orbital hamilton populations（COHP）: energy-resolved visualization of chemical bonding in solids based on density-functional calculations. J Phys Chem, 1993, 97（33）: 8617-8624.

[54] Croy J R, Iddir H, Gallagher K, Johnson C S, Benedek R, Balasubramanian M. First-charge instabilities of layered-layered lithium-ion-battery materials. Phys Chem Chem Phys, 2015, 17（37）: 24382-24391.

[55] Iddir H, Bareño J, Benedek R. Stability of Li-and Mn-rich layered-oxide cathodes within the first-charge voltage plateau. J Electrochem Soc, 2016, 163（8）: A1784-A1789.

[56] Gu M, Belharouak I, Zheng J, Wu H, Xiao J, Genc A, Amine K, Thevuthasan S, Baer D R, Zhang J G, Browning N D, Liu J, Wang C. Formation of the spinel phase in the layered composite cathode used in Li-ion batteries. ACS Nano, 2013, 7（1）: 760-767.

[57] Oishi M, Yamanaka K, Watanabe I, Shimoda K, Matsunaga T, Arai H, Ukyo Y, Uchimoto Y, Ogumi Z, Ohta T. Direct observation of reversible oxygen anion redox reaction in Li-rich manganese oxide, Li_2MnO_3, studied by soft X-ray absorption spectroscopy. J Mater Chem A, 2016, 4（23）:

9293-9302.

[58] Sathiya M, Abakumov A M, Foix D, Rousse G, Ramesha K, Saubanere M, Doublet M L, Vezin H, Laisa C P, Prakash A S, Gonbeau D, Van-Tendeloo G, Tarascon J M. Origin of voltage decay in high-capacity layered oxide electrodes. Nat Mater, 2015, 14 (2): 230-238.

[59] Sathiya M, Rousse G, Ramesha K, Laisa C P, Vezin H, Sougrati M T, Doublet M L, Foix D, Gonbeau D, Walker W, Prakash A S, Ben Hassine M, Dupont L, Tarascon J M. Reversible anionic redox chemistry in high-capacity layered-oxide electrodes. Nat Mater, 2013, 12 (9): 827-835.

[60] Sathiya M, Ramesha K, Rousse G, Foix D, Gonbeau D, Prakash A S, Doublet M L, Hemalatha K, Tarascon J M. High performance $Li_2Ru_{1-y}Mn_yO_3$ ($0.2 \leqslant y \leqslant 0.8$) cathode materials for rechargeable lithium-ion batteries: their understanding. Chem Mater, 2013, 25 (7): 1121-1131.

[61] McCalla E, Abakumov A M, Saubanere M, Foix D, Berg E J, Rousse G, Doublet M L, Gonbeau D, Novak P, Van Tendeloo G, Dominko R, Tarascon J M. Visualization of O—O peroxo-like dimers in high-capacity layered oxides for Li-ion batteries. Science, 2015, 350 (6267): 1516-1521.

[62] Koga H, Croguennec L, Ménétrier M, Douhil K, Belin S, Bourgeois L, Suard E, Weill F, Delmas C. Reversible oxygen participation to the redox processes revealed for $Li_{1.20}Mn_{0.54}Co_{0.13}Ni_{0.13}O_2$. J Electrochem Soc, 2013, 160 (6): A786-A792.

[63] Seo D H, Lee J, Urban A, Malik R, Kang S, Ceder G. The structural and chemical origin of the oxygen redox activity in layered and cation-disordered Li-excess cathode materials. Nat Chem, 2016, 8: 692-697.

[64] Vaughey J T, Geyer A M, Fackler N, Johnson C S, Edstrom K, Bryngelsson H, Benedek R, Thackeray M M. Studies of layered lithium metal oxide anodes in lithium cells. J Power Sources, 2007, 174 (2): 1052-1056.

[65] Yabuuchi N, Takeuchi M, Nakayama M, Shiiba H, Ogawa M, Nakayama K, Ohta T, Endo D, Ozaki T, Inamasu T, Sato K, Komaba S. High-capacity electrode materials for rechargeable lithium batteries: Li_3NbO_4-based system with cation-disordered rocksalt structure. Proc Natl Acad Sci U S A, 2015, 112 (25): 7650-7655.

[66] Ma J, Zhou Y, Gao Y, Yu X, Kong Q, Gu L, Wang Z, Yang X, Chen L. Feasibility of using Li_2MoO_3 in constructing Li-rich high energy density mathode materials. Chem Mater, 2014, 26 (10): 3256-3262.

[67] Doublet M L, Lemoigno F, Gillot F, Monconduit L. The Li_xVPn_4 ternary phases (Pn = P, As): rigid networks for lithium intercalation/deintercalation. Chem Mater, 2002, 14 (10): 4126-4133.

[68] Souza D C S, Pralong V, Jacobson A J, Nazar L F. A reversible solid-state crystalline transformation in a metal phosphide induced by redox chemistry. Science, 2002, 296 (5575): 2012-2015.

[69] Bichat M P, Gillot F, Monconduit L,

Favier F, Morcrette M, Lemoigno F, Doublet M L. Redox-induced structural change in anode materials based on tetrahedral (MPn_4)$^{x-}$ transition metal pnictides. Chem Mater, 2004, 16 (6): 1002-1013.

[70] Seo D H, Urban A, Ceder G. Calibrating transition-metal energy levels and oxygen bands in first-principles calculations: Accurate prediction of redox potentials and charge transfer in lithium transition-metal oxides. Phys Rev B, 2015, 92 (11): 115118.

[71] Braithwaite J S, Catlow C R A, Gale J D, Harding J H. Lithium intercalation into vanadium pentoxide: a theoretical study. Chem Mater, 1999, 11 (8): 1990-1998.

[72] Wang Q, Yu H, Xie Y, Li M, Yi T, Guo C, Song Q, Lou M, Fan S. Structural stabilities, surface morphologies and electronic properties of spinel $LiTi_2O_4$ as anode materials for lithium-ion battery: A first-principles investigation. J Power Sources, 2016, 319: 185-194.

[73] Yao Y, Yang P, Bie X, Wang C, Wei Y, Chen G, Du F. High capacity and rate capability of a layered Li_2RuO_3 cathode utilized in hybrid Na^+/Li^+ batteries. J Mater Chem A, 2015, 3 (35): 18273-18278.

[74] Saubanère M, Yahia M B, Lebègue S, Doublet M L. An intuitive and efficient method for cell voltage prediction of lithium and sodium-ion batteries. Nat Commun, 5: ncomms6559.

[75] Heifets E, Ho J, Merinov B. Density functional simulation of the $BaZrO_3$ (011) surface structure. Phys Rev B, 2007, 75 (15): 155431.

[76] Yi T, Xie Y, Zhu Y, Shu J, Zhou A, Qiao H. Stabilities and electronic properties of lithium titanium oxide anode material for lithium ion battery. J Power Sources, 2012, 198: 318-321.

[77] Gao Y, Wang Z, Chen L. Workfunction, a new viewpoint to understand the electrolyte/electrode interface reaction. J Mater Chem A, 2015, 3 (46): 23420-23425.

[78] Belharouak I, Koenig G M, Tan T, Yumoto H, Ota N, Amine K. Performance degradation and gassing of $Li_4Ti_5O_{12}$/$LiMn_2O_4$ lithium-ion cells. J Electrochem Soc, 2012, 159 (8): A1165-A1170.

[79] Wu K, Yang J, Zhang Y, Wang C, Wang D. Investigation on $Li_4Ti_5O_{12}$ batteries developed for hybrid electric vehicle. J Appl Electrochem, 2012, 42 (12): 989-995.

[80] Henkelman G, Jónsson H. Improved tangent estimate in the nudged elastic band method for finding minimum energy paths and saddle points. J Chem Phys, 2000, 113 (22): 9978-9985.

[81] Anicete-Santos M, Gracia L, Beltrán A, Andrés J, Varela J A, Longo E. Intercalation processes and diffusion paths of lithium ions in spinel-type structured $Li_{1+x}Ti_2O_4$: Density functional theory study. Phys Rev B, 2008, 77 (8): 085112.

[82] Bhattacharya J, Van der Ven A. Phase stability and nondilute Li diffusion in spinel $Li_{1+x}Ti_2O_4$. Phys Rev B, 2010, 81 (10): 104304.

[83] Sugiyama J, Nozaki H, Umegaki I, Mukai K, Miwa K, Shiraki S, Hitosugi

T, Suter A, Prokscha T, Salman Z, Lord J S, Månsson M. Li-ion diffusion in $Li_4Ti_5O_{12}$ and $LiTi_2O_4$ battery materials detected by muon spin spectroscopy. Phys Rev B, 2015, 92 (1): 014417.

[84] Van der Ven A, Ceder G. Lithium diffusion mechanisms in layered intercalation compounds. J Power Sources, 2001, 97: 529-531.

[85] Tripathi R, Gardiner G R, Islam M S, Nazar L F. Alkali-ion Conduction Paths inLiFeSO$_4$F and NaFeSO$_4$F Tavorite-Type Cathode Materials. Chem Mater, 2011, 23 (8): 2278-2284.

鋰離子電池電極材料

編　　著：伊廷鋒，謝穎

發 行 人：黃振庭

出 版 者：崧燁文化事業有限公司

發 行 者：崧燁文化事業有限公司

E-mail：sonbookservice@gmail.com

粉 絲 頁：https://www.facebook.com/
　　　　　sonbookss/

網　　址：https://sonbook.net/

地　　址：台北市中正區重慶南路一段六十一號八
　　　　　樓 815 室

Rm. 815, 8F., No.61, Sec. 1, Chongqing S. Rd.,
Zhongzheng Dist., Taipei City 100, Taiwan

電　　話：(02) 2370-3310

傳　　真：(02) 2388-1990

印　　刷：京峯彩色印刷有限公司（京峰數位）

律師顧問：廣華律師事務所 張珮琦律師

國家圖書館出版品預行編目資料

鋰離子電池電極材料 / 伊廷鋒，謝
穎編著 . -- 第一版 . -- 臺北市：崧
燁文化事業有限公司 , 2022.03
　　面；　公分
POD 版
ISBN 978-626-332-125-0(平裝)
1.CST: 電池 2.CST: 鋰 3.CST: 電極
337.42　　111001510

電子書購買

臉書

定　　價：760 元

發行日期：2022 年 03 月第一版

◎本書以 POD 印製